Thermodynamik des Kraftfahrzeugs

Springer
Berlin
Heidelberg
New York
Hongkong
London
Mailand
Paris
Tokio

Cornel Stan

Thermodynamik des Kraftfahrzeugs

Mit 200 Abbildungen und 7 Tabellen

Springer

Professor Dr.-Ing. habil. Cornel Stan
Professor an den Universitäten von Paris,
Pisa, Perugia und an der
Westsächsischen Hochschule Zwickau

ISBN 3-540-40611-5 Springer-Verlag Berlin Heidelberg New York

Bibliografische Information der Deutschen Bibliothek
Die Deutsche Bibliothek verzeichnet diese Publikation in der Deutschen Nationalbibliografie; detaillierte bibliografische Daten sind im Internet über <http://dnb.ddb.de> aufrufbar

Springer-Verlag ist ein Unternehmen von Springer Science+Business Media

Printed in Germany
www.springer.de

Einbandgestaltung: Struve & Partner, Heidelberg

68/3020 UW – Gedruckt auf säurefreiem Papier – 5 4 3 2 1 0

Vorwort

„Alles sollte so einfach wie möglich gemacht werden, aber nicht einfacher"

Albert Einstein (1879 – 1955)

Die Thermodynamik ist eine tragende Säule der Ingenieurswissenschaften, aber oftmals auch – durch ihre Komplexität und ihren Umfang sowie durch die phänomenologische Herangehensweise – eine Herausforderung für die Ingenieure.
Die Kraftfahrzeugtechnik ist auf nahezu allen Ebenen von thermodynamischen Prozessen geprägt: Motoren, Aufladesysteme, Ladeluftkühler, Kühl- und Heizkreisläufe, Klimaanlagen, Karosserieaerodynamik, Dämpfungssysteme, Einspritzsysteme, Auspuffanlagen, Bremsanlagen, Reifen.

Ziel dieses Buches ist – durch eine methodische Verkettung der theoretischen Grundlagen, ihrer mathematischen Darstellung, der typischen Anwendungsgebiete in der Kraftfahrzeugtechnik und vieler spezifischer Übungen und Beispiele – den Kraftfahrzeugingenieuren und -studenten eine geistige Werkstatt zur Forschung, Entwicklung oder numerischen Simulation vielfältiger Fahrzeugmodule oder -funktionen anzubieten.

Die Hauptthemen bilden dabei die Grundlagen der Energieumwandlungsprozesse, die Arbeitsmedien, die Prozesse in Wärmekraftmaschinen und Kälteanlagen, die Verbrennung und die zukunftsträchtigen Brennstoffe für die Kraftfahrzeugtechnik, die Wärmeübertragungsformen, sowie einige spezifische Messverfahren thermodynamischer Größen.

Es gibt zahlreiche und dabei auch wertvolle Thermodynamik-Bücher. Manche werden allerdings durch die überwiegend theoretische Betrachtung derart abstrakt, dass eine praktische Anwendung der Erkenntnisse in der Technik nur schwer ableitbar ist; einige andere sind derart auf praktische Anwendungen fixiert, dass ihr theoretisches Fundament nicht eindeutig erkennbar wird. Ein weiterer Umstand erschwert zusätzlich die effektive Nutzung thermodynamischer Kenntnisse: Anwendungsbeispiele, worauf theoretische oder experimentelle Betrachtungen zielen, bleiben oft außerhalb der realen Technik – um so mehr außerhalb der Kraftfahrzeugtechnik.

Die Betrachtung eines Vorgangs von dem theoretischen Modell, über seine mathematische Beschreibung, bis hin zur Anwendungsanalyse und Rechenbeispielen erhöht die Effektivität jeder objektbezogenen thermodynamischen Analyse.

Diese Betrachtungsweise ist insbesondere bei der zunehmend angewandten numerischen Simulation der Prozesse in modernen Fahrzeugmodulen von Vorteil. Zahlreiche kommerzielle Programmpakete – beispielsweise dreidimensionale CFD (Computational Fluid- Dynamics) Codes für die Berechnung von Gasströmungen, Gemischbildung, Verbrennung und Wärmeübertragung unter stationären und instationären Bedingungen – wie FIRE, KIVA, STAR CD, VECTIS, FLUENT – sind praktisch zu einer unverzichtbaren Basis solcher Simulation geworden. Ihre korrekte Anwendung für spezifische Aufgaben erfordert allerdings die kritische Bewertung, Korrektur, Anpassung oder Weiterentwicklung der angebotenen physikalischen Modelle, Gleichungssysteme, Konstanten oder Koeffizienten sowie der Darstellungsformen der Ergebnisse.

Die numerische Simulation gekoppelter thermodynamischer Vorgänge – so beispielsweise in einem Kraftstoff-Direkteinspritzsystem und in einem Brennraum – wird sehr effizient durch Verknüpfung speziell angepasster ein- und dreidimensionaler Modelle in einer kompatiblen, funktionellen Vernetzung. Diese horizontale Verbindung erfordert einen soliden vertikalen Aufbau – von der theoretischen zur experimentellen Analyse jedes Vorgangs, der horizontal zu verknüpfen ist.

In Hinblick auf diese Zielrichtung wurden in diesem Buch theoretische Betrachtungen und Darstellungsformen, die dem modernen Stand der Technik nicht mehr entsprechen oder von einer kraftfahrzeugtechnischen Anwendung zu weit entfernt sind, bewusst nicht einbezogen.

Umfangreiche Forschungsprojekte – von Aufladesystemen, Direkteinspritzverfahren, unkonventionellen Verbrennungskonzepten, alternativen Antriebssystemen, alternativen Kraftstoffen bis hin zu Wärmetauschern, Wärmepumpen und Brennstoffzellen – bilden die Erfahrungsbasis für die theoretischen und praktischen Betrachtungen in diesem Buch.

Die Anregungen für Aufbau, Anpassung oder Weiterleitung einzelner Themen und ihrer Darstellungsform in dieser Kraftfahrzeugthermodynamik gewann der Autor in dem stets interaktiven Dialog mit den Forschungspartnern und -kollegen, aber auch mit den Studenten und Doktoranden im Rahmen seiner Lehr- und Forschungstätigkeit in den Universitäten von Paris (F), Pisa (I), Perugia (I), Catania (I), Vigo (E), Guimaraes (P), Belfast (GB) und nicht zuletzt in der Westsächsischen Hochschule Zwickau – als exzellente und traditionsreiche Schmiede von Kraftfahrzeugingenieuren.

Dezember 2003 *Cornel Stan*

Inhaltsverzeichnis

Liste der Formelzeichen

A	$\left[m^2\right]$	Fläche
a	$\left[-\right]$	Absorptionskoeffizient bei Wärmestrahlung
a	$\left[\frac{m^2}{s}\right]$	Temperaturleitzahl bei Konvektion
C_s	$\left[\frac{W}{m^2 K^4}\right]$	Konstante bei Wärmestrahlung
c	$\left[\frac{m}{s}\right]$	Geschwindigkeit
c	$\left[\frac{kg\,C}{kg\,Kst}\right]$	Kohlenstoffanteil im Kraftstoff (Kst.) bei Verbrennung
c_p	$\left[\frac{kJ}{kgK}\right]$	spezifische Wärmekapazität bei konstantem Druck
c_V	$\left[\frac{kJ}{kgK}\right]$	spezifische Wärmekapazität bei konstantem Volumen
d	$\left[-\right]$	Durchlasskoeffizient bei Wärmestrahlung
d	$\left[m\right]$	Durchmesser
E	$\left[J, kJ\right]$	Energie
E	$\left[\frac{N}{m^2}\right]$	Elastizitätsmodul
F	$\left[N\right]$	Kraft
f	$\left[Hz\right]$	Frequenz
G	$\left[J, kJ\right]$	freie Enthalpie bei Verbrennung
Gr	$\left[-\right]$	Grashof-Zahl bei Konvektion
g	$\left[\frac{m}{s^2}\right]$	Erdbeschleunigung

H	$[J, kJ]$	Enthalpie
H^*	$[J, kJ]$	Ruheenthalpie
H_U	$\left[\frac{J}{kg}, \frac{kJ}{kg}\right]$	unterer Heizwert von Kraftstoffen bei Verbrennung
H_G	$\left[\frac{J}{kg}, \frac{kJ}{kg}\right]$	Gemischheizwert (massenbezogen) bei Verbrennung
H_g	$\left[\frac{J}{m^3}, \frac{kJ}{m^3}\right]$	Gemischheizwert (volumenbezogen) bei Verbrennung
h	$\left[\frac{J}{kg}, \frac{kJ}{kg}\right]$	spezifische Enthalpie
h^*	$\left[\frac{J}{kg}, \frac{kJ}{kg}\right]$	spezifische Ruheenthalpie
I_λ	$\left[\frac{W}{m^3}\right]$	Strahlungsintensität bei Wärmestrahlung
K_p	$[-]$	Gleichgewichtskonstante bei Verbrennung
k	$[-]$	Isentropenexponent
k	$\left[\frac{kg\,CO_2}{kg\,Kst}\right]$	Kohlendioxidkonzentration im Abgas bei Verbrennung
L_{st}	$\left[\frac{kg\,Luft}{kg\,Kst}\right]$	stöchiometrischer Luftbedarf bei Verbrennung
l	$[m]$	Länge
$\overline{M}$	$\left[\frac{kg}{kmol}\right]$	molare Masse
$\overline{N}$	$[kmol]$	Kilomol-Anzahl
n	$[s^{-1}, min^{-1}]$	Drehzahl
n	$[-]$	Polytropenexponent
O	$[kg\,O_2]$	Sauerstoffanteil im Abgas bei Verbrennung
O_{st}	$\left[\frac{kg\,O_2}{kg\,Kst}\right]$	stöchiometrischer Sauerstoffbedarf bei Verbrennung

o	$\left[\frac{kg\,O_2}{kg\,Kst}\right]$	Sauerstoffanteil im Kraftstoff (Kst.) bei Verbrennung
o	$\left[\frac{kg\,O_2}{kg\,Kst}\right]$	Sauerstoffkonzentration im Abgas bei Verbrennung
P	$[W, kW]$	Leistung
Pe	$[-]$	Péclet-Zahl bei Konvektion
Pr	$[-]$	Prandtl-Zahl bei Konvektion
p	$\left[\frac{N}{m^2}\right]$	Druck
p_i	$\left[\frac{N}{m^2}\right]$	Partialdruck
Q	$[J, kJ]$	Wärme
$\dot{Q}$	$[W, kW]$	Wärmestrom
q	$\left[\frac{J}{kg}, \frac{kJ}{kg}\right]$	spezifische Wärme
$\dot{q}$	$\left[\frac{W}{m^2}, \frac{kW}{m^2}\right]$	Wärmestromdichte bei Wärmeübertragungen
$\overline{R}$	$\left[\frac{J}{kmolK}\right]$	universelle (molare, allgemeine) Gaskonstante
R	$\left[\frac{J}{kgK}\right]$	spezifische Gaskonstante
R	$\left[\frac{K}{kW}\right]$	Wärmewiderstand bei Wärmeübertragungen
Ra	$[-]$	Rayleigh-Zahl bei Konvektion
Re	$[-]$	Reynolds-Zahl bei Konvektion
r	$[m]$	Radius
r	$[-]$	Volumenanteil im Gasgemisch
r	$[-]$	Reflexionskoeffizient bei Wärmestrahlung
r	$\left[\frac{J}{kg}, \frac{kJ}{kg}\right]$	spezifische Verdampfungsenthalpie

S	$\left[\frac{J}{K}, \frac{kJ}{K}\right]$	Entropie
s	$\left[\frac{J}{kgK}, \frac{kJ}{kgK}\right]$	spezifische Entropie
s	$\left[\frac{kg\,S}{kg\,Kst}\right]$	Schwefelanteil im Kraftstoff (Kst.) bei Verbrennung
T	$[K]$	Temperatur
t	$[°C]$	Temperatur
t	$[s]$	Zeit
U	$[J, kJ]$	innere Energie
u	$\left[\frac{J}{kg}, \frac{kJ}{kg}\right]$	spezifische innere Energie
V	$[m^3]$	Volumen
v	$\left[\frac{m^3}{kg}\right]$	spezifisches Volumen
W	$[J, kJ]$	Arbeit
w	$\left[\frac{J}{kg}, \frac{kJ}{kg}\right]$	spezifische Arbeit
x	$[-]$	absolute Feuchte
x_D	$[-]$	Dampfanteil im Nassdampf
x_{DS}	$[-]$	Sättigungsdampfgehalt
Z	$[-]$	Realgasfaktor
z	$[m]$	Höhe
z	$\left[\frac{kg\,CO}{kg\,Kst}\right]$	Kohlenmonoxidkonzentration im Abgas bei Verbrennung
α	$[rad]$	Drehwinkel, Winkel
α	$\left[\frac{W}{m^2 K}\right]$	Wärmeübergangskoeffizient bei Konvektion
α	$[K^{-1}]$	thermischer Ausdehnungskoeffizient
β	$[K^{-1}]$	Spannungskoeffizient
δ	$[m, mm]$	Wandstärke bei Wärmeleitung

ε	$[-]$	Emissionskoeffizient bei Wärmestrahlung
ε	$[-]$	Verdichtungsverhältnis
φ	$[-]$	relative Feuchte
η	$[-]$	Wirkungsgrad
η	$\left[\frac{N}{m^2} \cdot s\right]$	dynamische Viskosität bei Konvektion
η_{th}	$[-]$	thermischer Wirkungsgrad
λ	$\left[\frac{m^2}{N}\right]$	Kompressibilitätskoeffizient
λ	$\left[\frac{kg\,Luft}{kg\,Kst}\right]$	Luftverhältnis bei Verbrennung
λ	$[m, \mu m]$	Wellenlänge bei Strahlung
λ	$\left[\frac{W}{mK}\right]$	Wärmeleitfähigkeit bei Wärmeleitung
ν	$\left[\frac{m^2}{s}\right]$	kinematische Viskosität bei Konvektion
π	$[-]$	Druckverhältnis
ρ	$\left[\frac{kg}{m^3}\right]$	Dichte
σ	$\left[\frac{W}{m^2 K^4}\right]$	Stefan-Boltzmann Konstante bei Wärmestrahlung
ω	$[s^{-1}]$	Winkelgeschwindigkeit
Ψ	$[-]$	Sättigungsgrad

1 Grundlagen der Technischen Thermodynamik

1.1 Gegenstand und Untersuchungsmethodik

Die Technische Thermodynamik hat sich im letzten Jahrhundert zu einer eigenständigen Wissenschaft entwickelt, deren Hauptgebiete

- die Energieumwandlung und
- die Energieübertragung

in technischen Systemen sind.

Dabei werden für den Energieaustausch zwischen einem System und seiner Umgebung insbesondere die Energieformen

- Wärme und
- Arbeit

bzw. für den Energie-Inhalt eines Systems die Energieformen

- Innere Energie und
- Enthalpie

in Betracht gezogen.

Der energetische Zustand eines Systems oder sein Energieaustausch mit der Umgebung werden allgemein anhand der in der Praxis üblichen Arbeitsmedien untersucht, die ein System beinhalten kann.

Als Arbeitsmedien gelten insbesondere:

- Gase, Gasgemische,

Beispiele: *Luft, Wasserstoff, Abgasgemische*

- Dämpfe,

Beispiel: *Wasserdampf*

- Gas-Dampf-Gemische.

Beispiele: *feuchte Luft, Luft-Kraftstoff-Gemisch*

Die Betrachtung fester Körper als Arbeitsmedien erfolgt in der Technischen Thermodynamik allgemein während der Energieübertragung.

Beispiele: *Wärmeleitung, Wärmestrahlung*

Die Änderung des energetischen Zustandes eines Arbeitsmediums während eines Energieaustausches mit der Umgebung bedingt die Variation von Systemgrößen.

Beispiele: *Druck, Temperatur, Volumen*

Die Erfassung dieser Systemgrößen und ihrer Variation – die im Bild 1.1 dargestellt sind – ist für die Entwicklung und Auslegung der entsprechenden Maschine von besonderer Bedeutung.

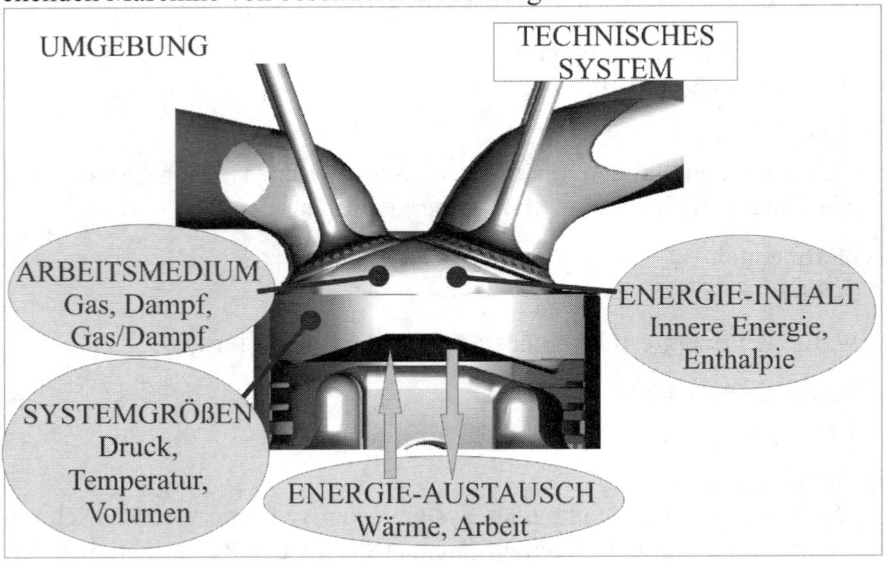

Bild 1.1 Begriffe zum Gegenstand der Technischen Thermodynamik

Als eigenständige Wissenschaft hat die Technische Thermodynamik sowohl eigene Gesetze, als auch eine eigene Untersuchungsmethodik. Die Notwendigkeit dieser Spezifika, die ursprünglich durch Ableitungen physikalischer Gesetzmäßigkeiten entstanden, ist in der großen Anzahl der Elementarteile des Arbeitsmediums in einem System begründet.

Die Gesetze, die für ein derartiges System als Ganzes gelten, unterscheiden sich von den Gesetzen, die für Teilkomponenten – in diesem Fall einzelne Luftmoleküle – zutreffen.

Beispiel:
Die Anzahl der Luftmoleküle im Zylinder eines Verbrennungsmotors mit einem Volumen von 500 cm^3 beträgt bei einem Druck von 0,1 MPa und bei einer Temperatur von 290 K, als atmosphärische Bedingungen bei der Zylinderfüllung, 75.216.812 · 10^{14} Moleküle

Das Verhalten jeder Teilkomponente bedingt zwar die Gesetze im Gesamtsystem; es genügt jedoch nicht für ihre Begründung.

Beispiel:
Temperatur: *im mikroskopischen Maßstab, d.h. in Bezug auf jedes einzelne Molekül, hat die Größe Temperatur keinen Sinn.*
Im makroskopischen Maßstab ist die Temperatur eine vereinbarte Ausdrucksform für die kinetische Energie der Moleküle in einem Medium.

Ein solcher Unterschied zwischen Gesetzen für Teilsysteme und für das System als Ganzes erfordert eine eigene Untersuchungsmethodik.

Determinismus, als analytische Untersuchungsmethodik – anwendbar für Vorgänge in der Physik oder in der Technischen Mechanik – ist hierfür nicht mehr geeignet. Determinismus kann allgemein für eine begrenzte bzw. kontrollierbare Anzahl von materiellen Teilchen angewandt werden: So kann beispielsweise aus der Ermittlung der Bewegungsbedingungen jedes Teilchens in jedem Moment und an jedem Ort sowohl der aktuelle, als auch ein späterer Bewegungszustand im gesamten System ermittelt werden.

Die große Anzahl der Teilchen im Arbeitsmedium eines technischen Systems zwingt allerdings zu geänderten Betrachtungsformen.

Die ***Phänomenologie*** ist die übliche Untersuchungsmethode thermodynamischer Vorgänge in technischen Anlagen. Dabei werden die makroskopischen Erscheinungen in einem Medium betrachtet, ohne Bezug auf seine mikroskopische Struktur. Die Grenze zwischen makroskopischer und mikroskopischer Struktur entspricht dem Wirksamkeitsbereich eines dafür geltenden Gesetzes bzw. dem Bereich, in dem eine Größe gemäß ihrer Definition noch messbar ist.

Alle Gesetze werden experimentell ermittelt, wodurch sie hypothesenfrei sind. Experimentell bedeutet jedoch nicht empirisch: anstatt einen einzelnen Vorgang in einer mathematisch zugeschnittenen Form auszudrücken (empirische Methode), werden experimentell gewonnene Erkenntnisse für eine möglichst große Anzahl ähnlicher Vorgänge als Gesetz formuliert und meistens auch mathematisch ausgedrückt (phänomenologische Methode). In diesem Fall genügt allerdings ein einziges Experiment, welches dem Gesetz widerspricht, um das Gesetz generell – oder für einen Teil seines Wirkungsbereiches – ungültig zu machen.

Deswegen sind für jedes Gesetz, welches phänomenologisch abgeleitet wurde, folgende Kriterien zu beachten:

- Voraussetzungen,
- Gültigkeitsbereich,
- Randbedingungen.

Ein gewisser Nachteil der phänomenologischen Untersuchungsmethodik besteht darin, dass fundierte physikalische Erklärungen der experimentell gewonnenen Erfahrungen durch deren makroskopische Betrachtung nicht möglich sind. Solange aber diese Methode die Simulation, Extrapolation und Reproduzierbarkeit von Vorgängen bei der Entwicklung technischer Anlagen gewährt, ist ein solcher Kompromiss dennoch vertretbar.

Die ***atomistisch-statistische Untersuchungsmethodik*** ist eine Alternative zur Phänomenologie, die eher in der physikalischen Analyse thermodynamischer Medien bzw. Vorgänge angewandt wird: dabei wird das Verhalten eines Mediums im mikroskopischen Maßstab, mit deterministischen Methoden analysiert. Für den Übergang zum makroskopischen Verhalten werden statistische Verfahren angewandt. In dieser Weise können bei Bedarf auch physikalische Begründungen für phänomenologisch abgeleitete Gesetzmäßigkeiten gefunden werden.

1.2 Thermodynamisches System

Ein technisches System enthält allgemein, zwecks Austausch von Wärme und Arbeit mit seiner Umgebung, ein Arbeitsmedium (Gas, Dampf, Flüssigkeit, Gas/Dampf-Gemisch), welches Zustandsänderungen erfährt.

Definition

Thermodynamisches System: *abgrenzbarer Bereich eines technischen Systems oder eines Arbeitsmediums, welches mittels thermodynamischer Untersuchungsmethodik bezüglich seines Verhaltens*
- *nach innen (Zustandsänderungen) und*
- *nach außen (Wechselwirkungen mit der Umgebung)*

analysiert wird.

Zur Präzisierung des thermodynamischen Systems in einer Umgebung ist eine reale oder eine vereinbarte Grenze (Wand) erforderlich.

Funktion der Grenze: Bilanzieren des Masse- und Energieaustausches zwischen dem thermodynamischen System und seiner Umgebung.

Eigenschaften der Grenze: Sie hat keine eigene Masse und kann keinen Anteil der ausgetauschten Energie speichern.

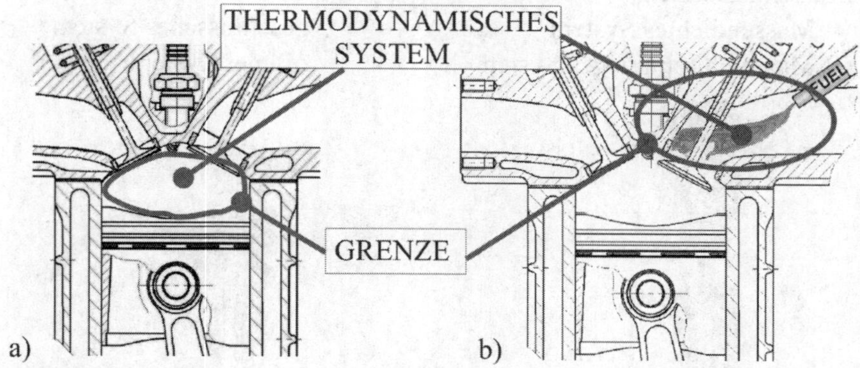

Bild 1.2 Thermodynamisches System mit realer Grenze **(a)** und mit vereinbarter Grenze **(b)**

Wie aus Bild 1.2 ableitbar, kann es vorkommen, dass die Grenze in zeitlichen Abschnitten neu zu definieren ist.

Andererseits sind oft heterogene thermodynamische Systeme – wie im Bild 1.2b dargestellt – zu analysieren, was wiederum Grenzen zwischen homogenen Untersystemen erfordert.

Definition

Homogenes System: *Alle makroskopischen Eigenschaften sind in allen Teilen des Systems identisch.*
Heterogenes System: *Mindestens eine makroskopische Eigenschaft weist eine Unstetigkeit auf.*

Verschiedene Komponenten und Phasen, die in einem realen thermodynamischen System vorkommen – wie in Bild 1.2b als Luft (Gas) und Kraftstoff (Flüssigkeit) – können in eine finite Anzahl homogener Elemente eingeteilt werden.

1.3 Austausch zwischen System und Umgebung

Ein thermodynamisches System – allgemein als Arbeitsmedium in einem technischen System vorhanden – kann während eines Prozesses als Materie mit der Umgebung ausgetauscht werden. Entsprechend den Erscheinungsformen der Materie – als Masse und Energie – sind folgende Austauschformen zwischen einem thermodynamischen System und seiner Umgebung möglich:

- Massenaustausch
  - Massendichtes System → geschlossenes System
  - Massendurchlässiges System → offenes System

a) Stoßdämpfer eines Automobils

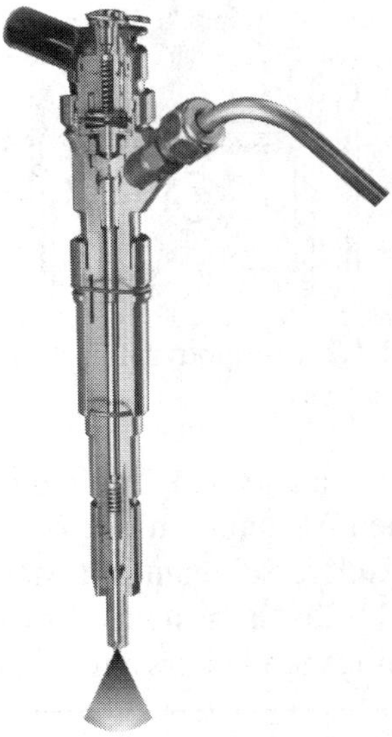

b) Einspritzdüse für einen Verbrennungsmotor

Bild 1.3 Geschlossenes (massendichtes) **(a)** und offenes (massendurchlässiges) **(b)** System

- Energieaustausch (Arbeit, Wärme)
  - Arbeitsdichtes System
  - Arbeitsdurchlässiges System

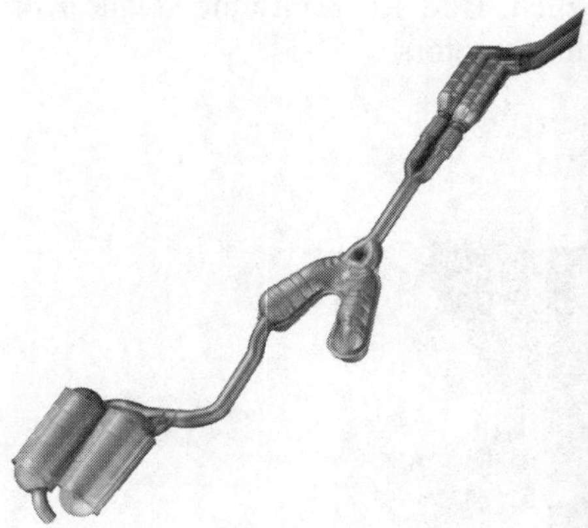

a) Auspuffanlage

b) Kolbenmotor während der Expansion

Bild 1.4 Arbeitsdichtes **(a)** und arbeitsdurchlässiges **(b)** System

- Wärmedichtes System (adiabat)
- Wärmedurchlässiges System (diathermal)

a) Turbolader für einen Kolbenmotor

b) Ladeluftkühler in einem Automobil

Bild 1.5 Wärmedichtes (adiabates) **(a)** und wärmedurchlässiges (diathermales) **(b)** System

Zwischen den erwähnten Formen des Masse- und Energieaustausches sind zahlreiche Kombinationen möglich. Bild 1.6 zeigt eine solche Kombination am Beispiel eines Verbrennungsmotors:

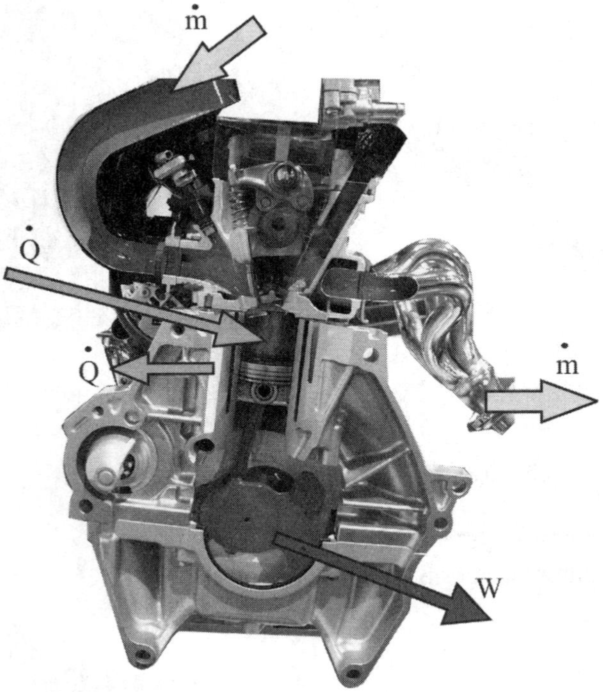

Bild 1.6 Kolbenmotor als System mit kombiniertem Austausch von Masse, Arbeit und Wärme

Beispiele:

Dem funktionierenden Verbrennungsmotor werden Luft und Kraftstoff zugeführt. Aus dem Motor wird Abgas abgeführt.

Ein Teil der Wärme, die aus der Verbrennung des Luft/Kraftstoff Gemisches resultiert, wird in mechanische Arbeit umgewandelt, welche dem Fahrzeugantriebssystem übertragen wird.

Der Rest der Wärme wird über das Kühlwasser/Schmieröl sowie über die Abgase der Umgebung übertragen.

1.4 Thermische Zustandsgrößen; Thermische Zustandsgleichungen

Der momentane Zustand eines thermodynamischen Systems – ausgedrückt durch die Werte seiner Eigenschaften – ist nur in einem Gleichgewicht feststellbar.

Ein momentanes Gleichgewicht in einem homogenen System oder Systemteil wird nach folgenden Kriterien bemessen:

- Innerer Zustand:
  - mechanisch → konstanter Druck
  - thermisch → konstante Temperatur
  - stoffmäßig → konstante Dichte (bei konstanter Masse oder bei konstantem Massenstrom)
- Energieaustausch mit der Umgebung:
  - kein Arbeitsaustausch → an der gesamten Fläche der Systemgrenze sind der innere und äußere Druck gleich (oder die Grenze ist arbeitsdicht)
  - kein Wärmeaustausch → an der gesamten Fläche der Systemgrenze sind die innere und äußere Temperatur gleich (oder die Grenze ist wärmedicht)

Im mikroskopischen Maßstab ist zwar eine ständige Bewegung der bzw. in den Molekülen vorhanden; soweit sich jedoch diese innere Bewegung in einem dynamischen Gleichgewicht befindet, ist ihre Wirkung im makroskopischen Maßstab im betrachteten momentanen Zustand wirkungslos.

Zur Präzisierung des Systemverhaltens in einem solchen Zustand werden folgende Definitionen eingeführt:

Definition

Thermischer Zustand (Zustand): *Gleichgewicht eines thermodynamischen Systems im makroskopischen Maßstab, welches auf einem dynamischen Gleichgewicht im mikroskopischen Maßstab beruht.*

Thermische Zustandsgröße (Zustandsgröße): *Größe, die eine makroskopische Eigenschaft des thermodynamischen Systems in einem Zustand charakterisiert und durch Maßeinheiten quantitativ erfassbar ist.*

Bei der Entwicklung von Maschinen bzw. von Fahrzeugmodulen ist die vollständige Präzisierung jedes Zustandes des jeweiligen thermodynamischen Systems (im wesentlichen des Arbeitsmediums in dem Modul) erforderlich, um absolut ähnliche Vorgänge zu anderer Zeit oder in ähnlichen Modulen durchführen zu können.

Andererseits ist nur durch die vollständige Präzisierung eines jeden Zustandes die rechnerische Simulation und Optimierung solcher Vorgänge möglich.

Es entsteht dabei das Problem, die Anzahl der Eigenschaften (Zustandsgrößen) zu minimieren, die für einen eindeutigen Zustand zu messen oder zu berechnen sind.

Die Eigenschaften eines Systems im makroskopischen Maßstab werden durch experimentell vereinbarte Größen wie Temperatur, Druck oder Volumen dargestellt, ebenso gut könnten es Farbe, Geruchs- oder Geräuschintensität sein.

Wenn durch die Wertepaarungen einer geringen Anzahl voneinander unabhängiger Größen ein Zustand präzisierbar ist, dann sind sonstige Größen auch davon ableitbar.

In diesem Sinne entsteht folgende Definition:

Definition

***Freiheitsgrade eines Thermodynamischen Systems**: Thermische Zustandsgrößen, die unabhängig voneinander wählbar sind, um den Zustand eines Systems eindeutig zu präzisieren.*

Die **Phasenregel (Gibbs)** schafft als phänomenologisch abgeleitetes Gesetz für alle Systeme in der Natur einen eindeutigen Zusammenhang zwischen den Freiheitsgraden (F), der Anzahl der chemischen Komponenten im System (K) und der jeweiligen Phasen P (gasförmig, flüssig, fest) für jede Komponente:

$$F = K - P + 2 \tag{1.1}$$

Beispiele:

Für ein homogenes System mit einer Komponente und einer Phase gilt nach Gl. (1.1):

$$\boldsymbol{1 - 1 + 2 = 2}$$

Bei Erwärmung von flüssigem Wasser (offener Behälter) ändern sich Temperatur und Dichte. Ihre Messung zu einer bestimmten Zeit gibt vollständige Auskunft über den momentanen Zustand b des Systems – Bild1.7a.

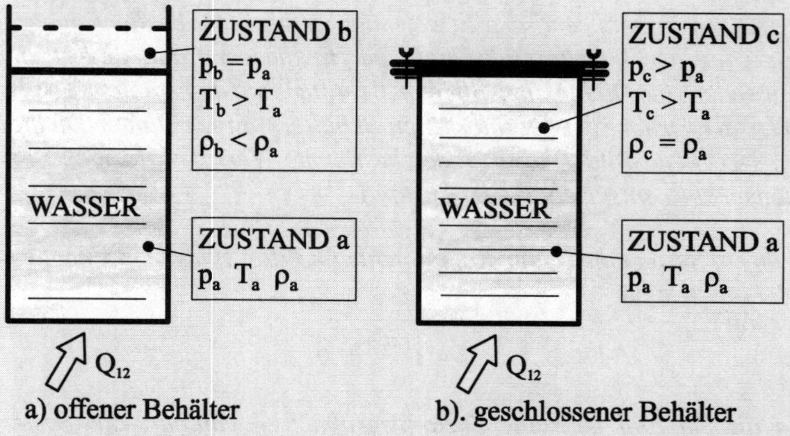

Bild 1.7 Freiheitsgrade eines Systems mit einer Komponente und einer Phase

Bei einer ähnlichen Erwärmung im geschlossenen Behälter (vollständig mit Wasser gefüllt) ändern sich wiederum Temperatur und Druck – ihre Messung in einer bestimmten Zeit genügt ebenfalls, um den momentanen Zustand c eindeutig zu charakterisieren – Bild 1.7b.

Die Zusammenhänge innerhalb der zwei beschriebenen Prozesse erscheinen noch deutlicher, wenn das Medium ein Gas ist. Zwischen den Zustandsgrößen gilt in diesem Fall gemäß der thermischen Zustandsgleichung (Kap. 3.1):

$$\frac{p}{\rho} = C_1 \cdot T$$

Das heißt, sobald zwei Zustandsgrößen – p und V oder T und p – messbar sind, ist die übrige Größe auch eindeutig ableitbar.

Für ein System mit einer Komponente und zwei Phasen gilt nach Gl.(1.1):

$$1 - 2 + 2 = 1$$

In diesem Fall ist nur eine Zustandsgröße frei wählbar, die anderen hängen dann davon ab:

Beispielsweise erscheint bei Erwärmung von Wasser über den Siedepunkt hinweg eine gasförmige Phase (Dampf). Solange die Phasenänderung während der Erwärmung erfolgt, bleibt die Temperatur trotz der Wärmezufuhr konstant. In diesem Falle ändert sich entweder die Dichte (bei offenen Behälter, mit konstantem Druck) oder der Druck (bei geschlossenen Behälter, mit konstanter Dichte), entsprechend Bild 1.7a, b. Jeder bestimmte Wert des einzigen Freiheitsgrades entspricht einem Zustand.

Für ein System mit einer Komponente und drei Phasen gilt nach Gl. (1.1):

$$1 - 3 + 2 = 0$$

In diesem Fall ist keine Zustandsgröße frei wählbar, das System kann diesen Zustand nur für eine bestimmte Kombination von Zustandsgrößen erreichen.

Das Wasser kann beispielsweise gleichzeitig alle drei Phasen – Flüssigkeit, Gas und Eis – für folgende Kombination der Zustandsgrößen aufweisen:

$$p = 0{,}0006112 \ MPa$$
$$T = 273{,}15K$$

In technischen Anwendungen werden die Arbeitsmedien häufig als homogen – bestehend aus einer Komponente und einer Phase – betrachtet; demzufolge sind in jedem Zustand zwei Zustandsgrößen zu bestimmen, von denen dann die übrigen Zustandsgrößen abhängen.

Allgemein werden Druck (p) , Volumen (V) und Temperatur (T) als relativ einfach messbare Zustandsgrößen vereinbart.

Aus der Phasenregelung resultiert in diesem Fall:

$$p = f_1(V,T) \ ; \ V = f_2(T,p) \ ; \ T = f_3(p,V) \qquad (1.2a,b,c)$$

oder allgemein:

$$f(p,V,T) = 0 \qquad (1.3)$$

als allgemeine thermische Zustandsgleichung.

Beispiele:

Ideale Gase *(Kap. 3.1):*

$pV = mRT$ $\quad m\ [kg]$ - *Masse des Gases*

oder $pv=RT$ $\quad R\ \left[\frac{J}{kg \cdot K}\right]$ - *spezielle Gaskonstante*

$$v = \frac{V}{m}\left[\frac{m^3}{kg}\right]$$ - *spezifisches Volumen*

In der Gleichungsform (1.2 a,b,c) resultiert:

$$p = \frac{mRT}{V} \quad ; \quad V = \frac{mRT}{p} \quad ; \quad T = \frac{pV}{mR}$$

oder in der Gleichungsform (1.3)

$$pV - mRT = 0$$

Diese Zusammenhänge sind ähnlich für folgende Fälle:

Reale Gase $pV = ZmRT$ $\quad$ *Z [-] – Korrekturfaktor (Realgasfaktor)*

oder $pv = ZRT$

– *van der Waals (bedingt anwendbar)*

$$\left(p + \frac{a}{v^2}\right)(v - b) = RT$$

– *Berthelot (bedingt anwendbar)*

$$\left(p + \frac{a}{v^2 T}\right)(v - b) = RT$$

mit $\frac{a}{v^2}\left[\frac{N}{m^2}\right]$ - *Kohäsionsdruck*

$v - b\ \left[\frac{m^3}{kg}\right]$ - *spezifisches Kovolumen*

1.5 Thermodynamische Zustandsänderungen

In der Umgebung eines thermodynamischen Systems können Änderungen auftreten, die als Variation einer Zustandsgröße über die Systemgrenze hin auf das System einwirken können. Bild 1.8 stellt einen solchen Zusammenhang dar. In diesem Fall entstehen im System so lange Ungleichgewichtszustände, bis ein neues Gleichgewicht zwischen System und Umgebung erreicht wird.

Im System findet somit eine thermodynamische Zustandsänderung zwischen zwei Gleichgewichtszuständen statt.

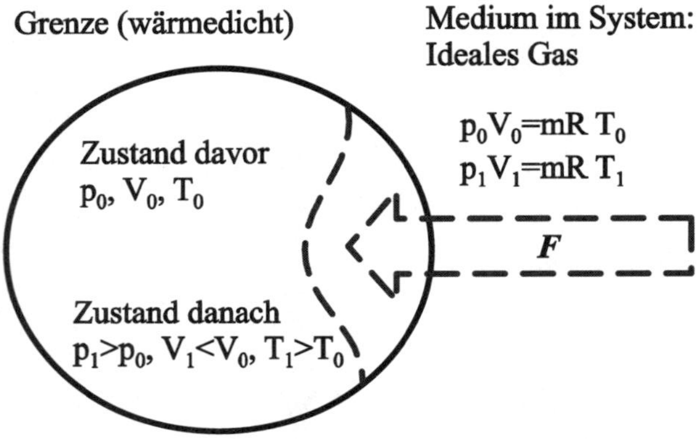

Bild 1.8 Zustandsänderung in einem thermodynamischen System durch eine Krafteinwirkung aus der Umgebung (Die Systemgrenze ist elastisch)

Zur Vereinfachung der grundlegenden Zusammenhänge wird zunächst vereinbart, dass eine äußere Änderung ohne Zeitverzug auf das System und innerhalb dessen wirkt. Das System befindet sich also ständig unendlich nahe an einem jeweiligen Gleichgewichtszustand (quasistatischer Vorgang).

Konsequenz: bei konstanter Systemmasse kann der Zustand in einem homogenen System mit einer Komponente und einer Phase zu jedem Zeitpunkt eindeutig durch die drei thermischen Zustandsgrößen – Druck, Volumen, Temperatur – beschrieben werden. Dabei ist die Bestimmung bzw. Messung von mindestens zwei Zustandsgrößen erforderlich, die dritte Größe ist von der Wertekombination der ersten zwei Größen abhängig. Das trifft auch für thermodynamische Vorgänge zu, die ständig Ungleichgewichtszustände erfahren.

Beispiel:

für ein ideales Gas ist in jedem Punkt das Gleichgewicht durch die Zustandsgleichung definiert. Es gilt:

$$pV = mRT$$

$$\text{bzw. } p\frac{V}{m} = RT \qquad \text{wobei } \frac{V}{m} = v \left[\frac{m^3}{kg}\right] \text{ – spezifisches Volumen}$$

$$pv = RT \qquad \rho = \frac{1}{v} \left[\frac{kg}{m^3}\right] \text{ – Dichte}$$

$$\text{oder } \frac{p}{\rho} = RT$$

Das System ist bei einer Zustandsänderung von 1 bis 2 (entsprechend der Funktion im Bild 1.9 für ein geschlossenes System) in jedem Punkt zwischen den Extrempunkten 1, 2 im Gleichgewicht.

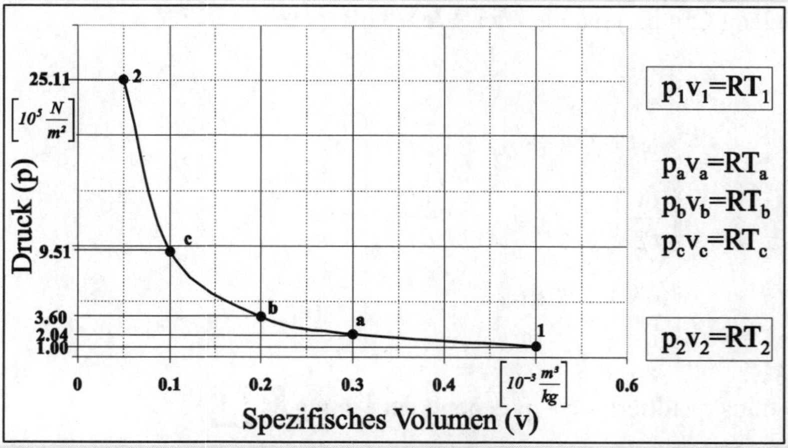

Bild 1.9 Zustandsänderung 1 – 2 als quasistatischer Vorgang in einem geschlossenen System von Gleichgewicht zu Gleichgewicht in einem idealen Gas

Allgemein gilt:

$$p_o v_o = RT_o \quad , \quad p_i v_i = RT_i \quad , \quad p_n v_n = RT_n \tag{1.4}$$

Die Zustandsänderungen können zwischen zwei unterschiedlichen Zuständen 1,2 oder zyklisch – mit Rückkehr zum gleichen Zustand – ablaufen.

Während einer elementaren (finiten) Zustandsänderung des Typs a → b ist die Änderung einer beliebigen Größe in einem System mit einer Komponente und einer Phase von der Änderung zwei anderer Größen entsprechend Gl. (1.2a,b,c) abhängig.

$$(1.2a) \rightarrow \; dp = \left(\frac{\partial p}{\partial v}\right)_T dv + \left(\frac{\partial p}{\partial T}\right)_v dT \qquad (1.5a)$$

$$(1.2b) \rightarrow \; dv = \left(\frac{\partial v}{\partial p}\right)_T dp + \left(\frac{\partial v}{\partial T}\right)_p dT \qquad (1.5b)$$

$$(1.2c) \rightarrow \; dT = \left(\frac{\partial T}{\partial v}\right)_p dv + \left(\frac{\partial T}{\partial p}\right)_v dp \qquad (1.5c)$$

Die drei Änderungen sind durch die allgemeine thermische Zustandsgleichung (1.3) gebunden. Die Determinante der drei homogenen Gleichungen (1.5a,b,c) hat also den Wert Null.

$$\begin{vmatrix} -1 & \left(\frac{\partial p}{\partial v}\right)_T & \left(\frac{\partial p}{\partial T}\right)_v \\ \left(\frac{\partial v}{\partial p}\right)_T & -1 & \left(\frac{\partial v}{\partial T}\right)_p \\ \left(\frac{\partial T}{\partial p}\right)_v & \left(\frac{\partial T}{\partial v}\right)_p & -1 \end{vmatrix} = 0 \qquad (1.6)$$

Daraus resultiert – entsprechend der Übung **Ü 1.1**:

$$\left(\frac{\partial p}{\partial v}\right)_T \left(\frac{\partial v}{\partial T}\right)_p \left(\frac{\partial T}{\partial p}\right)_v + 1 = 0 \text{ bzw. } \left(\frac{\partial p}{\partial T}\right)_v \left(\frac{\partial T}{\partial v}\right)_p \left(\frac{\partial v}{\partial p}\right)_T + 1 = 0 \qquad (1.7), (1.7a)$$

Alle Formen von Zustandsgleichungen – (ideales Gas, reales Gas, van der Waals, Berthelot) – sind kompatibel mit dieser Bedingung.

1.6. Anwendbarkeit von Differentialquotienten der Zustandsgrößen

In der Gleichung

$$\left(\frac{\partial p}{\partial v}\right)_T\left(\frac{\partial v}{\partial T}\right)_p\left(\frac{\partial T}{\partial p}\right)_v + 1 = 0 \text{ bzw. } \left(\frac{\partial p}{\partial T}\right)_v\left(\frac{\partial T}{\partial v}\right)_p\left(\frac{\partial v}{\partial p}\right)_T + 1 = 0 \qquad (1.7), (1.7a)$$

haben die auftretenden Quotienten eine eindeutige Signifikanz in Bezug auf technische Anwendungen.

Beispiele:

$\left(\frac{\partial v}{\partial p}\right)_T$ – *Änderung des spezifischen Volumens infolge einer Druckeinwirkung auf das System, wobei die Temperatur konstant bleibt. Bei Druckeinwirkung von der Umgebung auf ein Fluid oder auf ein Pressteil kann in diesem Fall sein spezifisches Volumen sinken, bzw. seine Dichte zunehmen, wie im Bild 1.10 dargestellt ist.*

$\left(\frac{\partial v}{\partial T}\right)_p$ – *Änderung des spezifischen Volumens infolge der Temperaturänderung (beispielsweise durch Wärmezufuhr im System) bei konstanten Druck. Dies findet bei jeder Erwärmung eines festen Körpers oder eines Fluids statt, soweit kein Druck von der Umgebung ausgeübt wird, wie es im Bild 1.10 illustriert ist.*

$\left(\frac{\partial p}{\partial T}\right)_v$ – *Änderung des Druckes infolge der Temperaturänderung (beispielsweise durch Wärmezufuhr im System) bei konstanten Volumen. Bei Erwärmung eines Metallteils, welches sich konstruktionsbedingt nicht ausdehnen kann, entsteht eine Spannung* $\sigma = \Delta p$ *[N/m²] wie im Bild 1.10 exemplifiziert ist.*

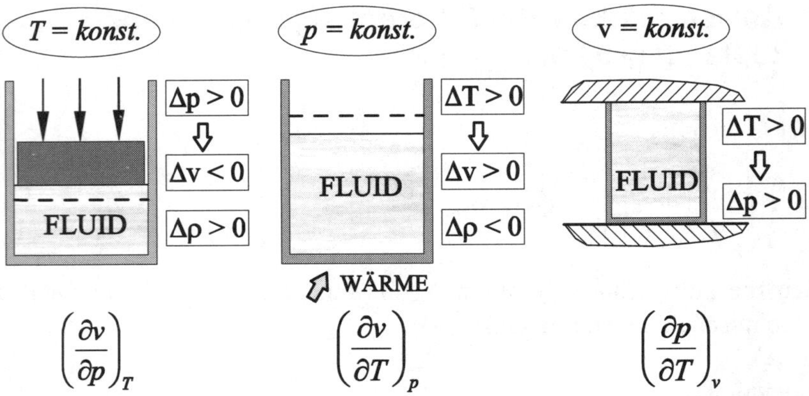

Bild 1.10 Zusammenwirkende Änderungen von Zustandsgrößen

Folgende stoffabhängige Größen sind in der Technik üblich:

Definition

Kompressibilitätskoeffizient $\lambda \quad \left[\frac{m^2}{N}\right]$

$$\lambda = -\frac{1}{V_0}\left(\frac{\partial V}{\partial p}\right)_T, \;\; \textbf{bzw.} \;\; \lambda = -\frac{1}{v_0}\left(\frac{\partial v}{\partial p}\right)_T$$

Elastizitätsmodul $E \quad \left[\frac{N}{m^2}\right]$

$$E = \rho_0\left(\frac{\partial p}{\partial \rho}\right)_T = -v_0\left(\frac{\partial p}{\partial v}\right)_T \quad mit \quad \rho = \frac{1}{v}\, und$$

$$d\rho = d\left(\frac{1}{v}\right) = -\frac{1}{v_0^2}dv \quad \Rightarrow \quad \boxed{E = \frac{1}{\lambda}}$$

Thermischer Ausdehnungskoeffizient $\alpha \quad \left[K^{-1}\right]$

$$\alpha = \frac{1}{V_0}\left(\frac{\partial V}{\partial T}\right)_p \quad bzw. \quad \alpha = \frac{1}{v_0}\left(\frac{\partial v}{\partial T}\right)_p$$

Spannungskoeffizient $\beta \quad \left[K^{-1}\right]$

$$\beta = \frac{1}{p_0}\left(\frac{\partial p}{\partial T}\right)_v$$

Entsprechend Gl. (1.7) gilt:

$$\alpha = p_0 \cdot \beta \cdot \lambda \qquad (1.8)$$

Daraus kann beispielsweise abgeleitet werden, dass es zwischen Spannungen und Verformungen, die in komplexen Fahrzeugfunktionsmodulen auftreten, stets einen expliziten Zusammenhang gibt, wie in der Ü 1.3 exemplifiziert wird.

1.7 Reversible und irreversible Zustandsänderungen

Ein thermisches oder mechanisches Ungleichgewicht zwischen einem thermodynamischen System und seiner Umgebung wirkt – entsprechend der Ausführungen in Kap. 1.5 – als Zustandsänderung (Prozess, Vorgang) zwischen 2 Gleichgewichtszuständen

Definition

Reversible (umkehrbare) Zustandsänderung: *Das System kann ohne Änderungen in der Umgebung in seinen Anfangszustand zurückgebracht werden. Anderenfalls ist die Zustandsänderung* ***irreversibel (unumkehrbar)****.*

Alle Ausgleichsprozesse – beispielsweise ein Druck- oder ein Temperaturausgleich – sind irreversibel.

Das entspricht den natürlich ablaufenden Vorgängen. Dagegen durchläuft ein reversibler Prozess eine Folge von Gleichgewichtszuständen zwischen denen kein Ungleichgewicht wahrgenommen (gemessen) werden kann.

Beispiel: *Überströmprozess (Druckausgleich) – Bild 1.11*

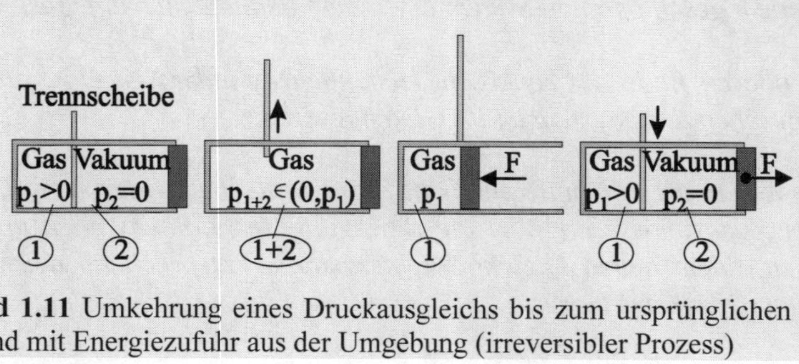

Bild 1.11 Umkehrung eines Druckausgleichs bis zum ursprünglichen Zustand mit Energiezufuhr aus der Umgebung (irreversibler Prozess)

Im Raum 1 des thermodynamischen Systems befindet sich zu Beginn des Prozesses ein Gas. Im Raum 2 herrscht Vakuum. Nach Entfernen der Trennscheibe zwischen den Räumen strömt das Gas auch in den Raum 2. Das Systemvolumen ist gewachsen, der Systemdruck ist gesunken. Die freiwillige Rückkehr aller Gasmoleküle nach Raum 1, was eine Druckerhöhung bzw. eine Volumenminderung des Gases zu Folge hätte, widerspricht der Erfahrung. Der Vorgang kann nur mit Energiezufuhr von der Umgebung rückgängig gemacht werden (Bewegung des Kolbens unter Einwirkung der Kraft F bis zur Trennlinie). Der Prozess ist also irreversibel.

Beispiel: *Kolbenbewegung in einem Gas – Bild 1.12*

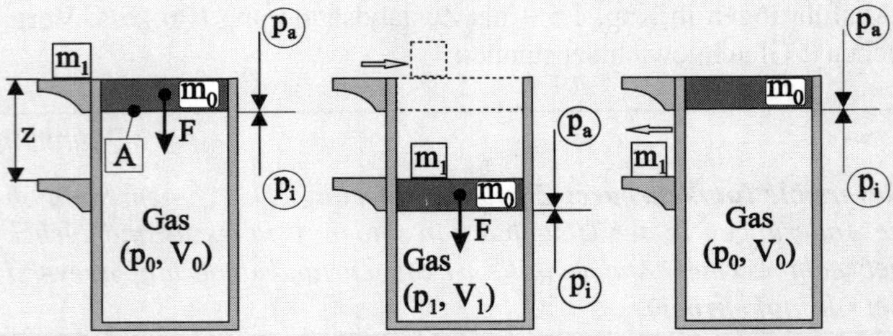

$$p_0 = p_a = \frac{F_o}{A} = \frac{m_0 g}{\pi \frac{D^2}{4}} \qquad p_1 = \frac{F_1}{A} = \frac{(m_0 + m_1)g}{\pi \frac{D^2}{4}}$$

p_a - Druck an der Außenfläche
p_i - Druck an der Innenfläche

Bild 1.12 Selbständige Rückkehr des Systems in den ursprünglichen Zustand, mit Änderungen in der Umgebung, die nur durch Energieaufwand kompensierbar sind (irreversibler Prozess)

In einem geschlossenen System (Zylinder) befindet sich ein Gas.

Am oberen Ende des senkrecht stehenden Zylinders ist ein Kolben vorgesehen. Das System ist im Gleichgewicht.

Die Wirkung einer äußeren Kraft auf dem Kolben – durch Auflage einer Zusatzmasse m_1 – ist die Bewegung des Kolbens nach unten bis zu einem neuen Gleichgewichtszustand, entsprechend dem erhöhten Druck des Gases.

Wenn Reibung, plastische Verformungen und Gasverluste ausgeschlossen werden, kehrt das System durch Entfernen der Zusatzmasse vom Kolben genau zum ursprünglichen Zustand zurück (Druck und Volumen des Gases weisen die ursprünglichen Werte auf).

Der Vorgang ist dennoch irreversibel:

Die Zusatzmasse ist in der unteren Lage geblieben, was eine niedrigere potentielle Energie als im ursprünglichen Zustand zur Folge hat. Diese Änderung in der Umgebung könnte nur mit einem Energieaufwand $E = m_1 \cdot g \cdot z$ *korrigiert werden.*

Ein reversibler Prozess setzt voraus, dass die hin- und die rücklaufende Zustandsänderung auf dem gleichen Weg verlaufen

1.8 Formen der Energieübertragung zwischen System und Umgebung

Die energetische Wechselwirkung zwischen System und Umgebung kann in Form von Arbeit und Wärme stattfinden. Die Art der Arbeit während einer Zustandsänderung unterscheidet sich nach dem Massenaustausch vom/zum System wie folgt:

– für geschlossene Systeme (massendicht): Volumenänderungsarbeit
– für offene Systeme (massendurchlässig): Druckänderungsarbeit
  (In früheren Literaturquellen „Technische Arbeit“)

1.8.1 Volumenänderungsarbeit

$$W_v \ [J] \ , \ w_v \left[\frac{J}{kg}\right]$$

Die Volumen (Raum) -änderungsarbeit W_v stellt den Energieaustausch zwischen einem geschlossenen thermodynamischen System und seiner Umgebung dar, wenn zwischen beiden eine Kraft wirkt, wodurch eine Volumenänderung verursacht wird.

Im Bild 1.13 sind solche Vorgänge anhand eines Druckspeichers dargestellt.

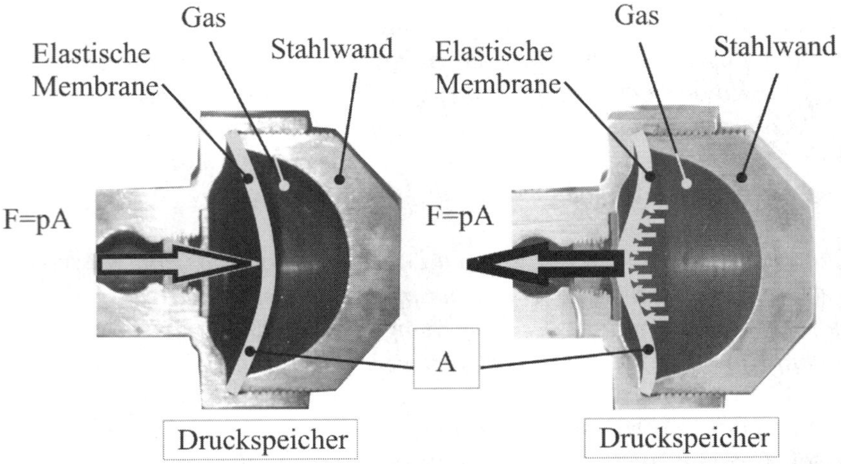

Bild 1.13 Volumenänderungsarbeit, die zwischen einem geschlossenen System und seiner Umgebung durch die Verschiebung der Systemgrenze (elastische Membrane) erscheint

Besonderheiten:
- Die Volumenänderung wird als Verschiebung der Systemgrenze festgestellt.
- Die Arbeit kann nur außerhalb des thermodynamischen Systems (an der Grenze, auf der Außenseite) gemessen werden, wo Kräfte entstehen.

Zur Bewertung der energetischen Wechselwirkungen zwischen System und Umgebung werden in der Thermodynamik Vorzeichenvereinbarungen getroffen.

In der physikalischen Thermodynamik gilt folgende Regelung:

- dem System zugeführte Arbeit: $W+$
- aus dem System abgeführte Arbeit: $W-$

In der technischen Thermodynamik und insbesondere in fahrzeugtechnischen Anwendungen, wo die Umwandlung verschiedener Energieformen in nutzbare Arbeit im Mittelpunkt steht, wird jene Arbeit als positiv betrachtet, die im System entsteht und außerhalb genutzt werden kann. Die Zeichenregelung ist demzufolge umgekehrt.

Angesichts der praktischen Anwendungen bei der Entwicklung fahrzeugtechnischer Systeme wird die 2. Regelung bevorzugt.

Zur Ableitung der Volumenänderungsarbeit als Funktion von Zustandsgrößen im Arbeitsmedium wird das thermodynamische System im Bild 1.14 zugrunde gelegt.

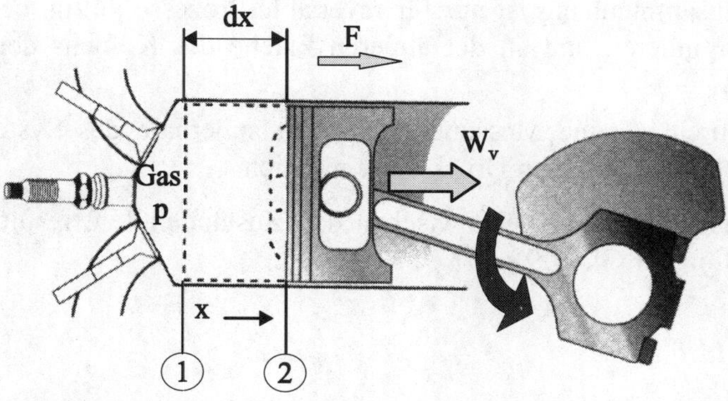

Bild 1.14 Schematische Darstellung eines geschlossenen (massendichten) Systems zur Ableitung der Volumenänderungsarbeit in Abhängigkeit von Zustandsgrößen im Arbeitsmedium (Gas)

Der Kolben wird durch das sich ausdehnende Gas von der Stellung 1 auf die Stellung 2 gebracht.

Voraussetzungen:

- der Kolben schließt das System dicht
- die Bewegung ist reibungsfrei
- die Zustandsänderung ist quasistatisch (durchläuft stets Gleichgewichtszustände im Gas)
- die Kolbengeschwindigkeit ist viel geringer als die Schallgeschwindigkeit im Gas, mit welcher sich alle Zustandsänderungen in das gesamte Gasvolumen fortpflanzen

Für eine Wegänderung dx gilt:

$$dW_v = F \cdot dx$$

Die Kraft, die das Gas auf den Kolben ausübt, resultiert aus:

$F = p \cdot A$; wobei für die Kolbenfläche in diesem Fall $A = \frac{\pi D^2}{4}$ gilt

Hieraus entsteht:

$$dW_v = pAdx\,; \quad \text{dabei ist } A\,dx = dV$$

Daraus resultiert:

$$dW = pdV \quad [J] \tag{1.9}$$

Dieser Zusammenhang ist nur für reversible Prozesse gültig, bei denen stets an der inneren und an der äußeren Fläche des Kolbens der Druck gleich ist $(p_i = p_a)$.

Nur dadurch ist eine Messung der Arbeit außerhalb des Systems bei Kenntnis aller momentanen Druckwerte möglich.

Die Volumenänderungsarbeit zwischen den Zuständen 1, 2 resultiert aus der Integration der Gl. (1.9):

$$W_v = \int_{V_1}^{V_2} p \, dV \tag{1.10}$$

Um die Arbeit qualitativ bewerten zu können – das heißt unabhängig von der Größe eines Systems – wird ihr Bezug auf die Masse des Arbeitsmediums im System empfohlen (Transformation einer absoluten in eine spezifische Größe).

Es gilt: $w_v \left[\frac{J}{kg}\right] = \frac{W_v}{m} \quad \frac{[J]}{[kg]}$

Analog $v \left[\frac{m^3}{kg}\right] = \frac{V}{m} \quad \frac{[m^3]}{[kg]}$

Daraus resultiert:

$$w_v = \int_{v_1}^{v_2} p \, dv \tag{1.10a}$$

Die Volumenänderungsarbeit ist entsprechend dem Zusammenhang in der Gl. (1.10), (1.10a) keine Zustandsgröße, also keine Systemeigenschaft. Es gilt:

$$p = f(v)$$

Diese Funktion muss bekannt sein, um die Arbeit zu ermitteln.

> *Definition*
>
> *Die **Volumenänderungsarbeit** ist eine wegabhängige Größe (Prozessgröße).*

Dieser Zusammenhang wird durch seine graphische Darstellung deutlicher:

Es wird ein Zustandsdiagramm in folgenden Koordinaten definiert:

– Variable V (oder v) auf Abszisse
– Variable p auf Ordinate.

In diesem Koordinatensystem ist die Arbeit entsprechend Gl. (1.10), (1.10a) als Fläche zwischen der Zustandsänderungskurve und der Abszisse wie im Bild 1.15 darstellbar.

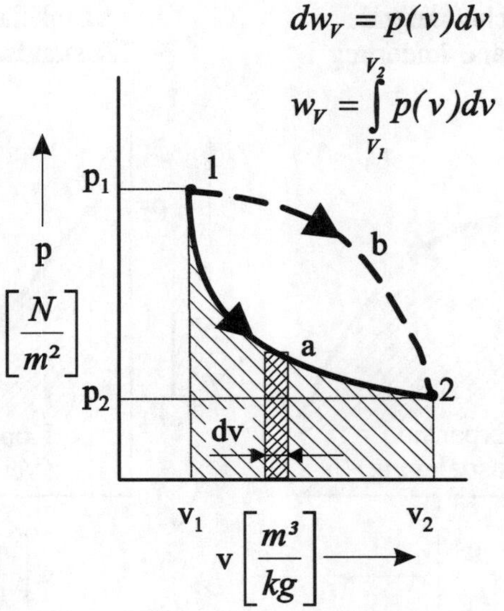

Bild 1.15 Darstellung der Volumenänderungsarbeit (geschlossenes System) auf Basis des bekannten Druckverlaufs zwischen zwei Volumina

In Abhängigkeit vom Verlauf der Zustandsänderung p = f(v) – graphisch durch unterschiedliche Kurvenverläufe a, b dargestellt – ergibt sich zwischen den 2 Referenzzuständen 1,2 ein jeweils anderer Flächeninhalt.

Physikalisch ist dW_v eine finite Quantität von Arbeit und keine finite Variation einer Arbeit. Arbeit erscheint als Energieform NUR während Zustandsänderungen infolge einer Energieumwandlung, beispielsweise aus Wärme, sie kann nicht in einem Zustand gespeichert werden. Deswegen ist der Zusammenhang in der Gl. (1.10) nicht als

$W_{V_2} - W_{V_1} = \int_{V_1}^{V_2} p\,dV$, sondern nur in der Form $W_{V_{12}} = \int_{V_1}^{V_2} p\,dV$ möglich.

Der absolute Druck ist immer eine positive Größe ($p > 0$)

Aus Gl. (1.10) resultiert

- für dV > 0 (Ausdehnung, Expansion) → $dW_v > 0$ positive Arbeit, vom System verrichtet bzw.
- für dV < 0 (Verdichtung, Kompression) → $dW_v < 0$ negative Arbeit, auf das System ausgeübt

Im Bild 1.16 sind diese möglichen Ablaufrichtungen dargestellt.

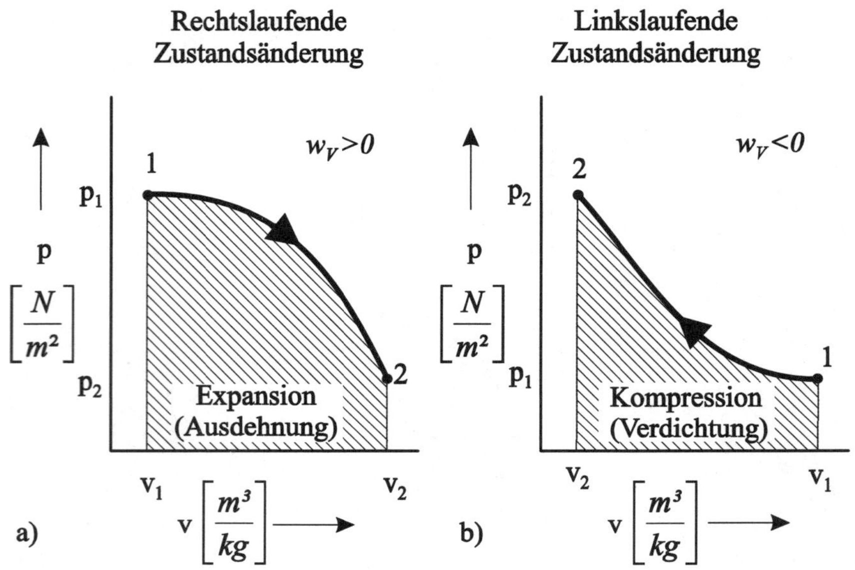

Bild 1.16 Ablaufrichtungen von Zustandsänderungen in einem geschlossenen System

In einer zyklischen Zustandsänderung (Kreisprozess) – bei der Ursprungs- und Endzustand gleich sind – resultiert die Volumenänderungsarbeit aus der Differenz der Kompressions- und Expansionsarbeiten zwischen dem minimalen und dem maximalen Volumen.

Solche Prozesse sind im Bild 1.17 dargestellt.

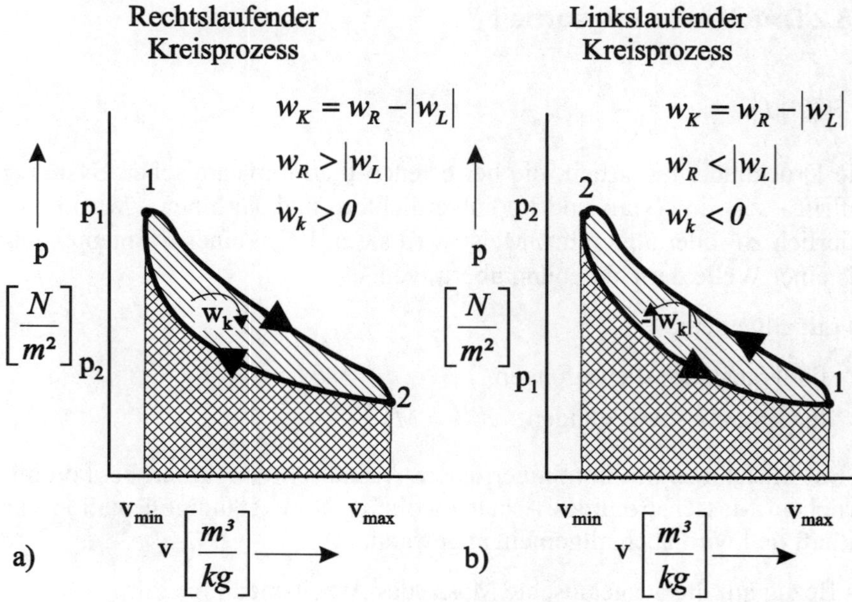

Bild1.17 Kreisprozesse in einem geschlossenen System – links-/ rechtslaufende Kreisprozesse

Die mit der Umgebung ausgetauschte Arbeit resultiert in diesem Fall aus der Fläche innerhalb der geschlossenen Zustandsänderungskurve.

In einem Kreisprozess, der in Uhrzeigersinn verläuft (rechtslaufender Prozess) ist die Kreisprozessarbeit W_K positiv, in einem linkslaufenden Prozess ist die Kreisprozessarbeit W_K negativ.

Ein solcher Verlauf kann experimentell – wie im Kap. 9 dargestellt wird – mittels Druck- und Weggeber, die die Signale an einem Speicheroszilloskopen weiterleiten, ermittelt werden.

Die Arbeit ist eine makroskopische Größe, weil sie aus makroskopisch vereinbarten Zustandsgrößen (p, V) abgeleitet wird.

Die Arbeit ist keine im System gespeicherte Energie, sondern eine Energieform, die nur während einer Energieumwandlung erscheint.

Ein System kann chemische, innere, potentielle oder kinetische Energie der Moleküle beinhalten, jedoch keine Arbeit. Deswegen erscheint die Arbeit nur in finiter Quantität bei einer Umwandlung der systemeigenen Energieformen.

1.8.2 Druckänderungsarbeit [1)]

$$W_p \; [J] \; , \; w_p \; \left[\frac{J}{kg}\right]$$

Die Druckänderungsarbeit, die bei offenen thermodynamischen Systemen auftritt – z.B. in Axial- und Radialverdichtern und Turbinen – wird kontinuierlich zu- oder abgeführt. Meist wird sie in Form eines Momentes mittels einer Welle der Umgebung übertragen.

Es gilt allgemein:

- für Translationsbewegungen $dW = F\,dx$
- für Rotationsbewegungen $dW = M_d\,d\alpha$

Bei Maschinen mit kontinuierlichem Austausch von Arbeit bei kontinuierlichem Massenstrom des Arbeitsmediums ist die ständige Rotation vorteilhaft und wird auch allgemein angewandt.

Im Bezug auf die ausgetauschte Masse des Arbeitsmediums gilt:

$$W_p = m\,w_p \qquad \text{und daraus}$$

$$dW_p = d(m\,w_p) \quad \rightarrow \quad d(mw_p) = M_d\,d\alpha$$

Im Bezug auf einen Zeitabschnitt resultiert

$$\frac{d(mw_p)}{dt} = \frac{M_d\;d\alpha}{dt} \qquad \text{bzw.} \qquad w_p\frac{dm}{dt} + m\frac{dw_p}{dt} = M_d\frac{d\alpha}{dt}$$

Für einen stationären Vorgang, in dem keine Änderung des Massenstroms, des Drehmomentes oder der Winkelgeschwindigkeit betrachtet werden, wird daraus folgender Zusammenhang abgeleitet:

$$\boxed{\dot{m}\cdot w_p = M_d\cdot\omega} \qquad \text{wobei} \qquad \omega = 2\pi\,n$$

daraus resultiert: $\dot{m}\cdot w_p = M_d\cdot 2\pi\,n$

---

1) In verschiedenen Literaturquellen als „technische“Arbeit (W_t) bezeichnet.

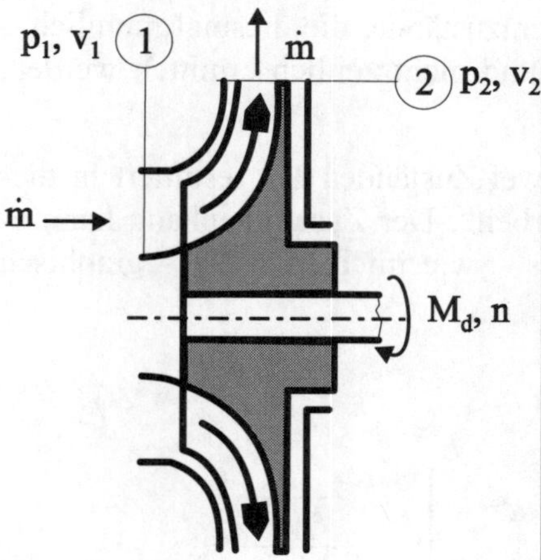

M_d	$[Nm, J]$	**Drehmoment**
α	$[-]$	**Drehwinkel**
$\frac{dm}{dt} = \dot{m}$	$\left[\frac{kg}{s}\right]$	**Massenstrom**
$\frac{dw_p}{dt}$	$\left[\frac{J}{kgs}\right]$	**Zeitliche Arbeitsänderung (bei stationären Prozessen Null)**
$\frac{d\alpha}{dt} = \omega$	$\left[s^{-1}\right]$	**Winkel-geschwindigkeit**
n	$\left[s^{-1}\right]$	**Drehzahl**

Bild 1.18 Schematische Darstellung eines offenen (massendurchlässigen) Systems zur Ableitung der Druckänderungsarbeit in Abhängigkeit von Zustandsgrößen im Arbeitsmedium (Gas)

Zur Berechnung der Druckänderungsarbeit wird ein System wie im Bild 1.18 zugrunde gelegt.

Das System stellt einen Verdichter dar. Der Massenstrom des Gases $\dot{m}_1$ tritt in das System durch die Stelle 1 ein, der Massenstrom $\dot{m}_2$ durch die Stelle 2 aus.

Zur Ableitung einer kontinuierlichen unvariablen Druckänderungsarbeit wird der Prozess zunächst als stationär betrachtet.

Daraus folgt:

– beide Ströme bleiben konstant mit der Zeit: $\frac{d\dot{m}}{dt} = 0$

Wenn der gesamte durch die Stelle 1 zugeführte Massenstrom nur durch die Stelle 2 abgeführt wird, gilt auf Grund der Massenerhaltung in gleicher Betrachtungsdauer: $\dot{m}_1 = \dot{m}_2 = \dot{m}$

– die Arbeit erfährt keine Änderung: $\frac{dw_p}{dt} = 0$

Die Definition der Arbeit bleibt prinzipiell wie im Kap. 1.8.1, sie entspricht also jener von der Volumenänderungsarbeit – Gl.(1.9).

$$dW = pdV$$

Bei einem offenen System, in diesem Fall dargestellt von einer Maschine mit stationärer Strömung, ist allerdings die Variation des Gasvolumens im System nicht explizit darstellbar.

Dagegen ist der Druck für die Extremzustände, die diesmal räumlich – am Ein- und Ausgang des Systems – und nicht zeitlich ermittelt werden, messbar.

Eine Zustandsänderung zwischen zwei Zuständen 1,2 resultiert in diesem Fall aus einer „Druckänderungsarbeit“. Der Zusammenhang kann ebenfalls anhand eines p, v-Diagramms – wie im Bild 1.19a – graphisch dargestellt werden.

$$dw_p = v(p)dp$$

$$w_p = \int_{p_1}^{p_2} -v(p)dp$$

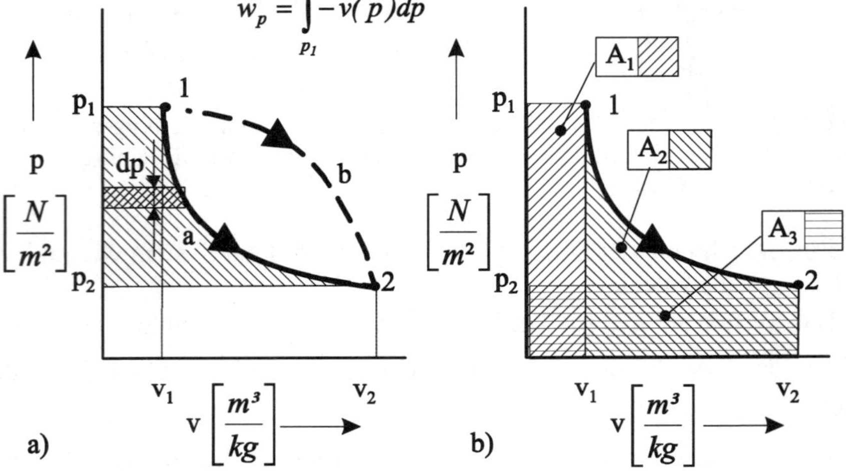

Bild 1.19 Darstellung der Druckänderungsarbeit (offenes System) auf Basis des bekannten Druckverlaufs zwischen zwei Extremdrücken

Die Arbeit, die der Zustandsänderung 1,2 entspricht, umfaßt in diesem Fall den gesamten Prozess zwischen dem Eingangs- und dem Ausgangsdruck $p_1 - p_2$.

Durch die entsprechende Variablenänderung in Gl. (1.9) (dV) → (-dp) für eine gleiche Zustandsänderung (1a2) oder (1b2) in den Bildern 1.15 und 1.19 (Drucksenkung bei Volumenzunahme) oder (12) im Bild 1.16b (Volumensenkung bei Druckzunahme) resultiert:

$$dW_p = V\left(-dp\right) \tag{1.11}$$

bzw.

$$dw_p = v\left(-dp\right) \tag{1.11a}$$

woraus zwischen zwei Extremdrücken p_1 und p_2 folgende Druckänderungsarbeit resultiert:

$$W_p = \int_{p_1}^{p_2} -V \; dp \tag{1.12}$$

bzw.

$$w_p = \int_{p_1}^{p_2} -v \; dp \tag{1.12a}$$

Diese Arbeit kann auch aus der Differenz der Flächen p1-1-2-v2-0-p1 (Flächen A_1 +A_2) und p2-2-v2-0-p2 (Fläche A_3) im Bild 1.19b abgeleitet werden:

$$w_p = A_1 + A_2 - A_3$$

$$w_p = A_1(p_1 - 1 - v_1 - 0 - p_1) + A_2(1 - 2 - v_2 - v_1 - 1)$$
$$- A_3(p_2 - 2 - v_2 - 0 - p_2)$$

$$W_p = \left(p_1 V_1 + \int_{V_1}^{V_2} p dV \right) - p_2 V_2 = \int_{V_1}^{V_2} p dV + (p_1 V_1 - p_2 V_2) \tag{1.13}$$

bzw.

$$w_p = \left(p_1 v_1 - \int_{v_1}^{v_2} p dv \right) - p_2 v_2 = \int_{v_1}^{v_2} p dv + (p_1 v_1 - p_2 v_2) \tag{1.13a}$$

Die Differenz $(p_1 \cdot v_1 - p_2 \cdot v_2)$ ist als Verschiebearbeit definiert. Sie charakterisiert in der Kraftfahrzeugtechnik beispielsweise den Ladungswechsel in einem Kolbenmotor, in einem Kompressor oder in einer Turbine.

Die Gleichungen (1.12),(1.12a) beschreiben die gleiche Fläche in den Koordinaten pV bzw. pv wie die Gl.(1.13),(1.13a).

In Abhängigkeit vom Verlauf der Zustandsänderung v=f(p) – der in den Bildern 1.15 und 1.19 zum Vergleich der Volumenänderungs- mit der Druckänderungsarbeit als gleich auf der Strecke a bzw. b erscheint – ergibt sich zwischen den zwei Referenzzuständen 1,2 ein jeweils anderer Flächeninhalt.

> *Definition*
>
> *Die **Druckänderungsarbeit** ist eine wegabhängige Größe (Prozessgröße).*

Physikalisch ist dW_p eine finite Quantität von Arbeit und keine finite Variation einer Arbeit. Arbeit erscheint als Energieform NUR während Zustandsänderungen infolge einer Energieumwandlung, beispielsweise als Wärme, sie kann nicht in einem Zustand gespeichert werden. Deswegen ist der Zusammenhang in der Gleichung (1.12) nicht als

$$W_{p_2} - W_{p_1} = \int_{p_1}^{p_2} -Vdp \qquad \text{sondern nur in der Form}$$

$$W_{p_{12}} = \int_{p_1}^{p_2} -Vdp \qquad \text{möglich.}$$

Das Volumen ist stets eine positive Größe ($V > 0$).
Aus Gleichung (1.12) resultiert :

- für $dp < 0$ (Ausdehnung; Expansion) $\rightarrow$ $dW_p > 0$ – positive Arbeit, vom System realisiert
- für $dp > 0$ (Verdichtung, Kompression) $\rightarrow dW_p < 0$ – negative Arbeit, auf das System ausgeübt.

Im Bild 1.20 sind diese möglichen Ablaufrichtungen dargestellt.
Aus dem Vergleich der Bilder (1.16)/(1.20) bzw. der Gleichungen (1.10)/(1.12) kann abgeleitet werden, dass eine Ausdehnung stets positive (abgeführte) und eine Kompression stets negative (zugeführte) Arbeit zur Folge hat, unabhängig davon, ob das System offen oder geschlossen ist.

In einer zyklischen Zustandsänderung (Kreisprozess) – bei der Ursprungs- und Endzustand gleich sind – resultiert die Druckänderungsarbeit aus der Differenz der Kompressions- und Expansionsarbeiten zwischen dem minimalen und dem maximalen Druck. Das ergibt die Fläche innerhalb der geschlossenen Zustandsänderungskurve.

In diesem Fall hat die Einteilung in Volumenänderungsarbeit und Druckänderungsarbeit keine Bedeutung, weil die Beträge gleich sind, wie aus den Bildern 1.17a, 1.17b offensichtlich ableitbar ist.

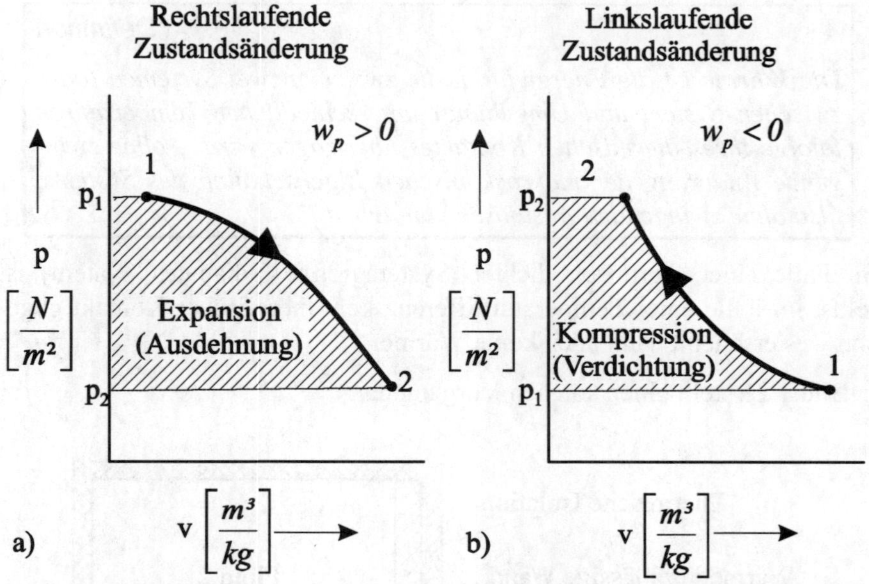

Bild 1.20 Ablaufrichtungen von Zustandsänderungen in einem offenen System

Wie im Falle der Volumenänderungsarbeit ist auch die Druckänderungsarbeit eine Energieform, die nur während einer Energieumwandlung erscheint. Sie kann nicht gespeichert werden und erscheint bei Umwandlungen nur als finite Quantität.

1.8.3 Wärme

$$Q\ [J]\ ,\ q\ \left[\frac{J}{kg}\right]$$

Der Austausch einer Arbeit zwischen einem System und seiner Umgebung setzt entweder eine Änderung der Kenngrößen an der Außenseite der Systemgrenze oder die Bewegung des gesamten Systems in Bezug auf die Referenzachsen voraus.

Außer dieser energetischen Wechselwirkung zwischen System und Umgebung ist noch eine andere möglich, bei der die genannten Voraussetzungen nicht zwingend sind. In diesem Fall gilt als Bedingung, dass die Temperatur des Systems bzw. der Umgebung unterschiedlich und die Grenze nicht thermisch isoliert ist.

Definition

Die ***Wärme*** *ist die Energieform, die zwischen zwei Systemen (oder zwischen System und Umgebung) unterschiedlicher Temperaturen infolge ihres thermischen Kontaktes übertragen wird – ohne zwingende Änderung der makroskopischen Eigenschaften des Systems, also ohne zwingenden Austausch von Arbeit.*

Im Falle einer thermisch dichten Systemgrenze (adiabates System) ist selbst im Falle einer Temperaturdifferenz kein thermischer Kontakt gegeben – es erscheint dann auch keine Wärme.

Bild 1.21 stellt einen solchen Vorgang dar.

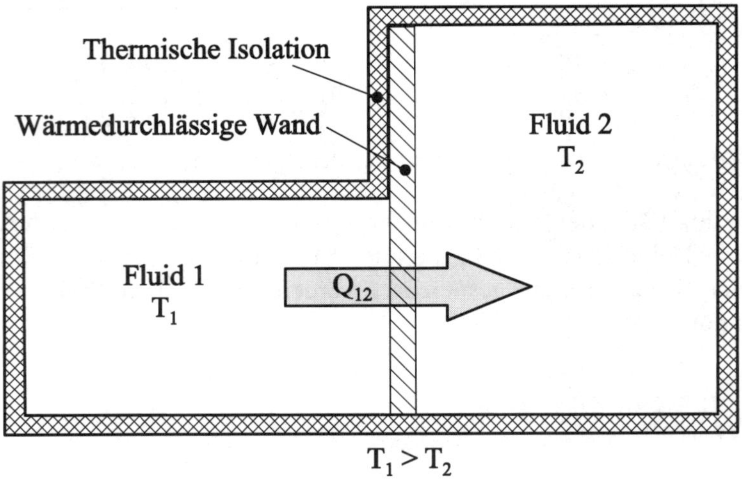

Bild 1.21 Austausch von Wärme zwischen zwei thermodynamischen Systemen, die im direkten thermischen Kontakt stehen

Definition

Die ***Wärme*** *ist – wie auch die Arbeit – eine wegabhängige Größe (Prozessgröße).*

Die Wärme ist keine Energie, die im System gespeichert wird, sie tritt nur an der Systemgrenze während einer Energieumwandlung auf.

Das System selbst besitzt eine innere Energie, die Wärme ist nur eine Form der Energieübertragung beim thermischen Kontakt zwischen zwei Systemen.

Frühere Bezeichnungen wie „Wärmekapazität, Wärmespeicherung" sind der inneren Energie eines Systems bzw. eines Arbeitsmediums zuzuordnen.

Ein Wärmeaustausch findet nicht im makroskopischen Bereich statt. Eine Analyse des Wärmeaustausches ist nur auf Basis der Molekularstruktur der Materie möglich.

In jedem Fall ist aber ein Wärmeaustausch an eine materielle Basis gebunden.

Als Einheit für die Wärme gilt wie im Falle der Arbeit:

- $dQ[J]$ → Q_{12} ist dabei eine finite Größe, die bei einer Zustandsänderung von 1 nach 2 auftritt. Ein Ausdruck der Form $Q_1 - Q_2$ hat physikalisch keinen Sinn, es gibt keine gespeicherte Wärme, daher keine Differenz.
- $dq\left[\frac{J}{kg}\right]$ → spezifische Wärme, aus $q_{12} = \frac{Q_{12}}{m} \quad \frac{[J]}{[kg]}$

Als Vorzeichenregelung gilt in der physikalischen wie in der technischen Thermodynamik:

- dem System zugeführte Wärme: Q+
- aus dem System abgeführte Wärme: Q -

Anwendungsbeispiele und Übungen zu Kapitel 1

Anwendbarkeit von Differentialquotienten der Zustandsgrößen

Ü 1.1 Der Zusammenhang der thermischen Zustandsgrößen entsprechend Gl. (1.7) ist durch Berechnung der Determinante (1.6) abzuleiten.

Lösung:

$$\underbrace{\begin{vmatrix} -1 & \left(\frac{\partial p}{\partial v}\right)_T & \left(\frac{\partial p}{\partial T}\right)_v \\ \left(\frac{\partial v}{\partial p}\right)_T & -1 & \left(\frac{\partial v}{\partial T}\right)_p \\ \left(\frac{\partial T}{\partial p}\right)_v & \left(\frac{\partial T}{\partial v}\right)_p & -1 \end{vmatrix}}_{=0} \bullet \underbrace{\begin{vmatrix} dp \\ dv \\ dT \end{vmatrix}}_{\substack{\neq 0 \\ \text{während} \\ \text{einer} \\ \text{Zustandsänderung}}} = 0$$

Die Berechnung der Determinante ergibt:

$$\begin{vmatrix} -1 & \left(\frac{\partial p}{\partial v}\right)_T & \left(\frac{\partial p}{\partial T}\right)_v & -1 & \left(\frac{\partial p}{\partial v}\right)_T \\ \left(\frac{\partial v}{\partial p}\right)_T & -1 & \left(\frac{\partial v}{\partial T}\right)_p & \left(\frac{\partial v}{\partial p}\right)_T & -1 \\ \left(\frac{\partial T}{\partial p}\right)_v & \left(\frac{\partial T}{\partial v}\right)_p & -1 & \left(\frac{\partial T}{\partial p}\right)_v & \left(\frac{\partial T}{\partial v}\right)_p \end{vmatrix} = 0$$

$$-1 + \left(\frac{\partial p}{\partial v}\right)_T \left(\frac{\partial v}{\partial T}\right)_p \left(\frac{\partial T}{\partial p}\right)_v + \left(\frac{\partial p}{\partial T}\right)_v \left(\frac{\partial v}{\partial p}\right)_T \left(\frac{\partial T}{\partial v}\right)_p +$$

$$\left(\frac{\partial p}{\partial T}\right)_v \left(\frac{\partial T}{\partial p}\right)_v + \left(\frac{\partial v}{\partial T}\right)_p \left(\frac{\partial T}{\partial v}\right)_p + \left(\frac{\partial p}{\partial v}\right)_T \left(\frac{\partial v}{\partial p}\right)_T = 0$$

mit $\left(\frac{\partial p}{\partial v}\right)_T \left(\frac{\partial v}{\partial T}\right)_p \left(\frac{\partial T}{\partial p}\right)_v = x$ und

$$\left(\frac{\partial p}{\partial T}\right)_v \left(\frac{\partial T}{\partial v}\right)_p \left(\frac{\partial v}{\partial p}\right)_T = \frac{1}{x}$$

bzw. für $\left(\frac{\partial p}{\partial T}\right)_v \left(\frac{\partial T}{\partial p}\right)_v = 1$; $\left(\frac{\partial v}{\partial T}\right)_p \left(\frac{\partial T}{\partial v}\right)_p = 1$;

$\left(\frac{\partial p}{\partial v}\right)_T \left(\frac{\partial v}{\partial p}\right)_T = 1$ gilt:

$$-1 + x + \frac{1}{x} + 3 = 0\,; \quad \frac{x^2 + 1 + 2x}{x} = 0\,; \quad \frac{(x+1)^2}{x} = 0$$

für $\underbrace{x \neq 0}_{\rightarrow Zustandsänderung}$ $\qquad x + 1 = 0$

Daraus resultiert $\left(\frac{\partial p}{\partial v}\right)_T \left(\frac{\partial v}{\partial T}\right)_p \left(\frac{\partial T}{\partial p}\right)_v + 1 = 0$ (1.7)

Bemerkung: bei der Bezeichnung des Terms

$$\left(\frac{\partial p}{\partial T}\right)_v \left(\frac{\partial T}{\partial v}\right)_p \left(\frac{\partial v}{\partial p}\right)_T = x$$

würde resultieren $\left(\frac{\partial p}{\partial v}\right)_v \left(\frac{\partial v}{\partial T}\right)_p \left(\frac{\partial T}{\partial p}\right)_v = \frac{1}{x}$

und daraus $\left(\frac{\partial p}{\partial T}\right)_v \left(\frac{\partial T}{\partial v}\right)_p \left(\frac{\partial v}{\partial p}\right)_T + 1 = 0$

Beim Vergleich der Gl. (1.7) und (1.7a) kann festgestellt werden, dass nur der Weg des Differenzierens unterschiedlich ist. Dieses ist ein wegunabhängiges (exaktes, vollständiges) Differential.

Ü 1.2 Es ist zu zeigen, dass die Bedingung (1.7) von folgenden Zustandsgleichungen erfüllt wird:

a) Ideales Gas $pv = RT$

b) Wasserdampf $\left(p + \frac{a}{v^2}\right) \cdot (v - b) = RT$ (van der Waals)

Lösung: a) aus $pv = RT \qquad p = \frac{RT}{v} \qquad v = \frac{RT}{p} \qquad T = \frac{pv}{R}$

$$\underbrace{\frac{\partial p}{\partial v} = -\frac{RT}{v^2} \qquad \frac{\partial v}{\partial T} = \frac{R}{p} \qquad \frac{\partial T}{\partial p} = \frac{v}{R}}_{\text{Einsetzen in Gleichung (1.7)}}$$

$$\Rightarrow \; \frac{RT}{v^2} \cdot \frac{R}{p} \cdot \frac{v}{R} + 1 = 0 \quad \Rightarrow \quad pv = RT$$

b) aus $\left(p + \frac{a}{v^2}\right)(v - b) = RT$ resultiert:

$$p = \frac{RT}{v - b} - \frac{a}{v^2} \qquad\qquad T = \frac{1}{R}\left(p + \frac{a}{v^2}\right)(v - b)$$

Die Umstellung nach v für die Gleichung (1.7) ist explizit nicht möglich → Gleichung (1.7) wird selbst wie folgt umgestellt:

$$\left(\frac{\partial p}{\partial v}\right)_T \left(\frac{\partial T}{\partial p}\right)_v = -\left(\frac{\partial T}{\partial v}\right)_p$$

$$\left(\frac{\partial p}{\partial v}\right)_T = -\frac{RT}{(v-b)^2} + \frac{2a}{v^3} \qquad\qquad \left(\frac{\partial T}{\partial p}\right)_v = \frac{1}{R} \cdot (v - b)$$

$$\underbrace{\left(\frac{\partial T}{\partial v}\right)_p = \frac{1}{R}\left(p - \frac{a}{v^2} + \frac{2ab}{v^3}\right)}$$

$$\rightarrow \left(\frac{-RT}{(v-b)^2} + \frac{2a}{v^3}\right) \cdot \left(\frac{1}{R}(v - b)\right) = -\frac{1}{R}\left(p - \frac{a}{v^2} + \frac{2ab}{v^3}\right)$$

das entspricht $\left(p + \frac{a}{v^2}\right)(v - b) = RT$

Ü 1.3 Ein geringfügig dehnbarer Aluminiumstab in der Struktur einer Fahrzeugkarosserie mit einer Länge von 300 mm und mit konstanten, runden Querschnitt erwärmt sich infolge Sonneneinstrahlung von 20°C auf 40°C.

Fragen: Um wie viel wird der Stab länger? (Die Querschnittsänderung ist vernachlässigbar)

Wie ändert sich das Ergebnis, wenn das Aluminium durch Stahl ersetzt wird?

Angaben: Thermische Ausdehnungskoeffizienten:

$$\alpha_{Al} = 23{,}8 \cdot 10^{-6} \left[K^{-1}\right]$$

$$\alpha_{St} = 10{,}0 \cdot 10^{-6} \left[K^{-1}\right]$$

Lösung: Aus der Definition des thermischen Ausdehnungskoeffizienten (Kapitel 1.6)

$$\alpha = \frac{1}{V_0}\left(\frac{\partial V}{\partial T}\right)_p$$

resultiert anhand von Differenzen (Δ)

$$\alpha V_0 = \frac{\Delta V}{\Delta T} \qquad \text{bei} \qquad p = \text{konst.}$$

woraus $\Delta V = \alpha V_0 \Delta T$

oder $\Delta l \cdot A = \alpha l_0 A \Delta T$ mit $\Delta l = l - l_0$

wodurch $l = l_0(1 + \alpha \Delta T)$

Daraus resultiert für den Aluminiumstab:

$$l = l_0\left(1 + 23{,}8 \cdot 10^{-6}\left[K^{-1}\right] \cdot 20[K]\right) = 0{,}3[m]\left(1 + 0{,}476 \cdot 10^{-3}\right)$$
$$= 0{,}3 \cdot 1{,}000476\ [m] = 0{,}3001428\ [m]$$

Die Änderung beträgt $0{,}1428[mm]$.

Analog gilt für Stahl $\Delta l = 0{,}06[mm]$.

Kommentar: Die Überschreitung der Ausdehnungstoleranzen würde zu Druckspannungen führen, ausgedrückt durch den Spannungskoeffizienten β.

Ü 1.4 Infolge einer fortlaufenden Druckwelle wird ruhendes Wasser bei 20°C in der Stahlleitung eines Hydraulikkreislaufes mit einem Druck von 100MPa beaufschlagt, wodurch eine geringfügige Kompression des Wassers bei unveränderter Temperatur erfolgt.

Frage: Wie viel Prozent beträgt die Kompression (Dichteänderung) des Wassers, wenn die Stahlleitung keine Ausdehnung zulässt?

Angaben: Stoffwerte für Wasser bei t=20°C, p_0=0,1MPa:

$$E = 2 \cdot 10^9 \left[\frac{N}{m^2}\right] \; ; \; \rho = 10^3 \left[\frac{kg}{m^3}\right] \; ;$$

Lösung: Aus der Definition des Elastizitätsmoduls (Kapitel 1.6)

$E = \rho_0 \left(\frac{\partial p}{\partial \rho}\right)_T$ resultiert anhand von Differenzen (Δ):

$$\frac{E}{\rho_0} = \frac{\Delta p}{\Delta \rho}$$

und daraus $\frac{\Delta \rho}{\rho_0} = \frac{\Delta p}{E}$

mit $\Delta \rho = \rho - \rho_0 \; ; \; \Delta p = p - p_0$

Das ergibt: $\frac{\rho - \rho_0}{\rho_0} = \frac{(100 - 0{,}1) \cdot 10^6 \left[\frac{N}{m^2}\right]}{2 \cdot 10^9 \left[\frac{N}{m^2}\right]} \cdot 100[\%]$

Die Änderung beträgt 4,995%.

bzw. $\frac{\rho - \rho_0}{\rho_0} = 0{,}04995$

$$\rho = \rho_0 (1 + 0{,}04995)$$

$$\rho = 10^3 \left[\frac{kg}{m^3}\right] \cdot 1{,}04995 = 1049{,}95 \left[\frac{kg}{m^3}\right]$$

Kommentare:

- Flüssigkeiten sind bei Drücken in der erwähnten Höhe geringfügig kompressibel.

- Wenn die Leitung elastisch (dehnbar) ist, wird die Energie der Druckwelle zwischen Leitungsausdehnung und Flüssigkeitskompression aufgeteilt.
- Solche Vorgänge finden in den Leitungen von Hochdruckeinspritzsystemen statt. Bei Dieseleinspritzanlagen sind Drücke im Bereich von 200MPa Stand der Technik.
- Ein solcher Vorgang tritt in Wasserleitungen beim Entstehen eines Wasserschlags (Effekt des hydraulischen Widders) auf, wodurch Resonanzwellen in der Leitung hervorgerufen werden.

Ü 1.5 Ein massendichter Stahlbehälter ist vollständig mit Wasser gefüllt. Das Wasser wird erwärmt, wodurch seine Temperatur von 20°C auf 90°C zunimmt. Der Stahlbehälter ist nicht ausdehnbar.

Frage: Auf welchen Wert steigt der Wasserdruck, wenn sein Wert vor der Erwärmung p=0,1 MPa beträgt?

Angaben: Thermischer Ausdehnungskoeffizient des Wassers:

$\alpha = 210 \cdot 10^{-6} \left[K^{-1}\right]$

Elastizitätsmodul: $E = 2 \cdot 10^{9} \left[\frac{N}{m^2}\right]$

Lösung: Aus dem Zusammenhang der Zustandsgrößen während einer thermodynamischen Zustandsänderung (Kapitel 1.6)

$$\left(\frac{\partial p}{\partial v}\right)_T \left(\frac{\partial v}{\partial T}\right)_p \left(\frac{\partial T}{\partial p}\right)_v = -1 \qquad \text{(Gl. 1.7)}$$

und aus der Definition des Elastizitätsmoduls (E) und des thermischen Ausdehnungskoeffizienten (α) (Kapitel 1.6)

$$E = \rho_0 \left(\frac{\partial p}{\partial \rho}\right)_T \text{ bzw. } \lambda = \frac{1}{E} = -\frac{1}{v_0}\left(\frac{\partial v}{\partial p}\right)_T ; \; \alpha = \frac{1}{v_0}\left(\frac{\partial v}{\partial T}\right)_p$$

wird abgeleitet:

$$\left(\frac{\partial p}{\partial T}\right)_v = -\left(\frac{\partial p}{\partial v}\right)_T \cdot \left(\frac{\partial v}{\partial T}\right)_p = \frac{\left(\frac{\partial v}{\partial T}\right)_p}{-\left(\frac{\partial v}{\partial p}\right)_T} = \frac{\alpha v_0}{\lambda v_0}$$

Daraus resultiert $\left(\frac{\partial p}{\partial T}\right)_v = \frac{\alpha}{\lambda} = \alpha E$

Das liefert den Zusammenhang p, T bei konstantem Volumen.

Für eine Temperaturdifferenz gilt: $\left(\frac{\partial p}{\partial T}\right)_v dT = \alpha \cdot E \cdot dT$

Durch Integration bei $\alpha, E = konst.$

$$\int_{p_1}^{p_2} \frac{dp}{dT} \cdot dT = \alpha \cdot E \cdot \int_{T_1}^{T_2} dT$$

$$p_2 - p_1 = \alpha \cdot E(T_2 - T_1)$$

bzw.

$$p_2 - p_1 = \alpha \cdot E \cdot (t_2 - t_1)^{2)}$$

Daraus resultiert:

$$p_2 - p_1 = 29{,}4[MPa]$$

Die Änderung beträgt:

$$29{,}4 - 0{,}1 = 29{,}3[MPa] \text{ bzw. } 293\ [bar]$$

Kommentar: In Kraftstoffbehältern, insbesondere bei flüssigen Kraftstoffen, könnte die Temperaturzunahme des Behälters durch atmosphärische Bedingungen oder durch Wärmestrahlung benachbarter Funktionsteile einen nicht vernachlässigbaren Druckanstieg bewirken, was zu Abweichungen in der Kraftstoffdosierung oder Funktionsstörungen führen könnte. Aus diesem Grund werden heute entsprechende Ventile zum Druckausgleich eingebaut.

[2)] Eine Temperaturdifferenz in [K] bzw. [°C] hat den gleichen Zahlenwert. $T_2 - T_1 = (273{,}15 + t_2) - (273{,}15 + t_1)$

Reversible und irreversible Zustandsänderungen

Ü 1.6 In einem stehenden Zylinder bewegt sich reibungsfrei ein Kolben mit der Masse m_0. Das System ist im Bild 1.12 dargestellt. Es befindet sich im Gleichgewicht, wenn der auf die Grenze des Systems von außen wirkende Druck p_a vom Gasdruck auf der inneren Seite der Grenze p_i ausgeglichen wird. Bei der gegebenen Masse des Kolbens ist $p_i = p_a$

mit $p_0 = p_a = \frac{F}{A} = \frac{m_0 g}{A}$

Auf den Kolben wird eine Zusatzmasse m_1 aufgesetzt, wodurch der Außendruck an der Systemgrenze p_a zunimmt. Es gilt:

$$p_a = p_1 = \frac{(m_0 + m_1)g}{A}$$

Die Zusatzmasse ist so bemessen, dass $p_1 = 4 \cdot p_0$.

Infolge der dadurch auftretenden Druckdifferenz an der Systemgrenze $p_a > p_i$ bewegt sich der Kolben bis zum neuen Gleichgewichtszustand ①.

Unter der Voraussetzung, dass während der Zustandsänderung die Temperatur unverändert blieb, gilt: $V_1 = \frac{V_0}{4}$

Durch Entfernen der Zusatzmasse m_1 im Zustand ① wird eine Zustandsänderung in umgekehrter Richtung realisiert. Unter den vereinbarten Bedingungen – der Kolben bewegt sich reibungsfrei und massendicht – erreicht das System den ursprünglichen Zustand (p_0, V_0).

Aufgabe: Berechnung der Volumenänderungsarbeit für beide Zustandsänderungen und Arbeitsbilanz für den gesamten Prozess mit Darstellung der beiden Zustandsänderungen im p,V-Diagramm.

Lösung: Im ursprünglichen Zustand ⓪ gilt: $p_a = p_i = p_o$

Beim Auflegen der Zusatzmasse wird $p_a >> p_i$

Während der Zustandsänderung ⓪→① gilt: $p_a > p_i$

Im Zustand ① wird wieder $p_a = p_i = p_1$

Für die umgekehrte Zustandsänderung wird die Zusatzmasse in der Lage ① entfernt. Dadurch wird schlagartig: $p_i >> p_a$. Beide Drücke werden erst im Gleichgewichtszustand ⓪ wieder gleich: $p_i = p_a$.

Im System haben somit zwei Zustandsänderungen stattgefunden:

⓪→① Kompression
①→⓪ Expansion

Der thermische Endzustand entspricht dem ursprünglichen Zustand ⓪. Nach der Rückkehr in den Zustand ⓪ ist im System selbst keine Änderung zu verzeichnen.
In der Umgebung ist jedoch eine Änderung aufgetreten: die Zusatzmasse m_1 ist von der Lage ⓪ in die Lage ① versetzt worden. Diese Änderung kann nur durch einen Energieaufwand entsprechend der geänderten potentiellen Energie m_1gz korrigiert werden.

Die Darstellung im p,V-Diagramm dient der Ermittlung der zwischen System und Umgebung ausgetauschten Arbeit. Entsprechend der Erläuterungen in Kapitel 1.8.1 ist Arbeit <u>nur</u> an der äußeren Seite der Systemgrenze messbar. Das heißt, für die ausgetauschte Arbeit sind die Druckänderungen an der Außenseite der Grenze p_a und die von innen verursachten Volumenänderungen aufschlussreich. Die Druckänderungen im Gas selbst (p_i) könnten nur dann herangezogen werden, wenn in jedem Stadium der Zustandsänderung $p_a = p_i$ wäre, was in diesem Fall offensichtlich nicht erfolgt.

Bei der Auflage der Masse m_1 auf den Kolben ändert sich p_a schlagartig von p_0 auf $p_1 = 4\,p_0$. Das ergibt im p,V-Diagramm an der Außenfläche der Systemgrenze die Zustandsänderung ⓪→*a*.

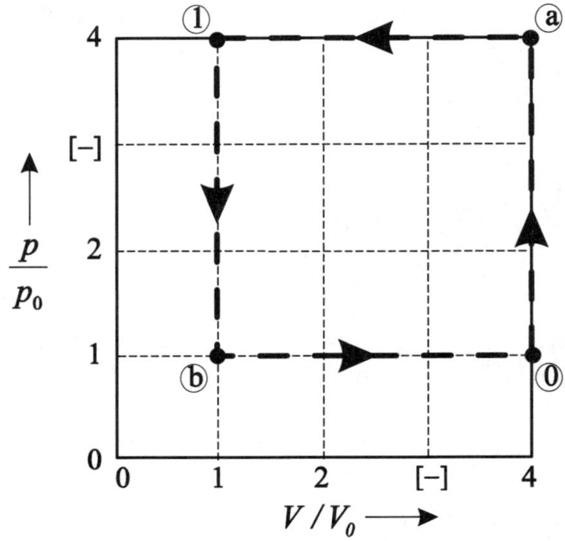

Bild Ü 1.6 Zustandsänderungen an der Außenseite der Systemgrenze für das System im Bild 1.12

Infolge des Ungleichgewichtes $p_a >> p_0$ sinkt das Volumen entsprechend der Zustandsänderung a→①. Während dieses Vorgangs bleibt $p_a = p_1$. Im Gas nimmt während dessen der Druck infolge der Volumensenkung zu, bis zum Gleichgewicht im Zustand ① $p_a = p_i = p_1$.

Beim Entfernen der Masse m_1 im Zustand ① gilt:
$(p_a = p_0) << (p_i = p_1)$, was an der Außenfläche der Systemgrenze die Zustandsänderung ①→b zur Folge hat.
Die Volumenentlastung b→⓪ führt zum erneuten Gleichgewicht $p_i = p_a = p_0$.

Als Verdichtungsarbeit gilt entsprechend dem p,V-Diagramm:

$$|W_v| = \quad W_{0-a-1} = p_1(V_1 - V_0)$$

Analog gilt bei Entlastung:

$$W_E = W_{1-b-0} = p_0(V_0 - V_1)$$

Es kann festgestellt werden, dass $|W_V| > W_E$,

also trotz Rückkehr des Systems in den ursprünglichen Zustand von der Umgebung während der Verdichtung eine größere Arbeit geleistet worden ist, als vom System selbst während der Entlastung.

Mit den angegebenen Zahlenwerten gilt

$$W_E - |W_V| = -3\,p_0 (V_0 - V_1)$$

Diese Arbeit entsteht aufgrund der Differenz der Potentialenergien der Zusatzmasse auf den zwei Höhen 0,1.

Für $V_1 = \dfrac{V_0}{4}$ gilt: $\quad W_K = W_E - |W_V| = -\dfrac{9}{4} p_0 V_0$

Ü 1.7 Im System von **Ü 1.6** werden die gleichen Zustandsänderungen – Verdichtung/Entlastung – ausgehend vom gleichen Zustand ⓪ stufenweise realisiert. Anstatt einer Zusatzmasse m_1 werden 3 Zusatzmassen m_{11}, m_{12}, m_{13} jeweils in den Kolbenhöhen 11, 12, 13 aufgelegt wie in Bild Ü 1.7/1 dargestellt. Es gilt dabei:

$$m_1 = m_{11} + m_{12} + m_{13}$$

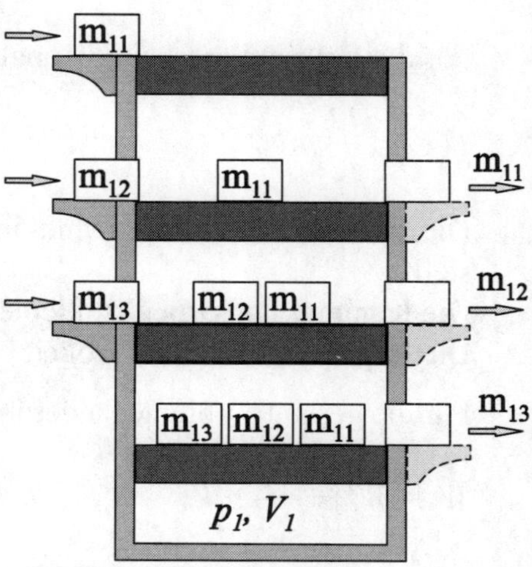

Bild Ü 1.7/1 Selbständige Rückkehr des Systems in den ursprünglichen Zustand bei sukzessiver Auflage / Rücknahme von 3 Massen (Vgl. Bild 1.12)

Die Zusatzmassen sind so bemessen, dass:

für m_{11} ⇨ $p_{11} = 2p_0$ ⇨ $V_{11} = \frac{V_0}{2}$

für m_{12} ⇨ $p_{12} = 3p_0$ ⇨ $V_{12} = \frac{V_0}{3}$

für m_{13} ⇨ $p_{13} = 4p_0$ ⇨ $V_{13} = \frac{V_0}{4}$

Damit sind die Zustände ⓪ und ① die gleichen wie in **Ü 1.6**.
Bei sukzessiver Entfernung der Zusatzmassen auf den jeweiligen Höhen in umgekehrter Reihenfolge (m_{13}, m_{12}, m_{11}) erreicht das System die gleichen Gleichgewichtszustände wie bei der Auflage der Zusatzmassen.

Aufgaben: Berechnung der Volumenänderungsarbeit für den gesamten Prozess und Darstellung der Zustandsänderungen im p,V-Diagramm.
Vergleich mit den Ergebnissen der **Ü 1.6**.

Lösung: Für die Verdichtungsarbeit wird an der Außenseite der Systemgrenze folgendes ermittelt:

$$|W_v| = W_{0-1} = -\frac{11}{6} p_0 V_0$$

Für die Entlastungsarbeit gilt analog:

$$W_{2-0} = \frac{13}{12} p_0 V_0$$

Die Zustandsänderungen sind im Bild Ü 1.7/2 dargestellt.
Die Kompressionsarbeit ist kleiner als im ersten Beispiel. Die Expansionsarbeit ist größer.

Für die gesamte Volumenänderungsarbeit gilt:

$$W_E - |W_V| = -\frac{3}{4} p_0 V_0$$

Der Wert ist kleiner als in **Ü 1.6**.

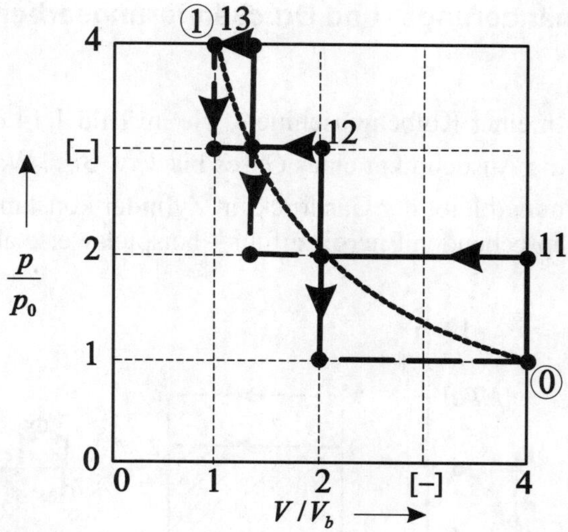

Bild Ü 1.7/2: Zustandsänderungen an der Außenseite der Systemgrenze für das System in Bild Ü 1.7/1

Kommentar: Die gesamte Volumenänderungsarbeit nähert sich dem Wert Null, je größer die Anzahl der Zwischen-Gleichgewichtszustände wird.

Im Extremfall, in dem der Abstand zwischen zwei folgenden Zuständen – als Zustandsänderung, bzw. die Druckdifferenz zwischen Außen- und Innenseite an der Systemgrenze $(p_a - p_i)$ – nicht mehr messbar ist, kann der Prozess als reversibel betrachtet werden:

- die Kompression und die Expansion verlaufen auf dem gleichen Weg (Bild Ü1.7/2)
- die Kompressions- und Expansionsarbeit sind identisch
- die gesamte Volumenänderungsarbeit ist gleich Null

Nur in einem solchen Fall kann der Druckverlauf im Arbeitsmedium selbst, also auf der Innenseite der Systemgrenze – beispielsweise in einem Verbrennungsmotor – zur Ermittlung des Arbeitsaustausches herangezogen werden.

Daher werden Zustandsänderungen allgemein in einer Verkettung von sukzessiven Gleichgewichtszuständen betrachtet.

Volumenänderungs- und Druckänderungsarbeit

Ü 1.8 In einer Kolbenmaschine – wie im Bild 1.14 dargestellt – erfolgt die Ausdehnung eines Gases bis $V_2 = 3V_1$. Während der Ausdehnung bleibt der Gasdruck im Zylinder konstant, infolge einer entsprechenden Energiezufuhr – beispielsweise als Wärme.

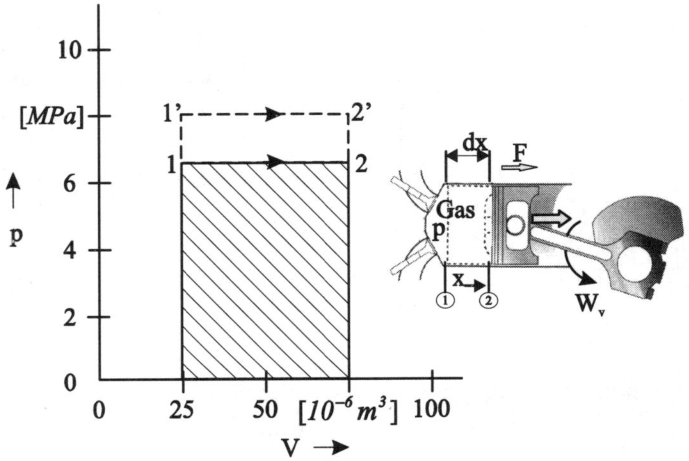

Bild Ü 1.8 Darstellung der Entlastung in einer Kolbenmaschine bei konstantem Druck im p,V-Diagramm

Fragen: Wie viel Volumenänderungsarbeit liefert das System infolge dieser Zustandsänderung nach außen?
Die Zustandsänderung und die Arbeit sind im p,V-Diagramm darzustellen.

Welche Änderungen treten auf, wenn der Prozess bei einem höheren Druck $(p' > p)$ stattfindet?

Angaben: $p = 6{,}6[MPa]$; $p' = 8[MPa]$; $V_1 = 25cm^3$

Lösung: $W_{12} = p\int_{V_1}^{V_2} dV = p(V_2 - V_1)$ (1.10);

für $V_2 = 3V_1$ gilt:

$W_{12} = 2pV_1$ $\quad W_{12} = 2 \cdot 6{,}6 \cdot 10^6 \cdot 25 \cdot 10^{-6} = 330[J]$

$W'_{12} = 2 \cdot 8{,}0 \cdot 10^6 \cdot 25 \cdot 10^{-6} = 400[J]$

Kommentar: Eine solche Zustandsänderung entspricht der Wärmezufuhr im idealen Kreisprozess eines Dieselmotors

Ü 1.9 Es ist die reversible spezifische Pumpenarbeit in der Zahnradpumpe eines Saugrohr-Einspritzsystems für Ottomotoren zu bestimmen, mit der Benzin bei einer Dichte $\rho = 736 \frac{kg}{m^3}$ von $p_1 = 1 bar$ auf $p_2 = 5 bar$ bei annähernd konstanter Temperatur $t = 20°C$ gepumpt wird.

Aufgaben:

- Die Zustandsänderung und die Arbeit sind im p,v-Diagramm darzustellen.
- Wieviel Leistung ist für diesen Prozess erforderlich, wenn der gepumpte Massenstrom *6l/min* beträgt?
- Welche Änderungen treten auf, wenn der Prozess bei einer höheren Temperatur stattfindet?

Lösung: Benzin ist bei diesem Druckniveau praktisch inkompressibel ⇨ $v = \frac{1}{\rho} = konst.$

Das System ist offen, für die spezifische Arbeit gilt die Gleichung (1.12a)

- Druckänderungsarbeit: $w_p = \int_{p_1}^{p_2} - v dp$

Bei $v = konst.$ wird daraus abgeleitet:

- $w_p = v(p_1 - p_2) = \frac{1}{\rho}(p_1 - p_2)$

$$w_p = \frac{1}{736}(1-5)\cdot 10^5 = -543{,}5\left[\frac{J}{kg}\right]$$

- $P_p = |\dot{m} w_p| = \left|\rho \dot{V} \cdot \frac{1}{\rho}(p_2 - p_1)\right| = |\dot{V} \cdot \Delta p|$

$$P_p = \frac{6 \cdot 10^{-3}}{60}\left[\frac{m^3}{s}\right] \cdot 4 \cdot 10^5 \left[\frac{N}{m^2}\right] = 40[W]$$

- aus $\alpha = \frac{1}{v_0}\left(\frac{\partial v}{\partial T}\right)_p$ - thermischer Ausdehnungskoeffizient (Kap. 1.6)
  resultiert: $v = v_0(1+\alpha t)$

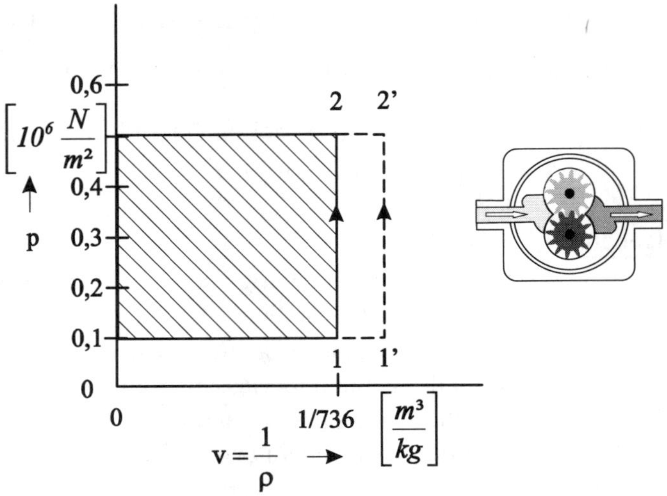

Bild Ü 1.9 Zustandsänderungen in einer Benzin-Zahnradpumpe – dargestellt im p,v-Diagramm

Die Zunahme der Benzintemperatur bewirkt die Zunahme seines spezifischen Volumens. Entsprechend der geänderten Zustandsänderungen im Bild Ü 1.9 wird in diesem Zusammenhang die Pumparbeit größer.

Kommentar: Die Auswirkung der von der Temperatur mitverursachten Viskositätsänderung wird in diesem Beispiel nicht betrachtet.

Ü 1.10 In einem Ottomotor wird atmosphärische Luft durch die Öffnung von Einlassventilen angesaugt. Anschließend werden die Einlassventile geschlossen und durch die Bewegung des Kolbens vom maximalen zum minimalen Volumen die Luft verdichtet. Das Verhältnis beider Volumina wird allgemein als Verdichtungsverhältnis ε bezeichnet. Während der Verdichtung wird der Zylinder durch ummantelndes Kühlwasser mehr oder weniger gekühlt, wodurch die Funktion $p = f(v)$ unterschiedliche Verläufe annimmt.

Es werden folgende Fälle analysiert:

a) keine Kühlung (thermische Isolation):

$$p = \frac{konst.}{V^{1,4}} \rightarrow pV^{1,4} = konst.$$

b) sehr starke Kühlung (konstante Temperatur der Luft während Verdichtung):

$$p = \frac{konst.}{V^{1}} \rightarrow pV = konst.$$

c) übliche Kühlung:

$$p = \frac{konst.}{V^{1,2}} \rightarrow pV^{1,2} = konst.$$

Aufgaben:

1. Darstellung der Zustandsänderung während der Verdichtung im p,V-Diagramm für die drei Kühlvarianten, bei zwei möglichen Verdichtungsverhältnissen $\varepsilon_1, \varepsilon_2$.
2. Berechnung der Zustandsgrößen Druck und Temperatur in der Luft am Ende der Verdichtung für die drei Kühlvarianten bei zwei möglichen Verdichtungsverhältnissen $\varepsilon_1, \varepsilon_2$ (prinzipieller Verlauf).
3. Berechnung der spezifischen Verdichtungsarbeit für die gleichen Varianten.
4. Vergleich der spezifischen Verdichtungsarbeit für die gleichen Funktionen $p = f(v)$ beim Einsatz eines Radialverdichters (offenes System) anstatt des Kolbenverdichters.

Kenngrößen der Luft: $R = 287{,}04 \frac{J}{kgK}$

$p_{atm} = 1 bar$; $T_{atm} = (273{,}15 + 15) K$

Verdichtungsverhältnis: $\varepsilon_1 = \frac{V_H + V_C}{V_C} = 10$

$\varepsilon_2 = 13$

Zustandsänderungen:

a) $pV^{1,4} = konst.$

b) $pV = konst.$

c) $pV^{1,2} = konst.$

Bild Ü 1.10/1: Einzylinder-Vierventil-Ottomotor

Lösung:

1. Darstellung der Zustandsänderung

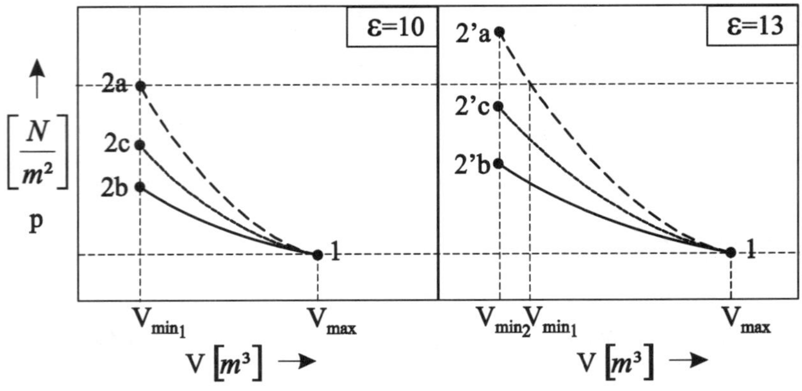

Bild Ü 1.10/2: Zustandsänderungen für drei Kühlvarianten

2. $p_1 V_1{}^n = p_2 V_2{}^n \qquad p_2 = p_1 \left(\frac{V_1}{V_2}\right)^n, \; p_2 = p_1 \left(\frac{V_{max}}{V_{min}}\right)^n$

$$p_2 V_2 = mRT_2 \Rightarrow \qquad T_2 = \frac{p_2 V_2}{mR} \qquad \text{mit } m = \frac{p_1 V_1}{RT_1}$$

Daraus $\qquad T_2 = \frac{p_2 V_2}{p_1 V_1} \cdot \frac{RT_1}{R}, \quad T_2 = \frac{p_2}{p_1} \cdot \frac{1}{\varepsilon} \cdot T_1$

	ε = 10		ε = 13	
	$p_2 \left[\frac{N}{m^2}\right]$	T_2 [K]	$p_2 \left[\frac{N}{m^2}\right]$	T_2 [K]
n = 1,4	$25{,}12 \cdot 10^5$	723,80	$36{,}27 \cdot 10^5$	803,89
n = 1	$10 \cdot 10^5$	288,15	$13 \cdot 10^5$	288,15
n = 1,2	$15{,}8 \cdot 10^5$	456,69	$21{,}71 \cdot 10^5$	481,29

3. Für ein geschlossenes System gilt:

$$w_v = \int_{v_1}^{v_2} p dv \tag{1.10a}$$

Nach Punkt 2) ist

$$p_1 V_1{}^n = p_2 V_2{}^n \rightarrow p_1 v_1{}^n = p_2 v_2{}^n = pv^n$$

Daraus resultiert: $p = p_1 \left(\frac{v_1}{v}\right)^n = p_1 \left(\frac{V_1}{V}\right)^n$

$$w_{v_{12}} = \int_{v_1}^{v_2} p_1 v_1^n \cdot \frac{1}{v^n} \cdot dv = p_1 v_1^n \cdot \frac{v_2^{1-n} - v_1^{1-n}}{1-n}$$

$Mit\ \varepsilon^n v_2^n = v_1^n\ gilt:$

$$w_{v12} = \frac{p_1}{1-n}\left(\varepsilon^n \cdot v_2^n \cdot v_2^{1-n} - v_1^{n+1-n}\right)$$

$$w_{v12} = \frac{p_1}{1-n}\left(\varepsilon^n \cdot \frac{v_1}{\varepsilon} - v_1\right) \quad wobei \quad \frac{v_1}{\varepsilon} = v_2$$

$$mit \quad pV = mRT$$
$$oder \; pv = RT$$

$$w_{12} = \frac{W_{v_{12}}}{m} = \frac{RT_1}{1-n}\left(\varepsilon^{n-1} - 1\right)$$

	ε = 10	ε = 13
	$w_{12} \left[\frac{kJ}{kg}\right]$	$w_{12} \left[\frac{kJ}{kg}\right]$
n = 1,4	-312,62	-370,09
1,2	-241,88	-277,20
n = 1*)	-190,45	-212,15

*) bei n = 1 gilt: $w_{v_{12}} = \int_{v_1}^{v_2} p dv = \int_{v_1}^{v_2} \frac{p_1 v_1}{v} \cdot dv$

$$= p_1 v_1 \ln \frac{v_2}{v_1}$$

$$= RT_1 \ln\left(\frac{1}{\varepsilon}\right)$$

4. Entsprechend Gl. (1.12a) gilt für offene Systeme:

$$w_p = \int_{p_1}^{p_2} -v dp$$

Daraus wird mit:

$$p_1 V_1^n = p_2 V_2^n = p V^n$$

$$\rightarrow \quad V = \left(\frac{p_1}{p}\right)^{\frac{1}{n}} \cdot V_1 \text{ bzw. } \quad v = \left(\frac{p_1}{p}\right)^{\frac{1}{n}} \cdot v_1$$

$$w_{p_{12}} = \int_{v_1}^{v_2} - \frac{p_1^{\frac{1}{n}}}{p^{\frac{1}{n}}} \cdot v_1 \cdot dp = -\frac{p_1^{\frac{1}{n}} \cdot v_1}{1 - \frac{1}{n}} \cdot \left(p_2^{1-\frac{1}{n}} - p_1^{1-\frac{1}{n}} \right)$$

Daraus resultiert:

$$w_{p_{12}} = \frac{n}{1-n} \cdot v_1 \left(p_2^{1-\frac{1}{n}} \cdot p_2^{\frac{1}{n}} \cdot \frac{1}{\varepsilon} - p_1^{1-\frac{1}{n}+\frac{1}{n}} \right)$$

$$wobei \quad p_2^{\frac{1}{n}} \cdot \frac{1}{\varepsilon} = p_1^{\frac{1}{n}}$$

$$w_{p12} = \frac{n}{1-n} \cdot v_1 \left(p_2 \cdot \frac{1}{\varepsilon} - p_1 \right) \text{ und mit } p_2 = p_1 \cdot \varepsilon^n$$

$$w_{p12} = \frac{n}{1-n} \cdot v_1 \left(p_1 \varepsilon^{n-1} - p_1 \right) \text{ bzw.}$$

$$w_{p_{12}} = \frac{n}{1-n} p_1 v_1 \left(\varepsilon^{n-1} - 1 \right)$$

und mit $pv = RT$

$$w_{p_{12}} = \frac{n}{1-n} RT_1 \left(\varepsilon^{n-1} - 1 \right)$$

Bei offenen Systemen ist ε kein geometrisch bestimmtes Verdichtungsverhältnis sondern ein Faktor, der aus der jeweiligen Funktion pV^n resultiert.

Der Vergleich mit w_{V12} für geschlossene Systeme ergibt:

$$w_{p_{12}} = n \cdot w_{v_{12}}$$

Die Arbeit beim Einsatz eines offenen Systems zur Luftverdichtung ist um den Faktor n größer als beim Einsatz eines geschlossenen Systems.
Bei n = 1 sind die Arbeiten gleich (die Zustandsänderung ist im p,V-Diagramm eine symmetrische Hyperbel).

Kommentar: Die intensivere Kühlung während der Verdichtung, wodurch der Faktor n sinkt, führt zu geringeren Werten bei der Berechnung der Verdichtungsarbeit. Das darf nicht zur Schlussfolgerung führen, dass die Kühlung einen geringeren Energieeinsatz bei einer Verdichtung mit gleichem Verdichtungsverhältnis führt: dabei wird vielmehr ein Teil der Energie dem Kühlmedium in Form von Wärme übertragen.

Ü 1.11 In der Turbine, die einem Kolbenmotor nachgeschaltet ist, wird das Abgas nach einer vorgegebenen Zustandsänderung pv^n entlastet.

Fragen:

1. Wie groß ist die Abgastemperatur am Turbinenausgang? Ist diese Temperatur von der Art oder Zusammensetzung des Abgases abhängig?
2. Wie viel spezifische Arbeit leistet das Abgas in der Turbine?
3. Wie viel Leistung resultiert daraus bei einem Abgasmassenstrom von 50 g/s?

Angaben: $p_1 = 7 bar$; $p_2 = 1{,}2 bar$; $T_1 = 1800°C$

Zustandsänderung $pv^{1,33} = konst.$

$$R_{Abg} = 273{,}63 \frac{J}{kgK}$$

Lösung:

1. $T_2 = \frac{p_2 v_2}{R}$; aus $p_1 v_1^{1,33} = p_2 v_2^{1,33}$ resultiert

$$\rightarrow v_2 = v_1 \left(\frac{p_1}{p_2} \right)^{\frac{1}{1,33}}$$

$$\downarrow$$

wobei $v_1 = \frac{RT_1}{p_1}$

$$T_2 = \frac{p_2}{R} \cdot \frac{RT_1}{p_1} \cdot \left(\frac{p_1}{p_2} \right)^{\frac{1}{1,33}}$$

$$T_2 = \frac{p_2}{p_1} \cdot \left(\frac{p_1}{p_2} \right)^{\frac{1}{1,33}} \cdot T_1 = \left(\frac{p_2}{p_1} \right)^{1-\frac{1}{1,33}} \cdot T_1 = \left(\frac{p_2}{p_1} \right)^{\frac{1,33-1}{1,33}} \cdot T_1$$

$$T_2 = \left(\frac{1{,}2 \cdot 10^5}{7 \cdot 10^5} \right)^{\frac{1{,}33-1}{1{,}33}} \cdot (1800 + 273{,}15) = 1338{,}4[K]$$

$$bzw.\ 1065{,}25[°C]$$

Die Zusammenhänge von Druckverhältnissen und Temperaturen beinhalten keine stoffabhängige Koeffizienten – dadurch sind sie unabhängig von der Art oder Zusammensetzung des jeweiligen Abgases.

2. $w = \int_{p_1}^{p_2} -vdp$ (1.12a)

   In der **Ü 1.10** wurde für offene Systeme abgeleitet:

   $$w_{p_{12}} = \frac{n}{1-n} RT_1 \left(\varepsilon^{n-1} - 1 \right)$$

   Dabei gilt: $\varepsilon = \frac{v_1}{v_2}$; mit $p_1 v_1^n = p_2 v_2^n$ wird:

   $$\varepsilon = \left(\frac{p_2}{p_1} \right)^{\frac{1}{n}}$$

   Daraus resultiert:

   $$w_{p_{12}} = \frac{n}{1-n} RT_1 \left[\left(\frac{p_2}{p_1} \right)^{\frac{n-1}{n}} - 1 \right]$$

   $$w_{p_{12}} = 810{,}27 \left[\frac{kJ}{kg} \right]$$

   Die Arbeit ist abhängig von der Zusammensetzung des Abgases.

3. $P_{Turbine} = \dot{m} w_{p_{12}}$

   $P_{Turbine} = 40{,}51\ [kW]$

2 Energiebilanz: Der erste Hauptsatz der Thermodynamik

2.1 Einführung; Erläuterung

Der 1.Hauptsatz der Thermodynamik (1.HS) entspricht dem aus der Physik bzw. der Mechanik bekannten Satz der Erhaltung und Umwandlung der Energie. Er wird in der Thermodynamik für die Systeme angewandt, die mit der Umgebung Wärme und Arbeit austauschen.

Die Haupterscheinungsformen der Materie sind Masse und Energie. Andererseits stellen sowohl die Wärme als auch die Arbeit Energiearten dar.

Demzufolge ist grundsätzlich die Änderung der Energie eines Systems von einer Änderung seiner Masse begleitet.

Nach Einstein gilt:

$$\Delta E = \Delta m \cdot c^2 \tag{2.1}$$

Das bedeutet beispielsweise, dass jede Energiezufuhr einen Massenzuwachs verursacht. Die Änderung der Energie eines thermodynamischen Systems erfolgt jedoch in einem Wertebereich, dem eine praktisch vernachlässigbare Massenänderung des Systems entspricht. Üblicherweise erfolgt der intensivste Energieaustausch in kraftfahrzeugtechnischen Anwendungen durch die Verbrennung eines Kraftstoffs. Die in Form von Wärme erscheinende Energie kann aus dem Heizwert des jeweiligen Kraftstoffes abgeleitet werden.

Für ein übliches Benzin mit einem Heizwert von 42700 $\left[\frac{kJ}{kg}\right]$,bei Annahme der Lichtgeschwindigkeit im Vakuum von

$$c = 3 \cdot 10^8 \left[\frac{m}{s}\right]$$

beträgt die Massenvariation nach Gl. (2.1):

$$\Delta m = \frac{\Delta E}{c^2}\ ,\ \Delta m = \frac{42{,}7 \cdot 10^6}{9 \cdot 10^{16}} = 0{,}474 \cdot 10^{-9} = 0{,}474 \cdot 10^{-6} \left[\frac{g}{kg}\right]$$

Eine Massenänderung von $0{,}474 \cdot 10^{-6}$ g je kg verbrannten Kraftstoffs erscheint als vernachlässigbar.

Selbst bei Verbrennung von Wasserstoff, mit einem mehr als dreifachen Heizwert gegenüber Benzin, ist die entsprechende Massenänderung vernachlässigbar.

Es ist weiterhin zu beachten, dass Kraftstoffe nur in Verbindung mit Sauerstoff – meist aus der Luft – verbrennen, wobei ein wesentlich geringerer Gemischheizwert gilt. Ein Energieaustausch infolge Wärmeübertragung erfolgt offensichtlich auf noch niedrigerem Niveau.

Demzufolge wird in den technischen Anwendungen der Thermodynamik angenommen, dass die Energieumwandlungen in einem System keine Veränderung seiner Masse verursachen.

Das führt zur folgenden Erläuterung des Ersten Hauptsatzes der Thermodynamik:

> ***Der erste Hauptsatz – allgemein***
>
> *Zwischen den Teilsystemen eines energetisch dichten Systems kann ein Energieaustausch derart erfolgen, dass sich die Energie einzelner Teilsysteme verändert. Die gesamte Energie des Systems, als Summe der Energien der Teilsysteme bleibt jedoch konstant.*

Dieser Zusammenhang ist im Bild 2.1 dargestellt.

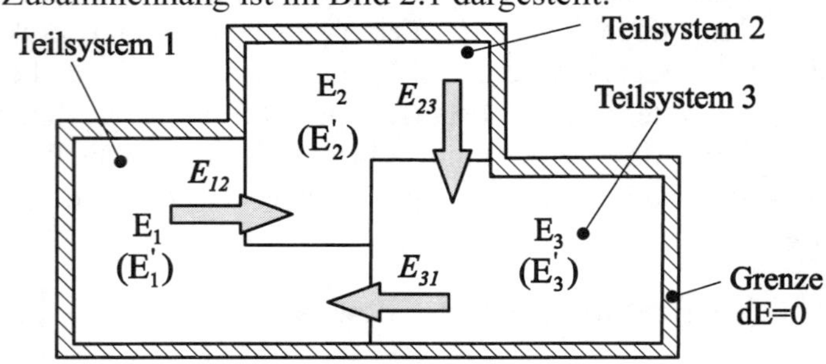

$$E_1 + E_2 + E_3 = E_1' + E_2' + E_3'$$

Bild 2.1 Energieaustausch zwischen Teilsystemen eines energetisch dichten Systems

Die Gesamtheit System-Umgebung ist auch ein energetisch dichtes System (Die Grenze der Umgebung an der Unendlichkeit ermöglicht keinen weiteren Energieaustausch). Daraus resultiert folgende Formulierung des 1.HS:

Der erste Hauptsatz – Austausch System-Umgebung

Während eines Energieaustausches zwischen System und Umgebung – beispielsweise als Wärme oder Arbeit – bleibt die Summe aller Energieformen des Systems und der Umgebung konstant.

Die Änderung aller Energieformen des Systems ist gleich der Änderung aller Energieformen der Umgebung.
Dieser Zusammenhang ist im Bild 2.2. exemplifiziert.

Dabei gilt:

$$E_U + E_S = \left[E_U - \left(E_{U1} + E_{U2} + E_{U3}\right) + \left(E_{S1} + E_{S2} + E_{S3}\right)\right] + \left[E_S - \left(E_{S1} + E_{S2} + E_{S3}\right) + \left(E_{U1} + E_{U2} + E_{U3}\right)\right]$$

- darin sind:

- $E_{U1} + E_{U2} + E_{U3}$ – Energie, die von der Umgebung abgeführt und dem System zugeführt ist (als Betrag)
- $E_{S1} + E_{S2} + E_{S3}$ – Energie, die vom System abgeführt und der Umgebung zugeführt wird (als Betrag)

Bild 2.2 Energieaustausch zwischen System und Umgebung

Daraus wird abgeleitet, dass ein Antrieb ständig Arbeit leisten kann, wenn ihm ständig eine entsprechende Energie zugeführt wird.

Ein Antrieb, der ohne entsprechende Energiezufuhr Arbeit leisten würde, wird als **Perpetuum Mobile 1. Ordnung** bezeichnet.

2.2 Energiebilanz für Zustandsänderungen in geschlossenen Systemen; Innere Energie

Zur Ableitung eines quantitativen Ausdrucks des ersten Hauptsatzes wird ein geschlossenes (massendichtes) System betrachtet, in dem ein Kreisprozess stattfindet (Zustandsänderung mit Rückkehr in den ursprünglichen Zustand). Während eines solchen Prozesses werden zwischen System und Umgebung Arbeit und Wärme ausgetauscht. Die Energie im System vor und nach dem Austausch ist gleich, entsprechend dem gleichen Zustand. Ein solcher Vorgang ist im Bild 2.3 dargestellt.

Unabhängig von:

- Art und Menge des Arbeitsmediums im System
- Art und Richtung der Zustandsänderungen
- Umfang des Kreisprozesses

sind die Summen von ausgetauschter Wärme und Arbeit gleich.

Quantitativ gilt:

$$E_U + E_S = \left[E_U - \left(|Q_{zu}| + |W_{zu}|\right) + \left(|Q_{ab}| + |W_{ab}|\right)\right] + \left[E_S - \left(|Q_{ab}| + |W_{ab}|\right) + \left(|Q_{zu}| + |W_{zu}|\right)\right]$$

- darin sind:

- $|Q_{zu}| + |W_{zu}|$ Wärme und Arbeit, die von der Umgebung ins System zugeführt werden
- $|Q_{ab}| + |W_{ab}|$ Wärme und Arbeit, die vom System in die Umgebung abgeführt werden

Für ein System, welches vor und nach dem Prozess den gleichen Zustand und damit die gleiche Energie hat, resultiert aus dieser Bilanz:

$$|Q_{zu}| + |W_{zu}| = |Q_{ab}| + |W_{ab}|$$

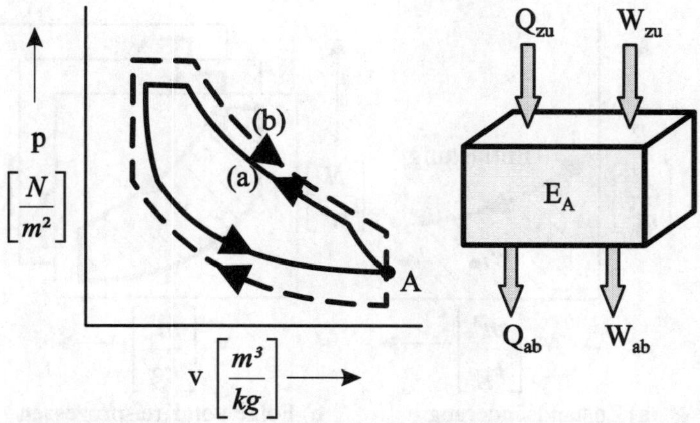

Bild 2.3 Kreisprozess in einem thermodynamischen System, mit Austausch von Wärme und Arbeit – dargestellt im p,V-Diagramm

Mit der vereinbarten Vorzeichenregelung

$Q_{zu} = +|Q_{zu}|$; $Q_{ab} = -|Q_{ab}|$

$W_{zu} = -|W_{zu}|$; $W_{ab} = +|W_{ab}|$

gilt: $Q_{zu} - W_{zu} = -Q_{ab} + W_{ab}$

bzw. $Q_{zu} + Q_{ab} = W_{ab} + W_{zu}$

oder allgemein, für einen mehrfachen, beliebigen Austausch von Wärme und Arbeit während der Zustandsänderungen im Kreisprozess:

$$\sum Q_i = \sum W_i \tag{2.2}$$

Gleichung (2.2) gibt eine Berechtigung der im Kap. 1.8 vorgenommenen Vorzeichenregelung für den Arbeitsaustausch:

- Wenn ein System beispielsweise positive Energie aufnimmt (in diesem Fall Wärmezufuhr $+|Q_{zu}| - |Q_{ab}| > 0$), so wird diese Energie auch positiv umgesetzt (vom System insgesamt resultierende Arbeit $+|W_{ab}| - |W_{zu}| > 0$). Diese Vereinbarung erlaubt eine klare Bilanz zwischen Aufwand und Nutzen bzw. ein übersichtliches Energie-Management.
- Die Vereinbarung in der Form: $+|Q_{zu}| - |Q_{ab}| > 0$ aber $-|W_{ab}| + |W_{zu}| < 0$, wie in der physikalischen Thermodynamik, erscheint für technische Anwendungen als umständlich.

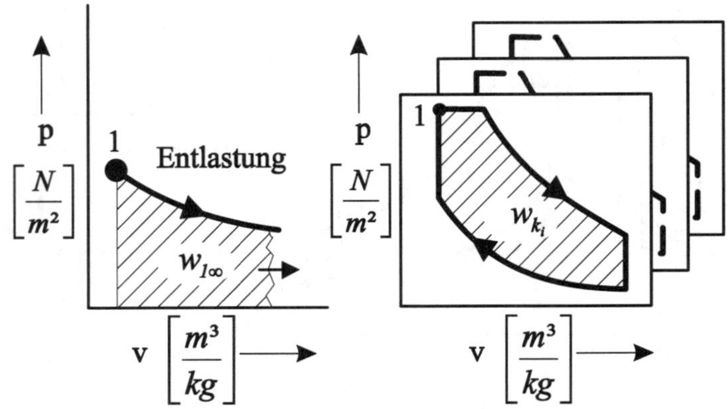

a) Zustandsänderung **b) Folge von Kreisprozessen**

Bild 2.4 Ständige Arbeitsverrichtung in einem geschlossenen System während einer Zustandsänderung **(a)** bzw. während einer Folge von Kreisprozessen **(b)**

Ein geschlossenes System, beispielsweise ein Kolbenmotor (der Massenaustausch während des Ladungswechsels wird beim idealen Prozess als Wärmeaustausch im unveränderten Arbeitsmedium betrachtet), kann ständig Arbeit leisten, wenn es eine Folge von Kreisprozessen durchläuft. Eine einzige Zustandsänderung – beispielsweise eine Entlastung – ist immer begrenzt. Dieser Zusammenhang ist im Bild 2.4 verdeutlicht. Um unendlich Arbeit zu leisten, müssen unendlich viele Kreisprozesse realisiert werden. In jedem Kreisprozess ist für die Gewährleistung der Arbeit die Zufuhr einer äquivalenten Energie (in diesem Fall Wärme) erforderlich. Die Realisierung eines Perpetuum Mobile erster Ordnung ist also nicht möglich.

2.2.1 Innere Energie

$$U[J], \qquad u\left[\frac{J}{kg}\right]$$

Die Energiebilanz in einem Kreisprozess zeigt, dass für den gleich gebliebenen Energiezustand des Systems die erfolgte Energiedurchströmung höchstens die Energieformen, aber nicht ihren Gesamtwert ändern kann. Von konkretem Nutzen in technischen Anwendungen wird aber die Bilanz von ausgetauschten Energien (Form und Wert) für eine beliebige Zustandsänderung zwischen zwei unterschiedlichen Zuständen 1, 2 sein, wie es im Bild 2.5 dargestellt ist.

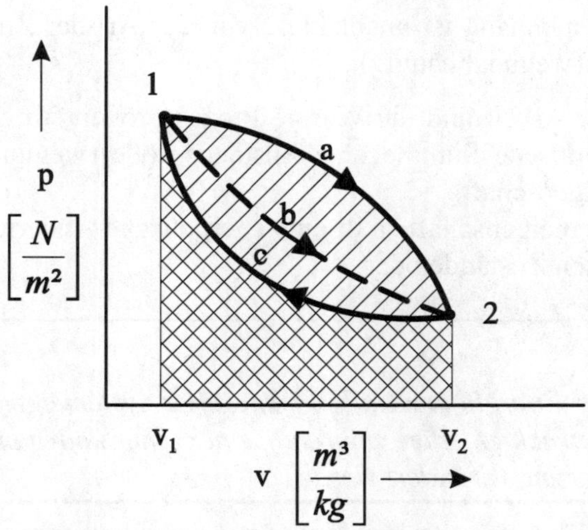

Bild 2.5 Ermittlung des Energieaustausches in einem geschlossenen System während einer Zustandsänderung 1,2 – dargestellt im p, v- Diagramm

Eine Zustandsänderung 1,2 kann prinzipiell auf unterschiedlichen Wegen (a,b) erfolgen. Die Arbeit, die der Zustandsänderung (1–a–2) entspricht, ist größer als über den Weg (b), wie die Fläche unter der jeweiligen Zustandsänderung zeigt. Zur Anwendung des 1.HS werden die 2 Zustandsänderungen in einem jeweiligen imaginären Kreisprozess eingeschlossen, in dem zwischen den Zuständen 2, 1 eine Referenz-Zustandsänderung (2-c-1) betrachtet wird.

Für die Kreisprozesse

$$1-a-2-c-1$$

$$1-b-2-c-1$$

gilt entsprechend der Gl. (2.2):

$$Q_{1a2}+Q_{2c1}=W_{1a2}+W_{2c1} \tag{2.3a}$$

$$\underline{Q_{1b2}+Q_{2c1}=W_{1b2}+W_{2c1}} \tag{2.3b}$$

$$Q_{1a2}-Q_{1b2}=W_{1a2}-W_{1b2} \tag{2.3}$$

Aus Gl.(2.3) resultiert:

$$Q_{1a2}-W_{1a2}=Q_{1b2}-W_{1b2}=konst. \tag{2.4}$$

Dieser Zusammenhang ist unabhängig von der Art der Zustandsänderung 1a2 bzw. 1b2 (wegunabhängig).

Obwohl die Arbeit und die Wärme Prozessgrößen (wegabhängig) sind, ist ihre algebraische Summe eine Zustandsgröße (wegunabhängig), also eine Systemeigenschaft.

Diese Systemeigenschaft stellt eine energetische Änderung des Systems zwischen diesen Zuständen dar.

> *Definition*
>
> *Die **innere Energie** wird als Summe aller systemeigenen Energieformen betrachtet, die während einer thermodynamischen Zustandsänderung verändert werden.*

Die innere Energie umfasst mehrere Energieformen, die im mikroskopischen Maßstab erfassbar sind – beispielsweise die potentielle und kinetische Energie der Moleküle und Atome (solange die chemische Struktur des Systems unverändert bleibt). In diesem Fall kann der Ursprung der inneren Energie bei $T = 0[K]$ festgelegt werden, wodurch absolute Werte abgeleitet werden können.

Die innere Energie eines Systems kann gemäß dem Zusammenhang in der Gl. (2.4) durch einen Energieaustausch mit der Umgebung – in Form von Wärme oder Arbeit – geändert werden, soweit die ausgetauschten Energien nicht gleich sind.

Für eine Zustandsänderung 1,2 gilt:

$$Q_{12} - W_{v12} = U_2 - U_1 \tag{2.5}$$

(bei $Q_{12} = W_{v12}$ gilt $U_2 = U_1$, demzufolge $\Delta U = 0$)

Für eine elementare Zustandsänderung resultiert daraus:

$$dQ - dW_v = dU \tag{2.6}$$

Wie die Wärme und die Arbeit ist die innere Energie abhängig von der Stoffmasse.

Als spezifische innere Energie gilt analog:

$$q = \frac{Q}{m}\left[\frac{J}{kg}\right] \; und \; w_v = \frac{W_v}{m}\left[\frac{J}{kg}\right]$$

$$auch \; u = \frac{U}{m}\left[\frac{J}{kg}\right]$$

Daraus resultiert entsprechend Gl. (2.5) und (2.6)

$$q_{12} - w_{v12} = u_2 - u_1 \tag{2.5a}$$

$$dq - dw_v = du \tag{2.6a}$$

> ***Der erste Hauptsatz – Zustandsänderungen in geschlossenen Systemen***
>
> *Der Austausch von Wärme und Arbeit zwischen einem geschlossenen System und seiner Umgebung während einer Zustandsänderung entspricht der Änderung seiner inneren Energie.*

Die Zusammenhänge, die durch die Gl.(2.5) und (2.6) dargestellt wurden, gelten sowohl für reversible, als auch für irreversible Zustandsänderungen.

Für die reversiblen Zustandsänderungen können diese Beziehungen mittels der Umstellung $dW_v = p\,dV$ bzw. $dw_v = p\,dv$ – anhand der Zustandsgrößen im Arbeitsmedium dargestellt werden.

Es gilt:

$$Q_{12} - \int_{V_1}^{V_2} p\,dV = U_2 - U_1 \tag{2.7}$$

$$q_{12} - \int_{v_1}^{v_2} p\,dv = u_2 - u_1 \tag{2.7a}$$

$$dQ - p\,dV = dU \tag{2.8}$$

$$dq - p\,dv = du \tag{2.8a}$$

Für eine finite Zustandsänderung 1,2 gilt:

$$Q_{12} = U_2 - U_1 + \int_{V_1}^{V_2} p\, dV \tag{2.9}$$

bzw.

$$q_{12} = u_2 - u_1 + \int_{v_1}^{v_2} p\, dv \tag{2.9a}$$

2.3 Energiebilanz für Zustandsänderungen in offenen Systemen (stationäre Prozesse); Enthalpie

Ein offenes System tauscht mit der Umgebung Masse (Arbeitsstoff) aus. Folgende Beispiele sind dafür repräsentativ: Kolbenmotoren (während des Ladungswechsels), Gasturbinen, Kraftstoff- und Wasserpumpen, Wärmetauscher, Düsen.

Anders als bei geschlossenen Systemen wird für einen ständigen Vorgang in einem offenen System allgemein kein Kreisprozess in einem einzelnen Systemmodul, sondern eine Verkettung einzelner Zustandsänderungen in konsekutiven Systemmodulen durchgeführt.

Zur Erstellung der Energiebilanz in einem solchen Fall wird ein offenes System betrachtet, welches sowohl Wärme als auch Druckänderungsarbeit mit der Umgebung austauscht. Ein derartiges System ist im Bild 2.6 schematisch dargestellt.

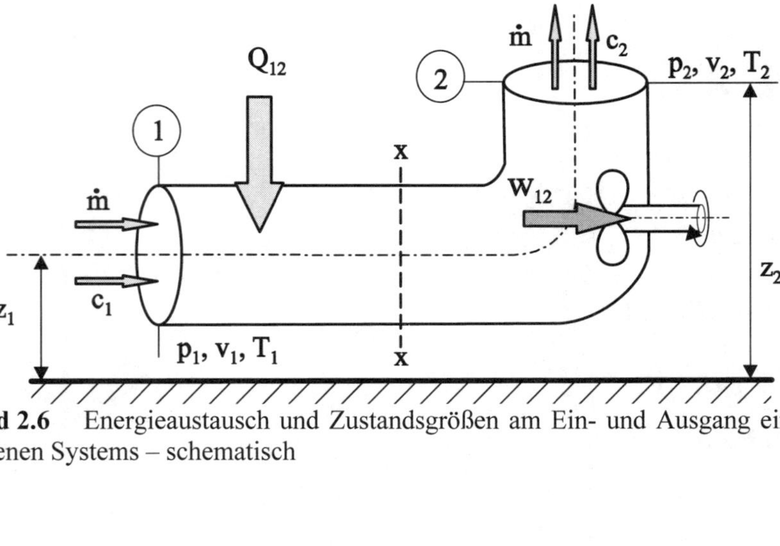

Bild 2.6 Energieaustausch und Zustandsgrößen am Ein- und Ausgang eines offenen Systems – schematisch

Es werden zunächst folgende vereinfachenden Bedingungen vereinbart:

- die Strömung ist stationär – ihre Zustandsgrößen sind also in jedem Punkt zeitunabhängig. Daraus resultiert zuerst die Konstanz der Massenströmung

$$\dot{m}_1 = \dot{m}_2 = \dot{m} \qquad \text{(Kontinuitätsgleichung)}$$

- die Strömung ist eindimensional (Fadenströmung). In jedem Querschnitt zur Strömungsrichtung sind die Zustandsgrößen sowie die Strömungsgeschwindigkeit konstant. Für die Geschwindigkeit kann auch ein mittlerer Wert, im Einklang mit der Kontinuitätsgleichung angenommen werden, wie es im Bild 2.7 dargestellt ist:

$$c_m = \frac{1}{A} \cdot \oint c \, dA$$

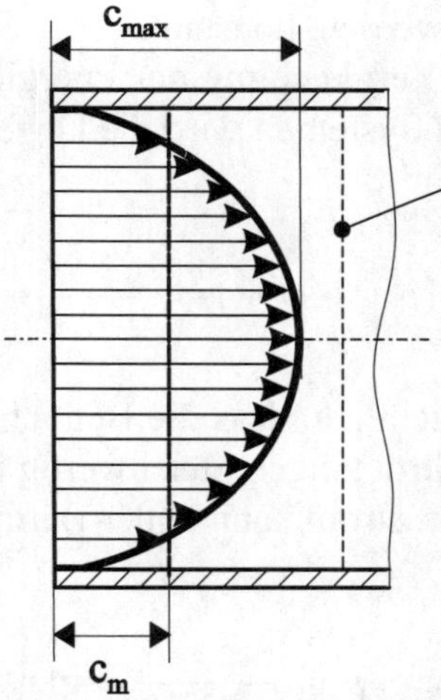

Bild 2.7 Geschwindigkeitsprofil und mittlere Geschwindigkeit (c_m) in einer stationären, eindimensionalen Strömung

- Die Arbeit, die durch Reibung entsteht, wird vollständig in Wärme umgesetzt. In der Energiebilanz heben sich die jeweiligen Beträge auf.
- Aufgrund der stationären Strömung kann das System statisch betrachtet werden, in dem die Massenströmung für eine Zeit dt als Masse $m = \dot{m}\, dt$ eingeht. Umgekehrt, bei der Einbeziehung der Massenströme, wären alle Energieformen mit Energieströmen zu ersetzen (Wärmestrom anstatt Wärme, Leistung anstatt Arbeit).

Daraus resultiert folgende Energiebilanz für eine Schnittstelle x–x zwischen 1 und 2:

x

Energieform	von 1	zu 2
Wärme	$Q_{12} = m\,q_{12}$	-
Arbeit	-	$W_{p12} = m\,w_{p12}$
Innere Energie (z.B. kin. Energie – mikroskopisch)	$U_1 = m \cdot u_1$	$U_2 = m\,u_2$
Strömungsenergie (Verschiebearbeit)	$p_1V_1 = m \cdot p_1v_1$	$p_2V_2 = m\,p_2v_2$
Kinetische Energie (makroskopisch)	$\frac{m\,c_1^2}{2}$	$\frac{m\,c_2^2}{2}$
Potentielle Energie	mgz_1	mgz_2

x

Entsprechend dem ersten Hauptsatz ist die Summe der Energieformen, die von 1 nach 2 übertragen werden, konstant.

Für einen übersichtlichen Vergleich mit der Energiebilanz bei Zustandsänderungen in geschlossenen Systemen wird die Differenz von Wärme und Arbeit explizit abgeleitet. Es gilt:

$$m\left(q_{12} - w_{p12}\right) = m\left[\left(u_2 - u_1\right) + \left(p_2v_2 - p_1v_1\right) + \left(\frac{c_2^2}{2} - \frac{c_1^2}{2}\right) + g\left(z_2 - z_1\right)\right] \quad (2.10)$$

Daraus wird zunächst ersichtlich, dass die Betrachtung von Masse oder Massenstrom für stationäre Strömungen gleichwertig ist.

Die Masse bzw. der Massenstrom kann außer Betracht gelassen werden. Es gilt dann:

$$q_{12} - w_{p12} = \left(u_2 - u_1\right) + p_2v_2 - p_1v_1 + \frac{c_2^2}{2} - \frac{c_1^2}{2} + g\left(z_2 - z_1\right) \quad (2.10a)$$

Ein Vergleich der Energiebilanz für geschlossene Systeme (2.5a) und offene Systeme (2.10a) deutet auf folgenden Unterschied hin:

Die Differenz zwischen der ausgetauschten Wärme und Arbeit während einer Zustandsänderung in einem geschlossenen System ist in der Variation der inneren Energie erkennbar.

Bei offenen Systemen, die eine Strömung voraussetzen, ändern sich außer der inneren Energie auch die strömungsspezifischen Energieformen – wie Pumparbeit, kinetische oder potentielle Energie.

Für eine Zustandsänderung in einem offenen System wird dementsprechend der Erste Hauptsatz wie folgt formuliert:

Der erste Hauptsatz – Zustandsänderungen in offenen Systemen

Der Austausch von Wärme und Arbeit zwischen einem offenen System und seiner Umgebung während einer Zustandsänderung entspricht der Änderung seiner Gesamtenergie, die aus mehreren Formen besteht.

2.3.1 Enthalpie

$$H\left[J\right], \qquad h\left[\frac{J}{kg}\right]$$

Der erste Hauptsatz für eine Zustandsänderung in offenen Systemen bzw. sein quantitativer Ausdruck mittels Gl. (2.10a) führen zu der Erkenntnis, dass eine Zusammenfassung aller systemeigenen Energieformen, einschließlich der inneren Energie, eine effektivere Handhabung zulässt.

Allerdings sind die Anteile der Energieformen an der gesamten Energie eines Systems in der Praxis sehr unterschiedlich.

Aus Stofftabellen können beispielsweise folgende Werte der inneren Energie ermittelt werden:

bei p = 1bar	$u_0\left(20°C\right)$ $\left[\frac{kJ}{kg}\right]$	$u_1\left(100°C\right)$ $\left[\frac{kJ}{kg}\right]$
für Wasser	1225,37	1559,77
für Luft	215,75	274,64

Dagegen wird die potentielle Energie eines Arbeitsmediums in einer Maschine mit 10 [m] Höhenunterschied zwischen Ein- und Ausgang:

$$\underset{}{g\,\Delta z} = \underset{\left[\frac{m}{s^2}\right]}{9{,}81} \cdot \underset{[m]}{10} = \underset{\left[\frac{m^2}{s^2}\right]}{98{,}1} = \underset{\left[\frac{kJ}{kg}\right]}{98{,}1 \cdot 10^{-3}}$$

$$\left[\begin{array}{l} \textit{Bemerkung: die Ableitung der Einheiten ergibt:} \\ \left[\frac{kJ}{kg}\right] \rightarrow \left[10^3 \frac{J}{kg}\right] \rightarrow \left[10^3 \frac{Nm}{kg}\right] \rightarrow \left[10^3 \frac{\cancel{kg} \cdot m}{s^2} \cdot \frac{m}{\cancel{kg}}\right] \rightarrow \frac{m^2}{s^2} \end{array}\right]$$

Prozentual spielt daher die potentielle Energie keine Rolle in der Gesamtbetrachtung der Energie in einer Maschine mit üblichen Abmessungen. Dabei ist die absolute Höhe, in der sich die Maschine befindet nicht von Bedeutung: für die Bilanz zählt nur der Höhenunterschied zwischen Ein- und Ausgang aus der Maschine.

– andererseits ist die kinetische Energie nur bei hohen Strömungsgeschwindigkeiten von Bedeutung. Beispielsweise, ergibt

$$c = 50\left[\frac{m}{s}\right] \quad \rightarrow \quad \frac{c^2}{2} = 1{,}25 \cdot 10^3 \left[\frac{m^2}{s^2}\right] \rightarrow 1{,}25\left[\frac{kJ}{kg}\right]$$

$$(180\,km/h)$$

was auch im Bereich von unter 1% im Vergleich zur inneren Energie von Luft oder Wasser bleibt.

Das führt unter Berücksichtigung der Gl. (2.10a) zur folgenden Zusammenfassung der System,eigenen Energieformen:

Definition

Enthalpie H, ***spezifische Enthalpie h***

$$H = U + pV \tag{2.11}$$

bzw.

$$h = u + pv \tag{2.11a}$$

mit $h = \dfrac{H}{m}$ *wobei* $H\,[J]$ *als Enthalpie*

bzw.

$h\left[\dfrac{J}{kg}\right]$ *als spezifische Enthalpie*

bezeichnet werden.

Für Strömungen mit höherer Geschwindigkeit wird die kinetische Energie auch in Betracht gezogen und die Enthalpie wie folgt erweitert:

$$H^* = H + \frac{mc^2}{2} \quad \rightarrow \quad H^* = U + pV + \frac{mc^2}{2} \tag{2.12}$$

bzw.

$$h^* = h + \frac{c^2}{2} \quad \rightarrow \quad h^* = u + pv + \frac{c^2}{2} \tag{2.12a}$$

H^* wird oft als „Ruheenthalpie" bezeichnet: wenn eine Strömung mit höherer Geschwindigkeit zum Stillstand gebracht wird, so wandelt sich der kinetische Anteil der Energie in Enthalpie H um.

2.3.2 Gegenüberstellung der inneren Energie und der Enthalpie

Physikalische Bedeutung:

- die innere Energie ist die Summe aller Energieformen der Moleküle im System
- die Enthalpie ist die Gesamtheit der Energieformen, die dazu beigetragen haben, einen bestimmten Zustand des Systems zu erreichen

Ursprung:

- im Temperaturursprung $T = 0\,[K]$, wo keine Bewegung im mikroskopischen Maßstab erfolgt, gilt

$$U_0 = 0\,[J] \qquad H_0 = 0\,[J]$$

Messung:

- Innere Energie wird innerhalb des Systems gemessen
- Enthalpie wird an der Außenseite der Systemgrenze gemessen
  Diese Zusammenhänge sind im Bild 2.8. schematisch dargestellt.

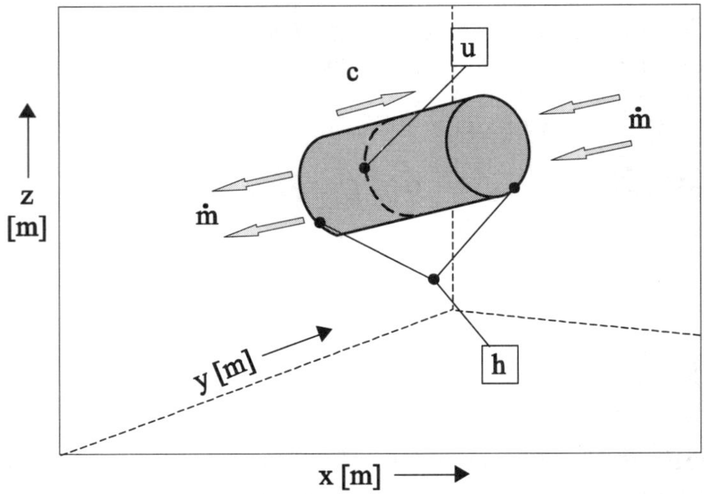

Bild 2.8 Innere Energie und Enthalpie

Größenart:

– Innere Energie und Enthalpie sind Zustandsgrößen (unabhängig von dem Weg der Zustandsänderungen zwischen den betrachteten Zuständen 1, 2)

2.4 Energiebilanz auf Basis der Enthalpie für Zustandsänderungen in geschlossenen und in offenen Systemen

Der Enthalpieausdruck

$$h = u + pv \tag{2.11a}$$

führt zu der Differentialform:

$$dh = du + d(pv)$$

bzw.

$$dh = du + p\,dv + v\,dp \tag{2.13a}$$

Geschlossene Systeme:

Aus dem Ausdruck des Ersten Hauptsatzes in Differentialform für reversible Zustandsänderungen:

$$dq - p\,dv = du \tag{2.8a}$$

resultiert

$$du + p\,dv = dq$$

Damit ergibt Gl. (2.13a):

$$dh = dq + v\,dp \tag{2.14a}$$

bzw.

$$dq = dh - v\,dp \tag{2.15a}$$

Offene Systeme:

Aus dem Ausdruck des Ersten Hauptsatzes in offenen Systemen:

$$q_{12} - w_{p12} = (u_2 - u_1) + (p_2 v_2 - p_1 v_1) + \left(\frac{c_2^2}{2} - \frac{c_1^2}{2}\right) + g(z_2 - z_1) \tag{2.10a}$$

unter Berücksichtigung des Ausdrucks für Enthalpie

$$h^* = u + pv + \frac{c^2}{2}$$

bzw. $$h^* = h + \frac{c^2}{2} \tag{2.12a}$$

und bei Vernachlässigung des Anteils an potentieller Energie – wie bereits erwähnt – resultiert:

$$q_{12} - w_{t12} = h_2^* - h_1^* \tag{2.16a}$$

Bei Strömungsgeschwindigkeiten die den kinetischen Energieanteil vernachlässigbar machen, beispielsweise c ≤ 50 m/s gilt:

$$h^* \cong h$$

Damit wird Gl. (2.16a) zu:

$$q_{12} - w_{p12} = h_2 - h_1 \tag{2.17a}$$

Für eine Zustandsänderung in einem offenen System wird der Erste Hauptsatz entsprechend der Gl. (2.16a), (2.17a) wie folgt formuliert:

Der erste Hauptsatz – Zustandsänderungen in offenen Systemen

Der Austausch von Wärme und Arbeit zwischen einem offenen System und seiner Umgebung während einer Zustandsänderung entspricht der Änderung seiner Enthalpie.

In Differentialform gilt entsprechend:

$$dq - dw_p = dh \tag{2.18a}$$

Für reversible Zustandsänderungen in offenen Systemen gilt:

$$dw_p = -v\,dp \tag{1.11a}$$

Damit wird Gl. (2.18a) zu

$$dh = dq + v\,dp \qquad (2.14a)'$$

bzw. $$dq = dh - v\,dp \qquad (2.15a)'$$

Es kann festgestellt werden, dass der Ausdruck des Ersten Hauptsatzes für Zustandsänderungen in geschlossenen und in offenen Systemen – entsprechend Gl. (2.14a), (2.14a)' bzw. (2.15a), (2.15a)' – bei Anwendung der Enthalpie identisch wird.

Das entspricht der Tatsache, dass die Enthalpie, als Gesamtenergie – welche die innere Energie einschließt – die Bilanz der ausgetauschten Wärme und Arbeit während einer Zustandsänderung unabhängig von der Systemart darstellt.

2.5 Anwendung des Ersten Hauptsatzes in elementaren Prozessen

In einer Reihe repräsentativer Prozesse in kraftfahrzeugtechnischen Systemen oder Systemmodulen kommt jeweils eine der Energieformen Wärme oder Arbeit nicht vor. Das vereinfacht die Analyse der ausgetauschten Energie bzw. die Ermittlung der anfallenden Leistung. Aufgrund ihrer Häufigkeit in der Kraftfahrzeugtechnik werden folgende Anwendungsformen dargestellt:

2.5.1 Elementare Prozesse in geschlossenen Systemen

Verdichtung oder Entlastung ohne Wärmeaustausch

Anwendungsbeispiele:

Kolbenverdichter,
Kolbenmotoren (Bild 2.9),
(außer bei Ladungswechsel),
Stossdämpfer, Membranspeicher,
Pneumatische Aktuatoren

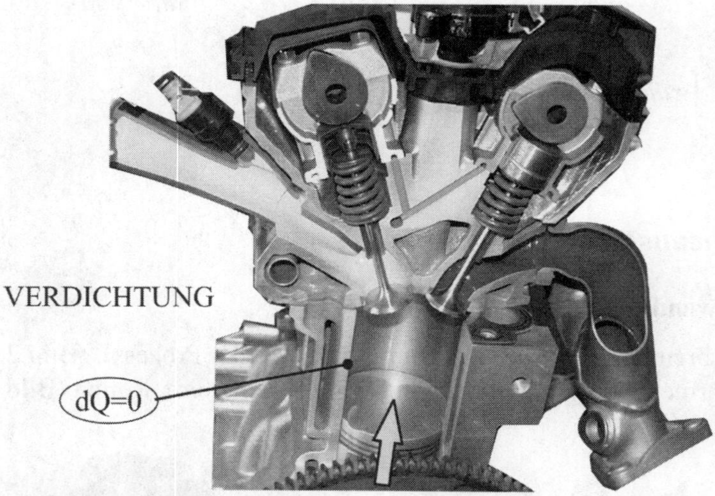

Bild 2.9 Arbeitsaustausch ohne Wärmeaustausch – geschlossenes System

In einer solchen Anwendung – die im Bild 2.9 schematisch dargestellt ist – wird der Wärmeaustausch während der Verdichtung bzw. der Entlastung oft vernachlässigbar im Vergleich mit dem Arbeitsaustausch.

Der Erste Hauptsatz ergibt für einen derartigen Fall:

$$\cancel{Q_{12}} - W_{v12} = U_2 - U_1 \quad (2.5) \quad \text{wobei } Q_{12} = 0 \rightarrow W_{v12} = U_1 - U_2 \quad (2.19)$$

$$\cancel{q_{12}} - w_{v12} = u_2 - u_1 \quad (2.5a) \quad \rightarrow w_{v12} = u_1 - u_2 \quad (2.19a)$$

bzw. für Zustandsänderungen, die als reversibel angenommen werden können:

$$\int_{V_1}^{V_2} p\,dV = U_1 - U_2 \tag{2.20}$$

$$\int_{v_2}^{v_1} p\,dv = u_1 - u_2 \tag{2.20a}$$

Aus dem ersten Satz auf Basis der Enthalpie resultiert für solche Anwendungen

$$\cancel{dq} = dh - vdp \qquad (2.15a) \qquad dh = vdp$$

bzw. $$\int_{p_1}^{p_2} v\,dp = h_2 - h_1 \tag{2.21a}$$

Wärmeaustausch ohne Arbeit

Anwendungsbeispiele:

Verbrennungsvorgang in Ottomotoren (idealer Prozess), (Bild 2.10a); Wärmeübertragung in abgeschlossenen Behältern, Reifen (Bild 2.10b)

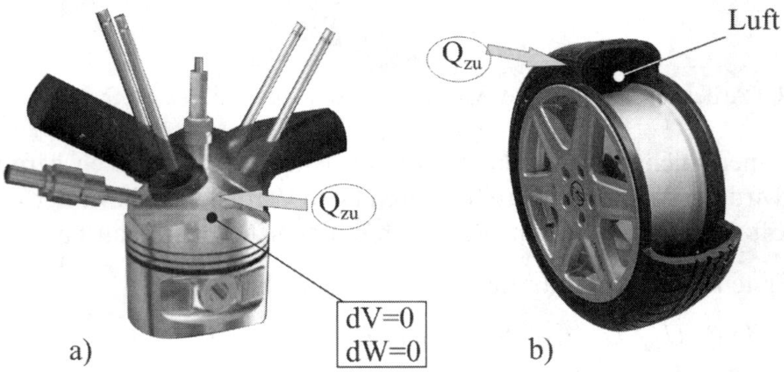

Bild 2. 10 Wärmeaustausch ohne Arbeitsaustausch – geschlossene Systeme

Bild 2.10 zeigt schematisch solche Anwendungen. Der erste Hauptsatz führt in einem solchen Fall zu folgenden Ableitungen (für reversible oder irreversible Zustandsänderungen):

$$Q_{12} - \cancel{W_{12}} = U_2 - U_1 \qquad (2.5) \qquad Q_{12} = U_2 - U_1 \tag{2.22}$$

$$q_{12} - \cancel{w_{v12}} = u_2 - u_1 \qquad (2.5a) \qquad\qquad q_{12} = u_2 - u_1 \qquad (2.22a)$$

Wie es im Kapitel 3.2 gezeigt wird, können sowohl die innere Energie als auch die Enthalpie für jedes bestimmte Arbeitsmedium als Funktion der Temperatur ausgedrückt werden. Die energetische Bilanz für die dargestellten Anwendungsfälle erscheint daher als sehr einfach ableitbar oder messbar.

2.5.2. Elementare Prozesse in offenen Systemen

Wärmeaustausch ohne Arbeit

Anwendungsbeispiele:

Wärmetauscher (Kühler, Heizkörper), (Bild 2.11a)
Heizkessel,
Wassergekühlter Motorenblock (Bild 2.11b)

Bild 2.11 Wärmeaustausch ohne Arbeitsaustausch – offene Systeme

Für solche Fälle, die im Bild 2.11 schematisch dargestellt sind, werden aus dem ersten Hauptsatz folgende Ausdrücke abgeleitet:

$$q_{12} - \cancel{w_{p12}} = h_2 - h_1 \qquad (2.17a) \qquad \rightarrow \qquad q_{12} = h_2 - h_1 \qquad (2.23a)$$

$$\left[bei\ c \leq 50 \left[\frac{m}{s}\right] \qquad \Rightarrow \qquad h^* \cong h \right]$$

Für reversible Zustandsänderungen resultiert der gleiche Zusammenhang als:

$$dq = dh - \cancel{vdp} \qquad (2.15a) \qquad \rightarrow \qquad q_{12} = h_2 - h_1 \qquad (2.23a)$$

In derartigen Anwendungen ist es meist erforderlich, die Heizleistung bzw. den Leistungsverlust durch Kühlung zu ermitteln. Bei gegebenem Massenstrom gilt:

$$\dot{m} \cdot q_{12} = P_{12} \text{ bzw. } P_{12} = \dot{m}\left(h_2 - h_1\right) \qquad (2.24)$$

$$\left[\frac{kg}{s}\right]\left[\frac{J}{kg}\right] \quad [W]$$

Der Ausdruck der Enthalpien mittels Temperatur vereinfacht die Leistungsermittlung: bei Kenntnis des entsprechenden Stoffwertes genügt dafür die Messung des Massenstromes und der Temperaturdifferenz am Ein- und Ausgang des Wärmetauschers.

Arbeitsaustausch in wärmedichten Systemen

Anwendungsbeispiele: Turbinen (Bild 2.12a), Verdichter (axial, radial) (Bild 2,12b), Pumpen

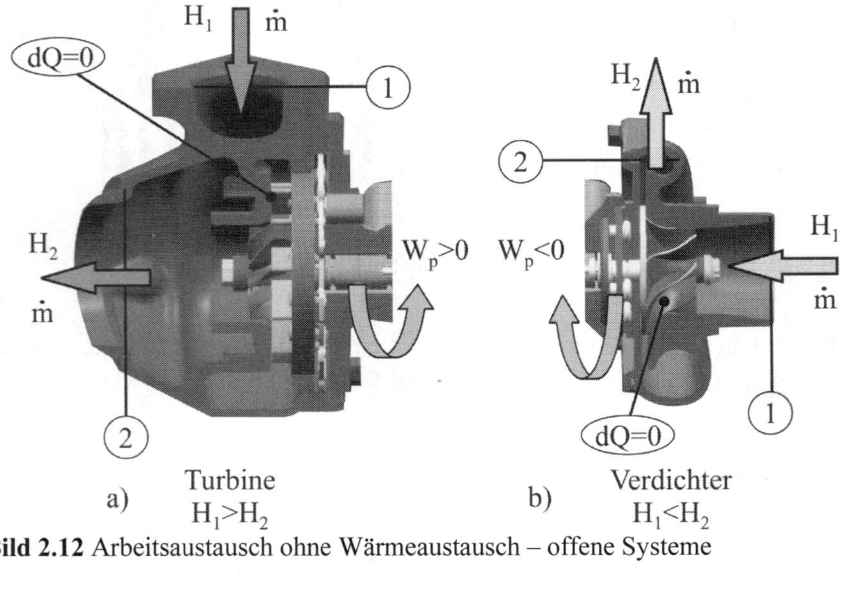

Bild 2.12 Arbeitsaustausch ohne Wärmeaustausch – offene Systeme

Allgemein ist in solchen Anwendungen der Wärmeaustausch mit der Umgebung vernachlässigbar im Vergleich zum Arbeitsaustausch. Bild 2.12 stellt zwei in der Kraftfahrzeugtechnik übliche Anwendungsfälle dar. Aus der Energiebilanz wird abgeleitet:

$$\cancel{q_{12}} - w_{p12} = h_2^* - h_1^* \quad (2.16a) \rightarrow \quad w_{p12} = h_1^* - h_2^* \qquad (2.25a)$$

bzw. für relativ niedrige Strömungsgeschwindigkeiten, z.B.

$$c \leq 50 \left[\frac{m}{s} \right] \quad \rightarrow \quad w_{p12} = h_1 - h_2 \qquad (2.25a)'$$

Für reversible Zustandsänderungen gilt:

$$dw_p = -vdp \qquad (1.11a)$$

und damit

$$\cancel{dq} = dh - vdp \quad (\text{Bild } 2.15a)' \rightarrow \quad \int_{v_1}^{v_2} v\,dp = h_2 - h_1$$

In derartigen Fällen ist die Ermittlung der Leistung ein Hauptkriterium für die Wahl bzw. für die Optimierung der jeweiligen Maschine. Analog der Gl. (2.24) wird bei gegebenen Massenstrom aus Gl. (2.25a)' folgende Leistung abgeleitet:

$$P_{12} = \dot{m}\left(h_1 - h_2\right) \qquad (2.26)$$

In einer Turbine wird allgemein die Enthalpie eines Mediums genutzt, um daraus Arbeit bzw. Leistung zu gewinnen. Demzufolge resultiert aus der Enthalpiesenkung

$$h_2 < h_1 \quad \Rightarrow \quad P_{12} > 0 \quad \text{(von der Maschine geleistet)}$$

Umgekehrt, wird mit Pumpen oder Verdichtern die Enthalpie erhöht

$$h_2 > h_1 \quad \Rightarrow \quad P_{12} < 0 \quad \text{(der Maschine zugeführt)}$$

Strömungen ohne Wärme- und Arbeitsaustausch

Anwendungsbeispiele:

Strömungen durch wärmeisolierte Rohre wie

Ansaugrohre	(Bild 2.13a)
Düsen	(Bild 2.13b)
Venturi-Düsen	(Bild 2.13c)

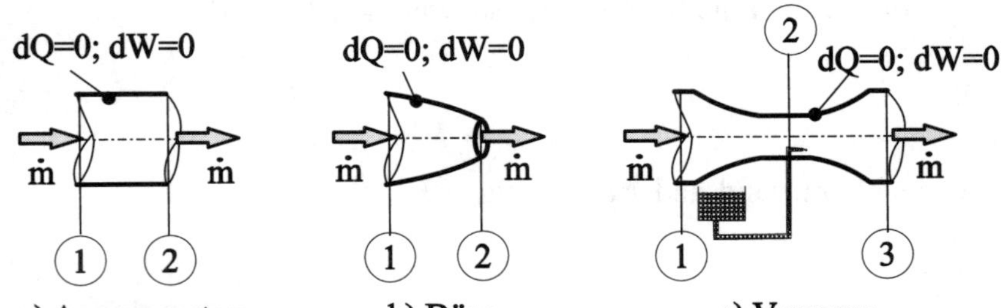

a) Ansaugsystem b) Düse c) Vergaser

Bild 2.13 Strömungsvorgänge ohne Wärme- und Arbeitsaustausch – offene Systeme

Im Bild 2.13 sind einige in der Kraftfahrzeugtechnik übliche Anwendungsfälle schematisch dargestellt. Aus der Energiebilanz wird abgeleitet:

$$\cancel{q_{12}} - \cancel{w_{t12}} = h_2^* - h_1^* \quad (2.16a) \quad \rightarrow \quad h_2^* = h_1^* = konst. \quad (2.27)$$

bzw. $h_2 = h_1 = konst.$
für geringe Strömungsgeschwindigkeiten

Obwohl die Enthalpie der Strömung für einen solchen Fall konstant bleibt, können sich die Verhältnisse zwischen den Energieformen innerhalb der Enthalpie durchaus ändern. Solche Effekte werden oft in kraftfahrzeugtechnischen Anwendungen genutzt.

– für eine Düse – die durch abnehmenden Querschnitt definiert ist – resultiert aus Gl. (2.27) und (2.12a):

$$h_2^* = h_1^* \qquad u_2 + p_2 v_2 + \frac{c_2^2}{2} = u_1 + p_1 v_1 + \frac{c_1^2}{2}$$

Bei einer Flüssigkeitsströmung mit vernachlässigbarer Reibung gilt:

$$u_2 = u_1 \text{ und } \qquad v_2 = \frac{1}{\rho_2} = v_1 = \frac{1}{\rho_1}$$

Daraus resultiert:

$$\frac{p_2}{\rho} + \frac{c_2^2}{2} = \frac{p_1}{\rho} + \frac{c_1^2}{2}$$

bzw.

$$p_2 + \frac{\rho \cdot c_2^2}{2} = p_1 + \frac{\rho \cdot c_1^2}{2} \tag{2.28}$$

(Bernoulli- Gleichung)

Bei abnehmenden Querschnitt resultiert aus der Kontinuitätsgleichung:

$$\dot{m}_1 = \dot{m}_2 \qquad \text{bzw.} \qquad A_1\, c_1 = A_2\, c_2$$

und mit

$$A_2 < A_1 \quad \Rightarrow \quad c_2 > c_1$$

Das Verhältnis der Energieformen innerhalb der Enthalpie – pv *bzw.* $\frac{c^2}{2}$ – ändert sich, obwohl die gesamte Enthalpie konstant bleibt:

die Bernoulli- Gleichung ergibt

für $c_2 > c_1 \quad \Rightarrow \quad p_2 < p_1$

– ein solcher Effekt kommt auch in Rohrverengungen vor. In einer definierten Verengung kann durch die Geschwindigkeitszunahme eine gezielte Drucksenkung hervorgerufen werden, die einen Sogeffekt für ein weiteres Medium impliziert. Im Bild 2.13c ist eine solche Anordnung – als Funktionsprinzip eines Vergasers – schematisch dargestellt. In einem solchen Fall wird allerdings auch die Kompressibilität des strömenden Gases $\rho_1 \neq \rho_2$ einbezogen.

In den meisten offenen Systemen treten die beschriebenen elementaren Prozesse in Kombinationen oder Verkettungen auf.

Anwendungsbeispiele und Übungen zu Kapitel 2

Energiebilanz, Innere Energie, Enthalpie

Ü 2.1 Ein massendichtes hydraulisches System enthält 5 Liter Wasser bei 0,1 [MPa] (1 bar) und 293,15 [K] (20°C). Aus Stofftabellen sind folgende Kennwerte für diesen Zustand des Wassers ermittelbar:

Spezifische innere Energie: $u = 1225{,}37 \left[\frac{kJ}{kg}\right]$

bzw. Dichte $\rho = 1000 \left[\frac{kg}{m^3}\right]$

Fragen:

1. Wie groß ist die Enthalpie des Wassers in diesem Zustand?
2. Wie groß wäre die Enthalpie von Luft, die in diesem System bei gleichem Zustand das Wasser ersetzen würde?
3. Wie groß sind die Anteile der inneren Energie an der Enthalpie in beiden Fällen?

Angaben: spezifische innere Energie der Luft $215{,}75 \left[\frac{kJ}{kg}\right]$;

Luftdichte: $1{,}188 \left[\frac{kg}{m^3}\right]$

Lösung:

1. Das System ist geschlossen, es erfolgt keine Strömung.

   ⇨ $H^* = H$ für $c = 0$

   Damit gilt: $H = U + pV$ (2.11)

   bzw. $H = mu + pV = \rho V u + pV$

$$H = 1000\left[\frac{kg}{m^3}\right]\cdot 5\cdot 10^{-3}\left[m^3\right]\cdot 1225{,}37\cdot 10^3\left[\frac{J}{kg}\right] +$$

$$0{,}1\cdot 10^6\left[\frac{N}{m^2}\right]\cdot 5\cdot 10^{-3}\left[m^3\right]$$

$$= 6126\cdot 10^3\left[J\right] + 0{,}5\cdot 10^3\left[J\right] = 6126{,}5\cdot 10^3\left[J\right]$$

2. $H = \rho V u + pV$

$$H = 1{,}188\left[\frac{kg}{m^3}\right]\cdot 5\cdot 10^{-3}\left[m^3\right]\cdot 215{,}75\cdot 10^3\left[\frac{J}{kg}\right] +$$

$$0{,}1\cdot 10^6\left[\frac{N}{m^2}\right]\cdot 5\cdot 10^{-3}\left[m^3\right]$$

$$= 1{,}2815\cdot 10^3\left[J\right] + 0{,}5\cdot 10^3\left[J\right] == 1{,}7815\cdot 10^3\left[J\right]$$

3. Anteil der Inneren Energie an der Entahlpie:
in Wasser: 99,99% ;in Luft: 71,93%

Kommentar: Bei Flüssigkeiten in geschlossenen Systemen ist die Enthalpie in einem Zustand allgemein gleich der inneren Energie. Dabei spielt sowohl die Dichte als auch die spezifische innere Energie eine entscheidende Rolle.

Bei Gasen sind beide Werte grundsätzlich geringer, wodurch die innere Energie nur einen – wenn auch maßgeblichen – Anteil der Enthalpie ausmacht.

Ü 2.2 In einem Kolbenmotor wird Luft zwischen zwei Zuständen mit vorgegebenen Zustandsgrößen verdichtet (s. Bild 2.9). Die Änderung der inneren Energie ist anhand der Temperaturvariation aus Stofftabellen ermittelbar.

Frage: Wie ändert sich die Enthalpie der Luft zwischen diesen Zuständen?

Angaben:

	Zustand 1	Zustand 2
$p\left[MPa\right]$	$0{,}1$	$2{,}512$
$V\left[m^3\right]$	$0{,}5\cdot 10^{-3}$	$0{,}05\cdot 10^{-3}$
$u\left[\frac{kJ}{kg}\right]$	$215{,}75$	$541{,}96$
$\rho\left[\frac{kg}{m^3}\right]$	$1{,}188$	$11{,}88$

Lösung: Das System ist während der Zustandsänderung geschlossen. Die Enthalpie der Luft in einem Zustand ist entsprechend Ü 2.1:

$$H = U + pV \tag{2.11}$$

Demzufolge gilt als Enthalpie-Differenz zwischen den 2 Zuständen

$$\Delta H = (U_2 + p_2V_2) - (U_1 + p_1V_1)$$

bzw. $\Delta H = (U_2 - U_1) + (p_2V_2 - p_1V_1)$

oder $\Delta H = m(u_2 - u_1) + (p_2V_2 - p_1V_1)$

wobei $m = \rho_1 V_1 = \rho_2 V_2$

$$\Rightarrow \quad m = 1{,}188\left[\frac{kg}{m^3}\right]\cdot 0{,}5\cdot 10^{-3}\left[m^3\right] = 0{,}594\cdot 10^{-3}\left[kg\right]$$

$$\Delta H = 0{,}594\cdot 10^{-3}\left[kg\right]\cdot(541{,}96 - 215{,}75)\cdot 10^3\left[\frac{J}{kg}\right]$$

$$+\,2{,}512\cdot 10^6\left[\frac{N}{m^2}\right]\cdot 0{,}05\cdot 10^{-3}\left[m^3\right] - 0{,}1\cdot 10^6\left[\frac{N}{m^2}\right]\cdot 0{,}5\cdot 10^{-3}\left[m^3\right]$$

$$\Delta H = 193{,}77\left[J\right] + (125{,}6 - 50)\left[J\right] = 269{,}37\left[J\right]$$

Kommentar: Der Anteil der inneren Energie an der Enthalpie bleibt nach der Zustandsänderung unverändert, in diesem Fall bei 72%.

Ü 2.3 In das Ansaugsystem eines Formel 1 Autos (Bild Ü 2.3) wird Luft aus der Umgebung bei 0,1 [MPa] (1bar) und 293,15 [K] (20°C) angesaugt. Die spezifische innere Energie der Luft in diesem Zustand beträgt $u = 215{,}75\left[\frac{kJ}{kg}\right]$ (siehe auch Ü 2.2) und die Luftdichte $\rho = 1{,}188\left[\frac{kg}{m^3}\right]$.

Fragen:

1. Wie ändert sich die Enthalpie der Luft vom Stand (bei laufendem Motor) bis zu einer Fahrgeschwindigkeit von 320 km/h ?

2. In welcher Form kann die Enthalpiedifferenz der Luft vom Eintritt im Ansaugsystem bis zum Eintritt im Zylinder genutzt werden?

Bild Ü 2.3 Enthalpie und Ruheenthalpie der Luft am Eintritt in das Ansaugsystem bzw. im Zylinder eines Kolbenmotors

Lösung:

1. Für die allgemeine Form der Enthalpie (Ruheenthalpie) gilt:

$$h^* = u + pv + \frac{c^2}{2} \tag{2.12a}$$

bzw. $h^* = u + \frac{p}{\rho} + \frac{c^2}{2}$

Daraus resultiert:

- im Stand (c=0) ⇨ $h^* = h = u + \frac{p}{\rho}$

$$h = 215{,}75 \cdot 10^3 \left[\frac{J}{kg}\right] + \frac{1 \cdot 10^5 \left[\frac{N}{m^2}\right]}{1{,}188 \left[\frac{m^3}{kg}\right]}$$

$$h = (215{,}75 + 84{,}175) \cdot 10^3 \left[\frac{J}{kg}\right] = 299{,}92 \cdot 10^3 \left[\frac{J}{kg}\right]$$

- bei 320 km/h $h^* = h + \frac{c^2}{2} = u + \frac{p}{\rho} + \frac{c^2}{2}$

$$h^* = 299{,}92 \cdot 10^3 \left[\frac{J}{kg}\right] + \frac{\left(\frac{320}{3{,}6}\right)^2}{2}\left[\frac{m^2}{s^2}\right]$$

dabei ist $\left[\frac{J}{kg}\right] \rightarrow \left[\frac{Nm}{kg}\right] \rightarrow \left[\frac{kg \cdot m}{s^2} \cdot \frac{m}{kg}\right] \rightarrow \left[\frac{m^2}{s^2}\right]$

$$h^* = 299{,}92 \cdot 10^3 \left[\frac{J}{kg}\right] + 3{,}95 \cdot 10^3 \left[\frac{J}{kg}\right]$$

$$= 303{,}88 \cdot 10^3 \left[\frac{J}{kg}\right]$$

Die Enthalpie nimmt um 1,3% zu.

2. Die Luft, die mit 320 km/h in das Ansaugsystem des Motors einströmt, überquert die Ansaugrohre und das Filtersystem, wo es nahezu vollständig abgebremst wird. Ungeachtet einiger Reibungsverluste bleibt die Gesamtenergie (Ruheenthalpie) der Luft erhalten: die kinetische Energie wird dabei in Enthalpie umgewandelt (das berechtigt den Begriff Ruheenthalpie). Es gilt:

$$h^* = konst.$$

$$h^* = u + \frac{p}{\rho} + \frac{c^2}{2}$$

Der Term $\frac{c^2}{2}$ nimmt dabei ab, zugunsten des Terms $\frac{p}{\rho}$.

Abgesehen von Reibungsverlusten bleibt im Ansaugsystem $u \cong konst.$, bzw. $T \cong konst.$ Die Zunahme des Druckes bzw. der Dichte der Luft durch ihre Abbremsung führt zu einer Erhöhung der Luftmasse im Zylinder.

Es gilt: $m = \rho V$ mit $\rho = \frac{p}{RT}$ (aus $pV = mRT$ bzw. $\frac{p}{\rho} = RT$). Dementsprechend kann auch mehr Kraftstoff zugeführt werden, wodurch die Motorleistung zunimmt.

Gegenüber dem ursprünglichen Wert

$\frac{p}{\rho} = h - u$ im Stand (c=0)

wird $\frac{p}{\rho} + \frac{c^2}{2} = h^* - u$

Es gilt:

$\frac{p}{\rho} = 299{,}92\left[\frac{kJ}{kg}\right] - 215{,}75\left[\frac{kJ}{kg}\right] = 84{,}17\left[\frac{kJ}{kg}\right]$ bei $c = 0$

bzw. $\frac{p}{\rho} + \frac{c^2}{2} = 303{,}88\left[\frac{kJ}{kg}\right] - 215{,}75\left[\frac{kJ}{kg}\right] = 88{,}1\left[\frac{kJ}{kg}\right]$

bei $c = 88{,}8\frac{m}{s}$

Die Zunahme des Terms $\frac{p}{\rho}$ beträgt damit 4,6%.

Diese Art der dynamischen Aufladung wird allgemein bei Flugzeugmotoren genutzt, wo der Geschwindigkeitsanteil noch höher ist.

Selbst bei einem Fahrzeugmotor kann der Leistungsgewinn spürbar sein:

Bei einem Formel 1 Motor mit einer Leistung von 600 kW würde eine Erhöhung der Luftmasse und demzufolge der Gemischmasse um 4,6% theoretisch zu einer Leistungssteigerung um 27,6 kW führen.

Ü 2.4 Im Kühler eines Kraftfahrzeugmotors (Bild Ü. 2.4) wird Wasser von 110°C auf 90°C gekühlt. Der Massestrom beträgt 6 Liter pro Minute.

Frage: Wie viel Leistung wird vom Motor durch die Kühlung theoretisch abgegeben?

Angaben: aus Stofftabellen für Wasser:

$h_{110°C} = 419{,}06\left[\frac{kJ}{kg}\right]$; $h_{80°C} = 334{,}92\left[\frac{kJ}{kg}\right]$

$\rho\,|_{80}^{100} = 964{,}832\left[\frac{kg}{m^3}\right]$

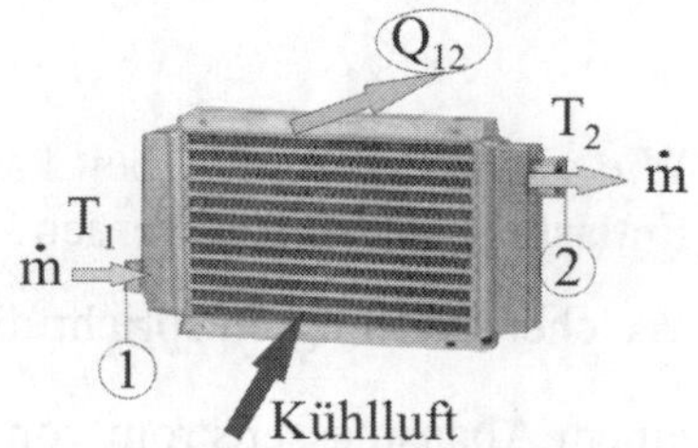

Bild Ü 2.4 Wärmeaustausch (ohne Arbeitsaustausch) im Kühler eines Kraftfahrzeugmotors

Lösung: Entsprechend dem Anwendungsfall im Kapitel 2.5.2 gilt:

$$P = \dot{m} q_{12} = \dot{m}\left(h_2 - h_1\right) \qquad (2.24)$$

Andererseits gilt: $\dot{m} = \rho \dot{V}$

$$P = 6 \cdot \frac{10^{-3}}{60}\left[\frac{m^3}{s}\right] \cdot 964{,}832\left[\frac{kg}{m^3}\right] \cdot \left(419{,}06 - 334{,}92\right)\left[\frac{kJ}{kg}\right]$$
$$= 8{,}118\left[kW\right]$$

Ü 2.5 Das Abgas eines Kolbenmotors mit einem Hubvolumen von 2 Litern wird einer Turbine zugeführt. Durch die Entlastung in der Turbine sinkt die Abgastemperatur von 900°C auf 600°C.

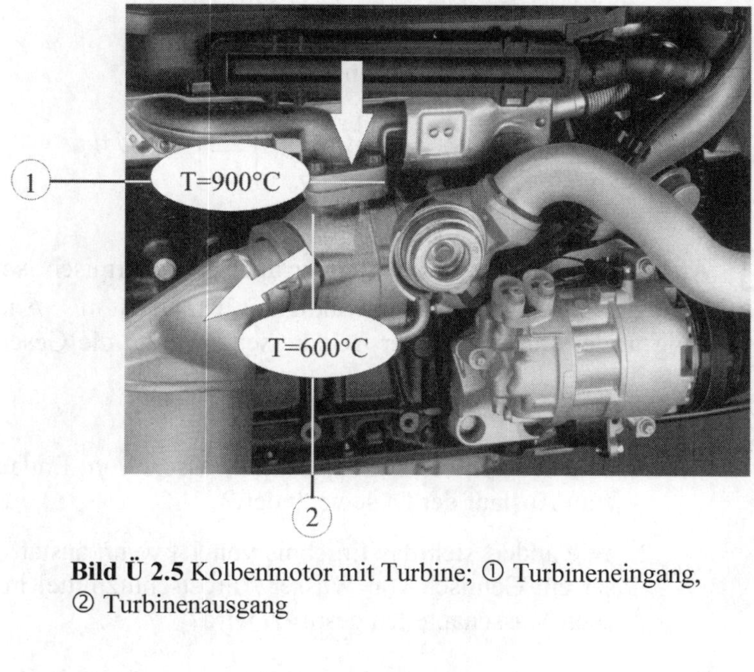

Bild Ü 2.5 Kolbenmotor mit Turbine; ① Turbineneingang, ② Turbinenausgang

Fragen:

1. Wie viel spezifische Arbeit kann theoretisch durch diese Entlastung gewonnen werden?
2. Welcher Leistung entspricht diese spezifische Arbeit bei einem Abgasmassenstrom von $59{,}43 \cdot 10^{-3}\left[\frac{kg}{s}\right]$ welcher bei diesem Hubvolumen, bei Volllast einer Motordrehzahl von $3000\left[\frac{U}{min}\right]$ entspricht?

Angaben: theoretisches Abgasgemisch ohne Wasserdampfanteil

$$(CO_2 + N_2) \Rightarrow \qquad h_{900°C} = 1179{,}01\left[\frac{kJ}{kg}\right]$$

$$h_{600°C} = 877{,}51\left[\frac{kJ}{kg}\right]$$

Lösung:

1. Dieser Anwendungsfall wurde in Kapitel 2.5.2 beschrieben. Es gilt gemäß Gl. (2.25a):

$$w_{p_{12}} = h_1 - h_2 = h_{900} - h_{600} = 301{,}50\left[\frac{kJ}{kg}\right]$$

2. Nach Gl.(2.26) gilt dann:

$$P = 59{,}43 \cdot 10^{-3}\left[\frac{kg}{s}\right] \cdot 301{,}50\left[\frac{kJ}{kg}\right] = 17{,}92kW$$

Ü 2.6 Aus einem Behälter strömt Wasser über eine thermisch isolierte Düse aus. Die Austrittsgeschwindigkeit beträgt 20 m/s. Am Eingang in der Düse – auf der Behälterseite – kann die Geschwindigkeit vernachlässigt werden.

Fragen:

1. Wie hat sich die Enthalpie des Wassers vom Einlauf bis zum Auslauf der Düse verändert?
2. Wie ändert sich das Ergebnis von 1.) wenn anstatt Wasser ein Gemisch von Wasser / Frostschutzmittel in gleichen Massenanteilen gespritzt wird?

Lösung:

1. Entsprechend der Ausführungen in Kapitel 2.5.2 und Bild 2.13b gilt:

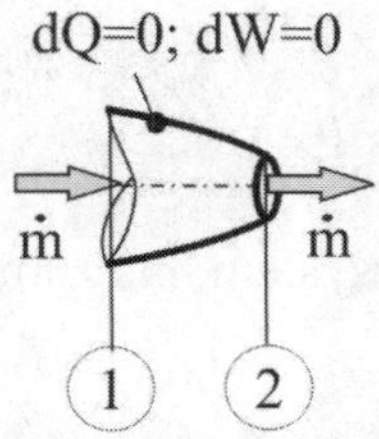

Bild Ü 2.6 Strömungsvorgang ohne Wärme- und Arbeitsaustausch in einer Düse

$$h_1^* = h_2^* = konst. \tag{2.27}$$

bzw.

$$h_1 + \frac{c_1^2}{2} = h_2 + \frac{c_2^2}{2} \quad \text{wobei} \quad c_1 = 0$$

$$\Rightarrow \quad h_1 - h_2 = \frac{c_2^2}{2}$$

$$\Delta h = \frac{20^2}{2}\left[\frac{m^2}{s^2}\right] = 200\left[\frac{J}{kg}\right]$$

2. Die Enthalpieänderung ist nicht von der Art des Mediums sondern nur von der Geschwindigkeitsänderung abhängig.

Ü 2.7 Durch eine thermisch isolierte Düse strömt Benzin von einem Einspritzsystem zum Brennraum eines Kolbenmotors.

Frage: Wie groß ist die Geschwindigkeit des Einspritzstrahles beim Austritt aus der Düse wenn die Druckdifferenz zwischen Düseneingang (Benzindruck) und Düsenausgang (Gegendruck des Gases im Brennraum) 6 MPa beträgt?

Angabe: Benzindichte: $736\left[\frac{kg}{m^3}\right]$

Lösung: Auch in diesem Fall gilt entsprechend **Ü 2.6** :

$$\underbrace{q_{EA}}_{=0} - \underbrace{w_{p_{EA}}}_{=0} = h_A^* - h_E^*$$

$$h_E + \frac{c_E^2}{2} = h_A + \frac{c_A^2}{2} \tag{2.27}$$

Im Einspritzsystem, bis zum Düseneingang gilt:

$$c_E = 0$$

Daraus resultiert:

$$c_A = \sqrt{2(h_E - h_A) + c_E^2}$$

Benzin ist in dieser Anwendung als inkompressibel zu betrachten, woraus

$\rho = \frac{1}{v} = konst.$ bzw. $\rho_E = \rho_A$ resultiert.

Andererseits ist zwischen Ein- und Ausgang der thermisch isolierten Düse keine wesentliche Änderung der Temperatur und somit der inneren Energie zu verzeichnen.

Es gilt: $u_E = u_A$ mit $h = u + \frac{p}{\rho}$

gilt $$c_A = \sqrt{2\frac{p_E - p_A}{\rho} + c_E^2}$$

bzw. $c_A = \sqrt{2\frac{p_E - p_A}{\rho}}$, da $c_E = 0$

Daraus resultiert:

$$c_A = \sqrt{2\frac{\Delta p}{\rho}} = \sqrt{\frac{2 \cdot 6 \cdot 10^6}{736}} \frac{m}{s} = 127{,}69 \frac{m}{s}$$

Kommentar: Die abgeleitete Gleichungsform für die Austrittsgeschwindigkeit c_A ist als Ausflussgleichung bekannt und wird in der Kraftfahrzeugtechnik in zahlreichen Anwendungen bei Strömung von Flüssigkeiten durch Düsen eingesetzt.

3 Arbeitsmedien: Gase und Gasgemische

3.1 Ideale und reale Gase

3.1.1 Thermische Zustandsgleichung für ideale Gase

Die Arbeitsmedien, die zur Durchführung oder Steuerung von Prozessen in Kraftfahrzeugmodulen eingesetzt werden, sind zum überwiegenden Teil Fluide. Sie können in folgenden Phasen auftreten:

- 1 Phase – flüssig (weitgehend inkompressibel)
- 1 Phase – gasförmig (kompressibel)
- 2 Phasen – flüssig und gasförmig, als Dampf.

In all diesen Phasen kann ein Arbeitsmedium aus einer oder aus mehreren Komponenten bestehen.

Beispiele:

- *Sauerstoff, gasförmig: 1 Komponente, 1 Phase*
- *Luft: mehrere Komponenten (Stickstoff, Sauerstoff, geringfügig andere Gase), 1 Phase (gasförmig)*
- *Wasserdampf: 1 Komponente (Wasser), 2 Phasen (Gas, Flüssigkeit)*
- *Feuchte Luft in der Atmosphäre: 2 Komponenten (Luft, Wasser), 2 Phasen (Luft (Gas), Wasserdampf (Gas und Flüssigkeit) oder Luft (Gas) und Wasser (Flüssigkeit))*
- *Luft/Kraftstoffgemisch: mehrere Komponenten (Luft, Kraftstoffverbindungen), 2 Phasen in feuchter Luft bzw. im zerstäubten und teils verdampften Kraftstoff*
- *Abgas: mehrere Komponenten (CO_2, CO, C_mH_n, H_2O, N_2, NO, NO_2), 2 Phasen (Gas, Dampf, Gas und Flüssigkeit)*

Für eine systematische und übersichtliche Betrachtung erscheint es als sinnvoll, die thermodynamischen Vorgänge in einem System zunächst anhand eines einfachen Arbeitsmediums (1 Komponente, 1 Phase) zu analysieren.

Die Gase unterscheiden sich von Flüssigkeiten und festen Körpern durch ein einfacheres thermisches Verhalten. Ein Gas nimmt das ganze zur Verfügung stehende Volumen in Anspruch, was auf sehr niedrige Wechselwirkungskräfte zwischen seinen Molekülen hindeutet. Diese Wechselwirkungskräfte werden um so kleiner, je niedriger der Druck bzw. je höher die Temperatur des Gases ist. Dadurch werden die Abstände zwischen den Molekülen eines Gases derart groß, dass das eigene Volumen der Moleküle vernachlässigbar wird.

Durch Extrapolation dieser Voraussetzungen bis zu einem Extremzustand wird das Modell eines idealen Gases gebildet. Der Vorteil des Modells liegt in einer einfacheren, übersichtlicheren Analyse der thermodynamischen Vorgänge bei Gasen.

Für das ideale Gas gelten folgende vereinfachte Eigenschaften, die im Bild 3.1 schematisch dargestellt sind:

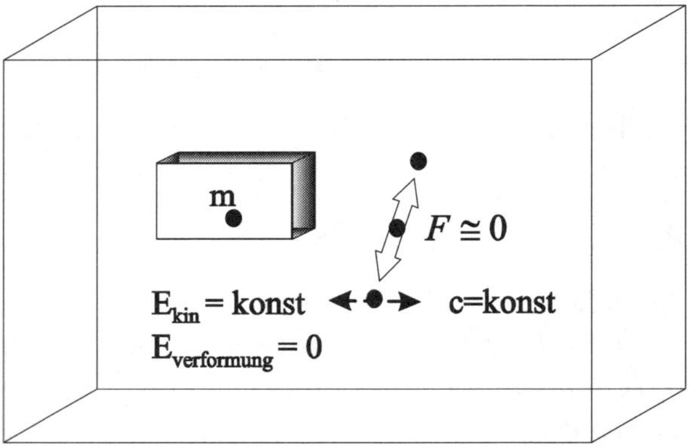

Bild 3.1 Eigenschaften idealer Gase - schematisch

– die Gasmoleküle sind punktförmig (ohne eigenes Volumen). Die Masse eines Moleküls ist in einem solchen Punkt (Schwerpunkt) konzentriert. Dadurch steht das ganze Volumen, in dem das Gas eingeschlossen ist, für die Bewegung der Moleküle zur Verfügung.

– zwischen den Molekülen wirken keine Wechselwirkungskräfte. Dadurch ist die Bewegung eines Moleküls zwischen zwei nacheinander folgenden Stößen geradlinig und beschleunigungsfrei.

– die Moleküle sind elastisch: bei einem Stoß zwischen 2 Molekülen wird keine kinetische Energie für plastische Verformungen verbraucht.

Unter diesen Voraussetzungen gilt folgende thermische Zustandsgleichung :

$$pV = mRT \tag{3.1}$$

wobei $\frac{V}{m} = v$

daraus resultiert $pv = RT$ (3.1.a)

(siehe auch 1.4)

bzw. $\frac{p}{\rho} = RT$ (3.1.b)

mit $\rho = \frac{1}{v} = \frac{m}{V}$

Diese Zustandsgleichung eines idealen Gases resultiert aus der Vereinigung von zwei experimentell ermittelten Gasgesetzen von Boyle-Mariotte bzw. Gay-Lussac.

Dabei stellt R [J/kg K] eine Gaskonstante dar, die für jedes Gas einen spezifischen Wert hat.

3.1.2 Universelle (allgemeine; molare) Gaskonstante

In der Gl. (3.1; 3.1.a; 3.1.b) stellt die Gaskonstante R [J/kg K] eine Energie dar, die von einem Massenelement bei konstantem Druck ausgetauscht wird, wenn sich die Temperatur des Systems um 1 K ändert.
Die Gaskonstante ist stets positiv. Ihr Wert hängt von der Art des Gases ab.

Die quantitative Ermittlung einer Gaskonstante basiert auf Gesetzen der Molekular-Theorie.

Entsprechend dem Gesetz von Avogadro besitzen unterschiedliche ideale Gase bei gleichem Druck und gleicher Temperatur die gleiche Anzahl von Molekülen, wenn sie das gleiche Volumen beanspruchen.

Beispiel:

Bei Betrachtung des Sauerstoffs O_2 und des Stickstoffs N_2 als ideale Gase entsprechend der Bedingungen von Kap. 3.1.1. gilt bei gleichem Volumen:

Für $p_{O_2} = p_{N_2}$ *und* $T_{O_2} = T_{N_2}$ ==> $\overline{N}_{O_2} = \overline{N}_{N_2}$

Dieser Zusammenhang ist im Bild 3.2 schematisch dargestellt:

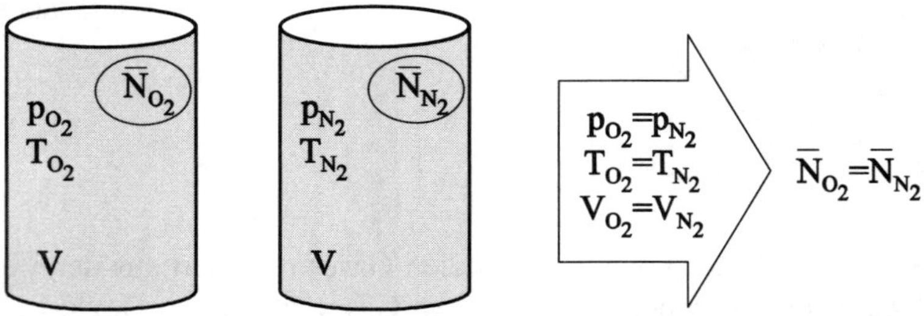

Bild 3.2 Gesetz von Avogadro – schematisch

Bei einer Molekülanzahl von $6{,}0231 \cdot 10^{26}$ (Loschmidtsche Zahl) hat die Masse jedes Gases in Kg den gleichen Zahlenwert wie seine molare Masse (kmol).

Definition

*Ein **Kilomol** ist jene Stoffmasse in Kilogramm, die mit der relativen Molekülmasse des Stoffes als Zahlenwert identisch ist.*

$\overline{M}\left[\frac{kg}{kmol}\right]$ *Masse des Kilomols eines bestimmten Stoffes.*

Beispiele: $\overline{M}_{O_2} = 32\frac{kg}{kmol}$ $\overline{M}_{N_2} = 28\frac{kg}{kmol}$

Ein **Kilomol** ist also eine Masseneinheit, die bei jedem Gas die gleiche Anzahl von Molekülen beinhaltet: $6{,}0231 \cdot 10^{26}$.

Die Einführung des Kilomols ermöglicht eine quantitative Verbindung zwischen dem mikroskopischen und dem makroskopischen Bereich.

Bei einer gleichen Anzahl von Molekülen unterschiedlicher Gase – unter gleichen Druck-, Temperatur- und Volumenbedingungen – ist folgende Anzahl der Kilomols $\overline{N}$ ableitbar:

$$\overline{N}_a = \frac{m_a}{\overline{M}_a} \quad \frac{[kg]}{\left[\dfrac{kg}{kmol}\right]} \qquad\qquad \overline{N}_b = \frac{m_b}{\overline{M}_b} \quad \frac{[kg]}{\left[\dfrac{kg}{kmol}\right]}$$

wobei $\overline{N}_a = \overline{N}_b = \overline{N}$

Daraus resultiert:

$$m_a = \overline{N} \cdot \overline{M}_a \qquad [kg]$$

$$m_b = \overline{N} \cdot \overline{M}_b \qquad [kg]$$

(Bemerkung: einem Kilomol jedes Stoffes entspricht $\overline{N} = 1$)
Die thermische Zustandsgleichung (3.1; 3.1.a; 3.1.b) kann damit für ein Kilomol eines beliebigen idealen Gases wie folgt ausgedrückt werden:

$$\left.\begin{aligned} p\overline{v} &= \overline{M}_a R_a T \\ p\overline{v} &= \overline{M}_b R_b T \end{aligned}\right\} \quad \Rightarrow \quad \overline{M}_a R_a = \overline{M}_b R_b = \overline{M}_i R_i = konst.$$

$$\overline{M}_i R_i = \overline{R} \quad \left[\frac{J}{kmol\ K}\right] \tag{3.2}$$

Dabei stellt $\overline{v}\left[\dfrac{m^3}{kmol}\right]$ das Volumen je Kilomol dar,

wobei $\overline{v} = \dfrac{V}{\overline{N}}$

$\overline{R}$ wird als universelle, allgemeine oder molare Gaskonstante bezeichnet. Sie hat für alle idealen Gase annähernd den gleichen Wert:

$$\overline{R} = 8314 \pm 0{,}4 \qquad \left[\frac{J}{kmol\ K}\right]$$

Wie aus der Gl. (3.2) ersichtlich ist, kann die spezifische Gaskonstante eines beliebigen idealen Gases durch den Bezug der universellen Gaskonstante auf die Masse eines Kilomols des jeweiligen Stoffes ermittelt werden.

Beispiel:

Sauerstoff: $$R_{O_2} = \frac{\overline{R}}{\overline{M}_{O_2}} = \frac{8314\left[\frac{J}{kmol\,K}\right]}{2\cdot 15{,}998\left[\frac{kg}{kmol}\right]} = 259{,}84\left[\frac{J}{kg\,K}\right]$$

Stickstoff: $$R_{N_2} = \frac{\overline{R}}{\overline{M}_{N_2}} = \frac{8314\left[\frac{J}{kmol\,K}\right]}{2\cdot 14{,}01\left[\frac{kg}{kmol}\right]} = 296{,}71\left[\frac{J}{kg\,K}\right]$$

3.1.3 Molar-spezifische Größen

Zu einer besseren Vergleichbarkeit von Eigenschaften unterschiedlicher Arbeitsmedien, die mit unterschiedlichen Massen an Prozessen beteiligt sind, werden spezifische Größen, durch den Bezug auf die Stoffmasse, eingeführt:

$$v = \frac{V}{m}\left[\frac{m^3}{kg}\right] \;;\; u = \frac{U}{m}\left[\frac{J}{kg}\right];\; h = \frac{H}{m}\left[\frac{J}{kg}\right];\; q = \frac{Q}{m}\left[\frac{J}{kg}\right] \;;\; w = \frac{W}{m}\left[\frac{J}{kg}\right]$$

In vielen Anwendungen ist der Bezug absoluter Größen auf ihre molare Menge $\overline{N}$ ebenfalls sehr vorteilhaft. Es gilt:

$$\overline{v} = \frac{V}{\overline{N}}\left[\frac{m^3}{kmol}\right],\; \overline{u} = \frac{U}{\overline{N}}\left[\frac{J}{kmol}\right],\; \overline{h} = \frac{H}{\overline{N}}\left[\frac{J}{kmol}\right],\; \overline{q} = \frac{Q}{\overline{N}}\left[\frac{J}{kmol}\right],\; \overline{w} = \frac{W}{\overline{N}}\left[\frac{J}{kmol}\right]$$

Ausgehend von $\overline{N} = \frac{m}{\overline{M}}$ resultiert ein häufig genützter Zusammenhang zwischen spezifischen und molaren Größen:

$$v = \frac{\overline{v}}{\overline{M}} \quad ; \quad \underbrace{u = \frac{\overline{u}}{\overline{M}} \;;\; h = \frac{\overline{h}}{\overline{M}} \;;\; q = \frac{\overline{q}}{\overline{M}} \;;\; w = \frac{\overline{w}}{\overline{M}}}$$

$$\left[\frac{m^3}{kg}\right] \rightarrow \frac{\left[\frac{m^3}{kmol}\right]}{\left[\frac{kg}{kmol}\right]} \qquad \left[\frac{J}{kg}\right] \rightarrow \frac{\left[\frac{J}{kmol}\right]}{\left[\frac{kg}{kmol}\right]}$$

3.1.4 Normkubikmeter

Neben dem Kilomol wird gelegentlich auch der Normkubikmeter als Mengeneinheit verwendet.

> *Definition*
>
> *Ein **Normkubikmeter** ist diejenige Gasmenge, die im Normzustand (p_N, T_N) das Volumen von 1 m^3 einnimmt.*

Als Normzustand wurde vereinbart $p_N = 1{,}01325 * 10^5\ Pa\ ;\ T_N = 273{,}15K$. Diese Vereinbarung zeigt, dass eine solche Größe in wenigen praktischen Fällen Anwendung finden kann. Sie wird an dieser Stelle nur aufgrund verschiedener Angaben in dieser Form in der älteren Fachliteratur aufgeführt.

Aus der Zustandsgleichung für ein Kilomol, gilt unabhängig von der Gasart:

$$p\bar{v} = \bar{R} \cdot T;\ \text{Daraus resultiert: } \bar{v} = \frac{\bar{R} \cdot T}{p} = \frac{8314 \cdot 273{,}15}{1{,}01325 \cdot 10^5} \Rightarrow \bar{v} = 22{,}413\left[m^3\right]$$

für ein Kilomol

Ein Normkubikmeter wird somit wie folgt abgeleitet:

$$1\ \text{Nm}^3 = \frac{1\ kmol}{22{,}414} \quad \text{oder} \quad 1\text{Nm}^3 = \frac{\overline{M}\left[\frac{kg}{kmol}\right]}{22{,}414} \tag{3.3}$$

Ein Normkubikmeter stellt kein Volumen, sondern eine Stoffmenge dar: im mikroskopischen Bereich bedeutet diese Menge eine Anzahl von Molekülen, im makroskopischen Bereich eine Masse in Kilogramm. Das entspricht der Beziehung

$$1\ \text{kmol} = \overline{M}\ \text{kg}$$

Ein Normkubikmeter beinhaltet eine gleiche Anzahl von Molekülen, unabhängig von der Art des idealen Gases:

$$1\ \text{Nm}^3 = \frac{6{,}0231 \cdot 10^{26}}{22{,}414} \tag{3.4}$$

3.1.5 Reale Gase

Das Modell des idealen Gases und die daraus resultierenden Zusammenhänge entsprechend Kap. 3.1.1. sind in einem breiten Feld von Druck- und Temperaturwerten für jedes reale Gas mit ausreichender Genauigkeit anwendbar. Abweichungen – beispielsweise von der Zustandsgleichung – werden mit zunehmendem Druck bzw. sinkender Temperatur, je nach Gasart, mehr oder weniger deutlich. Die einfachste Methode, das Verhalten eines realen Gases in einem Zustand oder während einer Zustandsänderung zu analysieren, ist die gleichzeitige Messung von Druck, Volumen bzw. Dichte und Temperatur.

Für häufig verwendete Gase liegen solche Werte in thermodynamischen Tabellen vor.

Um gleichzeitig eine effektive Handhabung und die Abschätzung der Abweichung vom idealen Gasverhalten zu gewähren, wird dabei der Zusammenhang zwischen Zustandsgrößen als Zustandsgleichung für ideale Gase mit einem Korrekturfaktor (Realgasfaktor Z) dargestellt. Es gilt

$$p \cdot V = Z \cdot mRT \tag{3.1R}$$

Die grafische Darstellung der Realgasfaktoren für Luft in Abhängigkeit von Druck bzw. von Temperatur im Bild 3.3 verdeutlicht für diesen Fall sowohl das Ausmaß der Abweichung vom idealen Verhalten, als auch die unterschiedlichen Einflüsse: Im oberen Bild, in dem der Druck als Variable und die Temperatur als Parameter dargestellt ist, wird eine rasche Zunahme der Abweichung Z mit dem Druckanstieg deutlich. In umgekehrter Darstellung, mit der Temperatur als Variablen und dem Druck als Parameter wird ersichtlich, dass der Temperatureinfluss geringer ausfällt – bei atmosphärischem Druck (0,1 Mpa) – ist die Annahme der Luft als ideales Gas praktisch für jede Temperatur zulässig.

Ab welcher prozentualen Abweichung die Berechnung eines Prozesses mit realem Gas durchzuführen ist, bleibt eine Ermessensfrage für den Entwicklungsingenieur. Es ist dennoch allgemein unumgänglich, bei der ersten Berechnung eines Prozesses mit dem gewählten Arbeitsmedium vom idealen Gas auszugehen, um zunächst Basiswerte für Druck und Temperatur zu schaffen.

a)

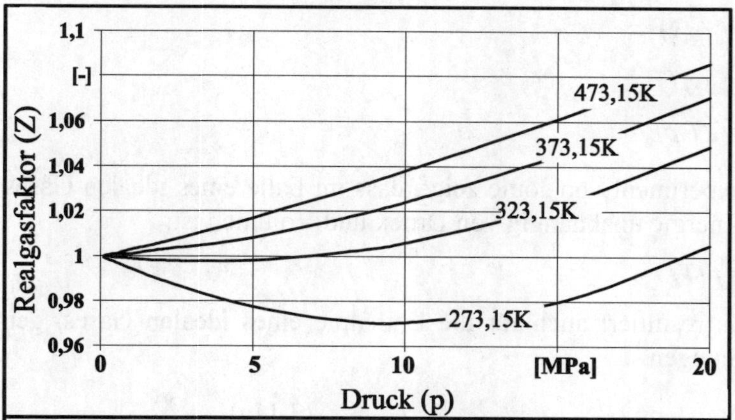

b)

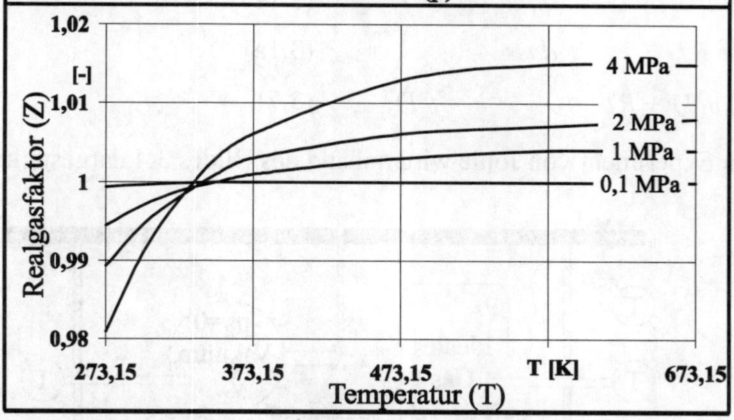

Bild 3.3 Realgasfaktoren für Luft in Abhängigkeit von Druck **(a)** und von Temperatur **(b)**

3.2 Spezifische Wärmekapazität der idealen Gase

3.2.1 Gesetz der inneren Energie bei idealen Gasen (Joule)

Allgemein ist die innere Energie als Zustandsgröße von anderen Zustandsgrößen abhängig (siehe Kap. 2.2.). Für ein homogenes System gilt:

$u = f\ (p,v,T)$

In Anbetracht der Gl. (1.2a, b, c)gilt:

$$u = f_1(p,v)$$
$$u = f_2(v,T) \qquad (3.5)$$
$$u = f_3(T,p)$$

Ein Experiment von Joule zeigt, dass im Falle eines idealen Gases die innere Energie unabhängig von Druck und Volumen ist.

$$u = f\,(T) \qquad (3.6)$$

Daraus resultiert auch für die Enthalpie eines idealen Gases, gemäß der Gleichungen

$$h = u + pv \qquad und \qquad (2.11a)$$
$$pv = RT \qquad dass \qquad (3.1a)$$
$$h = u(T) + RT \quad \rightarrow \quad h = f(T) \qquad (3.7)$$

Das Experiment von Joule wird anhand des Bildes 3.4 dargestellt:

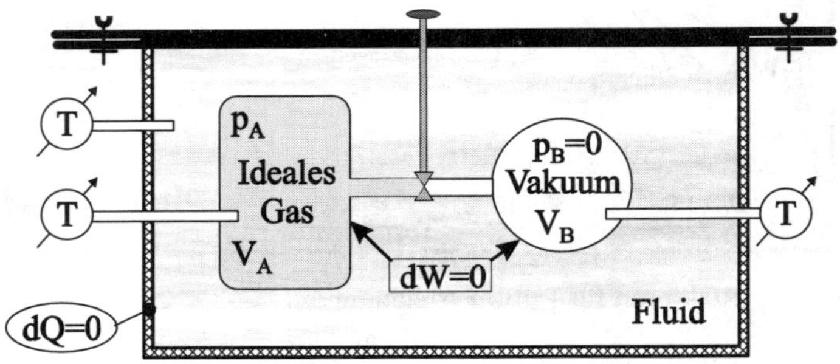

Bild 3.4 Experimentelle Anordnung zur Ableitung der Funktion u (T) – nach Joule

Zwei Behälter A,B werden durch eine Leitung verbunden, die durch einen Hahn gesperrt werden kann. Zwischen diesem System und der Umgebung wird keine Wärme ausgetauscht – dafür befindet sich das System in einem Fluid mit konstanter Temperatur.
In der ersten Phase ist die Leitung gesperrt. Im Behälter A befindet sich ein ideales Gas, im Behälter B herrscht Vakuum.
Die Temperatur ist um beide Behälter gleich. Beim Öffnen des Hahnes besetzt das Gas das gesamte Volumen ($V = V_A + V_B$) aufgrund der Druckdifferenz $p_A > p_B$. Es wird festgestellt, dass auch nach dem Druckausgleich die Temperatur im System unverändert bleibt.

Während der beschriebenen Zustandsänderung wurden trotz Volumenänderung im System keine Kräfteänderungen außerhalb des Systems gemessen. Es entstand also keine Volumenänderungsarbeit.
Die Zustandsänderung ist irreversibel (vgl. Prozess im Bild 1.11).

Aus dem 1.HS für geschlossene Systeme – Gl.(2.6) – resultiert:

$$dQ - dW = dU \;\rightarrow \qquad \text{für} \qquad dQ\,,\, dW = 0$$

gilt dann: $dU = 0$

oder $U_2 - U_1 = 0 \quad ; \qquad U_2 = U_1 \qquad bzw.\; u_2 = u_1$

Die innere Energie bleibt in diesem Fall konstant, trotz Änderung des Druckes und des Volumens.

$$U \neq f\,(p,V)$$

Bei idealen Gasen gilt also nur:

$$U = f(T) \quad bzw. \quad u = f\,(T) \tag{3.6}$$

Die Begründung liegt darin, dass im Falle eines idealen Gases keine Wechselwirkungskräfte zwischen seinen Molekülen wirken. Die innere Energie des Gases resultiert nur aus der Summe der kinetischen Energien der Moleküle. Diese hängen nur von der Temperatur ab. Der Druck beeinflusst im mikroskopischen Maßstab nur die potentielle Energie, ausgedrückt in dem Abstand zwischen den Molekülen. Bei fehlenden Wechselwirkungskräften ist eine solche Energieform nicht vorhanden.

3.2.2 Formen der spezifischen Wärmekapazität

> *Definition*
>
> *Die **spezifische Wärmekapazität** ist als Energie (in Form von Wärmezufuhr) definiert, die für die Erhöhung der Temperatur der Masseneinheit (1kg) eines bestimmten Stoffes um 1 K benötigt wird.*

Es gilt:

$$c = \frac{\Delta Q}{m \cdot \Delta T} \qquad bzw. \qquad c = \frac{\Delta q}{\Delta T}$$

Unter Berücksichtigung weiterer Zustandsgrößen gilt das partielle Differential:

$$c = \frac{\partial q}{\partial T}\left[\frac{J}{kg\,K}\right]$$ bzw. mit molarspezifischen Größen

$$\bar{c} = \frac{\partial \bar{q}}{\partial T}\left[\frac{J}{kmol\ K}\right] \tag{3.8}$$

Die Definition zeigt, dass die spezifische Wärmekapazität – wie die Wärme selbst – eine Prozessgröße ist. Sie ist also von der Art der Zustandsänderung abhängig.

$$c_x = \left(\frac{\partial q}{\partial T}\right)_x, \quad \text{wobei x die Art der Zustandsänderung darstellt} \tag{3.9}$$

Die Kenntnis über die spezifische Wärmekapazität eines Stoffes ermöglicht die Ableitung der ausgetauschten Wärme mit seiner Umgebung in einem Temperaturbereich T_1, T_2

$$q_{12} = \int_{T_1}^{T_2} c_x dT \tag{3.10}$$

Aus der Vielfalt der möglichen spezifischen Wärmekapazitäten, entsprechend der Arten von Zustandsänderungen in einem System (x), werden die spezifische Wärmekapazität bei konstantem Volumen (v) bzw. bei konstanten Druck (p) am häufigsten verwendet.

$$c_v = \left(\frac{\partial q}{\partial T}\right)_{v=konst.} ; \quad c_p = \left(\frac{\partial q}{\partial T}\right)_{p=konst.} \tag{3.9a, b}$$

Für reversible Zustandsänderungen in einem homogenen Arbeitsmedium wurden folgende Beziehungen für den Wärmeaustausch abgeleitet:

$$dq = du + pdv \tag{2.8a}$$

$$dq = dh - vdp \tag{2.15a}$$

Für die spezifische innere Energie u und Enthalpie h im Falle eines Arbeitsmediums mit einer Komponente und einer Phase (2 Freiheitsgrade) gilt allgemein nach einer Funktion der Form (3.5):

$$u = f(T,v) \rightarrow du = \left(\frac{\partial u}{\partial T}\right)_v dT + \left(\frac{\partial u}{\partial v}\right)_T dv \tag{3.11a}$$

$$h = f(T,p) \rightarrow dh = \left(\frac{\partial h}{\partial T}\right)_p dT + \left(\frac{\partial h}{\partial p}\right)_T dp \tag{3.11b}$$

Aus den Gl. (2.8a),(3.11a) bzw.(2.15a),(3.11b) resultiert:

$$dq = \left(\frac{\partial u}{\partial T}\right)_v dT + \left[\left(\frac{\partial u}{\partial v}\right)_T + p\right] dv \tag{3.12a}$$

$$dq = \left(\frac{\partial h}{\partial T}\right)_p dT + \left[\left(\frac{\partial h}{\partial p}\right)_T - v\right] dp \tag{3.12b}$$

Für eine Zustandsänderung bei konstanten Volumen – entspr. Gl. (3.9a) wird dv=0 und damit aus Gl. (3.12a):

$$c_v = \left(\frac{\partial q}{\partial T}\right)_v = \left(\frac{\partial u}{\partial T}\right)_v \tag{3.13a}$$

Für eine Zustandsänderung bei konstanten Druck – entspr. Gl. (3.9b) wird dp=0 und damit aus Gl.(3.12b):

$$c_p = \left(\frac{\partial q}{\partial T}\right)_p = \left(\frac{\partial h}{\partial T}\right)_p \tag{3.13b}$$

Die Gleichungen (3.13a,b) sind für jedes homogene Gas gültig. Für ein ideales Gas gelten die vereinfachten Bedingungen

$$u = f(T) \tag{3.6}$$

$$h = f(T) \tag{3.7}$$

Daraus wird abgeleitet:

$$c_v = \frac{du}{dT}\left[\frac{J}{kg\,K}\right] \quad , \quad \bar{c}_v = \frac{d\bar{u}}{dT}\left[\frac{J}{kmol\,K}\right] \tag{3.14a}$$

$$c_p = \frac{dh}{dT}\left[\frac{J}{kg\,K}\right] \quad , \quad \bar{c}_p = \frac{d\bar{h}}{dT}\left[\frac{J}{kmol\,K}\right] \tag{3.14b}$$

Die spezifische innere Energie bzw. Enthalpie eines idealen Gases können also mittels spezifischer Wärmekapazitäten wie folgt ermittelt werden:

$$u_2 - u_1 = \int_{T_1}^{T_2} c_v dT \tag{3.15a}$$

$$h_2 - h_1 = \int_{T_1}^{T_2} c_p dT \tag{3.15b}$$

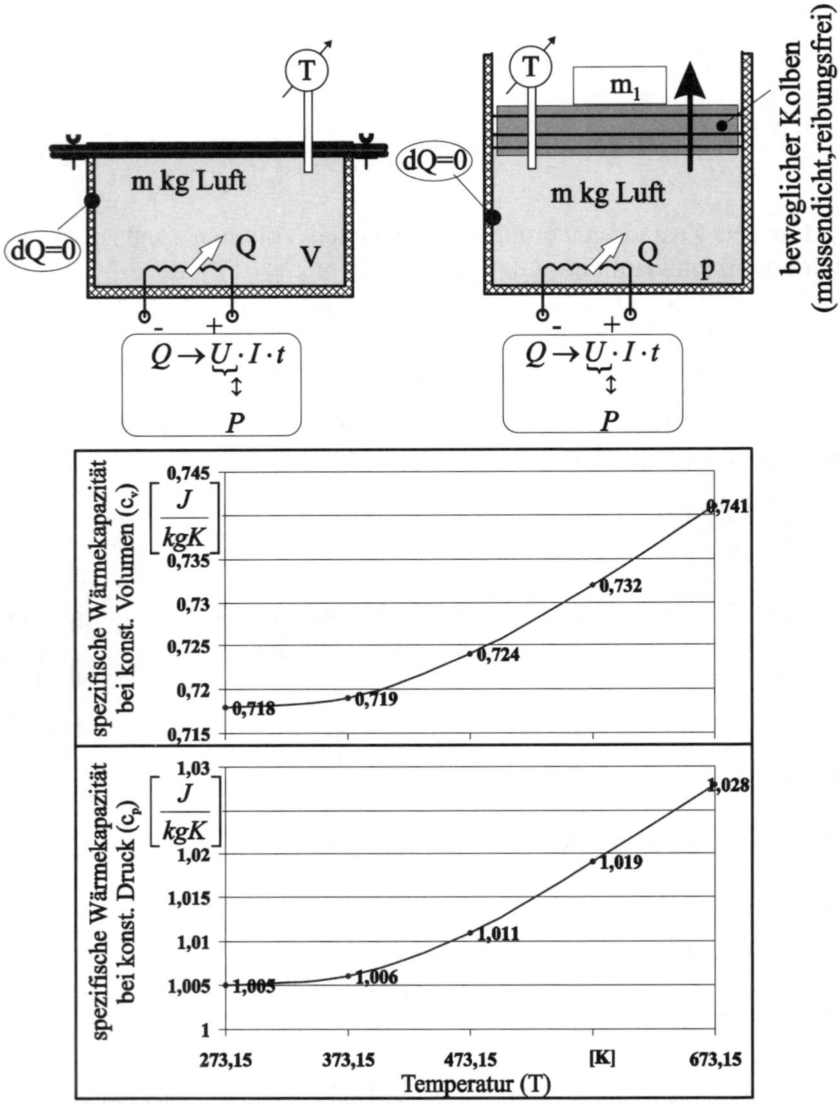

Bild 3.5 Ermittlung der spezifischen Wärmekapazität eines Stoffes bei konstantem Volumen oder bei konstantem Druck – schematisch

Die spezifische Wärmekapazität ist abhängig von der Art des Stoffes – in diesem Fall des Gases – und kann experimentell ermittelt werden.

Im Bild 3.5 ist als Beispiel dargestellt, in welcher Weise die spezifische Wärmekapazität für Luft bei konstantem Volumen oder bei konstantem Druck ermittelt werden kann: bei Messung der Heizleistung (P) und des jeweiligen Temperaturanstieges (T) in gleichen Zeitabständen (t) ist die

Wärmezufuhr (Q) für die Stoffmenge (m) – und damit die spezifische Wärmekapazität als

$$c = \frac{\Delta Q}{m \cdot \Delta T}$$

ableitbar. Aus den gemessenen Werten für Luft sind zwei Folgerungen ableitbar:

– die spezifische Wärmekapazität ist abhängig von der Temperatur

$$c_v = c_v(T), c_p = c_p(T)$$

– die Werte der spezifischen Wärmekapazität bei konstantem Druck bzw. Volumen sind unterschiedlich

$$c_p(T) > c_v(T)$$

Allgemein wird auch eine leichte Abhängigkeit der spezifischen Wärmekapazität von dem jeweiligen Druck des Arbeitsmediums festgestellt, die jedoch im Vergleich zu der Temperaturabhängigkeit weitgehend vernachlässigbar ist.

– die spezifische Wärmekapazität bei konstantem Volumen bzw. bei konstantem Druck hängen von dem jeweiligen Stoff ab. Bild 3.6 zeigt als Beispiel die spezifische Wärmekapazität bei konstanten Druck für Luft, Wasser, Kohlendioxid und Methan bei vergleichbaren Temperaturen.

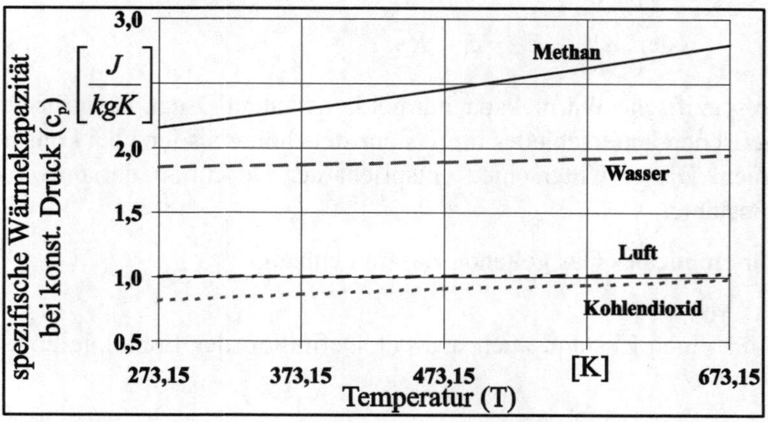

Bild 3.6 Spezifische Wärmekapazität bei konstantem Druck in Abhängigkeit von der Temperatur für unterschiedliche Stoffe

3.2.3 Zusammenhang der spezifischen Wärmekapazität bei konstanten Volumen und bei konstanten Druck

Das Einsetzen des Ausdrucks (3.14a) in die Gl. (3.12a) ergibt für ein ideales Gas folgende Form des allgemeinen Differentials $c_x = \left(\frac{\partial q}{\partial T}\right)_x$:

$$c_x = c_v + \left[\left(\frac{\partial u}{\partial v}\right)_T + p\right]\left(\frac{\partial v}{\partial T}\right)_x \tag{3.16}$$

Gl.(3.16) stellt spezifische Wärmekapazität für eine beliebige Zustandsänderung x dar, ausgedrückt mit Hilfe von c_v.

Für eine Zustandsänderung bei konstanten Druck wird x = p und damit:

$$c_p = c_v + \left[\left(\frac{\partial u}{\partial v}\right)_T + p\right]\left(\frac{\partial v}{\partial T}\right)_p \tag{3.17}$$

Für ein ideales Gas gilt dabei: $\frac{\partial u}{\partial v} = 0$, weil u = u (T)

Andererseits gilt $pv = RT$ $\rightarrow$ $\left(\frac{\partial v}{\partial T}\right)_{p=konst} = \frac{R}{p}$

Das ergibt den Zusammenhang:

$$c_p = c_v + p \cdot \frac{R}{p} \quad \Rightarrow \quad c_p = c_v + R \tag{3.18a}$$

$$\text{oder} \qquad \bar{c}_p = \bar{c}_v + \bar{R} \tag{3.18b}$$

Die spezifische Wärmekapazität bei konstantem Druck ist aufgrund des energetischen Unterschiedes im System stets höher als jene bei konstantem Volumen. Dieser Unterschied entspricht der Definition der universellen Gaskonstante.

Der für ein ideales Gas geltende Zusammenhang
$c_p = c_v + R$ (3.18a)

kann für einen Zustand auch aus der Definition der Enthalpie abgeleitet werden:

Aus $h = u + pv$ (2.11a)
mit $u = c_v \cdot T$ entsprechend (3.14a) für einen Zustand
$h = c_p \cdot T$ entsprechend (3.14b) für einen Zustand

resultiert:
$c_p \cdot T = c_v \cdot T + pv$ wobei für ideale Gase $pv = RT$

Das ergibt: $c_p \cdot T = c_v \cdot T + RT \qquad \rightarrow \qquad c_p = c_v + R$

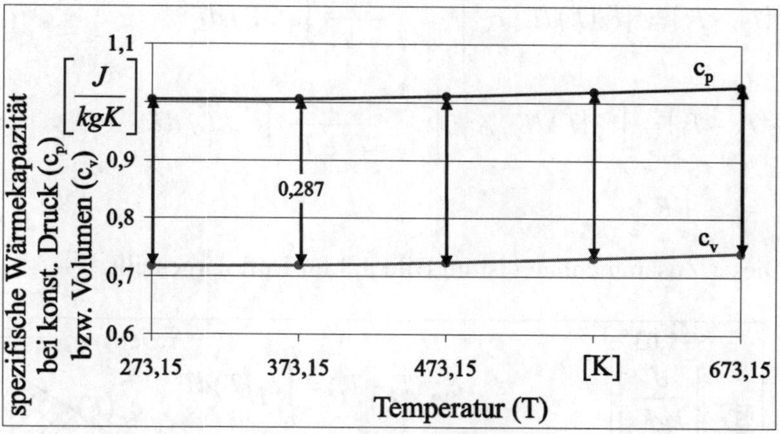

Bild 3.7 Spezifische Wärmekapazität bei konstantem Druck und bei konstantem Volumen für Luft in Abhängigkeit von der Temperatur

Bild 3.7 zeigt auf Basis der Bilder 3.5a, b den Zusammenhang der Werte c_p, c_v für Luft. Es ist dabei deutlich, dass ihre Differenz bei jeder Temperatur der Gaskonstante für Luft entspricht. Dadurch wird sowohl die Ermittlung als auch die Anwendung der spezifischen Wärmekapazität erleichtert: es genügt, nur einen der beiden Werte bei der jeweiligen Temperatur für einen Stoff zu kennen, um den anderen abzuleiten.

Die Kenntnis der spezifischen Wärmekapazität eines Arbeitsmediums, welches Zustandsänderungen in einem Kraftfahrzeugmodul erfährt, erleichtert die Ermittlung der Energiebilanz während des jeweiligen Prozesses. Für solche Ableitungen des Energieaustausches entsprechend Kap. 2.5 – in Verdichtern, Turbinen, Wärmetauschern, Pumpen oder Düsen – genügt dann die Ermittlung der Temperatur vor und nach dem Vorgang, entsprechend Gl. (3.15a), (3.15b).

Die Verwendung mittlerer spezifischer Wärmekapazitäten c_{vm} = konst. , c_{pm} = konst. vereinfacht weiterhin solche Analysen.

Eine spezifische Wärmekapazität wird im gegebenen Temperaturbereich als konstant betrachtet, wenn der Energieaustausch wie beim Einsatz der realen (mit der Temperatur variablen) Wärmekapazität erfolgt, wie in Gl. (3.15a) und (3.15b) dargestellt.

Es gilt

$$c_{vm}\left(T_2 - T_1\right) = \int_{T_1}^{T_2} c_v\left(T\right)dT \;,\; c_{vm}\Big|_{T_2}^{T_1} = \frac{1}{T_2 - T_1}\int_{T_1}^{T_2} c_v(T)\,dT \tag{3.19a}$$

$$c_{pm}\left(T_2 - T_1\right) = \int_{T_1}^{T_2} c_p\left(T\right)dT \;,\; c_{pm}\Big|_{T_1}^{T_2} = \frac{1}{T_2 - T_1}\int_{T_1}^{T_2} c_p(T)\,dT \tag{3.19b}$$

$$c_{pm} = c_{vm} + R \tag{3.19c}$$

Dieser Zusammenhang ist im Bild 3.8 für Luft dargestellt.

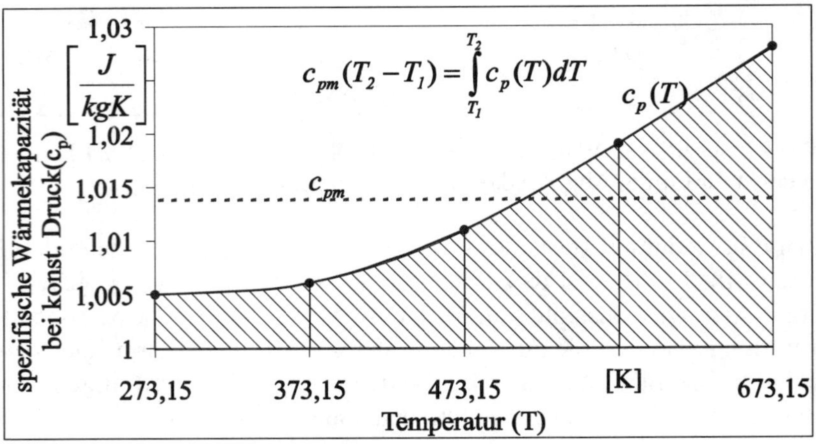

Bild 3.8 Mittlere spezifische Wärmekapazität bei konstantem Druck für Luft in einem Temperaturbereich von 400 K – entsprechend Bild 3.7

3.3 Das ideale Gasgemisch

Bei der Durchführung thermodynamischer Prozesse in der Kraftfahrzeugtechnik besteht das Arbeitsmedium häufig aus einem Gasgemisch.

Beispiele:

- *die Luft* (N_2, O_2)
- *die Abgase eines Verbrennungsmotors* (CO_2, CO, C_mH_n, NO_2, NO, H_2O, N_2, O_2)
- *das Erdgas als Kraftstoff* (CH_4, N_2)

Zur Beschreibung der Zustände und der Zustandsänderungen in idealen Gasgemischen gelten folgende vereinfachende Voraussetzungen:

- ein ideales Gasgemisch besteht aus einzelnen idealen Gasen, die miteinander chemisch nicht reagieren.
- ein ideales Gasgemisch ist homogen und befindet sich thermisch und mechanisch im Gleichgewicht.
- die Eigenschaften eines idealen Gasgemisches unterscheiden sich von denen jeder einzelnen Komponente, werden jedoch durch diese bestimmt.

Ein ideales Gasgemisch wird durch die Ermittlung seiner Gaskonstante und einer energetischen Größe – der inneren Energie, der Enthalpie oder der spezifischen Wärmekapazität – charakterisiert.

3.3.1 Die Gaskonstante eines Gasgemisches

Die Masse eines Gasgemisches aus n Komponenten beträgt:

$$m_G = \sum_{i=1}^{n} m_i \quad [kg] \tag{3.20}$$

Beispiel: *2 kg Luft = 0,464 kg* O_2 *+ 1,536 kg* N_2

Definition

***Massenanteil** einer Komponente* $\zeta_i = \dfrac{m_i}{m_G}$ $[-]$ (3.21)

Beispiel:

Die Massenanteile der Komponenten in 2 kg Luft

$$\zeta_{O_2} = \frac{0,464}{2} = 0,232 \quad ; \quad \zeta_{N_2} = \frac{1,536}{2} = 0,768$$

Aus der Definition des Massenanteils resultiert :

$$\sum_{i=1}^{n} \zeta_i = 1 \tag{3.22}$$

Beispiel: *für Luft 0,232 + 0,768 = 1*

Nach dem Gesetz von Dalton expandiert jedes Einzelgas eines Gemisches unabhängig von den übrigen Gemischkomponenten auf das gesamte zur Verfügung stehende Volumen. Dieser Zusammenhang ist im Bild 3.9 dargestellt:

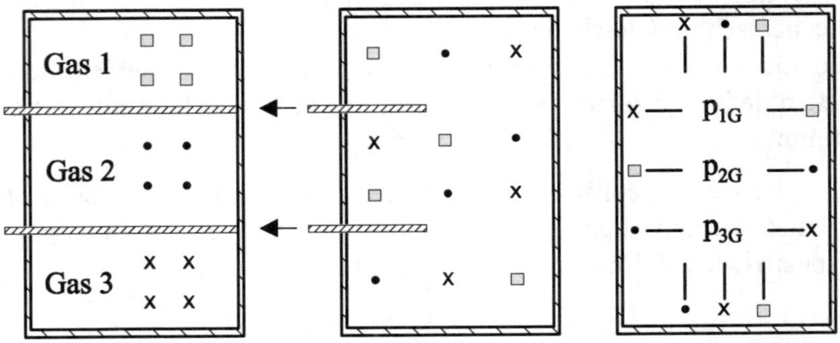

Bild 3.9 Expansion der Komponenten in einem Gasgemisch

Die Moleküle jedes einzelnen Gases sind entsprechend der formulierten Voraussetzungen im gesamten Volumen $V = V_1 + V_2 + V_3$ homogen verteilt. Jedes einzelne Gas übt also auf die Wände des Volumens V den Druck p_{iG} aus, den es ausüben würde, wenn es bei der Gemischtemperatur T das gesamte Volumen V allein ausfüllen würde.

> *Definition*
>
> ***Partialdruck p_{iG}***
> *Der Druck jeder einzelnen Gaskomponente in einem Gemisch.*

Der Partialdruck einer Gaskomponente im gesamten Volumen V ist offensichtlich nicht gleich dem Druck dieser Komponente im eigenen Volumen V_i vor dem Mischen

$$p_i \neq p_{iG}$$

In einem Gasgemisch ist die Messung einzelner Partialdrücke nicht möglich.

Der messbare Gesamtdruck im Gemisch ist die Summe der Partialdrücke. Es gilt:

$$p_G = \sum_{i=1}^{n} p_{iG} \tag{3.23}$$

Jede einzelne Komponente eines idealen Gasgemisches ist selbst ein ideales Gas. Für jede Komponente gilt also die Zustandsgleichung. Unter Anwendung der Partialdrücke p_{iG} im Gemisch gilt für jede Komponente:

$$p_{1G}V = m_1R_1T$$
$$p_{2G}V = m_2R_2T$$
$$p_{iG}V = m_iR_iT$$
$$p_{nG}V = m_nR_nT$$

$$\left(p_{1G} + p_{2G} + ... + p_{iG} + ...p_{nG}\right)V = \left(m_1R_1 + m_2R_2 + ... + m_iR_i ... + m_nR_n\right)T \quad (3.24)$$

Andererseits gilt für das gesamte Gemisch:

$$p_GV = m_GR_GT \quad (3.25)$$

Aus dem Vergleich (3.24), (3.25) mit Einbeziehung der Gl. (3.23) resultiert:

$$m_GR_G = \sum_{i=1}^{n} m_iR_i \quad (3.25a)$$

und damit:

$$R_G = \frac{\sum_{i=1}^{n} m_iR_i}{m_G} \quad (3.26)$$

Die Gl.(3.26) wird mit Hilfe der Massenanteile – Gl.(3.21) – wie folgt geschrieben:

$$R_G = \sum_{i=1}^{n} \zeta_iR_i \quad (3.27a)$$

> *Definition*
>
> *Die **Gaskonstante eines idealen Gasgemisches** ist die Summe der Gaskonstanten der Komponenten, die jeweils mit dem Massenanteil der entsprechenden Komponente multipliziert sind.*

Für den Ausdruck der Gaskonstante mit Hilfe von Molargrößen wird von der Gl. (3.2) ausgegangen:

$$\overline{M}_iR_i = \overline{R} \qquad \text{bzw.} \qquad \overline{M}_GR_G = \overline{R} \quad (3.2)$$

Daraus resultiert: $$R_G = \frac{\overline{R}}{\overline{M}_G} \quad (3.27b)$$

Dabei ist die molare Masse des Gemisches eine scheinbare Größe – es gibt keine Moleküle von Mischgas. Als Berechnungsgröße ist die molare Masse des Gemisches dennoch sehr effektiv.

3.3.2 Molare Masse, Dichte, Zusammenhänge der Massen- und Volumenanteile

Molare Masse des Gemisches

Die molare Masse eines Gemisches wird anhand des physikalischen Modells im Bild 3.10 abgeleitet:

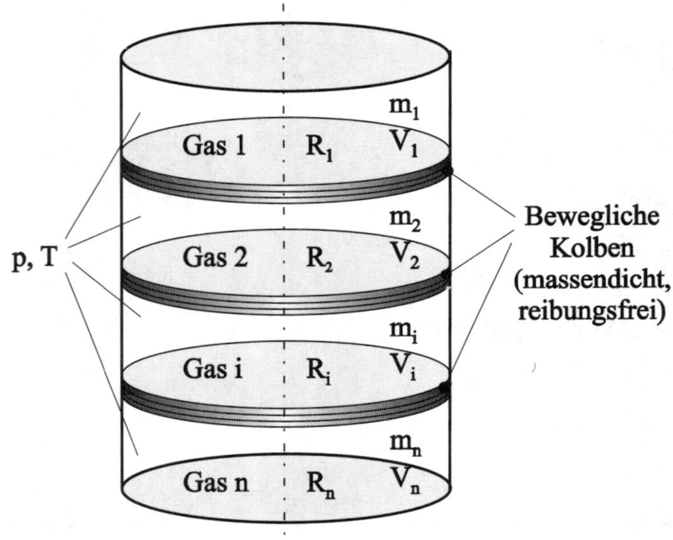

Bild 3.10 Modell zur Ermittlung der scheinbaren molaren Masse eines Gemisches

In einem Behälter mit dem Gesamtvolumen V werden reibungslos Kolben mit vernachlässigbarer Masse und Volumen bewegt. Jede Komponente des Gasgemisches wird in den Raum zwischen 2 Kolben gefüllt. Jedes dieser Teilvolumen ist dicht, so dass eine Gasmischung nicht möglich ist. Der Druck wird durch die Kolbenbewegung, die Temperatur durch Wärmeübertragung zwischen den Kolben ausgeglichen. Nach dem das Gleichgewicht im System in dieser Weise eingestellt ist, können für die einzelnen Gaskomponenten folgende Zustandsgleichungen geschrieben werden:

$$\begin{aligned} pV_1 &= m_1 R_1 T \\ pV_2 &= m_2 R_2 T \\ pV_i &= m_i R_i T \\ pV_n &= m_n R_n T \end{aligned} \tag{3.28}$$

Dabei ist p = konst. → p = p_G

Mit Hilfe der Gl. (3.2) wird Gl. (3.28) zu:

$$\begin{aligned} pV_1 \overline{M}_1 &= m_1 \overline{R} T \\ pV_2 \overline{M}_i &= m_2 \overline{R} T \\ pV_i \overline{M}_i &= m_i \overline{R} T \\ pV_n \overline{M}_n &= m_n \overline{R} T \end{aligned} \tag{3.29}$$

$$p\left(V_1 \overline{M}_1 + V_2 \overline{M}_2 + \ldots + V_i \overline{M}_i + \ldots + V_n \overline{M}_n\right) = \left(m_1 + m_2 + \ldots + m_i + \ldots + m_n\right)\overline{R}T$$

Mit dem Ausdruck der Gesamtmasse aus der Gl. (3.20) wird die Summe der Gl.(3.29) zu:

$$p \sum_{i=1}^{n} V_i \overline{M}_i = m_G \overline{R} T \tag{3.30}$$

Ausgehend von Gl. (3.25) kann für das gesamte Gemisch folgende Zustandsgleichung formell aufgestellt werden:

$$pV_G = m_G R_G T \qquad \rightarrow \qquad pV_G \overline{M}_G = m_G \overline{R} T \tag{3.25'}$$

Die molare Masse des Gemisches $\overline{M}_G$ wird aufgrund des Vergleichs der Gl. (3.25') und (3.30) wie folgt abgeleitet:

$$\overline{M}_G = \frac{\sum_{i=1}^{n} V_i \overline{M}_i}{V} \tag{3.31}$$

Definition

Volumenanteil einer Komponente:
Analog dem Massenanteil einer Komponente – Gl. (3.21).

$$r_i = \frac{V_i}{V} \tag{3.32}$$

Dabei ist $$\sum_{i=1}^{n} r_i = 1 \tag{3.33}$$

Mit dem Ausdruck (3.32) wird Gl. (3.31) zu:

$$\overline{M}_G = \sum_{i=1}^{n} r_i \overline{M}_i \tag{3.34}$$

> *Definition*
>
> *Die **Masse des Kilomols eines idealen Gasgemisches** ist die Summe der Molmassen der Gaskomponenten, die jeweils mit dem Volumenanteil der entsprechenden Komponente multipliziert sind.*

Andererseits resultiert aus Gl. (3.25') die Form:

$$pV = \frac{m_G}{\overline{M}_G} \overline{R} T \tag{3.35}$$

Die Anzahl der Kilomol im Gemisch beträgt dabei:

$$\overline{N}_G = \frac{m_G}{\overline{M}_G}$$

Zusammenhang zwischen Massen- und Volumenanteil

Allgemein gilt für eine Gemischkomponente im Gesamtvolumen V:

$$p_{iG} V = m_i R_i T \tag{3.24}$$

oder mit molaren Größen, analog der Gl.(3.35):

$$p_{iG} V = \overline{N}_i \overline{R} T \tag{3.36}$$

Durch Dividieren der Gl.(3.36) und (3.35) resultiert:

$$\frac{p_{iG} V}{pV} = \frac{\overline{N}_i \overline{R} T}{\overline{N}_G \overline{R} T} \rightarrow \frac{p_{iG}}{p} = \frac{\overline{N}_i}{\overline{N}_G} \tag{3.37a}$$

Das Dividieren der Gl. (3.29) und (3.35) ergibt andererseits:

$$\frac{pV_i}{pV} = \frac{\overline{N}_i \overline{R} T}{\overline{N}_G \overline{R} T} \rightarrow \frac{V_i}{V} = \frac{\overline{N}_i}{\overline{N}_G} \tag{3.37b}$$

Aus Gl. (3.37a,b) resultiert bei Einführung des Volumenanteils – Gl. (3.32):

$$\frac{p_{iG}}{p_G} = \frac{V_i}{V_G} = \frac{\overline{N}_i}{\overline{N}_G} = r_i \tag{3.37}$$

Demzufolge ist der Partialdruck einer Gaskomponente in einem Gemisch von deren Volumenbeteiligung, d.h. von dem Anteil ihrer Moleküle im Gemisch abhängig.

Der Zusammenhang zwischen Massen- und Volumenanteilen der Komponenten eines Gasgemisches resultiert aus Gl. (3.29) und (3.25'):

$$\frac{pV_i\overline{M}_i}{pV_G\overline{M}_G} = \frac{m_i\overline{R}T}{m_G\overline{R}T} \rightarrow \frac{V_i}{V_G}\cdot\frac{\overline{M}_i}{\overline{M}_G} = \frac{m_i}{m_G} \rightarrow r_i\frac{\overline{M}_i}{\overline{M}_G} = \xi_i \tag{3.38}$$

Dichte eines Gemisches

Aus der Definition der Dichte gilt: $\rho_i = \dfrac{m_i}{V_i};\ \rho_G = \dfrac{m_G}{V_G}$

Daraus resultiert:

$$\frac{\rho_i}{\rho_G} = \frac{m_i}{m_G}\cdot\frac{V_G}{V_i} = \frac{\xi_i}{r_i} \tag{3.39}$$

Mit dem Ausdruck (3.38) für einen Massenanteil resultiert:

$$\frac{\rho_i}{\rho_G} = \frac{\overline{M}_i}{\overline{M}_G} \tag{3.40}$$

Die Dichte einer Komponente in einem Gasgemisch entspricht dem Verhältnis ihrer Molmasse zur scheinbaren Molmasse des Gemisches.

3.3.3 Innere Energie, Enthalpie und spezifische Wärmekapazität eines Gasgemisches

In praktischen Anwendungen gelangen die Gaskomponenten bei unterschiedlichen Temperaturen ins Gemisch : T_1, T_2, T_i, T_n.

Es wird vorausgesetzt, dass bei Betrachtung eines solchen Vorgangs das System wärmedicht in Bezug auf die Umgebung ist. Wenn alle Komponenten im System vorhanden sind, wird das System auch als massendicht (geschlossen) betrachtet. Jede Komponente verhält sich wie im Vakuum, das heißt, für ihre Expansion auf das gesamte Systemvolumen wird keine Arbeit verrichtet.

Die innere Energie eines solchen Gasgemisches ist unter diesen Voraussetzungen die Summe der inneren Energien der Komponenten:

$$U_G = U_1 + U_2 + \ldots + U_i + \ldots + U_n \quad (3.41)$$

Andererseits beträgt die Gemischmasse:

$$m_G = m_1 + m_2 + \ldots + m_i + \ldots + m_n \quad (3.20)$$

Die Gl. (3.41) wird mit spezifischen Größen ausgedrückt:

$$U_G = m_G u_G = m_1 u_1 + m_2 u_2 + \ldots + m_i u_i + \ldots + m_n u_n \quad (3.41a)$$

$$u_G = \xi_1 u_1 + \xi_2 u_2 + \ldots + \xi_i u_i + \ldots + \xi_n u_n$$

Daraus resultiert für $U_G = \sum U_i$:

$$u_G = \sum_{i=1}^{n} \xi_i u_i \quad (3.42)$$

Analog resultiert für die Enthalpie:

$$H_G = \sum H_i$$

$$h_G = \sum_{i=1}^{n} \xi_i h_i \quad (3.43)$$

Definition

*Die **spezifische innere Energie** bzw. die **spezifische Enthalpie** eines Gasgemisches ist die Summe der spezifischen inneren Energien bzw. der spezifischen Enthalpien der Komponenten die jeweils mit dem Massenanteil der entsprechenden Komponente multipliziert sind.*

Der Ausdruck der Gl. (3.42), (3.43) mit molaren Größen ergibt:

(3.38)
↓

$$u_G = \frac{\overline{u}_G}{\overline{M}_G} = \sum \xi_i \frac{\overline{u}_i}{\overline{M}_i} \rightarrow \overline{u}_G = \sum \xi_i \cdot \frac{\overline{M}_G}{\overline{M}_i} \cdot \overline{u}_i \rightarrow \overline{u}_G = \sum r_i \overline{u}_i \quad (3.42a)$$

$$h_G = \frac{\overline{h}_G}{\overline{M}_G} = \sum \xi_i \frac{\overline{h}_i}{\overline{M}_i} \rightarrow \overline{h}_G = \sum \xi_i \cdot \frac{\overline{M}_G}{\overline{M}_i} \cdot \overline{h}_i \rightarrow \overline{h}_G = \sum r_i \overline{h}_i \quad (3.42b)$$

(der zweite Pfeil mit Verweis auf (3.38))

Die spezifischen Wärmekapazitäten c_p, c_v des Gasgemisches werden unter folgender Voraussetzung abgeleitet:

– die spezifische Wärmekapazität hat einen konstanten Mittelwert im betrachteten Temperaturbereich:

$$c_v = c_{vm} = \text{konstant}$$

$$c_p = c_{pm} = \text{konstant}$$

Aus dem Zusammenhang der Gaskonstante einer Gemischkomponente (R_i) mit der spezifischen Wärmekapazität in einem Temperaturbereich (c_p,c_v) gemäß Gl. (3.18a,b) resultiert:

$$c_{pi} - c_{vi} = R_i \qquad \text{bzw.} \qquad c_{pG} - c_{vG} = R_G$$

Andererseits ist die Gaskonstante eines Gemisches

$$R_G = \sum_{i=1}^{n} \xi_i R_i \qquad \text{bzw.} \qquad R_G = \sum_{i=1}^{n} \xi_i \left(c_{pi} - c_{vi}\right) \quad (3.27a)$$

Der Zusammenhang ergibt:

$$c_{pG} - c_{vG} = \sum_{i=1}^{n} \left(\xi_i c_{pi} - \xi_i c_{vi}\right)$$

Daraus resultiert:

$$c_{vG} = \sum_{i=1}^{n} \xi_i \cdot c_{vi} \qquad c_{pG} = \sum_{i=1}^{n} \xi_i c_{pi} \quad (3.43a,b)$$

oder molar-spezifisch, analog Gl. (3.42a,b):

$$\overline{c}_{vG} = \sum_{i=1}^{n} r_i \overline{c}_{vi} \qquad \overline{c}_{pG} = \sum_{i=1}^{n} r_i \overline{c}_{pi} \quad (3.44a,b)$$

3.4 Elementare Zustandsänderungen in gasförmigen Arbeitsmedien

Die Zustandsänderungen in einem Gas oder Gasgemisch, bei denen eine Zustandsgröße – Druck , Volumen oder Temperatur – oder eine bestimmte Kombination dieser konstant bleibt, werden als elementare Zustandsänderungen betrachtet. Folgende Beispiele sind dafür repräsentativ:

- Isochore Zustandsänderung: $V = \text{konst.}$
- Isobare Zustandsänderung: $p = \text{konst.}$
- Isotherme Zustandsänderung: $T = \text{konst.}$
- Adiabate Zustandsänderung: $pV^k = \text{konst.}$
- Polytrope Zustandsänderung: $pV^n = \text{konst.}$

Ziele der Betrachtung solcher Zustandsänderungen sind die Ermittlung des Energieaustausches zwischen einem System und der Umgebung während des jeweiligen Vorganges sowie die Analyse des Verlaufs und der Extremwerte der Zustandsgrößen.

Die Analyse beschränkt sich im Rahmen dieser grundlegenden Betrachtung auf reversiblen Zustandsänderungen in geschlossenen Systemen bzw. in offenen Systemen unter stationären Strömungsbedingungen.

Die Ausführungen beziehen sich auf ideale Gase und Gasgemische. Eine Übertragung der Zusammenhänge auf reale Gase und Gasgemische ist auf Basis des entsprechenden Realgasfaktors Z (Kap. 3.1.5) möglich.

3.4.1 Isochore Zustandsänderung (V = konst.)

Ein Energieaustausch zwischen System und Umgebung bei konstantem Volumen des Arbeitsmediums führt allgemein zur Änderung der übrigen Zustandsgrößen.

Beispiele:

Geschlossene Systeme:	*Wärmezufuhr durch Verbrennung in einem Ottomotor (als ideale Zustandsänderung)*
	Heizen eines Mediums in einem geschlossenen Behälter
Offene Systeme:	*Pumpen eines inkompressiblen Mediums (Benzin, Wasser)*

Solche Anwendungsbeispiele sind im Bild 3.11 dargestellt.

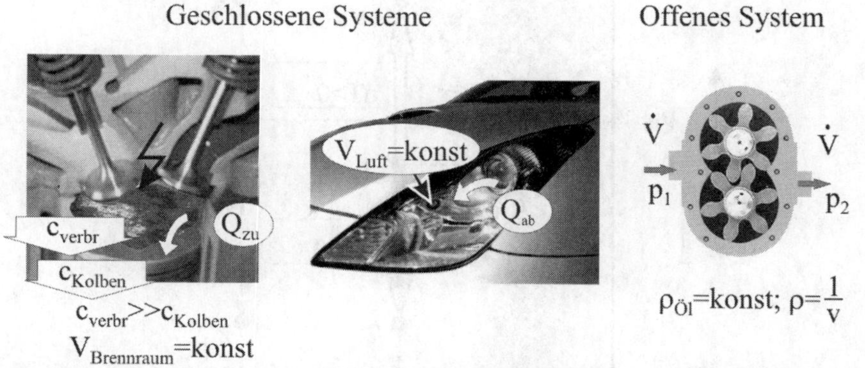

a) Verbrennung in einem Ottomotor

b) Wärmeabgabe eines Scheinwerfers

c) Druckerhöhung in einer Ölpumpe

Bild 3.11 Beispiele für isochore Zustandsänderungen

Bei einer Zustandsänderung, die durch Erwärmung oder Kühlung hervorgerufen werden kann, gilt für den Anfangs- und Endzustand eines idealen Gases die Zustandsgleichung:

$$p_1 V = mRT_1 \quad ; \quad p_2 V = mRT_2 \tag{3.1}$$

Bei konstanter Masse (geschlossenes System) und konstantem Volumen resultiert daraus:

$$\frac{p_1}{T_1} = \frac{p_2}{T_2} = \frac{mR}{V} \tag{3.45}$$

$$\text{oder} \quad \frac{p_2}{p_1} = \frac{T_2}{T_1} \qquad \frac{p_1}{T_1} = \frac{p_2}{T_2} = \frac{p_i}{T_i} \tag{3.46}$$

– dabei bezeichnet i jeden beliebigen Zustand zwischen 1 und 2

$\frac{p}{T} = konst.$ – Zustandsänderungsgleichung

Vom Anfangszustand 1 ausgehend, kann eine Isochore infolge der Temperaturerhöhung oder der Temperatursenkung entstehen, wie im Bild 3.12 dargestellt.

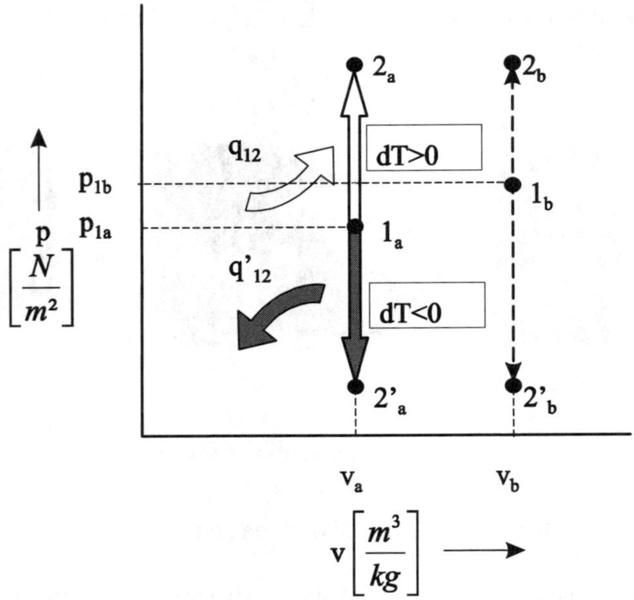

Bild 3.12 Isochore Zustandsänderungen (V = konst., v = konst.)

Der Verlauf ist prinzipiell ähnlich für jedes gegebene Volumen V_a, V_b bzw. v_a, v_b.

Energieaustausch / geschlossene Systeme

Wärme

Eine Zustandsänderung des Typs 1-2 wird bei Wärmezufuhr realisiert, eine Zustandsänderung 1-2 ' bei Wärmeabfuhr.

Eine Volumenänderungsarbeit ist bei dieser Zustandsänderung in geschlossenen Systemen nicht vorhanden, so dass – gemäß dem 1. HS – die ausgetauschte Wärme der Änderung der inneren Energie entspricht:

$$Q_{12} = U_2 - U_1 \tag{3.47a}$$

Mit spezifischen Größen gilt:

$$q_{12} = u_2 - u_1 \tag{3.47b}$$

und aus Gl.(3.15a) bzw. (3.19a):

$$q_{12} = \int_{T_1}^{T_2} c_v (T_2 - T_1) \tag{3.48}$$

$$q_{12} = c_{vm} (T_2 - T_1) \tag{3.48a}$$

Die während einer isochoren Zustandsänderung von einem geschlossenen System ausgetauschte Wärme kann aufgrund der Temperaturdifferenz ermittelt werden.

Volumenänderungsarbeit:

$$w_{V12} = \int_{V_1}^{V_2} p dv = 0 - \; da \; bei \; v = konst., \quad dv = 0$$

Energieaustausch / offene Systeme

Druckänderungsarbeit

Die Druckänderungsarbeit wird aus dem 1. HS für offene Systeme abgeleitet.

$$q_{12} - w_{p12} = h_2^* - h_1^* \rightarrow h_2 - h_1 \tag{2.17a}$$

(bei Vernachlässigung der spezif. kinetischen Energie)

Mit $h = u + pv$ (2.11a) gilt:

$$q_{12} - w_{p12} = u_2 + p_2 v - u_1 - p_1 v = u_2 - u_1 - v(p_1 - p_2)$$

Für reversible Zustandsänderungen gilt:

$$w_p = -\int_1^2 v \, dp$$

Für v = konst.: $w_{p12} = p_1 v - p_2 v$ $\qquad w_{p12} = v(p_1 - p_2)$

Andererseits gilt:

$$w_{p12} = \int_{p_1}^{p_2} -v dp = -v(p_2 - p_1) = -v p_1 \left(\frac{T_2}{T_1} - 1 \right) \tag{3.49}$$

$$aus \; \frac{p_2}{p_1} = \frac{T_2}{T_1} \longleftarrow \tag{3.46}$$

$$w_{p12} = -\frac{p_1 v}{T_1}(T_2 - T_1) = -R(T_2 - T_1) \leftarrow weil \; \frac{p_1 \cdot v}{T_1} = R$$

(Zustandsgleichung)

bzw. $$w_{p12} = R(T_1 - T_2) \tag{3.49a}$$

Wärme

$$q_{12} - v(p_1 - p_2) = u_2 - u_1 - v(p_1 - p_2)$$

$$q_{12} = u_2 - u_1 \qquad \rightarrow \qquad q_{12} = c_{vm}(T_2 - T_1) \tag{3.49b}$$

3.4.2 Isobare Zustandsänderung (p = konst.)

Ein Energieaustausch zwischen System und Umgebung bei konstantem Druck kann ebenfalls in geschlossenen und offenen Systemen vorkommen.

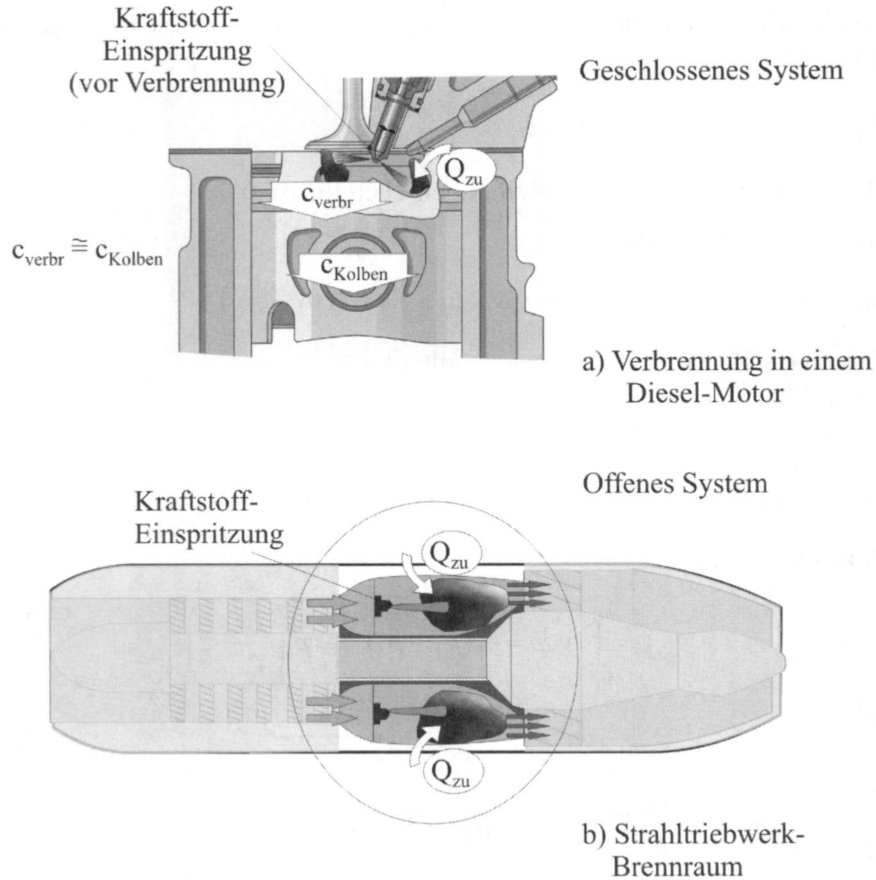

Bild 3.13 Beispiele für isobare Zustandsänderungen

Beispiele:

Geschlossene Systeme:	*Wärmezufuhr durch Verbrennung in einem Dieselmotor (als ideale Zustandsänderung)*
Offene Systeme:	*Wärmezufuhr durch Verbrennung im Brennraum einer Gasturbine (als ideale Zustandsänderung)*

Diese Beispiele sind im Bild 3.13 dargestellt.

Auch in diesem Fall gilt für den Anfang- und Endzustand eines idealen Gases die Zustandsgleichung (3.1). Daraus resultiert:

$$\frac{V_1}{T_1} = \frac{V_2}{T_2} = \frac{mR}{p} \tag{3.50}$$

$$\text{oder } \frac{V_2}{V_1} = \frac{T_2}{T_1} \text{ bzw. } \frac{V_1}{T_1} = \frac{V_2}{V_2} = \frac{V_i}{T_i} \tag{3.51}$$

– dabei bezeichnet i jeden beliebigen Zustand zwischen 1 und 2

$\frac{V}{T} = konst.$ – Zustandsänderungsgleichung

Vom Anfangszustand 1 ausgehend, kann eine Isobare infolge der Temperaturerhöhung (bei Wärmezufuhr) oder der Temperatursenkung (bei Wärmeabfuhr) entstehen. Diese Zusammenhänge sind im Bild 3.14 dargestellt.

Die Temperaturerhöhung infolge einer Zustandsänderung des Typs 1-2 bewirkt entsprechend der Gl. (3.51) die Zunahme des Volumens - dieser Prozess ist also eine Entlastung.

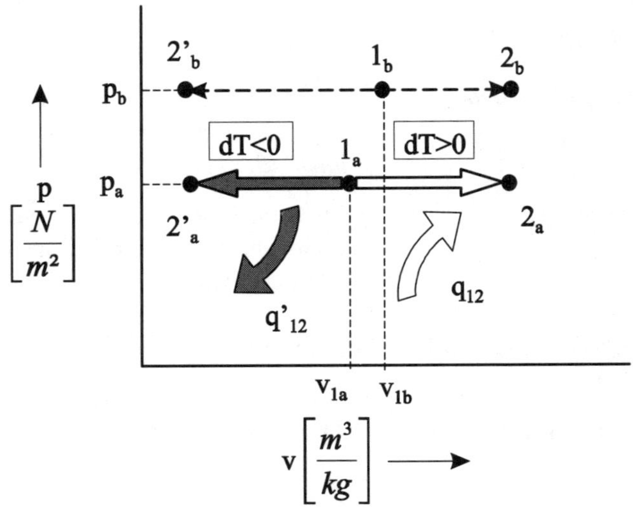

Bild 3.14 Isobare Zustandsänderungen (p = konst.)

Energieaustausch / geschlossene Systeme

Wärme

$$dq = dh - vdp \tag{2.15a}$$

mit $dp = 0$

$$q_{12} = h_2 - h_1$$

und aus Gl. (3.19b):

$$q_{12} = \int_{T_1}^{T_2} c_p(T)dT \tag{3.52}$$

$$q_{12} = c_{pm}(T_2 - T_1) \tag{3.52a}$$

Die während einer isobaren Zustandänderung von einem geschlossenen oder offenen System ausgetauschte Wärme kann aufgrund der Temperaturdifferenz ermittelt werden.

Volumenänderungsarbeit

Zur Ermittlung der Arbeit in einem geschlossenen System während einer reversiblen Zustandsänderung gilt:

$$w_{v12} = \int_{v_1}^{v_2} p dv = p \int_{v_1}^{v_2} dv = p(v_2 - v_1) = p v_1 \left(\frac{T_2}{T_1} - 1 \right) \tag{3.53}$$

$$aus \ \frac{V_2}{V_1} = \frac{T_2}{T_1} \longleftarrow \tag{3.51}$$

$$w_{12} = \frac{p v_1}{T_1}(T_2 - T_1) = R(T_2 - T_1) \leftarrow weil \ \frac{p v_1}{T_1} = R \tag{3.54}$$

(Zustandsgleichung)

$w_{v12} = R(T_2 - T_1)$ (3.55) bzw. $w_{v12} = p(v_2 - v_1)$ (3.55a)

- Bei einer Entlastung $(v_2 > v_1)$ resultiert aus Gl. (3.51) auch $T_2 > T_1$ und damit:

$$q_{12} = c_{pm}(T_2 - T_1) > 0 \tag{3.52a}$$

$$w_{v12} = R(T_2 - T_1) > 0 \tag{3.55}$$

- Bei einer Verdichtung resultiert analog

$q_{12} < 0 \quad ; \quad w_{v12} < 0$

Energieaustausch / offene Systeme

Wärme

Der Wärmeaustausch wird, wie bei geschlossenen Systemen, anhand der Gl. (3.52), (3.52a) berechnet.

Druckänderungsarbeit

$$w_{p12} = \int_1^2 - v dp = 0 \quad - \quad da \ bei \ p = konst., \quad dp = 0$$

3.4.3 Isotherme Zustandsänderung (T = konst.)

Ein Energieaustausch als Wärme und Arbeit ist auch in einem System bei konstanter Temperatur möglich.

Beispiele:

Geschlossene Systeme:	*Wärmeabfuhr durch starke Kühlung während der Verdichtung des Arbeitsmediums in einem Kolbenmotor*
Offene Systeme:	*Wärmezufuhr durch Heizen während der Entlastung der Gasströmung in einer Düse*

Geschlossenes System

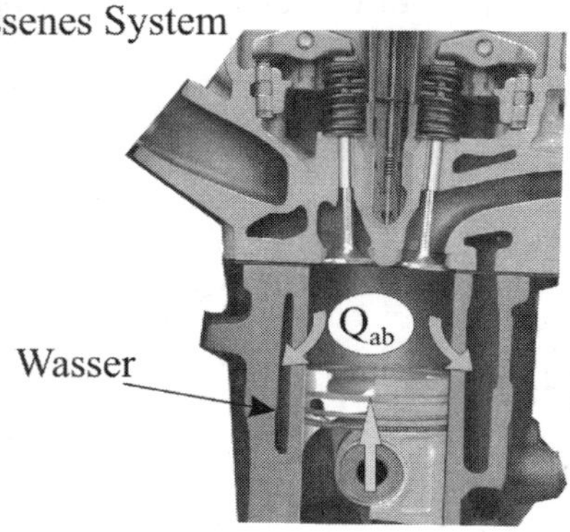

a) Kühlung während der Verdichtung in einem Kolbenmotor

Offenes System

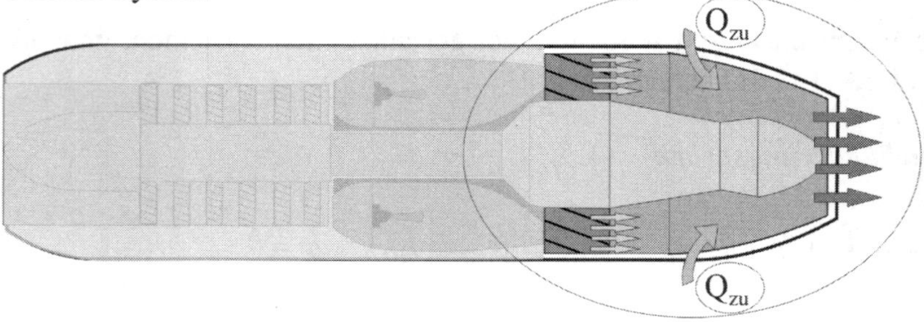

b) Strahltriebwerkdüse mit Nachbrenner

Bild 3.15 Beispiele für isotherme Zustandsänderungen

Anwendungsbeispiele sind im Bild 3.15 dargestellt. Bei einer Zustandsänderung, die durch Erwärmung oder Kühlung hervorgerufen werden kann, gilt für den Anfangs- und Endzustand eines idealen Gases die Zustandsgleichung:

$$p_1V_1 = mRT \; ; \qquad p_2V_2 = mRT \tag{3.1}$$

Daraus resultiert:

$$p_1V_1 = p_2V_2 = p_iV_i \tag{3.56}$$

- dabei bezeichnet i jeden beliebigen Zustand zwischen 1 und 2

$pV = konst.$ – Zustandsänderungsgleichung

Im p,v-Diagramm ist diese Funktion eine symmetrische Hyperbel, wie im Bild 3.16 dargestellt.

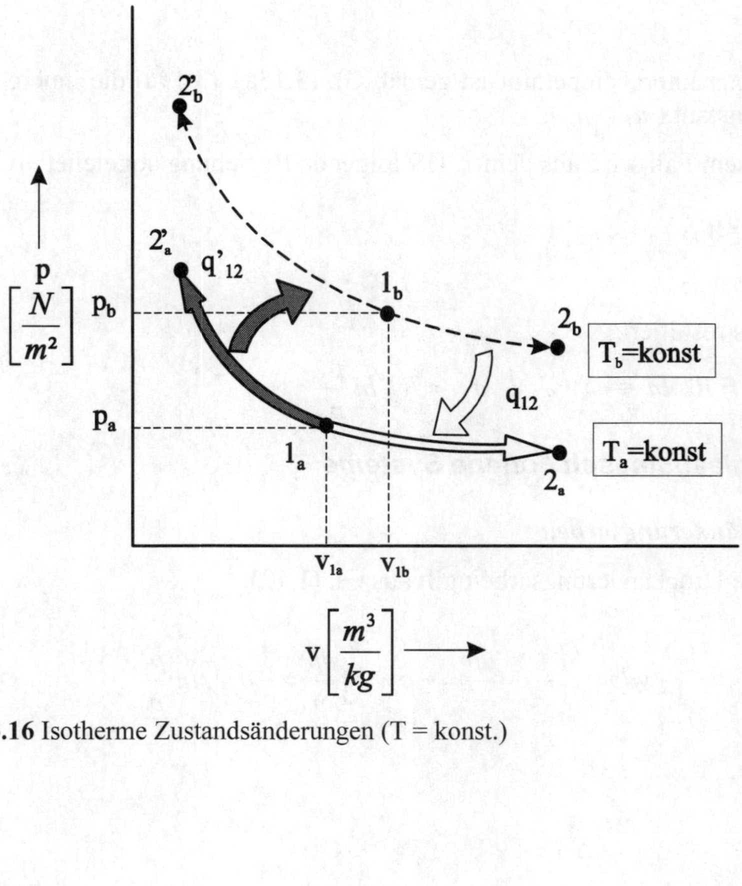

Bild 3.16 Isotherme Zustandsänderungen (T = konst.)

Energieaustausch / geschlossene Systeme

Volumenänderungsarbeit

Mit dem Ausdruck (1.10) wird für die Arbeit in einem geschlossenen System während eines reversiblen Vorgangs abgeleitet:

$$w_{v12} = \int_{v_1}^{v_2} p dv = \int_{v_1}^{v_2} pv \cdot \frac{dv}{v} = pv \int_{v_1}^{v_2} \frac{dv}{v} \tag{3.57a}$$

$$w_{v12} = p_1 v_1 \ln \frac{v_2}{v_1} \quad \text{wobei aus Gl. (3.56):} \quad \frac{v_2}{v_1} = \frac{p_1}{p_2}$$

daraus resultiert

$$w_{v12} = p_1 v_1 \ln \frac{p_1}{p_2} \qquad \text{wobei} \quad p_1 v_1 = RT \tag{3.58}$$

Wärme

Bei konstanter Temperatur ist gemäß Gl. (3.15a), (3.19a) die innere Energie konstant ($u_2 = u_1$).

In diesem Fall wird aus dem 1. HS folgende Beziehung abgeleitet:

$$Q_{12} = W_{12}$$

$$q_{12} = w_{12}$$

Daraus resultiert:

$$q_{12} = RT \ln \frac{v_2}{v_1} \quad , \quad q_{12} = RT \ln \frac{p_1}{p_2} \tag{3.59}$$

Energieaustausch / offene Systeme

Druckänderungsarbeit

Für die Druckänderungsarbeit gilt aus Gl. (1.12):

$$w_{p12} = \int_{p_1}^{p_2} -v dp = \int_{p_1}^{p_2} -pv \frac{dp}{p} = -p_1 v_1 \int_{p_1}^{p_2} \frac{dp}{p} = -p_1 v_1 \ln \frac{p_2}{p_1} \tag{3.57b}$$

$$w_{p12} = RT\, ln\frac{p_1}{p_2} = RT\, ln\frac{v_2}{v_1} \quad (3.60)$$

Bemerkung: entsprechend der Flächenprojektionen einer symmetrischen Hyperbel zur Ordinate und Abskizze ist die Arbeit in einem geschlossenen bzw. offenen System bei gleicher Zustandsänderung gleich, was auch aus dem Vergleich der Gl. (3.58) und (3.60) resultiert

Wärme

Der Wärmeaustausch wird, wie bei geschlossenen Systemen, anhand der Gl .(3.59) berechnet, weil aus dem 1. HS für offene Systeme

$$q_{12} - w_{p12} = h_2 - h_1 \quad \text{bei} \quad h_2 - h_1 = c_{pm}(T_2 - T_1) = 0$$

auch $q_{12} = w_{p12}$ resultiert.

3.4.4 Adiabate Zustandsänderung (pV^k = konst.)

Ein Energieaustausch in wärmedichten Systemen ist in Form von Arbeit möglich. In erster Annäherung werden bei der Analyse eines entsprechenden thermodynamischen Vorgangs solche Zustandsänderungen in einem wärmedichten (adiabaten) System betrachtet, die auch reversibel sind. Eine adiabate und reversible Zustandsänderung wird als Isentrope bezeichnet. Die Definition der Entropie folgt im Kapitel 4.

Beispiele:

Geschlossene Systeme:	*Verdichtung oder Entlastung in einem wärmedichten Kolbenmotor*
Offene Systeme:	*Verdichtung in einem axialen oder radialen, wärmeisolierten Verdichter; Entlastung in einer radialen oder axialen wärmedichten Turbine*

Solche Vorgänge sind im Bild 3.17 dargestellt.

Entsprechend der Gl. (2.8a) und (3.15a) gilt:

$$dq = du + pdv = c_v dT + pdv \quad (3.61)$$

Andererseits ergibt Gl. (2.15a) bzw. Gl.(3.15b):

$$dq = dh - vdp = c_p dT - vdp \tag{3.62}$$

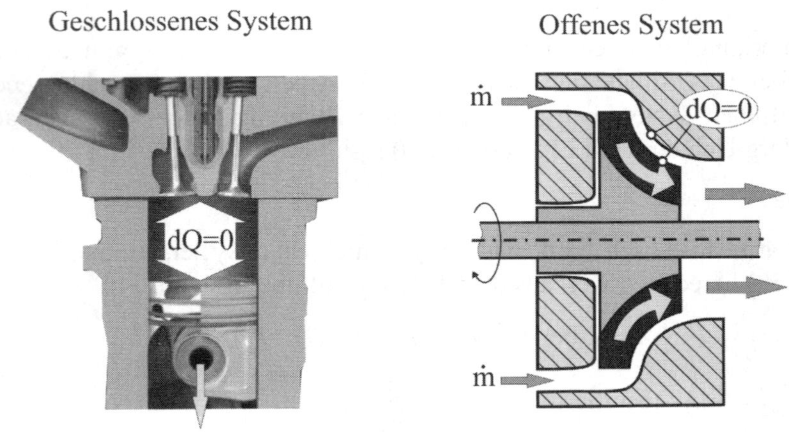

a) Entlastung in einem wärmedichten Kolbenmotor

b) Entlastung in einer wärmeisolierten Turbine

Bild 3.17 Beispiele für Zustandsänderungen ohne Wärmeaustausch (adiabat)

Für eine adiabate bzw. isentrope Zustandsänderung (dq = 0) resultiert aus den Gl. (3.61) und (3.62):

$$\begin{aligned} dT &= -\frac{pdv}{c_v} = +\frac{vdp}{c_p} \rightarrow -\frac{c_p}{c_v} \cdot \frac{dv}{v} = +\frac{dp}{p} \\ &\rightarrow \quad \frac{c_p}{c_v} \cdot \frac{dv}{v} + \frac{dp}{p} = 0 \end{aligned} \tag{3.63}$$

Die Gl.(3.63) ist die Differentialgleichung der Isentrope (Adiabate).

> *Definition*
>
> *Das Verhältnis der spezifischen Wärmekapazitäten* $\frac{c_p}{c_v} = k$ *wird als* ***Isentropenexponent*** *bezeichnet.*
>
> *Ausgehend von* $c_p = c_v + R$ *gilt:* $k = \frac{c_v + R}{c_v} = \frac{c_p}{c_p - R}$

Mit (c_p, c_v , R) > 0 gilt für jedes beliebige Arbeitsmedium: $c_v+R>c_v$ und somit k>1

Die Temperaturabhängigkeit der Wärmekapazität c_p, c_v (Kap. 3.2.2/Bild 3.7) bei unveränderter Gaskonstante R beeinflusst auch den Wert des Isentropenexponenten k:

$$\frac{c_v(T)+R}{c_v(T)} = \frac{c_p(T)}{c_p(T)-R} = k(T)$$

Für überschlägige Berechnungen können mittlere Wärmekapazitäten (Gl. 3.19) eingesetzt werden $k = \dfrac{c_{vm}+R}{c_{vm}} = \dfrac{c_{pm}}{c_{pm}-R}$

Für exakte Berechnungen wird der Isentropenexponent in Temperaturabschnitten betrachtet.

Die Integration der Gl. (3.63) ist bei Annahme konstanter Werte für die spezifischen Wärmekapazitäten im betrachteten Temperaturbereich (Mittelwerte) möglich:

$$-\frac{c_{pm}}{c_{vm}}\int_1^2 \frac{dv}{v} = +\int_1^2 \frac{dp}{p} \rightarrow -k\,ln\frac{v_2}{v_1} = ln\frac{p_2}{p_1} \qquad (3.64)$$

Daraus resultiert: $\dfrac{p_2}{p_1} = \left(\dfrac{v_1}{v_2}\right)^k$ oder $\dfrac{p_2}{p_1} = \left(\dfrac{V_1}{V_2}\right)^k$

bzw.

$$p_2V_2^k = p_1V_1^k = p_iV_i$$
$$p_2v_2^k = p_1v_1^k = p_iV_i^k \qquad (3.65)$$

- dabei bezeichnet i jeden beliebigen Zustand zwischen 1 und 2

$pv^k = konst.$ – Zustandsänderungsgleichung

Die isentrope Zustandsänderung ist im p,v - Diagramm eine unsymmetrische Hyperbel mit k > 1, demzufolge mit steilerem Anstieg im Vergleich mit einer Isotherme (pv^1 = konst.), wie im Bild 3.18 verdeutlicht.

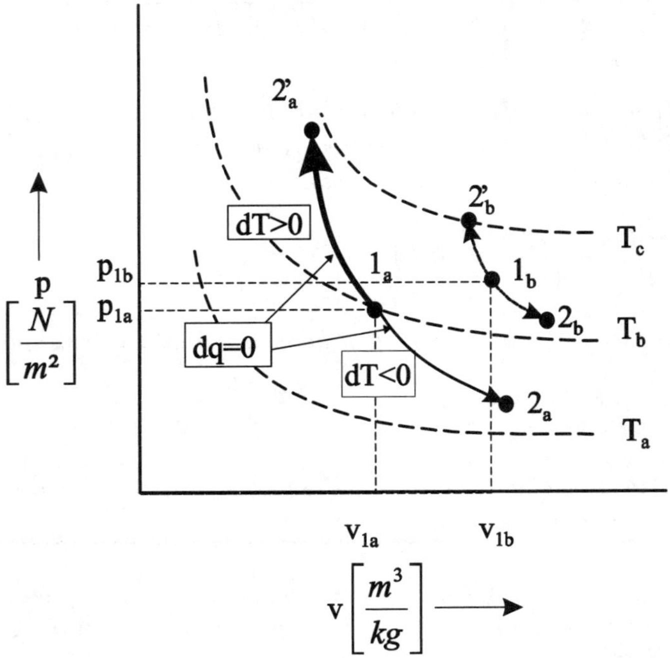

Bild 3.18 Adiabate, reversible (isentrope) Zustandsänderung (pV^k = konst. , k > 1)

Die Zustandsgleichung (3.1) ergibt weiterhin:

$$pV = mRT \rightarrow \left.\begin{matrix} p_2V_2 = mRT_2 \\ p_1V_1 = mRT_1 \end{matrix}\right\} \quad \frac{p_2}{p_1} = \frac{T_2}{T_1} \cdot \frac{V_1}{V_2} \; bzw. \; \frac{T_1}{T_2} = \frac{p_1}{p_2} \cdot \frac{V_1}{V_2}$$

Andererseits gilt:

$$\frac{p_2}{p_1} = \left(\frac{V_1}{V_2}\right)^k \quad bzw. \quad \frac{p_1}{p_2} = \left(\frac{V_2}{V_1}\right)^k bzw. \quad \frac{p_1}{p_2} = \left(\frac{v_2}{v_1}\right)^k \tag{3.66}$$

Daraus resultiert:

$$\frac{T_1}{T_2} = \left(\frac{V_2}{V_1}\right)^{k-1} \text{oder} \; \frac{T_1}{T_2} = \left[\left(\frac{p_1}{p_2}\right)^{\frac{1}{k}}\right]^{k-1} = \left(\frac{p_1}{p_2}\right)^{\frac{k-1}{k}} \tag{3.67}$$

Energieaustausch / geschlossene Systeme

Volumenänderungsarbeit

Die während einer isentropen Zustandsänderung in einem geschlossenen System ausgetauschte Arbeit (ein Wärmeaustausch findet bei einem wärmedichten System nicht statt) kann aus dem 1. HS abgeleitet werden:

$$W_{v12} = U_1 - U_2 \tag{3.68}$$

bzw. $w_{v12} = u_1 - u_2$ (3.68a)

Daraus resultiert:

$$W_{v12} = m\, c_v (T_1 - T_2) \tag{3.69}$$

$$w_{v12} = c_v (T_1 - T_2) \tag{3.69a}$$

$$w_{v12} = c_v T_1 \left(1 - \frac{T_2}{T_1}\right) = c_v T_1 \left[1 - \left(\frac{V_1}{V_2}\right)^{k-1}\right] = c_v T_1 \left[1 - \left(\frac{p_2}{p_1}\right)^{\frac{k-1}{k}}\right] \tag{3.70}$$

Andererseits gilt für reversible Zustandsänderungen in geschlossenen Systemen:

$$W_{v12} = \int_1^2 p\,dV \tag{1.10}$$

$$w_{v12} = \int_1^2 p\,dv \tag{1.10a}$$

Aus der Gl. (3.65) resultiert:

$$p = p_1 \cdot \frac{v_1^k}{v^k}$$

Daraus wird abgeleitet:

$$w_{v12} = \int_1^2 p_1 v_1{}^k \cdot \frac{1}{v^k}\,dv = \frac{p_1 v_1{}^k}{-k+1}\left(v_2{}^{-k+1} - v_1{}^{-k+1}\right) = \frac{1}{k-1}\left(p_1 v_1 - p_2 v_2\right) \tag{3.71a}$$

$$W_{v12} = \frac{1}{k-1}\left(p_1 V_1 - p_2 V_2\right) \tag{3.71}$$

Beim Einsatz der Zustandsgleichung (3.1) gilt dann:

$$W_{v12} = \frac{1}{k-1}\left(p_1 V_1 - p_2 V_2\right) = \frac{mR}{k-1}\left(T_1 - T_2\right) \tag{3.72}$$

$$w_{v12} = \frac{R}{k-1}\left(T_1 - T_2\right) \tag{3.72a}$$

Energieaustausch / offene Systeme

Druckänderungsarbeit

Für offene Systeme gilt nach Gl. (1.12) folgender Zusammenhang zur Ermittlung der Druckänderungsarbeit:

$$w_{p12} = \int_1^2 -v\,dp \quad \text{dabei gilt: } p_1 v_1^{\,k} = p v^k \rightarrow \quad v = \frac{\left(p_1 v_1^{\,k}\right)^{\frac{1}{k}}}{p^{\frac{1}{k}}} = \frac{p_1^{\frac{1}{k}} \cdot v_1}{p^{\frac{1}{k}}}$$

$$w_{p12} = \int_1^2 -p_1^{\frac{1}{k}} \cdot v_1 \cdot \frac{dp}{p^{\frac{1}{k}}} = -p_1^{\frac{1}{k}} \cdot v_1 \cdot \frac{1}{1-\frac{1}{k}} \cdot p^{1-\frac{1}{k}} \Bigg|_1^2 \quad \text{dabei ist } 1-\frac{1}{k} = \frac{k-1}{k}$$

$$w_{p12} = p_1^{\frac{1}{k}} \cdot v_1 \cdot \frac{k}{k-1}\left(p_1^{\frac{k-1}{k}} - p_2^{\frac{k-1}{k}}\right)$$

$$= \frac{k}{k-1} \cdot p_1^{\frac{1}{k}} \cdot p_1^{\frac{k-1}{k}} \cdot v_1 \left[1 - \left(\frac{p_2}{p_1}\right)^{\frac{k-1}{k}}\right]; \text{ aus Gl. (3.67): } \left(\frac{p_2}{p_1}\right)^{\frac{k-1}{k}} = \frac{T_2}{T_1}$$

$$w_{p12} = \frac{k}{k-1} p_1 v_1 \left(1 - \frac{T_2}{T_1}\right) = \frac{k}{k-1} \cdot \frac{p_1 v_1}{T_1}\left(T_1 - T_2\right)$$

$$w_{p12} = \frac{k}{k-1} R(T_1 - T_2) \tag{3.73}$$

Aus dem Vergleich Volumenänderungsarbeit (Gl. 3.72a) – Druckänderungsarbeit (Gl. 3.73) resultiert:

$$W_{p12} = kW_{v12}$$

bzw. $$w_{p12} = kw_{v12}$$

was aus den Projektionen der Funktion pv^k (Bild 3.18) auf Ordinate und Absizze ebenfalls sichtbar ist.

3.4.5. Polytrope Zustandsänderung (pV^n = konst.)

Eine polytrope Zustandsänderung stellt eine Verallgemeinerung aller beschriebenen elementaren Zustandsänderungen dar.

Beispiele:

Geschlossene Systeme:	*Verdichtung oder Entlastung in einem gekühlten Kolbenmotor (zwischen adiabat und isotherm)*
Offene Systeme:	*Verdichtung in einem axialen oder radialen Verdichter mit Kühlung; Entlastung in einer radialen oder axialen Turbine mit Kühlung (zwischen adiabat und isotherm)*

Im Bild 3.19 sind einige Beispiele dargestellt.

Während einer polytropen Zustandsänderung bleibt allgemein das Verhältnis zwischen der inneren Energie und der ausgetauschten Wärme konstant:

$$\alpha = \frac{du}{dq} = konst. \qquad \text{für} \qquad \alpha \in (-\infty; +\infty)$$

Daraus resultiert:

$dq = c_n \cdot dT$ - wobei c_n die spezifische Wärmekapazität während einer polytropen Zustandsänderung ist.

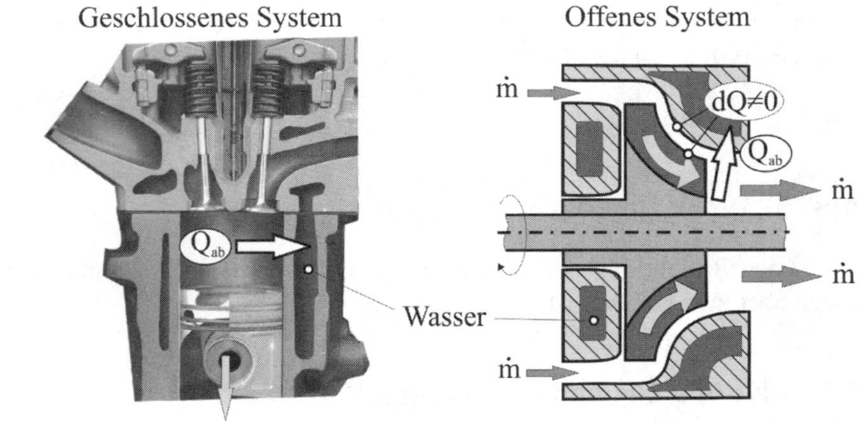

a) Entlastung in einem gekühlten Kolbenmotor

b) Entlastung in einer gekühlten Turbine

Bild 3.19 Beispiele für polytrope Zustandsänderungen

Zur Beschreibung der Polytrope im p,V-Diagramm wird vom 1. HS ausgegangen (wie bei der Adiabate):

$$dq = du + pdv \rightarrow c_n \cdot dT = c_v \cdot dT + pdv \tag{3.61}$$

$$dq = dh - vdp \rightarrow c_n \cdot dT = c_p \cdot dT - vdp \tag{3.62}$$

Durch Umstellung und Dividieren der Gl. (3.61, 3.62) wird – ähnlich der Gl. (3.63) – die Differenzialgleichung der Polytrope abgeleitet:

$$\frac{c_n - c_p}{c_n - c_v} = -\frac{vdp}{pdv} \rightarrow \frac{c_n - c_p}{c_n - c_v} \cdot \frac{dv}{v} + \frac{dp}{p} = 0 \tag{3.74}$$

Aus der Bedingung $\frac{du}{dq} = \alpha$ resultiert:

$$\frac{c_v \cdot dT}{c_n \cdot dT} = \alpha \rightarrow c_n = \frac{c_v}{\alpha} \tag{3.75}$$

Für $c_v = c_{vm}$ = konst. – in einem gegebenen Temperaturbereich – ist also auch $c_n = c_{nm}$ konstant. Das ergibt:

$$\frac{c_n - c_p}{c_n - c_v} = konst. = n \quad ; \qquad n \in (-\infty; +\infty) \tag{3.76}$$

Definition

Das Verhältnis $\frac{c_n - c_p}{c_n - c_V} = n$ *ist als* ***Polytropenexponent*** *definiert.*

Die Gleichungen (3.63; 3.74) haben die gleiche Struktur. Der Unterschied besteht nur in dem Wert der Konstante (n anstatt k).

Für exakte Berechnungen wird n auf Temperaturintervallen berechnet, ausgehend von $c_n(T)$, c_p (T), $c_v(T)$ – ähnlich der Verfahrensweise bei der Ermittlung eines Isentropenexponenten k.

Daraus resultiert eine ähnliche Gleichung für die polytrope Zustandsänderung wie im Falle der Adiabate – Gl. (3.65):

$$p_2 V_2^n = p_1 V_1^n = p_i V_i^n \text{ bzw.}$$

$$p_2 v_2^n = p_1 v_1^n = p_i v_i^n \tag{3.77}$$

– dabei bezeichnet i jeden beliebigen Zustand zwischen 1 und 2

$pV^n = konst.$ – Zustandsänderungsgleichung

Daraus wird abgeleitet:

$$\frac{p_2}{p_1} = \left(\frac{V_1}{V_2}\right)^n \text{ bzw. } \frac{p_1}{p_2} = \left(\frac{V_2}{V_1}\right)^n \text{ bzw. } \frac{p_1}{p_2} = \left(\frac{v_2}{v_1}\right)^n \tag{3.78}$$

– Vgl. (3.66)

$$\text{bzw. } \frac{T_1}{T_2} = \left(\frac{V_2}{V_1}\right)^{n-1} = \left(\frac{p_1}{p_2}\right)^{\frac{n-1}{n}} \tag{3.79}$$

– Vgl. (3.67)

Energieaustausch / geschlossene Systeme

Wärme

Die energetische Bilanz resultiert aus dem 1.HS:

$$dq - dw_v = du \tag{2.6}$$

$$\alpha = \frac{du}{dq} \rightarrow du = \alpha dq \rightarrow dq - dw_v = \alpha dq \rightarrow dq = \frac{dw_v}{1-\alpha} \tag{3.80}$$

Zwischen n und α gilt andererseits die Beziehung:

$$n = \frac{c_n - c_p}{c_n - c_v} = \frac{\dfrac{c_v}{\alpha} - c_p}{\dfrac{c_v}{\alpha} - c_v} = \frac{\dfrac{1}{\alpha} - \dfrac{c_p}{c_v}}{\dfrac{1}{\alpha} - 1}$$

$$n = \frac{1 - \alpha \dfrac{c_p}{c_v}}{1-\alpha}$$

$$\alpha = \frac{n-1}{n - \dfrac{c_p}{c_v}} \;;\; 1-\alpha = 1 - \frac{n-1}{n - \dfrac{c_p}{c_v}} = 1 - \frac{n-1}{n-k} = \frac{1-k}{n-k}$$

Gl. (3.80) kann somit wie folgt ausgedrückt werden:

$$dq = \frac{n-k}{1-k} \cdot dw_v \tag{3.81}$$

Volumänderungsarbeit

Zur Ermittlung der Volumenänderungsarbeit gilt andererseits analog der Isentrope, beim Ersetzten des Exponenten k mit n in Gl. (3.72a):

$$w_{v12} = \frac{R}{n-1}(T_1 - T_2) \tag{3.82a}$$

Energieaustausch / offene Systeme

Wärme

Aus dem 1. HS für offene Systeme resultiert entsprechend Gl. (2.18a) bei Vernachlässigung des Anteils der kinetischen Energie an der Enthalpie:

$$dq - dw_p = dh$$

Ausgehend von $dh = c_p \cdot dT \quad , \quad du = c_v \cdot dT$ (3.14a, b)

und $k = \dfrac{c_p}{c_v}$ (3.63) $\rightarrow k = \dfrac{dh}{du}$

gilt $\alpha = \dfrac{du}{dq} = \dfrac{\frac{dh}{k}}{dq} \rightarrow dh = k\alpha dq$

Das ergibt: $dq - dw_p = k\alpha dq$

Analog der Gl. (3.80) gilt:

$$dq = \frac{dw_p}{1 - k\alpha}$$

Mit $\alpha = \dfrac{n-1}{n - \frac{c_p}{c_v}} = \dfrac{n-1}{n-k}$

$$\frac{1}{1-k\alpha} = \frac{1}{1 - k \cdot \frac{n-1}{n-k}} = \frac{1}{n \cdot \frac{1-k}{n-k}}$$

gilt: $dq = \dfrac{dw_p}{n \cdot \frac{1-k}{n-k}}$ bzw. $dq = \dfrac{1}{n} \cdot \dfrac{n-k}{1-k} \cdot dw_p$ (3.83)

Der Vergleich der Gl. (3.81) und (3.83) zeigt:

$$\frac{n-k}{1-k} dw_v = \frac{1}{n} \cdot \frac{n-k}{1-k} dw_p$$

bzw. $n \cdot dw_v = dw_p$, was analog der Zusammenhänge bei der Isentrope ist und der Projektionen der Funktion pv^n auf Ordinate und Abskizze entspricht.

Druckänderungsarbeit

Zur Ermittlung der Druckänderungsarbeit gilt andererseits entsprechend der Gl. (3.72a):

$$w_{p12} = n \cdot \frac{R}{n-1}(T_1 - T_2) \tag{3.84a}$$

Der Vergleich der Gl. (3.82a); (3.84a) ergibt ebenfalls

$$n\, w_v = w_p$$

Elementare Zustandsänderungen in Form einer Polytrope

Ausgehend von der Tatsache, dass die Polytrope eine Verallgemeinerung aller betrachteten elementaren Zustandsänderungen darstellt, weil in allen Fällen der Faktor $\alpha = \frac{du}{dq}$ konstant bleibt, können folgende Beziehungen abgeleitet werden:

Isochore $V = konst. \rightarrow p^{\varepsilon \to 0} \cdot V = konst$; $\left(p^{\varepsilon \to 0} \cdot V\right)^{\frac{1}{\varepsilon \to 0}} = konst;$

$pV^{\frac{1}{\varepsilon \to 0}} = konst$ $\quad pV^{\infty} = konst.$ ⟶ $n \rightarrow \infty$

Isobare $p = konst.$ $\quad pV^{0} = konst$ ⟶ $n = 0$

Isotherme $pV^{1} = konst.$ ⟶ $n = 1$

Isentrope $pV^{k} = konst$ ⟶ $n = k$

$$\left(k = \frac{c_p}{c_V} = \frac{c_V + R}{c_V} > 1\right)$$

Im Bild 3.20 sind alle elementaren Zustandsänderungen in Form einer jeweiligen Polytrope im p,v-Diagramm dargestellt.

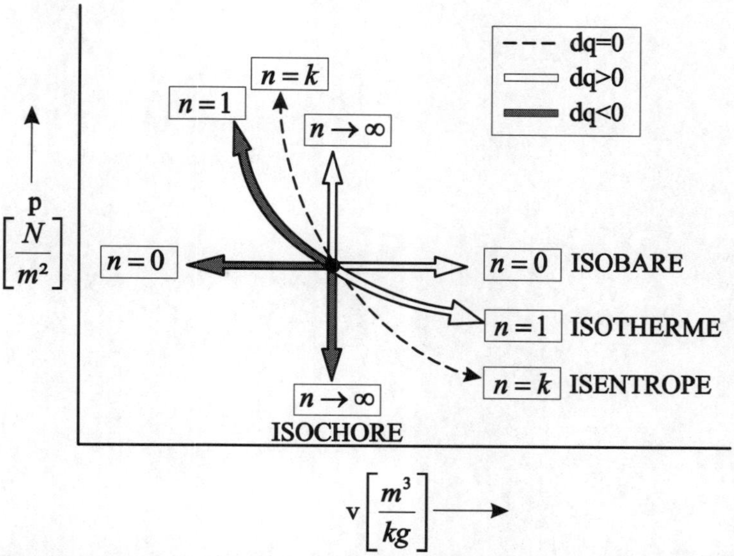

Bild 3.20 Darstellung der elementaren Zustandsänderungen in polytroper Form im p,v-Diagramm – ausgehend von einem gleichen ursprünglichen Zustand

Für die entsprechenden Werte des Polytropenexponenten n kann die E-nergiebilanz für jede elementare Zustandsänderung als Polytrope ermittelt werden. Es gilt beispielsweise:

Isochore: $n = \infty \rightarrow w_{v12} = \frac{R}{\infty}(T_1 - T_2) = 0$; $w_{p12} = R(T_1 - T_2)$

Isobare: $n = 0 \rightarrow w_{v12} = \frac{mR}{0-1}(T_1 - T_2) = R(T_2 - T_1)$; $w_{p12} = 0$

Isotherme: $n = 1 \rightarrow dq = \frac{dw_v}{\frac{1-k}{n-k}}$ bei $n = 1 \qquad \rightarrow dq = dw_v$

bzw. $dq = \frac{dw_p}{n \cdot \frac{1-k}{n-k}} \rightarrow dq = dw_p$

Isentrope: $n = k \rightarrow q_{12} = \frac{n-k}{1-k} dw_v$ mit n = k $\qquad \rightarrow dq = 0$

$$w_{v12} = \frac{R}{k-1}(T_1 - T_2)$$

$$w_{p12} = k\frac{R}{k-1}(T_1 - T_2)$$

Anwendungsbeispiele und Übungen zu Kapitel 3

Zustandsänderungen in Gasen und Gasgemischen

Ü 3.1

Aufgabe: Folgende Größen für atmosphärische Luft (ideales Gas) sind in einem Temperaturbereich von –40°C/+40°C für alle 20°C zu berechnen: Dichte, spezifische innere Energie, spezifische Enthalpie

Angaben: Molare Masse der Luft: 28,95 kg/kmol;
p = 1bar

t	[°C]	-40	-20	0	+20	+40
c_p	$\left[\frac{kJ}{kgK}\right]$	1,007	1,007	1,006	1,007	1,007

Lösung: Aus der Zustandsgleichung für ideale Gase gilt:

$$\frac{p}{\rho} = RT \qquad (3.1b)$$

wobei $$R = \frac{\overline{R}}{\overline{M}} \qquad (3.2)$$

für Luft: $$R = \frac{8314}{28{,}95} = 287{,}18$$

$$\frac{\left[\frac{J}{kmolK}\right]}{\left[\frac{kg}{kmol}\right]} \left[\frac{J}{kgK}\right]$$

$$\rho = \frac{p}{RT} = \frac{1 \cdot 10^5}{287{,}18(273{,}15+t)}$$

$$\left[\frac{kg}{m^3}\right] \qquad \frac{\left[\frac{N}{m^2}\right]}{\left[\frac{Nm}{kgK}\right][K]}$$

In einem Zustand gilt:

$$u = c_v\, T \qquad (3.14a)$$

mit $c_p = c_v + R$ (3.18a)

$$h = c_p\, T \qquad (3.14b)$$

t	[°C]		-40	-20	0	+20	+40
ρ	$\left[\frac{kg}{m^3}\right]$	$\frac{p}{R(273{,}15+t)}$	1,49	1,37	1,27	1,19	1,11
u	$\left[\frac{kJ}{kgK}\right]$	$(c_p - R)\cdot$ $(273{,}15+t)$	167,82	182,21	196,35	211,01	225,4
h	$\left[\frac{kJ}{kgK}\right]$	$c_p(273{,}15+t)$	234,78	254,9	274,79	295,2	315,34

Ü 3.2

Aufgabe:

1. Wie ändert sich die Masse der Luft, die sich im Zylinder eines Verbrennungsmotors nach dem Ansaugvorgang befindet, wenn die Temperatur der atmosphärischen Luft von +20°C (Sommer) auf –20°C (Winter) bei gleichem Druck fällt?
2. Wie ändern sich dabei die absoluten Werte der inneren Energie und der Enthalpie?

Angaben: Kenngrößen der atmosphärischen Luft entsprechend **Ü 3.1**; $V_{zyl} = 500\ cm^3$

Lösung:

1. Aus der Zustandsgleichung für ideale Gase wird abgeleitet:

$$pV = mRT \tag{3.1}$$

$$m = \frac{pV}{RT} \rightarrow m = \frac{1 \cdot 10^5 \cdot 500 \cdot 10^{-6}}{287{,}18(273{,}15 + t)}$$

$$[kg] \quad \frac{\left[\frac{N}{m^2}\right][m^3]}{\left[\frac{Nm}{kgK}\right][K]}$$

$$m_{-20} = 0{,}688\,[g]$$

$$m_{+20} = 0{,}594\,[g]$$

– die Luft masse im Zylinder nimmt vom Sommer zum Winter um 0,093 [g] bzw. 15,8 % zu.

2. $$U = m c_v T$$

$$= mu$$

$$\rightarrow U_{-20} = 0{,}687 \cdot 10^{-3} \cdot 182{,}21 = 125{,}17 \cdot 10^{-3}$$

$$[kJ] \qquad [kg] \qquad \left[\frac{kJ}{kgK}\right]$$

$$U_{+20} = 0{,}594 \cdot 10^{-3} \cdot 211{,}01 = 125{,}33 \cdot 10^{-3}$$

$$H = m c_p T$$

$$= mh$$

$$\rightarrow H_{-20} = 0{,}687 \cdot 10^{-3} \cdot 254{,}9 = 175{,}12 \cdot 10^{-3}$$

$$[kJ] \qquad [kg] \qquad \left[\frac{kJ}{kgK}\right]$$

$$H_{+20} = 0{,}594 \cdot 10^{-3} \cdot 295{,}2 = 175{,}35 \cdot 10^{-3}$$

Kommentare:

1. Die Zunahme der Luftmasse im Zylinder durch die Luftkühlung ist erheblich; sie gewährt die proportionale Zunahme der Kraftstoffzufuhr, wodurch die Arbeit im

Kreisprozess und damit die Leistung des Motors bei gleicher Drehzahl zunimmt.

2. Dagegen bleibt die innere Energie und die Enthalpie der Luft, auf Grund der Abhängigkeit ihrer spezifischen Werte von der Temperatur, die entgegen der Massenänderung wirken, annähernd unverändert.

Ü 3.3 Für CNG (Compressed Natural Gas) Betrieb von Fahrzeugverbrennungsmotoren wird Erdgas in Stahlbehältern bei einem Druck von 20 MPa gespeichert.

Fragen:

1. Wie ändert sich der Gasdruck im Behälter, wenn durch den Einfluss der atmosphärischen Bedingungen die Gastemperatur von 15°C auf 35°C steigt?
2. Welchen Einfluss hat der Anteil von Methan im Erdgas (gewöhnliche Konzentration: 90 %) an dieser Druckänderung?

Lösung:

1. Das System ist geschlossen. Für beide Temperaturen ist der Gaszustand im Behälter mittels Zustandsgleichung darstellbar:

$$p_1 V = m\,R T_1$$

$$p_2 V = m\,R T_2$$

Daraus resultiert:

$$\frac{p_2}{p_1} = \frac{T_2}{T_1} \Rightarrow \frac{p_2}{20} = \frac{273{,}15 + 35}{273{,}15 + 15}$$

$$\frac{[MPa]}{[MPa]} \quad \frac{[K]}{[K]}$$

$$p_2 = 20 \cdot 1{,}0694 = 21{,}388\,[MPa]$$

2. Der Anteil von Methan im Gas spielt dabei keine Rolle – der Zusammenhang gilt entsprechend der abgeleiteten Gleichung für jede Gaskonstante.

Kommentare: Die mögliche Druckzunahme von ca. 1,4 MPa bei einer Temperaturschwankung von 20 K ist bei der Behälterauslegung zu beachten.

Ü 3.4 In einem Raum mit dem Volumen V befindet sich Luft (betrachtet als ideales Gas) bei der Anfangstemperatur T_1. Der Raum ist durch eine Öffnung mit der Umgebung verbunden, so dass der Raumdruck ständig dem Umgebungsdruck (p_{atm}) entspricht.

Fragen:

1. Welche Wärme muss dem Raum zugeführt werden, um einen Anstieg der Temperatur auf den Wert T_2 zu erreichen?
2. Wie ändert sich die innere Energie und die Enthalpie der Luft im Raum infolge des Temperaturanstiegs $T_1 \rightarrow T_2$?

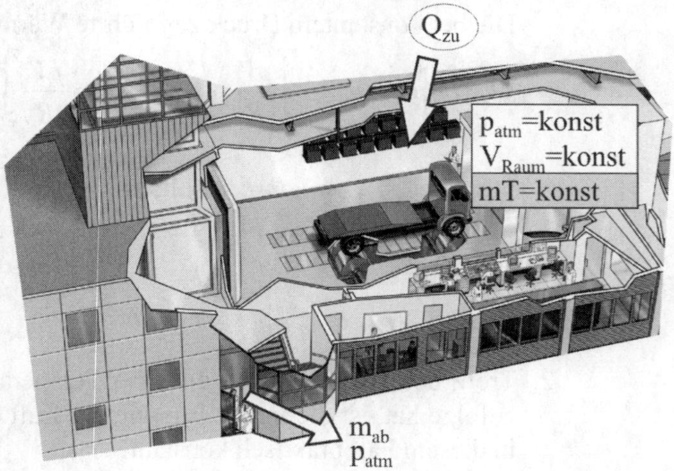

BildÜ.3.4 Erwärmung eines Raums bei konstantem, atmosphärischem Druck (durch Entweichen von Luft) – schematisch

Lösung:

1. Die Zustandsänderung im Raum V während der Wärmezufuhr erfolgt bei konstantem Druck. Das Volumen des Raumes ist ebenfalls konstant, durch die Raumöffnung ist die Luftmasse im Raum allerdings variabel.
   Das System ist offen. Dadurch, dass beim Wärmeaustausch keine Arbeit verrichtet wird, resultiert aus dem 1. HS:

$$Q_{12} - \not{W}_{12} = H_2 - H_1$$

und mit $H = mh$ bzw. $dh = c_p dT \rightarrow$ (3.14)

$$Q_{12} = H_2 - H_1 = \int_{T_1}^{T_2} m\, c_p dT \qquad (3.15)$$

Für den ursprünglichen Zustand ist die Zustandsgleichung:

$$p_{atm}V = m_1 R T_1$$

In einem beliebigen Zustand zwischen 1 und 2 gilt:

$$p_{atm}V = m\,RT$$

Daraus resultiert, dass das Produkt
$m_1 T_1 = m_i T_i = mT = konst.$ ist.

Damit gilt: $m = \frac{m_1 T_1}{T} = \frac{pV}{R} \cdot \frac{1}{T}$

Die bei konstantem Druck zugeführte Wärme ist:

$$Q_{12} = \int_{T_1}^{T_2} m\, c_p dT = \int_{T_1}^{T_2} \frac{pV}{R} \cdot \frac{1}{T} \cdot c_p \cdot dT = \frac{pV}{R} \int_{T_1}^{T_2} c_p \frac{dT}{T}$$

Für $c_p = c_{pm}\Big|_{T_1}^{T_2} = konst.$ resultiert:

$$Q_{12} = \frac{pV}{R} c_{pm}\Big|_{T_1}^{T_2} \cdot ln \frac{T_2}{T_1}$$

2. Trotz der Wärmezufuhr, die eine Temperaturerhöhung zufolge hat, ist die innere Energie der Luft in dem Raum in diesem Fall praktisch konstant.

   Es gilt: $U_{1_R} = m_1 c_{v1} T_1$, $U_{2_R} = m_2 c_{v2} T_2$

   und mit $m_1 T_1 = m_2 T_2$ bzw. $c_{v1} = c_{v2} = c_{vm}\Big|_{T_1}^{T_2}$

$$U_{1_R} = U_{2_R}$$

   Die Begründung liegt in der Veränderung der Luftmasse infolge des Druckausgleichs mit der Umgebung.

   Analog gilt:

$$H_{1_R} = m_1 c_{p_1} T_1 \qquad H_{1_R} = m_2 c_{p_2} T_2$$

$$H_{1_R} = H_{2_R}$$

Kommentare:

1. Für die Ermittlung der Wärmezufuhr wurde die Enthalpieänderung (H_2-H_1) für die gesamte Luft berechnet. Allerdings ist ein Teil der erwärmten Luft aus dem Raum entwichen. Dadurch bleibt im Raum $H_{2_R} = H_{1_R}$ bzw. $U_{2_R} = U_{1_R}$

2. Dieser Vorgang widerspricht nicht den Gesetzen für ideale Gase, wonach $U = U(T)$ bzw. $H = H(T)$.

3. Bezogen auf die Masseneinheit der Luft im Raum ist die innere Energie bzw. die Enthalpie bei der Temperaturerhöhung gestiegen.

$$u = \frac{U}{m} = c_v T \quad \rightarrow$$

$$u_{2_R} - u_{1_R} = c_v \cdot T_2 - c_v \cdot T_1 = c_{vm}\Big|_{T_1}^{T_2} (T_2 - T_1)$$

$$h = \frac{H}{m} = c_p T \quad \rightarrow$$

$$h_{2_R} - h_{1_R} = c_p \cdot T_2 - c_p \cdot T_1 = c_{pm}\Big|_{T_1}^{T_2} (T_2 - T_1)$$

Ü 3.5

Aufgabe: Die Werte der spezifischen Wärmekapazität c_p eines Gases sind in Intervallen von 200°C bekannt. Wie groß ist die mittlere Wärmekapazität im Temperaturbereich 500-1300°C?

Angaben:

Temperaturbereich [°C]	500-700	700-900	900-1100	1100-1300
$c_{pm}\Big|_{t}^{t+200°C} \left[\frac{kJ}{kgK}\right]$	1,1051	1,1553	1,19499	1,2460

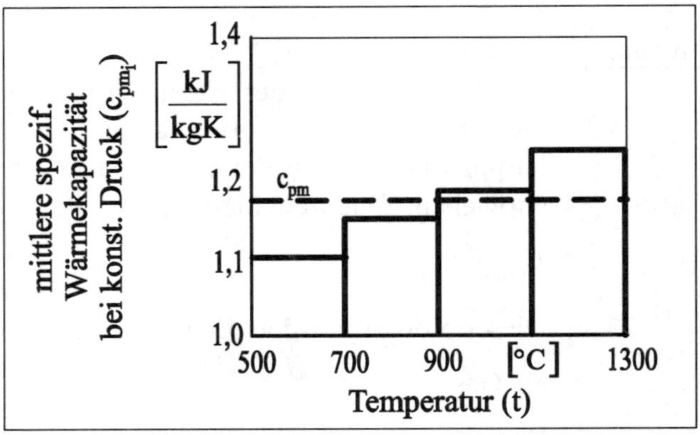

Bild Ü.3.5 Mittlere spezifische Wärmekapazität eines Gases bei konstantem Druck – Ableitung aus Mittelwerten in gleichen Temperaturintervallen

Lösung:

Aus der Definition der mittleren spezifischen Wärmekapazität – Gl. (3.19b) – Bild 3.8 – angewandt für einen Temperaturbereich gilt:

$$c_{pm} = \frac{1}{T_2 - T_1} \int_{T_1}^{T_2} c_p dT$$

Die Temperaturbereiche, für die die Wärmekapazität bekannt ist, haben gleiche Längen:

$$T_{i+1} - T_i = t_{i+1} - t_i \Rightarrow \Delta T = \Delta t$$

Daraus resultiert:

$$T_2 - T_1 = t_2 - t_1 = n\Delta T$$

Für eine Summe von Werten auf gleichen Temperaturintervallen wird daraus abgleitet:

$$c_{pm} = \frac{1}{n\Delta T} \cdot \sum_{i=1}^{n} c_p \Big|_i^{i+1} \cdot \Delta T \qquad \text{- Bild 3.8 -}$$

Zahlenbeispiel:

$$c_{pm}\Big|_{500°C}^{1300°C} = \frac{1{,}1051 + 1{,}1553 + 1{,}1949 + 1{,}2460}{4} =$$

$$= 1{,}1753 \left[\frac{kJ}{kgK}\right]$$

Ü 3.6

Aufgabe: Die Werte der spezifischen Wärmekapazität c_p eines Gases sind für bestimmte Temperaturwerte in Schritten von 100°C bekannt. Wie groß ist die mittlere spezifische Wärmekapazität auf einem bestimmten Temperaturintervall – beispielsweise
Δt = 500-1000°C?

Angaben:

Temperatur [°C]	500	600	700	800	900	1000
c_p [kJ/kgK]	1,08	1,1053	1,1302	1,1534	1,1751	1,1952

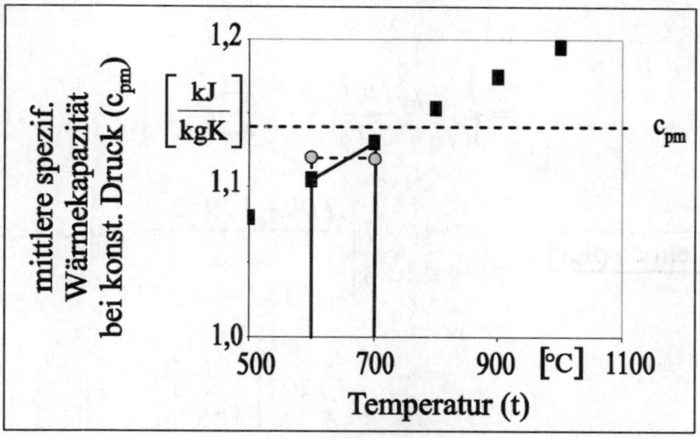

Bild Ü.3.6 Mittlere spezifische Wärmekapazität eines Gases bei konstantem Druck – Ableitung aus Mittelwerten aus Werten bei gegebenen Temperaturen

Lösung: Es wird angenommen, dass der Wert der spezifischen Wärmekapazität zwischen 2 benachbarten Werten linear ansteigt. Der einzelne Mittelwert in einem Temperaturintervall von 100°C wird entsprechend Gl. (3.19b) gebildet, in dem jede elementare Fläche $\Delta n = c_{pm} \cdot \Delta T = \int_{T_1}^{T_2} c_p dT$ entspricht. Für die lineare Funktion gilt:

$$c_{pm1} = \frac{c_{p2} + c_{p1}}{2}$$

Das Problem wird ähnlich dem vorherigen Fall **Ü 3.5**, sobald die mittleren Werte der Wärmekapazität in allen Temperaturbereichen ΔT bekannt sind.

$$c_{pmi} = \frac{c_{pm(i+1)} + c_{pmi}}{2}$$

Unter diesen Voraussetzungen gilt analog **Ü 3.5**

$$c_{pm} = \frac{1}{n} \cdot \sum_{i=1}^{n} c_{pmi}$$

$$= \frac{1}{n}\left(\frac{c_{pm1} + c_{pm2}}{2} + \frac{c_{pm2} + c_{pm3}}{2} + \ldots + \frac{c_{pm(n-1)} + c_{pmn}}{2} \right)$$

$$= \frac{1}{n}\left(\frac{c_{pm1} + c_{pmn}}{2} + \sum_{i=2}^{n-1} c_{pmc} \right)$$

Zahlenbeispiel: $c_{pm}\Big|_{500°C}^{1000°C} = \frac{1}{5}\left(\frac{1{,}08 + 1{,}1952}{2} + 1{,}1053 + 1{,}1302 + 1{,}1534 + 1{,}1751 \right)$

$$= 1{,}1403 \left[\frac{kJ}{kgK} \right]$$

Ü 3.7 Zwei wärmeisolierte Behälter sind mit einem gleichen idealen Gas, bei unterschiedlichen Drücken und Temperaturen gefüllt. Die von einem Absperrhahn getrennten Behälter haben unterschiedliche Volumina (Bild.Ü.3.7). Das Volumenverhältnis $\frac{V_a}{V_b}$, das Druckverhältnis $\frac{p_a}{p_b}$ und das Temperaturverhältnis $\frac{T_a}{T_b}$ sind bekannt.

Frage: Wie groß sind der Druck und die Temperatur im Behälter nach Öffnen des Absperrhahns?

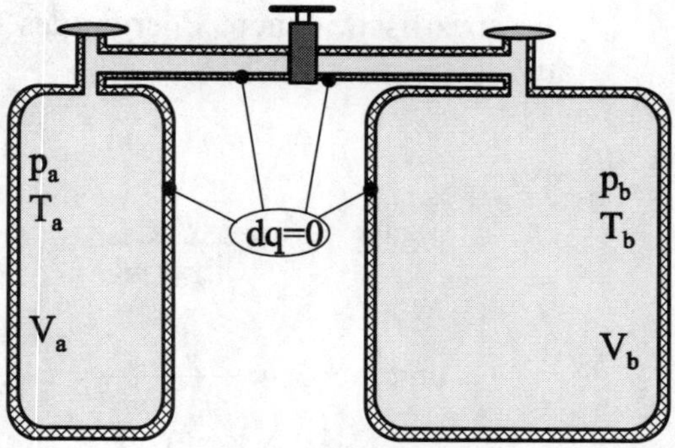

Bild Ü.3.7 Mischung von zwei Anteilen eines gleichen Gases mit unterschiedlichen Zustandsgrößen

Zahlenbeispiel: $p_a = 1{,}147 bar,\ p_b = 2{,}75 bar \rightarrow \frac{p_a}{p_b} = \pi = 0{,}417$

$$T_a = 353K, T_b = 420K \rightarrow \frac{T_a}{T_b} = \tau = 0{,}84$$

$$V_b / V_a = 4 \rightarrow \frac{V_a}{V_b} = \varepsilon = 0{,}25$$

Lösung: Nach dem Ausgleich des Druckes und der Temperatur ist das System im Behälter im Gleichgewicht, wodurch die Zustandsgleichung gilt:

$$p_G V_G = m_G R T_G$$

Die Gaskonstante bleibt unverändert, weil das Gemisch aus einer einzigen Gasart besteht.

Die Gemischgrößen m_G, V_G entstehen als Summe der Bestandteile:

$$m_G = m_a + m_b\ ; \quad V_G = V_a + V_b$$

Das aus den 2 Behältern bestehende System ist in sich geschlossen, wärmedicht und tauscht keine Arbeit mit der Umgebung aus. Entsprechend dem 1. HS für geschlossene Systeme bleibt in diesem Fall die innere Energie vor und nach dem Mischen unverändert. Es gilt:

$$U_G = U_a + U_b = m_a u_a + m_b u_b$$

Die spezifische innere Energie des Gemisches resultiert aus:

$$u_G = \zeta_a u_a + \zeta_b u_b \tag{3.42}$$

$$\text{wobei} \quad \zeta_a = \frac{m_a}{m_a + m_b}$$

$$\text{und} \quad \zeta_b = \frac{m_b}{m_a + m_b} = 1 - \zeta_a \tag{3.21}$$

Das Massenverhältnis der Komponenten resultiert aus der Zustandsgleichung für jeden Teil des Systems im ursprünglichen Zustand:

$$m_a = \frac{p_a V_a}{RT_a} \qquad\qquad m_b = \frac{p_b V_b}{RT_b}$$

$$\rightarrow \zeta_a = \frac{\dfrac{p_a V_a}{RT_a}}{\dfrac{p_a V_a}{RT_a} + \dfrac{p_b V_b}{RT_b}} = \frac{p_a V_a T_b}{p_a V_a T_b + p_b V_b T_a}$$

$$\rightarrow \zeta_b = \frac{\dfrac{p_b V_b}{RT_b}}{\dfrac{p_a V_a}{RT_a} + \dfrac{p_b V_b}{RT_b}} = \frac{p_b V_b T_a}{p_a V_a T_b + p_b V_b T_a}$$

Diese Massenanteile werden in die Gl. (3.42) eingesetzt:

$$u_G = \frac{p_a V_a T_b}{p_a V_a T_b + p_b V_b T_a} u_a + \frac{p_b V_b T_a}{p_a V_a T_b + p_b V_b T_a} u_b \tag{3.42'}$$

Für die angegebenen Temperaturen T_a, T_b sind die inneren Energien der Teilsysteme und des Gesamtsystems eindeutig präzisiert.

Bei Annahme eines Mittelwertes für die spezifische Wärmekapazität bei konstantem Volumen im betrachteten Temperaturbereich

$$c_{vG} = \zeta_a c_{va} + \zeta_b c_{vb} \quad \text{bei} \quad c_{va} = c_{vb} \quad \text{(gleiches Gas)}$$

$$\text{und } \zeta_a + \zeta_b = 1$$

resultiert: $c_{vG} = c_{va} = c_{vb} = konst.$

Allgemein gilt:

$$u = c_v T \rightarrow u_G = c_v T_G \;, u_a = c_v T_a \;, u_b = c_v T_b$$

Diese Beziehungen werden in Gl. (3.42') eingesetzt.

Es gilt:

$$c_v T_G = \frac{p_a V_a T_b}{p_a V_a T_b + p_b V_b T_a} c_v T_a + \frac{p_b V_b T_a}{p_a V_a T_b + p_b V_b T_a} c_v T_b$$

$$\rightarrow T_G = T_a T_b \frac{p_a V_a + p_b V_b}{p_a V_a T_b + p_b V_b \dfrac{T_a}{T_b} \cdot T_b}$$

Unter Berücksichtigung der Verhältnisse

$$\tau = \frac{T_a}{T_b}, \qquad \pi = \frac{p_a}{p_b}, \qquad \varepsilon = \frac{V_a}{V_b} \qquad \text{resultiert:}$$

$$T_G = T_a \frac{\left(\dfrac{p_a V_a}{p_b V_b} + 1 \right)}{\left(\dfrac{p_a V_a}{p_b V_b} + \tau \right)} \quad \Rightarrow \quad T_G = T_a \frac{\pi \varepsilon + 1}{\pi \varepsilon + \tau}$$

Diese Gleichung ist allgemein beim Mischen von zwei Anteilen eines gleichen Gases anwendbar, wenn die Druck-, Temperatur- und Volumenverhältnisse bekannt sind. Die absolute Gemischtemperatur ist bei Angabe der absoluten Temperatur einer der Komponenten ableitbar.

Die für das Gemisch eingangs geschriebene Zustandsgleichung ergibt den Gemischdruck in der Form:

$$p_G = \frac{m_G R T_G}{V_G}, \quad \text{andererseits ist } p_a = \frac{m_a R T_a}{V_a}$$

Durch das Dividieren beider Zustandsgleichungen und Auflösung nach p_G resultiert:

$$p_G = \left(\frac{m_G}{m_a} \cdot \frac{T_G}{T_a} \cdot \frac{V_a}{V_G} \right) p_a$$

wobei: $\rightarrow \frac{m_G}{m_a} = \frac{1}{\zeta_a} = \frac{p_a V_a T_b + p_b V_b T_a}{p_a V_a T_b} = 1 + \frac{\tau}{\pi\varepsilon}$

$$\rightarrow \frac{T_G}{T_a} = \frac{\pi\varepsilon + 1}{\pi\varepsilon + \tau}$$

$$\rightarrow \frac{V_a}{V_G} = \frac{V_a}{V_a + V_b} = \frac{1}{1 + \frac{1}{\varepsilon}}$$

Damit wird: $p_G = \left(1 + \frac{\tau}{\pi\varepsilon} \right) \left(\frac{\pi\varepsilon + 1}{\pi\varepsilon + \tau} \right) \left(\frac{1}{1 + \frac{1}{\varepsilon}} \right) p_a$

Dieser Zusammenhang kann beispielsweise bei der Auslegung einer pneumatischen Steuerung genutzt werden, wobei der resultierende Druck von den Temperatur-, Druck- und Volumenverhältnissen bestimmt wird.

Lösung des Zahlenbeispiels:

Mit $\tau = \frac{T_a}{T_b} = \frac{353,15}{420} = 0,84$

$$\pi = \frac{p_a}{p_b} = \frac{1,147}{2,75} = 0,417$$

$$\varepsilon = \frac{V_a}{V_b} = \frac{1}{4} = 0,25$$

resultiert:

$$T_G = 353 \frac{0,417 \cdot 0,25 + 1}{0,417 \cdot 0,25 + 0,84} = 412,81 [K]$$

$$p_G = \left(1 + \frac{0,84}{0,417 \cdot 0,25} \right) \left(\frac{0,417 \cdot 0,25 + 1}{0,417 \cdot 0,25 + 0,84} \right) \left(\frac{1}{1+4} \right) \cdot 1,147$$
$$= 2,43 [bar]$$

Ü 3.8 Zwei wärmeisolierte Behälter A, B sind durch eine ebenfalls wärmeisolierte Leitung gebunden. Die Leitung ist mit einem Absperrhahn versehen, der ursprünglich geschlossen ist. Im Behälter A befindet sich eine Gasmenge m_A im Zustand $p_A T_A$. Im Behälter B befindet sich eine Gasmenge m_B im Zustand $p_B T_B$. Die Gasarten in den Behältern A, B sind unterschiedlich.

Frage: Wie groß sind der Druck und die Temperatur des nach Öffnen des Absperrhahns gebildeten Gemisches?

Zahlenbeispiel:

Gas A: O_2, Gas B: N_2

$\overline{N}_{O_2} = 0{,}25 kmol O_2$ $\quad p_{O_2} = 5 bar$ $\quad t_{O_2} = 150°C$

$m_{N_2} = 26 kg N_2$ $\quad p_{N_2} = 1{,}8 bar$ $\quad t_{N_2} = 80°C$

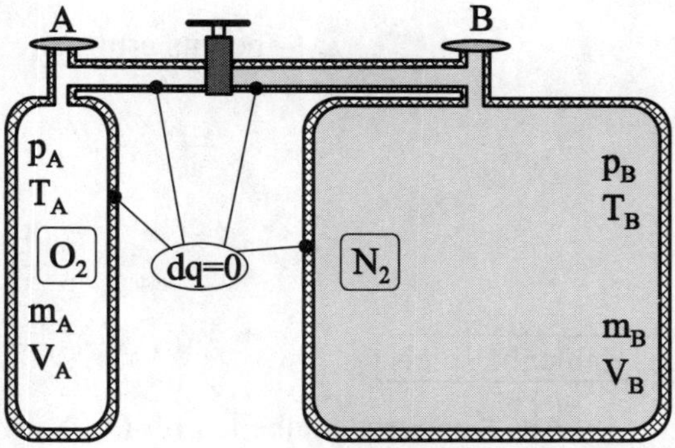

Bild Ü.3.8 Mischung von zwei verschiedenen Gasen bei verschiedenen Zustandsgrößen

Lösung: Das System ist energetisch dicht, die innere Energie des Gasgemisches ist also die Summe der inneren Energien der Komponenten (s. **Ü 3.7**)

$$U_G = U_A + U_B = m_A u_A + m_B u_B$$

bzw. $$u_G = \zeta_A u_A + \zeta_B u_B$$

Bis zu diesem Punkt ist die Ableitung ähnlich dem vorhergehenden Fall, beim Mischen von zwei Anteilen eines gleichen idealen Gases **Ü 3.7**. Im Unterschied zu diesem Fall ist jedoch bei zwei unterschiedlichen Gasen

$$c_{vA} \neq c_{vB}$$

aus $u_G = \zeta_A u_A + \zeta_B u_B$ wird abgeleitet:

$$c_{vG} T_G = \zeta_A c_{vA} T_A + \zeta_B c_{vB} T_B$$

für c_{vG} gilt aus Gl. (3.43a): $\qquad c_{vG} = \zeta_A c_{vA} + \zeta_B c_{vB}$

daraus resultiert: $\qquad T_G = \dfrac{\zeta_A c_{vA} T_A + \zeta_B c_{vB} T_B}{\zeta_A c_{vA} + \zeta_B c_{vB}}$

Der Druck wird aus der Zustandsgleichung abgeleitet:

$$p_G = \frac{m_G R_G T_G}{V_G}$$

wobei $\rightarrow \qquad m_G = m_A + m_B$

$\rightarrow \qquad T_G$ – bereits ermittelt

$\rightarrow \qquad V_G = V_A + V_B \rightarrow V_A = \dfrac{m_A R_A T_A}{p_A}$

$$V_B = \frac{m_B R_B T_B}{p_B}$$

Lösung des Zahlenbeispiels:

Aus Kenngrößentabellen für O_2, N_2 wird entnommen:

$$c_{vO_2} = 653 \left[\frac{J}{kgK}\right] \qquad R_{O_2} = 259{,}78 \left[\frac{J}{kgK}\right]$$

$$c_{vN_2} = 743 \left[\frac{J}{kgK}\right] \qquad R_{N_2} = 296{,}757 \left[\frac{J}{kgK}\right]$$

$$\overline{M}_{O_2} = 32 \left[\frac{kg}{kmol}\right]$$

$$m_A = m_{O_2} = \overline{MN} = 0{,}25 \cdot 32 = 8\,[kg]$$

$$m_B = m_{N_2} = 26\,[kg]$$

$$m_G = m_A + m_B = 8 + 26 = 34\,[kg]$$

$$\rightarrow \zeta_A = \frac{m_A}{m_G} = \frac{8}{34} = 0{,}235$$

$$\rightarrow \zeta_B = \frac{m_B}{m_G} = \frac{26}{34} = 0{,}765$$

Es ergibt sich für die Gemischtemperatur

$$T_G = \frac{0{,}235 \cdot 653 \cdot 423{,}15 + 0{,}765 \cdot 743 \cdot 353{,}15}{0{,}235 \cdot 653 + 0{,}765 \cdot 743} = 368[K]$$

Für das Volumen resultiert:

$$V_A = \frac{8 \cdot 259{,}78 \cdot 423{,}15}{5 \cdot 10^5} = 1{,}76[m^3]$$

$$V_B = \frac{26 \cdot 296{,}757 \cdot 353{,}15}{1{,}8 \cdot 10^5} = 15{,}13[m^3]$$

$$\Downarrow$$

$$V_G = V_A + V_B = 16{,}89[m^3]$$

Weiterhin ist:

$$R_G = 0{,}235 \cdot 259{,}78 + 0{,}765 \cdot 296{,}757 = 288\left[\frac{J}{kgK}\right]$$

Daraus resultiert:

$$p_G = \frac{34 \cdot 288 \cdot 368}{16{,}89} = 2{,}13 \cdot 10^5 [Pa] = 2{,}13[bar]$$

Ü 3.9 In einem Behälter befindet sich ein Gasgemisch Wasserstoff/Stickstoff – betrachtet als ideale Gase – bei einem Druck p_G. Die Gaskonstante des Gemisches R_G ist bekannt.

Aufgaben: Es sind abzuleiten:

1. die Massen- und die Volumenanteile der Komponenten.
2. die Partialdrücke der Komponenten

Zahlenbeispiel: $R_G = 1000\left[\frac{J}{kgK}\right]$ $\quad p_G = 1{,}8[bar]$

$$R_{H_2} = 4126{,}15\left[\frac{J}{kgK}\right];\ R_{N_2} = 296{,}75\left[\frac{J}{kgK}\right]$$

Lösung:

1. aus $R_G = \sum_{i=n}^{n} \zeta_i R_i$ (3.27a) resultiert:

$$R_G = \zeta_{H_2} R_{H_2} + \zeta_{N_2} R_{N2}$$

wobei $\zeta_{N_2} = 1 - \zeta_{H_2}$ (aus Gl. 3.22)

also:

$$R_G = \zeta_{H_2} R_{H_2} + \left(1 - \zeta_{H_2}\right) R_{N_2}$$
$$= \zeta_{H_2} R_{H_2} + R_{N_2} - \zeta_{H_2} R_{N_2}$$

Daraus resultiert: $\zeta_{H_2} = \dfrac{R_G - R_{N_2}}{R_{H_2} - R_{N_2}}$

und analog: $\zeta_{N_2} = \dfrac{R_G - R_{H_2}}{R_{N_2} - R_{H_2}}$

2. für die Ermittlung der Volumenanteile wird analog verfahren:

$$\sum_{i=1}^{n} r_i \overline{M}_i = \overline{M}_G \tag{3.34}$$

$\rightarrow$ $\overline{M}_G = r_{H_2} \overline{M}_{H_2} + r_{N_2} \overline{M}_{N_2}$

wobei $\rightarrow$ $r_{H_2} + r_{N_2} = 1$ (3.33)

Es gilt also: $\overline{M}_G = r_{H_2} \overline{M}_{H_2} + \left(1 - r_{H_2}\right) \overline{M}_{N_2}$

$$= r_{H_2} \overline{M}_{H_2} + \overline{M}_{N_2} - r_{H_2} \overline{M}_{N_2}$$
$$= r_{H_2} \left(\overline{M}_{H_2} - \overline{M}_{N_2}\right) + \overline{M}_{N_2}$$

Daraus resultiert: $r_{H_2} = \dfrac{\overline{M}_G - \overline{M}_{N_2}}{\overline{M}_{H_2} - \overline{M}_{N_2}}$

$$r_{N2} = \frac{\overline{M}_G - \overline{M}_{H_2}}{\overline{M}_{N_2} - \overline{M}_{H_2}}$$

Andererseits ergibt Gl. (3.38):

$$r_i = \zeta_i \frac{\overline{M}_G}{\overline{M}_i}$$

$\overline{M}_G$ wird aus der Gl. (3.27b) abgeleitet:

$$\overline{M}_G = \frac{\overline{R}}{R}; \quad \overline{R} = 8314 \left[\frac{J}{kmolK} \right]$$

3. der Partialdruck der Komponenten wird aus der Gl. (3.37) abgeleitet:

$$p_i = r_i \cdot p_G$$

Lösung des Zahlenbeispiels:

1. $$\zeta_{H_2} = \frac{1000 - 296{,}75}{4126 - 296{,}75} = 0{,}184$$

$$\zeta_{N_2} = 1 - 0{,}184 = 0{,}816$$

$$\overline{M}_G = \frac{8314}{1000} = 8{,}314 \left[\frac{kg}{kmol} \right]$$

mit $\left\| \overline{M}_{H_2} = 2 \left[\frac{kg}{kmol} \right] \right.$

$\left\| \overline{M}_{N_2} = 28 \left[\frac{kg}{kmol} \right] \right.$

$$\rightarrow \quad r_{H_2} = \frac{8{,}314 - 28}{2 - 28} = \frac{19{,}686}{26} = 0{,}757$$

$$r_{N_2} = 1 - 0{,}757 = 0{,}243$$

2. $$p_{H_2} = 1{,}8 \cdot 0{,}757 = 1{,}363 [bar]$$

$$p_{N_2} = 1{,}8 \cdot 0{,}243 = 0{,}437 [bar]$$

Ü 3.10

Aufgaben: Es ist der Isentropenexponent k für Luft und CO_2 in einem Temperaturintervall 0°C-1000°C zu ermitteln.

Angaben: $\overline{M}_{Luft} = 28{,}95 \frac{kg}{kmol}$

$\overline{M}_{CO_2} = 44 \frac{kg}{kmol}$

t	[°C]	0	200	400	600	800	1000
c_p Luft	$\left[\frac{kJ}{kgK}\right]$	1,004	1,012	1,029	1,050	1,071	1,091
c_p CO_2	$\left[\frac{kJ}{kgK}\right]$	0,8165	0,9118	0,9846	1,0417	1,0875	1,1248

Lösung:

$$k = \frac{c_p}{c_v} \rightarrow$$

$$k_{Luft} = \frac{c_{pmi}}{c_{pmi} - R}; \; R_L = \frac{\overline{R}}{\overline{M}_L} = \frac{8314}{28{,}95} = 287{,}18\left[\frac{J}{kgK}\right]$$

$$k_{CO_2} = \frac{c_{pmi}}{c_{pmi} - R}; \; R_{CO_2} = \frac{\overline{R}}{\overline{M}_{CO_2}} = \frac{8314}{44} = 188{,}95\left[\frac{J}{kgK}\right]$$

$t[°C]$	0	200	400	600	800	1000
$k_{Luft}[-]$	1,40	1,396	1,387	1,376	1,366	1,357
$k_{CO_2}[-]$	1,30	1,261	1,237	1,214	1,222	1,202

Kommentar: Während einer adiabaten Zustandsänderung ändert sich der Isentropenexponent entsprechend der spezifischen Wärmekapazität. Allgemein ist $dk<0$, für $dT>0$, ausgehend von dc_p, $dc_v>0$ bei $dR=0$.

Ü 3.11 Die Schallgeschwindigkeit ist als Druckwelle in einem elastischen Medium definiert:

$$c = \sqrt{\frac{dp}{d\rho}}$$

Wie im Bild **Ü 3.11/1** dargestellt, hat eine Krafteinwirkung an einer elastischen Systemgrenze die lokale Änderung der Gasdichte $(d\rho)$ hinter der verformten Grenze zur Folge. Dadurch wird auch der lokale Gasdruck geändert (dp). Der Vorgang pflanzt sich im Gas in alle Richtungen fort (im Bild Ü 3.11/2 in eine Richtung). Um den zeitlichen Ablauf des Vorgangs zu quantifizieren, gilt $t = \frac{\ell}{c}$. Die Druckänderung (dp) infolge der Dichteänderung $(d\rho)$ hat unter der Wurzel die Dimension einer Geschwindigkeit

$$c = \frac{dp^{\frac{1}{2}}}{d\rho^{\frac{1}{2}}}$$

$$\left[\frac{m}{s}\right] \left[\frac{\left(\frac{N}{m^2}\right)^{\frac{1}{2}}}{\left(\frac{kg}{m^3}\right)^{\frac{1}{2}}}\right] \rightarrow \left[\left(\frac{Nm}{kg}\right)^{\frac{1}{2}}\right] \rightarrow \left[\left(\frac{\frac{kg\,m \cdot m}{s^2}}{kg}\right)^{\frac{1}{2}}\right] \rightarrow \left[\frac{m}{s}\right]$$

Als thermodynamischer Vorgang ist diese Fortpflanzung von Druckwellen in das Medium eine adiabate Zustandsänderung, da die hohe Geschwindigkeit des Vorgangs praktisch keinen Wärmeaustausch mit der Umgebung zulässt.

Fragen:

1. In welchem Zusammenhang steht die Schallgeschwindigkeit mit den Zustandsgrößen?
2. Wie wird die Schallgeschwindigkeit als Funktion der Temperatur ausgedrückt?

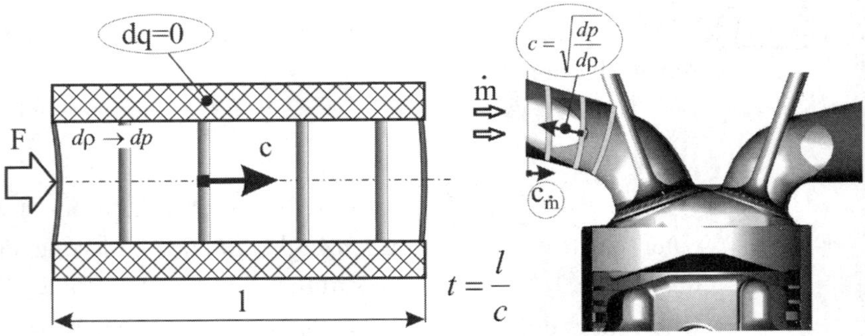

Bild Ü.3.11/1 Fortpflanzung einer Druckwelle mit Schallgeschwindigkeit in einem elastischen Medium – adiabater Vorgang (ohne Wärmeaustausch)

Lösung:

1. Für die Fortpflanzung der Druckwelle als adiabate Zustandsänderung gilt:

$$pv^k = \frac{p}{\rho^k} = konst. = C_1 \; ; \qquad p = C_1 \rho^k$$

Daraus resultiert: $\quad ln\ p = ln\ C_1 + k\ ln\ \rho$

Diese Gleichung wird differenziert:

$$\frac{dp}{p} = k \cdot \frac{d\rho}{\rho} \rightarrow \frac{dp}{d\rho} = k \cdot \frac{p}{\rho} \; ;$$

dabei ist bei idealen Gasen $pv = \frac{p}{\rho} = RT$

(Bei realen Gasen: $pv = ZRT$)

$$\rightarrow \frac{dp}{d\rho} = kRT$$

$$c = \sqrt{\frac{dp}{d\rho}} = \sqrt{k \cdot \frac{p}{\rho}} = \sqrt{kpv} = \sqrt{kRT}$$

Die Schallgeschwindigkeit in einem Gas hängt also von der Temperatur ab. Aus der Definition des Faktors k ist auch ersichtlich, dass die Schallgeschwindigkeit auch von der spezifischen Wärmekapazität, also auch von der Art des Gases als Medium abhängt.

2. Es wird folgende Funktion zwischen Schallgeschwindigkeit und Temperatur abgeleitet:

$$c^2 = kRT$$

$$2\,ln\, c = ln(kR) + ln\, T$$

Das Differential ergibt:

$$2\frac{dc}{c} = \frac{dT}{T}$$

$$\frac{dc}{dT} = \frac{1}{2}\cdot\frac{c}{T} = \frac{1}{2}\sqrt{\frac{kRT}{T^2}} = \frac{1}{2}\sqrt{\frac{kR}{T}}$$

Zahlenbeispiel:

Für eine Temperatur von 0°C ergibt sich die Schallgeschwindigkeit

$$c = \sqrt{kRT} = \sqrt{1{,}4\cdot 287{,}18\cdot 273{,}15} = 331{,}4\left[\frac{m}{s}\right]$$

Mit den Werten $k(T)$ für Luft aus Ü 3.10 gilt:

$\Delta t\,[°C]$	0-200	200-400	400-600	600-800	800-1000
$\frac{\Delta c}{\Delta t}$	0,53	0,42	0,355	0,315	0,285

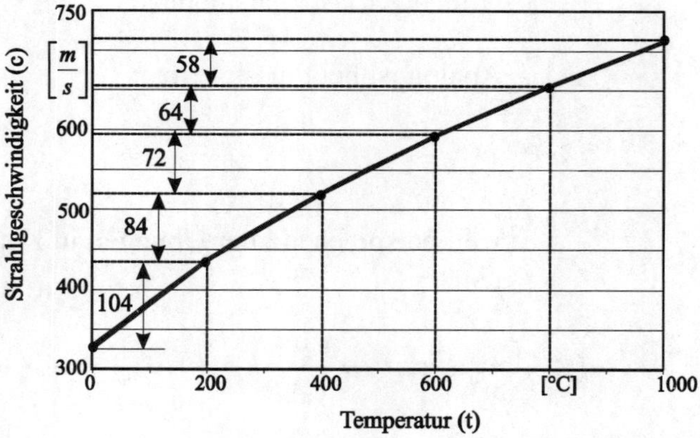

Bild Ü.3.11/2 Abhängigkeit der Schallgeschwindigkeit in Luft von ihrer Temperatur

Kommentar: Im Kap. 1 wurde ein Kompressibilitätskoeffizient definiert:

$$\lambda = -\frac{1}{v_o}\left(\frac{\partial v}{\partial p}\right)_T$$

Sein Kehrwert ist als Elastizitätsmodul bekannt:

$$E = \frac{1}{\lambda} = -v_o\left(\frac{\partial p}{\partial v}\right)_T$$

$$\rightarrow \quad E = \rho\left(\frac{\partial p}{\partial \rho}\right)_T$$

Daraus wird der Ausdruck abgeleitet:

$$\left(\frac{\partial p}{\partial \rho}\right)_T = \frac{E}{\rho}$$

Aus der durchgeführten Ableitung der Schallgeschwindigkeit entsteht die allgemeine Form

$$c^2 = \left(\frac{\partial p}{\partial \rho}\right)_{Isentrop} = k\left(\frac{\partial p}{\partial \rho}\right)_T$$

$\rightarrow c^2 = k\dfrac{E}{\rho}$ Ausdruck der Schallgeschwindigkeit mit Hilfe des Elastizitätsmoduls

Analog ist bei Flüssigkeiten:

$$c^2 = \frac{E}{\rho}$$

weil entsprechend der Übungen in Kap. 2 für Flüssigkeiten

$$c_p \cong c_v \quad \rightarrow \frac{c_p}{c_v} = k = 1$$

Zahlenbeispiele:

Luft	T = 273,15 K p = 1,10132 bar k = 1,4 (bei 273,15 K)	**c = 348,84 m/s**
Wasser	E = 2205,225 MPa $\rho = 10^3$ kg/m³ (T = 283,15 K)	**c = 1485 m/s**
Methanol	E = 996,291 MPa $\rho = 0{,}79 \cdot 10^3$ kg/m³ (T = 283,15 K)	**c = 1123 m/s**
Benzin	E = 995,744 MPa $\rho = 0{,}74 \cdot 10^3$ kg/m³ (T = 283,15 K)	**c = 1160 m/s**
Ethanol	E = 1150,910 MPa $\rho = 0{,}79 \cdot 10^3$ kg/m³ (T = 283,15 K)	**c =1207 m/s**

4 Energieumwandlung: Der zweite Hauptsatz der Thermodynamik

4.1. Formulierungen

Der erste Hauptsatz der Thermodynamik (1. HS) führt zu der Erkenntnis, dass beim Ablauf einer beliebigen Zustandsänderung innerhalb eines energetisch dichten Systems dessen gesamte Energie[3] unverändert bleibt.
Ein solches Erhaltungsgesetz ist nicht nur in der Thermodynamik gültig. Alle physikalischen Modelle sind an Erhaltungsgesetze gebunden.

Beispiele:

- *in der technischen Mechanik: die Erhaltung der Masse, der Energie und des Impulses im geschlossenen System.*

- *in der Relativitätstheorie: die Erhaltung des Impulses und des Impulsmomentes (des Dralles).*

In der Thermodynamik hebt der 1.HS das Konstantbleiben der gesamten Energie in einem System hervor, auch dann, wenn ein Energieaustausch mit der Umgebung infolge einer Zustandsänderung stattfindet: zwischen der ausgetauschten Wärme und Arbeit erscheint die innere Energie (bei geschlossenen Systemen) bzw. die Enthalpie (bei offenen Systemen) als Bilanzgröße.

Der 1. HS gibt jedoch keine Auskunft darüber, welcher Anteil einer zugeführten Energie in einem Prozess in eine andere Form umgewandelt werden kann. Ebenfalls ist vom 1. HS nicht ableitbar, in welche Richtung ein natürlicher Prozess verläuft, auch wenn die Ablaufbedingungen bekannt sind.

---

[3] Trotz möglicher Umwandlungen in verschiedenen Formen

Beispiel:

Innerhalb des Kreisprozesses in einer Arbeitsmaschine wird gemäß dem 1. HS die im Prozess einbehaltene Wärme

$$Q_K = Q_{zu} - |Q_{ab}|$$

in Arbeit umgewandelt

$$Q_K = W_K$$

Der 1. HS gibt jedoch keine Auskunft darüber, wie viel von der zugeführten Wärme einbehalten werden kann. $Q_{zu} \rightarrow Q_K = W_K$

Phänomenologisch ist nachgewiesen, dass alle Vorgänge in der Natur in eine bestimmte, "natürliche" Richtung verlaufen. Daraus kann abgeleitet werden, dass alle Prozesse in der Natur irreversibel (unumkehrbar) sind (s.Kap.1.7).

Beispiele:

Irreversible Vorgänge in der Natur:

a)Dissipationsvorgänge: reibungsbehaftete Strömung, plastische Verformung.

Dabei erfolgt eine Umwandlung verschiedener Energieformen in nicht mehr im System verwertbare innere Energie.

b) natürliche Ausgleichvorgänge:

- Druckausgleich →	*eine Strömung verläuft immer vom höheren zum niedrigeren Druck.*
- Temperaturausgleich →	*eine Wärmeübertragung erfolgt immer von der höheren zur niedrigeren Temperatur.*
- Konzentrationsausgleich →	*die Moleküle bewegen sich immer von der höheren zur niedrigeren Konzentration.*

Ein solcher Vorgang verläuft also immer in Richtung eines Gleichgewichtes. Ein Vorgang in umgekehrter Richtung kann nur bei Anwendung einer äußeren Energie erfolgen, was eine Änderung des Umgebungzustandes verursacht, wie bei der Beschreibung irreversibler Vorgänge dargestellt (Kap. 1.7).

Ein irreversibler Prozess hat zusammenfassend folgende Merkmale:

- in seinem Verlauf wird Energie in unumkehrbarer Form verwertet.
- er hat nur eine natürliche Ablaufrichtung.
- sein Ablauf entgegengesetzt der natürlichen Richtung setzt einen Energieeinsatz von der Umgebung ins System voraus.

Der zweite Hauptsatz der Thermodynamik wurde – wie auch der erste – phänomenologisch abgeleitet. Es gibt mehrere Formulierungen, die miteinander kompatibel sind.

***Der zweite Hauptsatz** – Formulierungen:*

Wärme kann nie <u>von selbst</u> von einem System niederer Temperatur auf ein System höherer Temperatur übergehen. (Clausius)

Ein Prozess, in dem die Umwandlung der Wärme einer einzigen Quelle mit konstanter Temperatur in Arbeit angestrebt wird, ist nicht möglich. (Thompson)

In der Nähe des Gleichgewichtszustandes eines homogenen Systems gibt es Zustände, die adiabatisch – also ohne Wärmeaustausch – niemals erreicht werden können. (Caratherdory)

Alle Prozesse, bei denen Reibung auftritt, sind irreversibel. (Planck)

Alle natürlichen Prozesse sind irreversibel. (Baehr)

Das Streben nach einem Gleichgewichtszustand – welches jeden natürlichen Prozess charakterisiert – ist an eine Energiedissipation gebunden. (Verfasser)

Beispiel:

Ein Antrieb kann keine Arbeit leisten, wenn die Energie – in Form von Wärme – von einer einzigen Wärmequelle stammt (Thompson, Caratherodory). Das ist weder in einer Folge von Kreisprozessen noch in einem einzigen Kreisprozess möglich. Das ist auch nicht der Fall, wenn die Energiebilanz selbst als $Q_K=W_K$ eingehalten wird (Vermeidung des Perpetuum Mobile 1.Ordnung). Ein Antrieb der in dieser Weise ($Q_{zu}=Q_K=W_K$) angestrebt wird, ist als Perpetuum Mobile 2. Ordnung definiert.

4.2. Thermischer Wirkungsgrad

Wie bereits bei der Diskussion des 1.HS erläutert (Kap.2.2), kann das Arbeitsmedium in einem geschlossenen System zyklisch Arbeit verrichten, wenn es eine Folge von rechtslaufenden Kreisprozessen durchläuft.
Im Bild 4.1.a ist ein solcher Prozess anhand beliebiger Zustandsänderungen im p,v-Diagramm dargestellt.

Um die Bilanz der ausgetauschten Wärme zu verdeutlichen, wird dieser Kreisprozess innerhalb der zwei extremen Adiabaten betrachtet, die ihn eingrenzen. Aus dieser Perspektive erscheint der Wärmeaustausch wie folgt:

- 1-a-2 → Wärmezufuhr, wie jede Zustandsänderung, die im p,v-Diagramm von einer Isentrope aus nach oben bzw. rechts verläuft – entsprechend Bild 4.1.c – s. Isochore, Isobare, Isotherme – Kap. 3.4.
- 2-b-1 → Wärmeabfuhr, weil sie im p,v-Diagramm nach unten bzw. links von einer Isentrope verläuft.

Wie aus Bild 4.1.b ersichtlich ist, kann diese Form von Wärmebilanz auch dann erstellt werden, wenn während des Prozesses ein Wärmeaustausch mehrfach erfolgt: dafür genügt die Eintragung von Isentropen als Raster im p,v-Diagramm.

Bei Kreisprozessen ist die Wärmeabfuhr durch die Rückkehr zum ursprünglichen Zustand bedingt.

Daraus resultiert folgende Energiebilanz im Kreisprozess:

$$Q_K = Q_{zu} + Q_{ab} \quad \text{bzw.} \quad Q_K = Q_{zu} - |Q_{ab}| \tag{4.1}$$

Aus dem 1.HS gilt $Q_K = W_K$, also $W_K = Q_{zu} - |Q_{ab}|$.

Das ergibt: $W_K < Q_{zu}$ (4.2)

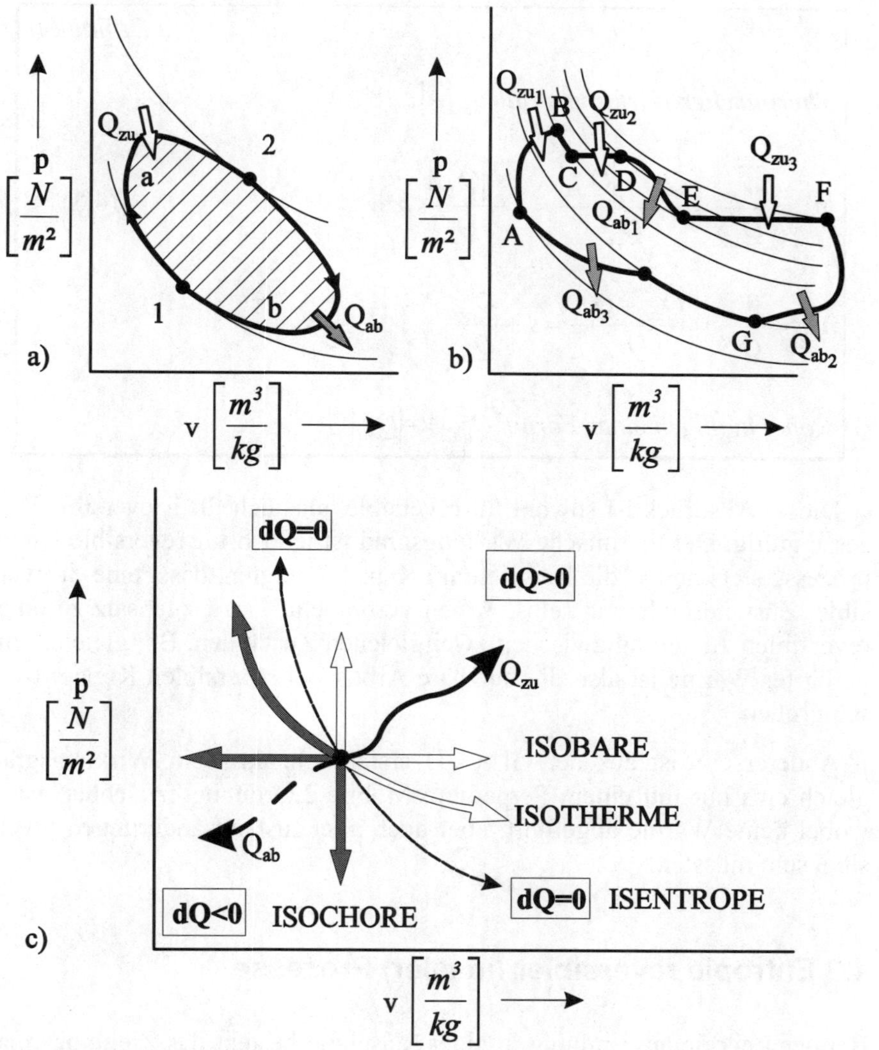

Bild 4.1 Ermittlung der Wärmeaustauschrichtung während eines thermodynamischen Prozesses anhand von Isentropen im p,v-Diagramm

In einem Kreisprozess ist es also niemals möglich, die gesamte zugeführte Wärme in Arbeit umzuwandeln. (vgl. 2. HS – Formulierung von Thompson).

Diese Form des 2.HS berechtigt die Einführung eines thermischen Wirkungsgrades des Kreisprozesses als Verhältnis zwischen Nutzen (W_K) und Aufwand (Q_{Zu}) während der Energieumwandlungsprozesse in einer Arbeitsmaschine:

Definition

Thermischer Wirkungsgrad $\eta_{th}[-]$:

$$\eta_{th} = \frac{W_K}{Q_{zu}} = \frac{Q_{zu} - |Q_{ab}|}{Q_{zu}} = 1 - \frac{|Q_{ab}|}{Q_{zu}} \quad bzw. \tag{4.3}$$

$$\eta_{th} = \frac{W_K}{Q_{zu}} = \frac{Q_{zu} + Q_{ab}}{Q_{zu}} = 1 + \frac{Q_{ab}}{Q_{zu}}$$

wobei in allgemeiner Form: $Q_{ab} = -|Q_{ab}|$

Dieser Ausdruck ist sowohl für reversible, als auch für irreversible Prozesse gültig. Der thermische Wirkungsgrad ist jedoch für reversible Kreisprozesse stets höher: die Beispiele im Kap. 1.7 zeigten, dass eine irreversible Zustandsänderung selbst Arbeit verbraucht – im Gegensatz zu einer reversiblen Änderung zwischen zwei gleichen Zuständen. Bei gleicher zugeführter Wärme ist also die nutzbare Arbeit bei reversiblen Kreisprozessen größer.

Andererseits ist aus der Gl. (4.3) ersichtlich, dass ein Wirkungsgrad gleich eins nur mit einem Perpetuum Mobile 2.Ordnung erreichbar wäre, wobei keine Wärme abgeführt, aber auch alle Zustandsänderungen reversibel sein müssten.

4.3 Entropie reversibler (idealer) Prozesse

Bei der Energieumwandlung in einer Maschine besteht das Ziel eines maximal realisierbaren thermischen Wirkungsgrades – also aus einer bestimmten zugeführten Wärme maximal gewinnbarer Arbeit.

Es werden dafür zwei Wärmequellen betrachtet, die unterschiedliche Temperaturen aufweisen ("warme" und "kalte" Quelle). Beide Wärmequellen werden als unerschöpflich betrachtet, so dass unabhängig von jeder Wärmezufuhr oder -abfuhr die jeweilige Quellentemperatur konstant bleibt:

Warme Quelle $\rightarrow T_1 = \text{konst.}$
Kalte Quelle $\rightarrow T_2 = \text{konst.}$
$T_1 > T_2$

Jeder Kreisprozess kann als Folge von arbeitverrichtenden Entlastungen und arbeitsverbrauchenden Verdichtungen betrachtet werden.
Aus einer bestimmten zugeführten Wärme resultiert dann eine maximale Arbeit, wenn alle Verdichtungsprozesse bei minimaler zugeführter Arbeit bzw. alle Entlastungsprozesse mit maximaler verrichteter Arbeit stattfinden.
Eine grundsätzliche Bedingung dafür ist, dass alle Zustandsänderungen reversibel sind (Bild Ü 1.7/2).

In jedem Zustand eines solchen Kreisprozesses wird ein inneres Gleichgewicht des Systems realisiert. Ausgleichs- und Dissipationsvorgänge kommen dabei nicht vor.

Der Wärmeaustausch erfolgt dabei in folgender Weise:

- von der warmen Quelle wird die Wärme bei konstanter Quellentemperatur T_1 ins System zugeführt.
- von der kalten Quelle wird die Wärme bei konstanter Quellentemperatur T_2 aus dem System abgeführt.

Nach jedem Wärmeaustausch ist die jeweilige Zustandsänderung im System zwischen beiden Temperaturen T_1-T_2 bzw. T_2-T_1 derart zu gestalten, dass kein Wärmeaustausch zwischen den Quellen selbst durch das System möglich wird. Ein solcher "Kurzschluss" der Quellen würde einen Temperaturausgleichsvorgang hervorrufen – was irreversibel wäre. Die einzig mögliche Art der Zustandsänderung des Arbeitsmediums im System zwischen den 2 Temperaturen bleibt unter dieser Bedingung jeweils eine reversible Adiabate – also eine Isentrope.

Definition

Reversibler Carnot-Kreisprozess: *Kreisprozess zwischen zwei Wärmequellen unterschiedlicher Temperatur – bestehend aus jeweils zwei reversiblen Isothermen und zwei reversiblen Adiabaten (Isentropen).*

Ein rechtslaufender reversibler Carnot-Kreisprozess ist im Bild 4.2 dargestellt.

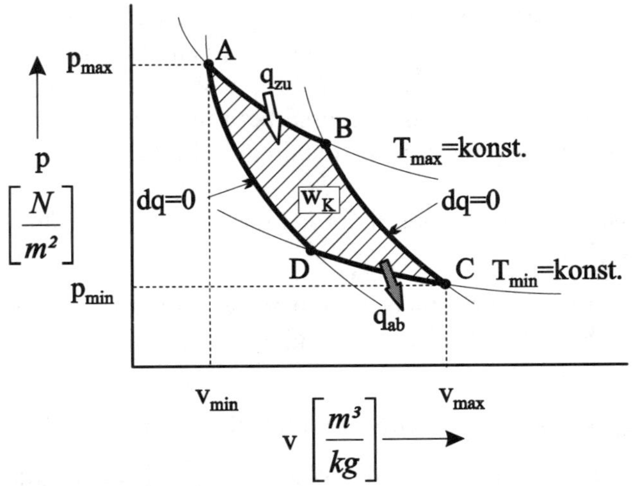

Bild 4.2 Rechtslaufender, reversibler Carnot-Kreisprozess zwischen zwei Wärmequellen unterschiedlicher Temperaturen T_{max}, T_{min}

Der thermische Wirkungsgrad dieses Kreisprozesses beträgt:

$$\eta_{th} = 1 - \frac{|Q_{ab}|}{Q_{zu}} = 1 + \frac{Q_{ab}}{Q_{zu}} = 1 + \frac{Q_{CD}}{Q_{AB}} \tag{4.3}$$

Dabei ist allgemein die während einer Isotherme – bei T_1 bzw. bei T_2 – ausgetauschte Wärme:

$$Q_{12} = W_{12} = mRT \, ln \frac{V_2}{V_1} \tag{3.58}$$

Für Q_{AB} und Q_{CD} im Bild 4.2 eingesetzt im Ausdruck des thermischen Wirkungsgrades (Gl. 4.3) gilt:

$$\eta_{th} = 1 + \frac{Q_{CD}}{Q_{AB}} = 1 + \frac{mRT_{CD} ln \frac{V_D}{V_C}}{mRT_{AB} \, ln \frac{V_B}{V_A}} \quad \text{mit } V_D < V_C \tag{4.4}$$

$$\rightarrow \eta_{th} = 1 - \frac{\left| mRT_{CD} \, ln \frac{V_C}{V_D} \right|}{mRT_{AB} \, ln \frac{V_B}{V_A}}; \; für \; V_C > V_D \tag{4.4a}$$

wobei $T_{CD} = T_{min}$; $T_{AB} = T_{max}$

Andererseits gilt für die Adiabaten BC und DA:

$$\frac{V_C}{V_B} = \left(\frac{T_{AB}}{T_{CD}} \right)^{\frac{1}{k-1}}; \; \frac{V_D}{V_A} = \left(\frac{T_{AB}}{T_{CD}} \right)^{\frac{1}{k-1}} \tag{3.67}$$

$$\frac{V_C}{V_B} = \frac{V_D}{V_A} \Rightarrow \frac{V_C}{V_D} = \frac{V_B}{V_A} \tag{4.5}$$

Durch Einsetzen der Gl.(4.5) in Gl. (4.4a) resultiert der thermische Wirkungsgrad des Carnot-Kreisprozesses:

$$\eta_{thc} = 1 - \frac{T_{CD}}{T_{AB}} \rightarrow \eta_{thc} = 1 - \frac{T_{min}}{T_{max}} \tag{4.6}$$

Selbst im Falle des Carnot-Kreispozesses ist $\eta_{th} = 1$ nicht möglich: dafür sollte eine der Quellen eine Extremtemperatur in folgender Weise erreichen:

$$T_{max} \rightarrow \infty$$

oder $T_{min} \rightarrow 0$

was praktisch nicht realisierbar ist.

Für eine einzige Wärmequelle $T_{max} = T_{min}$ ist andererseits der thermische Wirkungsgrad Null. (siehe 2. HS – Formulierung Thompson). Das heißt, unabhängig von der zuführbaren Wärme kann eine entsprechende Maschine keine Arbeit leisten.

Der thermische Wirkungsgrad des reversiblen Carnot-Kreisprozesses ist unabhängig von der Art oder Menge des Arbeitsmediums (Gas, Gasgemisch) bzw. von der quantitativ ausgetauschten Wärme. Er hängt nur von den Temperaturen der zwei Wärmequellen ab.
Die Gleichsetzung der Gl.(4.3) und (4.6) ergibt:

$$\frac{|Q_{ab}|}{Q_{zu}} = \frac{T_{min}}{T_{max}} \rightarrow \frac{|Q_{ab}|}{T_{min}} = \frac{Q_{zu}}{T_{max}} \rightarrow \frac{Q_{zu}}{T_{max}} - \frac{|Q_{ab}|}{T_{min}} = 0 \qquad \text{oder}$$

$$\frac{Q_{zu}}{T_{max}} + \frac{Q_{ab}}{T_{min}} = 0$$

$$\text{und allgemein} \quad \frac{\Delta Q_1}{T_a} + \frac{\Delta Q_2}{T_b} = 0 \rightarrow \sum_{i=a}^{n} \frac{\Delta Q}{T_i} = 0 \tag{4.7}$$

Anhand des Bildes 4.4 wird des Weiteren gezeigt, dass bei jedem anderen reversiblen Kreisprozess der thermische Wirkungsgrad niedriger als bei dem Carnot-Kreisprozess ist. (Bei jedem vergleichbaren irreversiblen Prozess ist das ohnehin der Fall, wie bereits in **Ü 1.7** dargestellt.)

Unabhängig von der Art des Kreisprozesses wird es also nicht möglich sein, eine zugeführte Wärme vollständig in nutzbare Arbeit umzuwandeln.

Für jede Folge von reversiblen Carnot-Kreisprozessen oder von anderen reversiblen Kreisprozessen, die in finite reversible Carnot-Kreisprozesse teilbar sind, besteht folgende Bilanz:

dQ_{1I} – zugeführt von der warmen Quelle ① während des I. elementaren Kreisprozesses

dQ_{1II} – zugeführt von der warmen Quelle ① während des II. elementaren Kreisprozesses

dQ_{1n} – zugeführt von der warmen Quelle ① während des n. elementaren Kreisprozesses

analog gilt für die zur kalten Quelle abgeführten Wärme

dQ_{2I} – abgeführt zu der kalten Quelle ② während des I. elementaren Kreisprozesses

dQ_{2II} – abgeführt zu der kalten Quelle ② während des II. elementaren Kreisprozesses

dQ_{2n} – abgeführt zu der kalten Quelle ② während des n. elementaren Kreisprozesses

Aus der Gl.(4.7) angewendet für jeden elementaren Kreisprozess I bis n resultiert:

$$\frac{dQ_{1I}}{T_1} + \frac{dQ_{2I}}{T_2} = 0$$

$$\frac{dQ_{1II}}{T_1} + \frac{dQ_{2II}}{T_2} = 0$$

$$\frac{dQ_{1n}}{T_1} + \frac{dQ_{2n}}{T_2} = 0$$

$$\sum_{i=1}^{n} \frac{dQ_{1i}}{T_1} + \sum_{i=1}^{n} \frac{dQ_{2i}}{T_2} = 0 \text{ oder } \sum_{i=1}^{n} \frac{dQ_i}{T} = 0 \tag{4.8}$$

In Differenzialform werden die Anteile integriert:

$$\oint_{rev} \frac{dQ}{T} = 0 \tag{4.9}$$

Der Ausdruck (4.9) wird als Clausius-Integral für reversible Kreisprozesse bezeichnet.

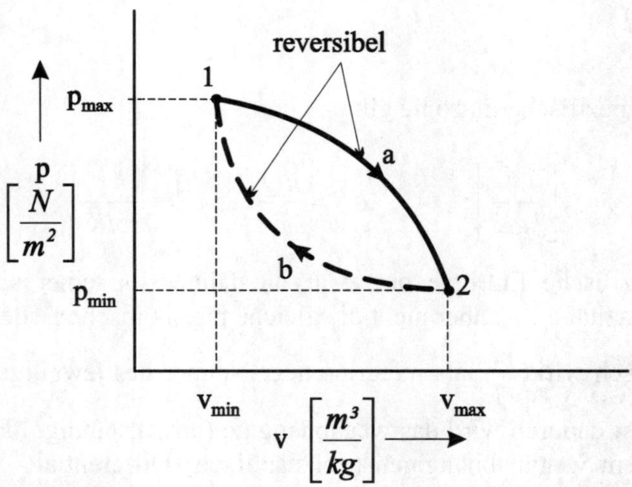

Bild 4.3 Reversibler Kreisprozess, bestehend aus zwei Zustandsänderungen zwischen zwei Zuständen – zur Ableitung der Entropie

Für einen beliebigen reversiblen Kreisprozess 1-a-2-b-1 entsprechend der Darstellung in Bild 4.3 gilt nach Gl.(4.9):

$$\oint_{rev} \frac{dQ}{T} = 0 \rightarrow \int_{1a}^{2} \frac{dQ}{T} + \int_{2b}^{1} \frac{dQ}{T} = 0 \quad \text{bzw.} \quad \int_{1a}^{2} \frac{dQ}{T} - \int_{1b}^{2} \frac{dQ}{T} = 0 \tag{4.10}$$

$$\rightarrow \int_{1a}^{2}\frac{dQ}{T}=\int_{1b}^{2}\frac{dQ}{T}=\int_{1}^{2}\frac{dQ}{T}\Rightarrow\int_{1}^{2}\frac{dQ}{T}=konst.$$

Diese Funktion ist also unabhängig von dem Weg.

Der Ausdruck $\frac{dQ}{T}$ ist demzufolge das vollständige Differential einer Zustandsgröße.

Definition

$$\textbf{\textit{Entropie}}\quad S-S_o=\int\frac{dQ}{T}\quad\left[\frac{J}{K}\right]\quad bzw.\quad S_2-S_1=\int_1^2\frac{dQ}{T}\qquad(4.11)$$

wobei $S_o = 0$ bei $T = 0$ [K] (nach Planck[4])

Aus dieser Definition wird abgeleitet:

$$dS=\frac{dQ}{T}$$

Für die spezifische Entropie gilt:

$$ds=\frac{dq}{T}\quad\left[\frac{J}{kgK}\right];\qquad d\overline{S}=\frac{d\overline{Q}}{T}\quad\left[\frac{J}{kmolK}\right]\qquad(4.11\ a,b)$$

Die spezifische Entropie hat zwar die Dimension einer spezifischen Wärmekapazität c_p, c_v, aber nicht die gleiche physikalische Bedeutung.

Mathematisch wirkt $\frac{1}{T}$ als integrierender Nenner des jeweiligen Wärmeaustausches: dadurch wird das wegabhängige (unvollständige) Differential dQ zu einem wegunabhängigen (vollständigen) Differential – als Qualitätskriterium eines Wärmeaustausches, wie es bei den irreversiblen Vorgängen des Weiteren gezeigt wird.

Bei jedem reversiblen Kreisprozess ist die von der Umgebung zugeführte Wärme – bezogen auf die Zufuhrtemperatur – gleich der vom System abgeführten Wärme – bezogen auf die Abfuhrtemperatur. Offensichtlich sind jedoch die zugeführte und die abgeführte Wärme – ohne Bezug auf die jeweilige Austauschtemperatur – unterschiedlich, sonst würde im Kreisprozess keine Arbeit vorkommen.

[4] gelegentlich auch als 3. Hauptsatz der Thermodynamik angegeben

Im Falle einer adiabaten Zustandsänderung wird keine Wärme ausgetauscht, es gilt also dQ = 0.
Wenn die Adiabate auch reversibel ist, wird die Gl.(4.11) zu:
$S_2 - S_1 = 0 \quad \rightarrow \quad S_2 = S_1$ also S = konstant

Das berechtigt sowohl die bereits eingeführte Bezeichnung Isentrope (gleiche Entropie), als auch die Eingliederung dieser Zustandsänderung in die Grundformen, bei denen eine Zustandsgröße konstant bleibt – Isotherme, Isobare, Isochore.

Für die Entropie gilt folgende Vorzeichenregelung für T>0 hat dS das gleiche Vorzeichen wie dQ:
die Zufuhr einer Wärme von der Umgebung in ein System bewirkt die Erhöhung seiner Entropie. Wenn ein System Wärme abgibt, wird seine Entropie auch geringer.

Der thermische Wirkungsgrad und die Entropie eines beliebigen reversiblen (idealen) Kreisprozesses können anhand dessen Einteilung in elementare, reversible Carnot- Kreisprozesse ermittelt werden. Eine solche Einteilung ist im Bild 4.4 dargestellt.

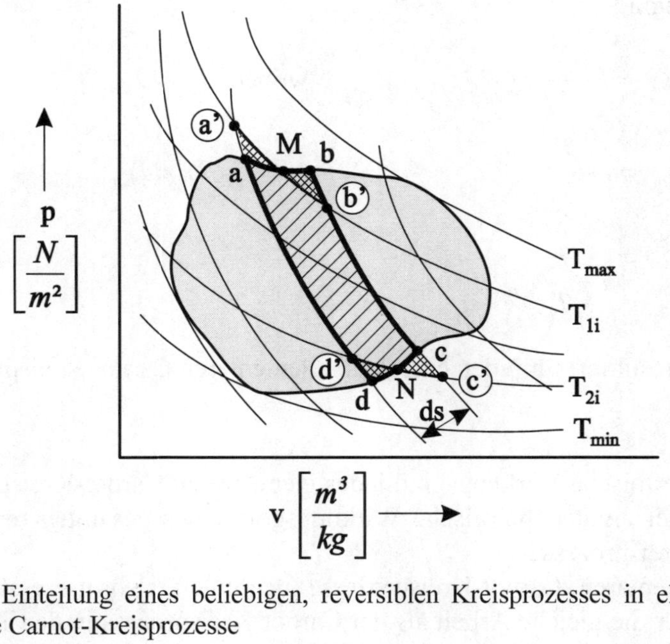

Bild 4.4 Einteilung eines beliebigen, reversiblen Kreisprozesses in elementare, reversible Carnot-Kreisprozesse

Die Fläche in der sich der Kreisprozess befindet (zwischen den Extremtemperaturen T_{max}, T_{min}), wird von einer Isentropenschar geteilt. Der Abstand zwischen den einzelnen Isentropen stellt ein finites Element ds dar.

Durch die einzelnen Punkte M, N des Kreisprozesses, die in der Mitte eines Intervalls ds liegen, durchlaufen die Isothermen T_{1i} bzw. T_{2i} jeden elementaren Kreisprozess. Jeder elementare Kreisprozess abcd kann durch einen elementaren Carnot-Kreisprozess a'b'c'd' zwischen zwei Isothermen und zwei Isentropen ersetzt werden – die Fläche bleibt dabei für einen sehr geringen Abstand ds unverändert.

Die Summe der Flächen der somit entstandenen elementaren, reversiblen Carnot-Kreisprozesse ist gleich der Fläche des gesamten Kreisprozesses. Dadurch wird in beiden Fällen die gleiche Kreisprozessarbeit betrachtet.

Jede maximale Temperatur in einem elementaren Carnot-Kreisprozess T_{1i} ist – wie in Bild 4.4 ersichtlich – geringer als die maximale Temperatur des gesamten Kreisprozesses:

$$T_{1_i} < T_{max}$$

Analog gilt: $T_{2_i} > T_{min}$

Für die einzelnen elementaren Carnot-Kreisprozesse ist der thermische Wirkungsgrad:

$$\eta_{th_1} = 1 - \frac{T_{2_1}}{T_{1_1}} \qquad \text{wobei: } T_{2_1} > T_{min}$$

$$\eta_{th_i} = 1 - \frac{T_{2_i}}{T_{1_i}} \qquad T_{1_i} < T_{max}$$

$$\eta_{th_n} = 1 - \frac{T_{2_n}}{T_{1_n}}$$

Dadurch resultiert für jeden einzelnen, elementaren Carnot-Kreisprozess:

$$\eta_{thc_i} < \eta_{th_c}$$

Der thermische Wirkungsgrad jedes elementaren Carnot-Kreisprozesses ist geringer als der thermische Wirkungsgrad eines gesamten reversiblen Carnot-Kreisprozesses:
Die elementaren Carnot-Kreisprozesse benötigen also insgesamt mehr Wärme für die gleiche Arbeit als der Carnot-Kreisprozess in den Temperaturgrenzen T_{max}-T_{min}.

Es gilt:

$$\eta_{th_{Kp}} = \sum_{i=1}^{n} \frac{W_{K_i}}{Q_{zu_i}} \qquad \text{wobei allgemein:} \qquad \begin{array}{ccc} \dfrac{W_{K_i}}{Q_{zu_i}} & < & \dfrac{W_{K_c}}{Q_{zu_c}} \\ \downarrow & & \downarrow \\ \eta_{th_i} & & \eta_{th_c} \end{array}$$

Daraus resultiert für $\sum_{i=1}^{n} W_{K_i} = W_{K_c}$

$$\sum_{i=1}^{n} Q_{zu_i} > Q_{zu_c}$$

Der Carnot-Kreisprozess hat also bei vergleichbaren Temperaturgrenzen (Temperatur der warmen bzw. der kalten Wärmequelle) den höchsten Wirkungsgrad aller reversiblen Kreisprozesse.

Die Einteilung eines Carnot-Kreisprozesses selbst mit einer Schar von Isentropen im Abstand ds zeigt – entsprechend Bild 4.5 – als Kontrolle der durchgeführten Ableitung:

$$T_{1_1} = T_{1_i} = T_{1_n} = T_{max}$$
$$T_{2_1} = T_{2_i} = T_{2_n} = T_{min}$$

$$\eta_{th_1} = \eta_{th_i} = \eta_{th_n} = 1 - \frac{T_{min}}{T_{max}} = \eta_{th_c}$$

Die Entropie eines beliebigen reversiblen Kreisprozesses wird auf Basis von dessen Einteilung in elementare Carnot-Kreisprozesse aus Gl. (4.9) abgeleitet.

Für jeden dieser elementaren Carnot-Kreisprozesse gilt:

$$\oint_{rev} \frac{dQ}{T} = \oint_{rev} dS = 0 \tag{4.12}$$

Für die Summe aller elementaren, reversiblen Carnot-Kreisprozesse gilt entsprechend:

$$\sum_{i=1}^{n} dS_i = 0 \tag{4.13}$$

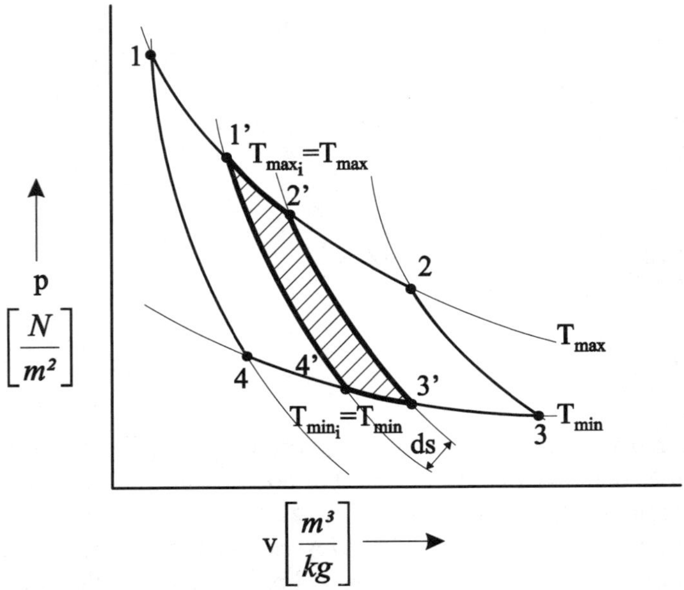

Bild 4.5 Einteilung eines reversiblen Carnot-Kreisprozesses in elementare reversible Carnot-Kreisprozesse

Jeder reversible Kreisprozess ist durch eine unveränderte Entropie zwischen Beginn und Ende gekennzeichnet, unabhängig davon, wie oft und wie viel Wärme ausgetauscht wurde.

4.4 Entropie irreversibler (natürlicher) Prozesse

Zur Quantifizierung der Irreversibilität eines Prozesses mittels Entropie werden 2 Carnot-Kreisprozesse – ein reversibler und ein irreversibler – unter folgenden Bedingungen verglichen:

- Die Temperatur der warmen und kalten Quelle T_{max}, T_{min} sind gleich.
- In beiden Kreisprozessen wird zwischen System und Umgebung die gleiche Wärme Q_{zu}, Q_{ab} ausgetauscht.

Wie im Kap.1.7 bzw. **Ü 1.6/1.7** gezeigt wurde, benötigt jede irreversible Verdichtung mehr Arbeit als eine reversible bzw. jede irreversible Entlastung verrichtet weniger Arbeit als eine reversible. Das trifft für jede Art der Zustandsänderung , also auch für Adiabaten zu.

Bei gleicher ausgetauschter Wärme steht also in einem irreversiblen Carnot-Kreisprozess weniger Energie für eine nutzbare Umwandlung zur Verfügung als in einem reversiblen Carnot-Kreisprozess.

Die Bilanz kann mit Hilfe der Gl.(4.3),(4.6) ausgedrückt werden:

$$\eta_{thc_{(rev)}} = 1 - \frac{|Q_{ab}|}{Q_{zu}} = 1 - \frac{T_{min}}{T_{max}}; \; \eta_{thc_{(irrev)}} = 1 - \frac{|Q_{abE}|}{Q_{zuE}} \tag{4.3'}$$

wobei:

$$Q_{zuE} = Q_{zu} - |Q_{A,D}| \rightarrow Q_{zuE} < Q_{zu} \tag{4.14a}$$

$$|Q_{abE}| = |Q_{ab}| + |Q_{A,D}| \rightarrow |Q_{abE}| > |Q_{ab}| \tag{4.14b}$$

Dabei sind:

- Q_{zuE} – Energie, die für eine nutzbare Umwandlung im System als Wärme vorhanden ist.
- Q_{abE} – Energie, die nach einer nützlichen Umwandlung im System noch vorhanden ist (auch innere Energie).
- $Q_{A,D}$ - Energie, die infolge von Ausgleichs- und Dissipationsvorgängen für nützliche Umwandlungen im System nicht zur Verfügung steht (als innere Energie vorhanden).

Der thermische Wirkungsgrad ist demzufolge bei dem irreversiblen Carnot-Kreisprozess geringer als im reversiblen Fall. Aus Gl.(4.3'), (4.14a), (4.14b) resultiert:

$$\eta_{thc_{(irrev)}} < \eta_{thc_{(rev)}}$$

oder:

$$1 - \frac{|Q_{abE}|}{Q_{zuE}} < 1 - \frac{T_{min}}{T_{max}} \rightarrow \frac{|Q_{abE}|}{Q_{zuE}} > \frac{T_{min}}{T_{max}}$$

Daraus resultiert, analog dem reversiblen Carnot-Kreisprozess – Gl.(4.7):

$$\frac{Q_{zuE}}{T_{max}} - \frac{|Q_{abE}|}{T_{min}} < 0; \quad \frac{Q_{zuE}}{T_{max}} + \frac{Q_{abE}}{T_{min}} < 0 \tag{4.7'}$$

Das ergibt für das Clausius- Integral:

$$\oint_{irrev} \frac{dQ_E}{T} < 0 \tag{4.9'}$$

Analog der reversiblen Kreisprozesse ist die durch das Clausius-Integral ausgedrückte Bilanz nicht nur für irreversible Carnot-Kreisprozesse, sondern für jeden irreversiblen Kreisprozess, der in elementare Carnot-Kreisprozesse einteilbar ist, gültig.

Andererseits ist jeder Kreisprozess, in dem mindestens eine Zustandsänderung irreversibel ist, insgesamt irreversibel.

Für einen Kreisprozess zwischen 2 Zuständen 1, 2 – wie im Bild 4.6 dargestellt - mit einer irreversiblen und einer reversiblen Zutandsänderung (1a2) bzw. (2b1) gilt:

$$\oint_{irrev} \frac{dQ_E}{T} = \int_{1a_{irrev}}^{2} \frac{dQ_E}{T} + \int_{2b_{rev}}^{1} \frac{dQ_E}{T} < 0 \tag{4.15}$$

Für die Zustandsänderung 1 - 2 resultiert aus Gl.(4.15):

$$\underset{\substack{\downarrow \\ dS_E}}{\int_{1_{irrev}}^{2} \frac{dQ_E}{T}} < \underset{\downarrow\rightarrow}{\int_{1_{rev}}^{2} \frac{dQ_E}{T}} = \underset{\substack{\downarrow \\ dS}}{\int_{1}^{2} \frac{dQ}{T}} \tag{4.16}$$

Dabei stellt dQ den gesamten Energieaustausch zwischen System und Umgebung und nicht nur dessen umwandlungsfähigen Teil dar (bei reversiblen Vorgängen sind jedoch beide gleich).

Der Ausdruck $\frac{dQ}{T}$ repräsentiert also die Entropieänderung des gesamten Systems während einer beliebigen Zustandsänderung.

Aus dem analytischen Ausdruck (4.16) kann folgende Formulierung des 2.HS abgeleitet werden:

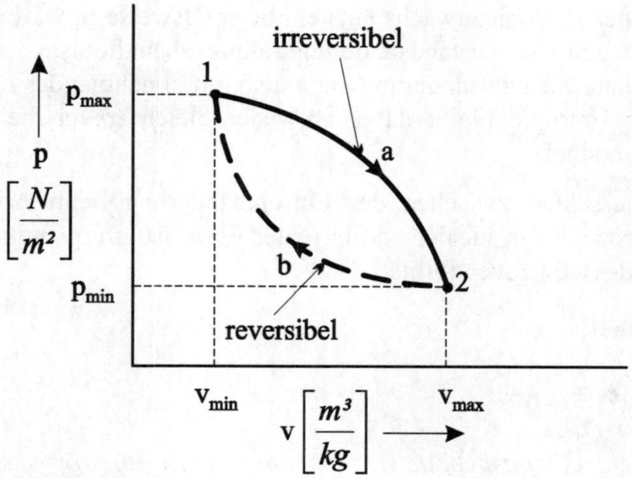

Bild 4.6 Irreversibler Kreisprozess, bestehend aus einer irreversiblen und aus einer reversiblen Zustandsänderung zwischen zwei Zuständen

> *Die Entropie eines Systems wird während einer irreversiblen Zustandsänderung größer als die Entropie, die dabei durch eine nutzbare Energieumwandlung entsteht.*
>
> *Begründung: Das Streben nach einem Gleichgewichtszustand, welches jeden natürlichen Prozess charakterisiert, ist an einer Energiedissipation gebunden (Kap. 4.1).*
>
> *(Formulierung des Verfassers)*

Die Entropie ist in diesem Kontext ein Maß für die Qualität eines Energieaustausches bezüglich seiner nutzbaren Umwandlung.
(beispielsweise als Verhältnis der ausgetauschten Wärme zur Temperatur, bei der der Austausch erfolgt, für die Umwandlung von Wärme in Arbeit).

Der formulierte Satz gilt auch für irreversible Zustandsänderungen, bei denen keine nutzbare Energieumwandlung vorkommt. Das gilt für alle Zustandsänderungen ohne Wärmeaustausch, die irreversibel sind :

$$dQ_E = 0 \rightarrow dS_E = 0$$

Aus Gl.(4.16) resultiert:

$$dS > 0 \rightarrow \text{bzw. } S_2 - S_1 = \int_1^2 \frac{dQ}{T} > 0 \qquad (4.16')$$

Ein solcher Entropiezuwachs entsteht beispielsweise in wärmeisolierten Systemen, wenn eine Zustandsänderung reibungsbehaftet ist.
Keine adiabate Zustandsänderung kann also mit abnehmender Entropie erfolgen: die Entropie bleibt dabei entweder gleich (reversibel) oder sie steigt (irreversibel).

Der Unterschied zwischen der Entropieänderung beim Ablauf eines gleichen Prozesses in idealer und in realer Form ist ein quantitativer Ausdruck von dessen Irreversibilität.

Beispiel:

Adiabater Prozess :

Bei einer reibungsbehafteten Strömung durch ein wärmeisoliertes Rohr nimmt die Entropie zu. Das äußert sich in einer Temperaturzunahme des Mediums bzw. in der Senkung der Strömungsgeschwindigkeit bei gleicher Druckdifferenz im Vergleich mit der reibungsfreien (reversiblen) Strömung.

Der Zuwachs an innerer Energie des Mediums infolge der Temperaturerhöhung durch Reibung wird dann im natürlichen Temperaturausgleich zwischen Medium und Umgebung – nach dem Auslauf aus dem Rohr – verbraucht.

Auch die Gesamtheit System - Umgebung, die keine endlichen Grenzen hat, ist als adiabates System zu sehen: in diesem Fall ist jeder natürliche Prozess – wobei Reibungs- oder Ausgleichsvorgänge entstehen – von einem Entropiezuwachs gekennzeichnet. Die Entropie der Gesamtheit System - Umgebung nimmt also infolge natürlicher Prozesse ständig zu.
Clausius formulierte diese Erkenntnis wie folgt: "Die Energie der Welt ist konstant, die Entropie der Welt strebt einem Maximum zu"
Ein Entropiemaximum drückt das Gleichgewicht eines energetischen Zustandes aus.

Daraus leiteten sich Theorien über "Wärme- oder Kältetod des Weltalls". Dabei bleiben – nach Meinung des Verfassers – einige Voraussetzungen unbetrachtet:

– die Unendlichkeit der Umgebungsgrenzen bezieht sich nicht nur auf Masse, sondern auch auf Energie und ihre Vielfalt. (Die Materie hat 2 Erscheinungsformen: Masse und Energie!)

– es gibt unendlich viele Ausgleichspotentiale, die durch gegebene Bedingungen nicht umgewandelt werden können. *Der Geist steckt in der Schaltung der Potentiale, bzw. in der ursprünglichen Spaltung von Ursache und Wirkung.*

4.5 Berechnung der Entropie

Unter den Voraussetzungen, dass das Arbeitsmedium ein ideales, homogenes Gas ist und dass die Zustandsänderungen zunächst als reversibel betrachtet werden, gilt:

$$\left.\begin{array}{ll} dQ = dU + pdV & (2.8) \\ dQ = dH - Vdp & (2.15) \end{array}\right\} \text{und mit } dS = \frac{dQ}{T} \quad (4.11) \quad \begin{array}{l} \rightarrow TdS = dU + pdV \\ \rightarrow TdS = dH - Vdp \end{array}$$

$$\rightarrow dS = \frac{dU}{T} + \frac{p}{T}dV \quad \text{dabei ist} \quad dU = mc_v dT \qquad (3.14a)$$

$$dS = \frac{dH}{T} - \frac{V}{T}dp \qquad dH = mc_p dT \qquad (3.14b)$$

$$\frac{p}{T} = \frac{mR}{V} \quad \text{aus} \quad pV = mRT \quad (3.1)$$

$$\frac{V}{T} = \frac{mR}{p}$$

$$\rightarrow dS = mc_v\frac{dT}{T} + mR\frac{dV}{V} \quad (4.17) \qquad ds = c_v\frac{dT}{T} + R\frac{dv}{v} \quad (4.17')$$

$$\rightarrow dS = mc_p\frac{dT}{T} - mR\frac{dp}{p} \quad (4.18) \qquad ds = c_p\frac{dT}{T} - R\frac{dp}{p} \quad (4.18')$$

Andererseits ist aus pv = RT folgende Differenzialgleichung ableitbar:

$$ln(pv) = ln(RT) \quad \rightarrow \quad ln\,p + ln\,v = ln\,R + ln\,T \quad \Rightarrow \quad \frac{dp}{p} + \frac{dv}{v} = \frac{dT}{T}$$

(dR = 0, weil R konstant)

Damit wird Gl. (4.17') zu:

$$ds = c_v\left(\frac{dp}{p} + \frac{dv}{v}\right) + R\frac{dv}{v} = \left(c_v + R\right)\frac{dv}{v} + c_v\frac{dp}{p}$$

$$\underset{c_p}{\downarrow}$$

$$ds = c_p\frac{dv}{v} + c_v\frac{dp}{p} \qquad (4.19')$$

Zusammenfassung der Gleichungen zur Berechnung der Entropie:

$$ds = c_v\frac{dT}{T} + R\frac{dv}{v} \quad \rightarrow \quad s_2 - s_1 = c_{vm}\,ln\frac{T_2}{T_1} + R\,ln\frac{v_2}{v_1} \qquad (4.17')$$

$$ds = c_p\frac{dT}{T} - R\frac{dp}{p} \quad \rightarrow \quad s_2 - s_1 = c_{pm}\,ln\frac{T_2}{T_1} - R\,ln\frac{p_2}{p_1} \qquad (4.18')$$

$$ds = c_p\frac{dv}{v} + c_v\frac{dp}{p} \quad \rightarrow \quad s_2 - s_1 = c_{pm}\,ln\frac{v_2}{v_1} + c_{vm}\,ln\frac{p_2}{p_1} \qquad (4.19')$$

Die mittleren spezifischen Wärmekapazitäten werden auf Basis der Gleichungen (3.19a, b) berechnet. (siehe auch die Übungen Ü3.5 und Ü3.6)

Die Berechnung der Entropieänderung während einer beliebigen Zustandsänderung kann mit jeder der 3 Gleichungen (4.17'), (4.18'), (4.19') vorgenommen werden. Bei elementaren Zustandsänderungen wird jeweils ein Differential Null, welches sich für eine einfachere Berechnung den Ausdruck als geeignet empfiehlt, in dem ein Differenzial ohnehin Null ist.

Isochore:

$$dv = 0 \xrightarrow{(4.17')} ds = c_v\frac{dT}{T};\; s_2 - s_1 = c_{vm}\,ln\frac{T_2}{T_1}\left[\frac{J}{kgK}\right]$$

$$S_2 - S_1 = mc_{vm}\,ln\frac{T_2}{T_1}\left[\frac{J}{K}\right] \qquad (4.17v)$$

$$\bar{s}_2 - \bar{s}_1 = \overline{M}c_{vm}\,ln\frac{T_2}{T_1}\left[\frac{J}{kmolK}\right]$$

oder $$dv = 0 \xrightarrow{(4.19')} ds = c_v \frac{dp}{p};\; s_2 - s_1 = c_{vm}\, ln \frac{p_2}{p_1} \tag{4.19v}$$

Der Vergleich der Gleichungen (4.17v) und (4.19v) ergibt $\frac{T_2}{T_1} = \frac{p_2}{p_1} \rightarrow$ was einer Isochoren entspricht.

Isobare:

$$dp = 0 \xrightarrow{(4.18')} ds = c_p \frac{dT}{T};\; s_2 - s_1 = c_{pm}\, ln \frac{T_2}{T_1}\left[\frac{J}{kgK}\right] \tag{4.18p}$$

oder $$dp = 0 \xrightarrow{(4.19')} ds = c_p \frac{dv}{v};\; s_2 - s_1 = c_{pm}\, ln \frac{v_2}{v_1} \tag{4.19p}$$

Der Vergleich der Gleichungen (4.18p) und (4.19p) ergibt $\frac{T_2}{T_1} = \frac{v_2}{v_1} \rightarrow$ was einer Isobaren entspricht.

Isotherme:

$$dT = 0 \xrightarrow{(4.17')} ds = R \frac{dv}{v};\; s_2 - s_1 = R\, ln \frac{v_2}{v_1}\left[\frac{J}{kgK}\right] \tag{4.17t}$$

oder $$dT = 0 \xrightarrow{(4.18')} ds = -R \frac{dp}{p};\; s_2 - s_1 = R\, ln \frac{p_1}{p_2} \tag{4.18t}$$

Der Vergleich der Gleichungen (4.17t) und (4.18t) ergibt $\frac{p_1}{p_2} = \frac{v_2}{v_1}$ bzw. $p_1 v_1 = p_2 v_2 \rightarrow$ was einer Isothermen entspricht.

Isentrope:

$$ds = 0 \qquad s_2 + s_1 = 0 \;\rightarrow\; s_2 = s_1 = s = konst.$$

Polytrope:

$$ds = \frac{dq}{T} = \frac{c_n dT}{T} \rightarrow s_2 - s_1 = c_{nm}\, ln \frac{T_2}{T_1}\left[\frac{J}{kgK}\right] \tag{4.19a}$$

oder mit einer der Gleichungen (4.17'), (4.18'), (4.19').

Auf Grund der Tatsache, dass die Entropie – als Zustandsgröße – unabhängig von der Art der Zustandsänderung zwischen zwei betrachteten Zuständen ist, gelten die Beziehungen (4.17'), (4.18'), (4.19') auch zur Berechnung der Entropie während irreversiblen Zustandsänderungen. Dafür müssen die Zustandsgrößen am Beginn und Ende der jeweiligen Zustandsänderung (p, V, T) bekannt sein, was durch experimentelle Ermittlung (Messung) erfolgen kann. Der Unterschied zwischen der Entropiedifferenz beim angenommenen idealen (reversiblen) Verlauf der jeweiligen Zustandsänderung und der Entropiedifferenz, die auf Grund von Zustandsmessungen am Beginn und Ende der realen Zustandsänderung berechnet wird, ist ein quantitativer Ausdruck der Irreversibilität. Grundsätzlich ist die Irreversibilität durch Dissipations- und Reibungsvorgänge hervorgerufen. Die Wirkung ihrer Senkung durch entsprechende Maßnahmen im Verlauf des Prozesses in einer Maschine wird durch die Entropie quantitativ ausgedrückt. Das bietet für die Entwicklung von Funktionsmodulen in einem Fahrzeug ein quantitatives Kriterium für die Optimierung zwischen Energieeinsatz und Realisierungsaufwand.

4.6 Darstellungsformen von Prozessen mittels Entropie: (T,s), (U,s), (h,s) - Diagramme

4.6.1 T,s-Diagramme (Wärmediagramme)

Die Arbeit, die einer bestimmten Zustandsänderung in einem offenen oder in einem geschlossenen System entspricht (Volumen- bzw. Druckänderungsarbeit), wird in p,v Koordinaten als Fläche dargestellt, wodurch ein Vergleich unterschiedlicher Prozesse sehr anschaulich wird.(Kap.1.8, Bild 1.15 bis 1.20). Andere Energieformen sind dagegen im p,v-Diagramm nicht direkt darstellbar.

Zur Analyse eines Wärmeaustausches als Fläche – analog der Arbeit im p,v-Diagramm – wird häufig das T,s-Diagramm verwendet. Das Diagramm kann für 1 kg ideales Gas (T, s) oder für eine Gasmasse m (T, S) konstruiert werden.

Aus $dS = \frac{dQ}{T};\ ds = \frac{dq}{T}$ (4.11)

resultiert: $dQ = TdS;\ dq = Tds$ (4.20)

In einem Diagramm mit der Abszisse s und der Ordinate T – wie im Bild 4.7 dargestellt – entspricht die Fläche unter einer Zustandsänderung 12 der dabei ausgetauschten spezifischen Wärme.
Aus diesem Grund werden T,s-Diagramme auch als Wärmediagramme bezeichnet.

$$dq_{12} = Tds$$
$$q_{12} = \int_1^2 dq_{12} = Fläche\ 12s_2s_11$$

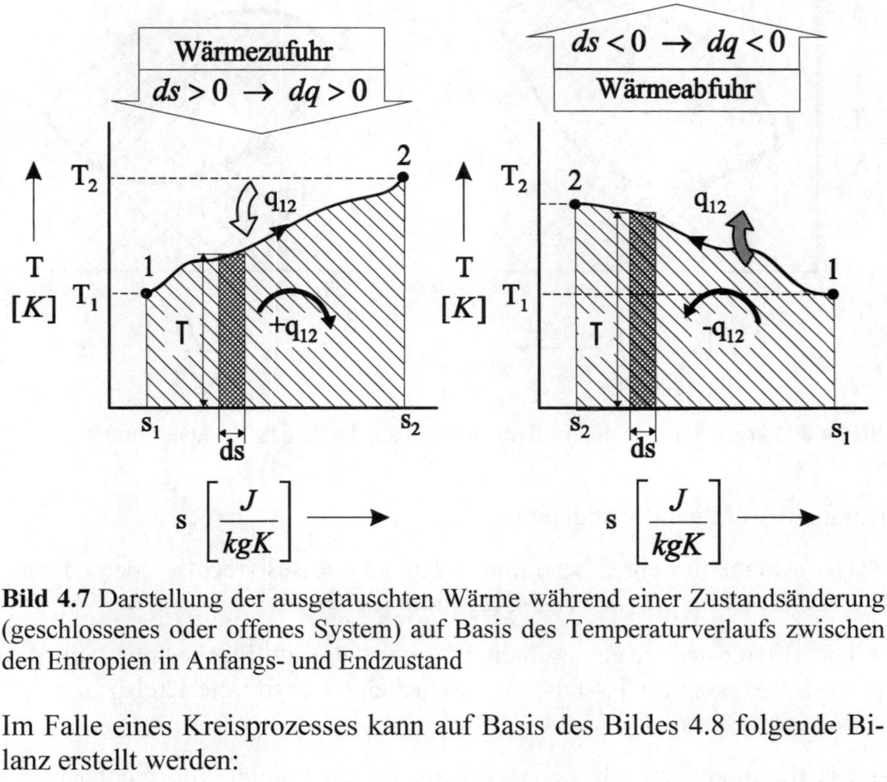

Bild 4.7 Darstellung der ausgetauschten Wärme während einer Zustandsänderung (geschlossenes oder offenes System) auf Basis des Temperaturverlaufs zwischen den Entropien in Anfangs- und Endzustand

Im Falle eines Kreisprozesses kann auf Basis des Bildes 4.8 folgende Bilanz erstellt werden:

$$q_{zu} = q_{1A2} = Fläche\ 1A2s_2s_11$$
$$|q_{ab}| = |q_{2B1}| = Fläche\ 2B1s_1s_22$$
$$q_K = q_{zu} - |q_{ab}| \tag{4.1}$$
$$\rightarrow q_K = Fläche\ 1A2B1$$

Diese Bilanz zeigt, dass bei rechtslaufenden Kreisprozessen mehr Wärme zugeführt als abgeführt wird und analog, bei linkslaufenden Kreisprozessen mehr Wärme abgeführt als zugeführt wird.

Im p,v-Diagramm wurde in ähnlicher Weise gezeigt, dass für rechtslaufende Kreisprozesse die Kreisprozessarbeit vom System verrichtet wird (Kap.1.8).
Aus dem 1.HS, angewendet bei Kreisprozessen, resultiert andererseits, dass ein System nur dann Arbeit leisten kann, wenn eine äquivalente Wärme zugeführt wird (Kap.2.2, Gl. 2.2).

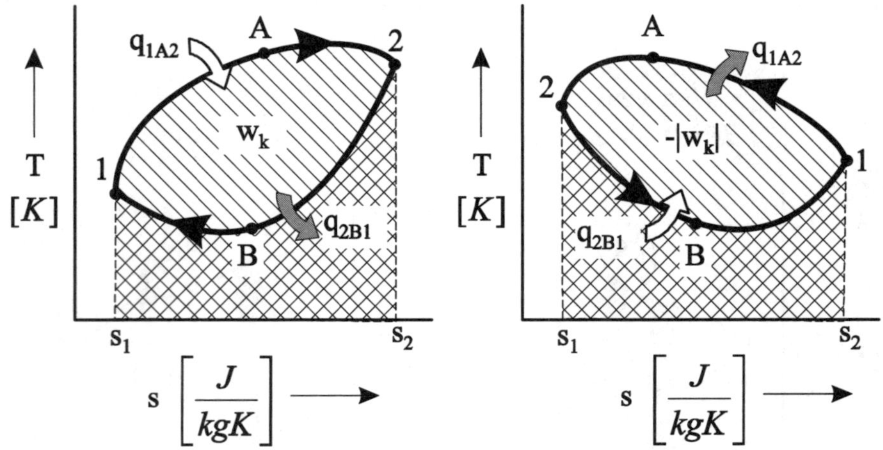

Bild 4.8 Wärmebilanz in einem Kreisprozess auf Basis des T,s-Diagramms

Daraus wird folgendes abgeleitet:

- Der Ablaufsinn eines bestimmten Kreisprozesses (rechts- oder linkslaufend) ist im p,v- bzw.T,s-Diagramm gleich.
- Die Bilanz der ausgetauschten Wärme – die als Fläche innerhalb des Kreisprozesses im T,s-Diagramm erscheint – ergibt die Kreisprozessarbeit im System.
- Ein thermodynamisches System kann in einer Folge von rechtslaufenden Kreisprozessen Arbeit leisten, wenn eine äquivalente Wärmebilanz – als positive Differenz der zu- und abgeführten Wärme – realisierbar ist (Arbeitsprinzip der Wärmekraftmaschinen).
- Ein thermodynamisches System kann in einer Folge von linkslaufenden Kreisprozessen hauptsächlich Wärme abführen, wenn dem System eine äquivalente Kreisprozessarbeit zugeführt wird (Arbeitsprinzip der Kältemaschinen, Klimaanlagen und Wärmepumpen).

Der thermische Wirkungsgrad eines Kreisprozesses – als Verhältnis zwischen nutzbarer Energieform und dafür verwendeter Energie – ist im

T,s-Diagramm als Flächenverhältnis dargestellt, wie aus Bild 4.8.a ableitbar:

$$\eta_{th} = \frac{W_K}{Q_{zu}} = \frac{w_k}{q_{zu}} = \frac{q_{zu} - |q_{ab}|}{q_{zu}} \qquad (4.3) \rightarrow \eta_{th} = \frac{Fläche\ 1A2B1}{Fläche\ 1A2S_2S_11}$$

Aus dem T,s-Diagramm ist auch ableitbar, dass innerhalb gleicher Temperatur- und Entropiegrenzen, der reversible Carnot-Kreisprozess den maximalen thermischen Wirkungsgrad im Vergleich zu allen reversiblen Kreisprozessen hat.
Dieser Zusammenhang ist in Bild 4.9 dargestellt:

$$\eta_{thc} = \frac{Fläche\ 12341}{Fläche\ 12S_2S_11}$$

$$\eta_{th_K} = \frac{Fläche\ abcda}{Fläche\ abcs_2s_1a}$$

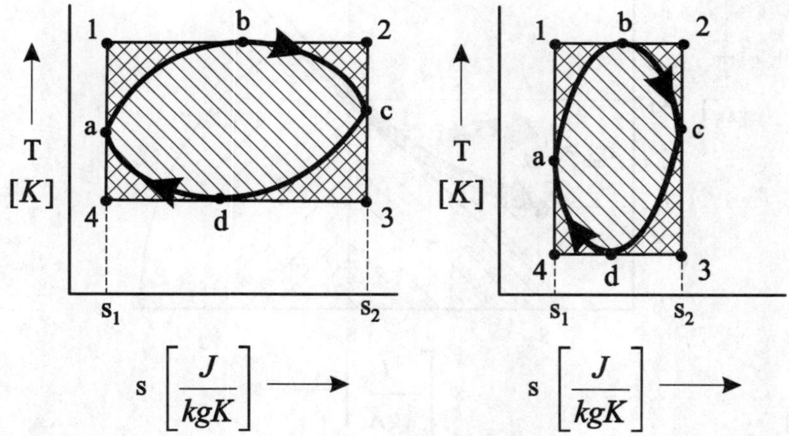

Bild 4.9 Thermischer Wirkungsgrad eines reversiblen Carnot-Kreisprozesses im Vergleich zu jenem eines beliebigen reversiblen Kreisprozesses im T,s-Diagramm

Aus Bild 4.9 kann andererseits abgeleitet werden, dass die Differenz der Extremwerte der Entropie – und dadurch die quantitativ ausgetauschte Wärme – den Wirkungsgrad des Vergleichs Carnot-Kreisprozesses nicht beeinflusst. Maßgebend ist dafür nur die Differenz der extremen Temperaturen.

4.6.2 Elementare, reversible Zustandsänderungen im T,s-Diagramm

4.6.2.1 Isochore (Bild 4.10):

$$dq = c_v dT \tag{3.14a}$$

$$ds = c_v \frac{dT}{T} \rightarrow s_2 - s_1 = \int_{T_1}^{T_2} \frac{c_v}{T} dT$$

$$\tan\alpha = \frac{dT}{ds} = \frac{T}{c_v}$$

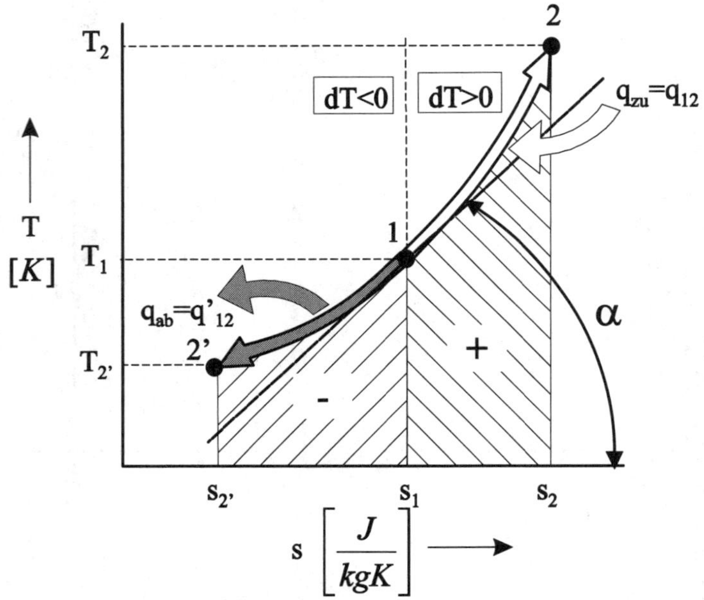

Bild 4.10 Reversible isochore Zustandsänderung im T,s-Diagramm

Zustandsänderung 12 → $q_{12} > 0$

Zustandsänderung 12' → $q_{12'} < 0$

Ausgehend von $\tan\alpha = \frac{T}{c_v(T)}$ gilt $\alpha(T)$, wobei der direkte Temperatureinfluss allgemein maßgebend für die Funktion ist, wodurch stets mit steigender Temperatur $d\alpha(T) > 0$. Das erklärt den dargestellten Kurvenverlauf.

Die Fläche unter einer isochoren Zustandsänderung stellt im T,s-Diagramm die Variation der inneren Energie dar.(Gl.(3.15a))

→ ***geschlossene Systeme:*** keine Verdichtung / Entlastung

→ ***offene Systeme:*** 12 Verdichtung
12' Entlastung

4.6.2.2 Isobare (Bild 4.11):

$$dq = c_p dT \tag{3.14b}$$

$$ds = c_p \frac{dT}{T} \rightarrow s_2 - s_1 = \int_{T_1}^{T_2} \frac{c_p}{T} dT$$

$$\tan\beta = \frac{dT}{ds} = \frac{T}{c_p}$$

$$c_p > c_v \rightarrow \beta < \alpha$$

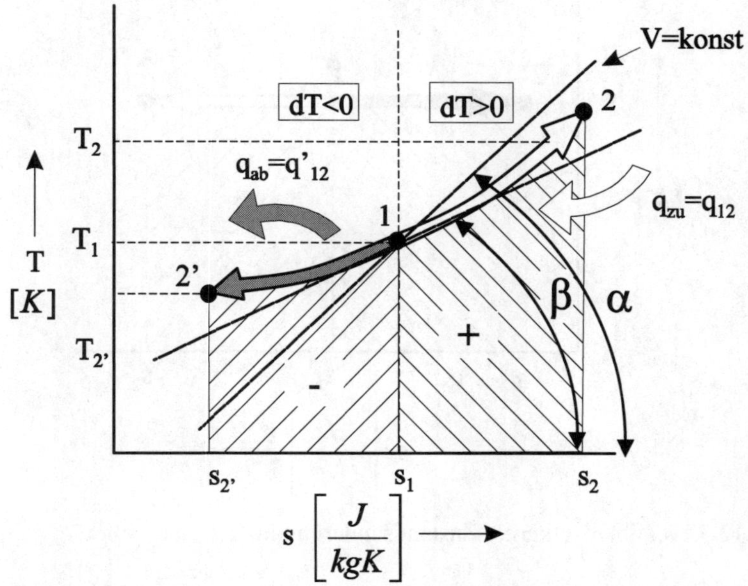

Bild 4.11 Reversible isobare Zustandsänderung im T,s-Diagramm

Zustandsänderung 12 → $q_{12} > 0$

Zustandsänderung 12' → $q_{12'} < 0$

Für den Kurvenverlauf gilt analog der Isochore $d\beta(T) > 0$.

Die Fläche unter einer isobaren Zustandsänderung stellt im T,s-Diagramm die Variation der Enthalpie dar(Gl.3.15.b)).

→ ***geschlossene Systeme***: 12 Entlastung
12' Verdichtung

→ ***offene Systeme:*** keine Verdichtung / Entlastung

4.6.2.3 Isotherme (Bild 4.12):

Zustandsänderung 12 → ds>0
$q_{12} = Fläche\ 12S_2S_11 = Tds > 0$

Zustandsänderung 12' → ds<0
$q_{12'} = Fläche\ 12'S_2'S_11 = Tds < 0$

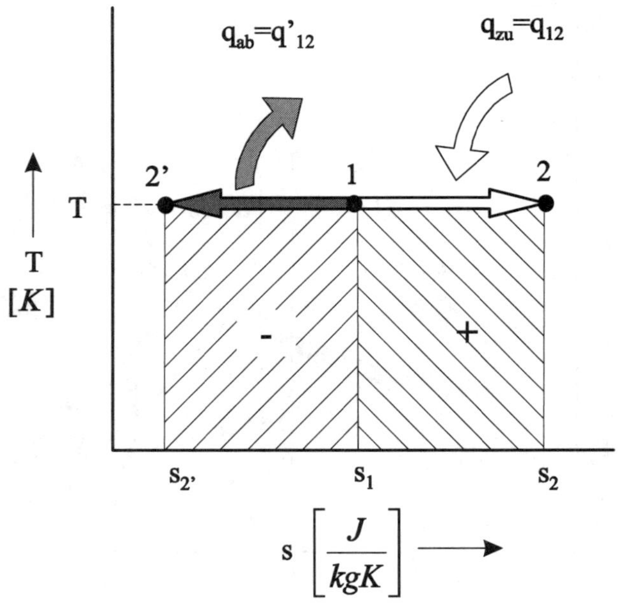

Bild 4.12 Reversible isotherme Zustandsänderung im T,s-Diagramm

→ ***geschlossene / offene Systeme:*** 12 Entlastung
12' Verdichtung

4.6.2.4 Isentrope (Bild 4.13):

dq=0
ds=0 (s=konst.)

→ ***geschlossene/offene Systeme:*** 12 Verdichtung
12' Entlastung

Die Darstellung einer beliebigen elementaren Zustandsänderung im Bild 4.13 – beispielsweise einer Isotherme 1-2 (aus Bild 4.12) zeigt folgendes:

- bei jeder Zustandsänderung rechts von einer Isentrope (mit Entropiezuwachs) nimmt die Wärme zu.
- bei jeder Zustandsänderung links von einer Isentrope (mit Entropieabnahme) nimmt die Wärme ab.

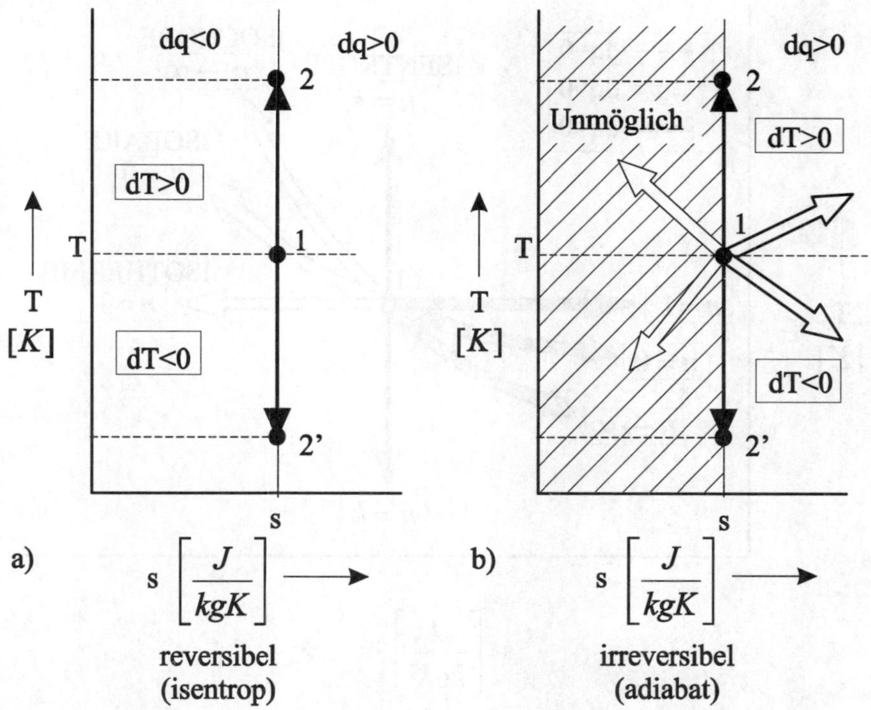

Bild 4.13 Reversible, adiabate (isentrope) (a) und irreversible adiabate (b) Zustandsänderung im T,s-Diagramm

Bei einer irreversiblen Adiabate kann die Entropie gemäß der Gl. (4.16') niemals abnehmen. Im Extremfall, beim reversilben, adiabaten Prozess bleibt sie unverändert. Ein Beispiel dafür ist die Verdichtung oder Entlastung ohne Wärmeaustausch, aber mit Reibung mit der Umgebung: bei der

Reibung wird Wärme entwickelt, die die innere Energie des Systems erhöht. Eine Senkung der inneren Energie bei Reibung ist nicht möglich - das würde der Energiebilanz widersprechen.

4.6.2.5 Polytrope (Bild 4.14):

$n = 0$	Isobare
$n = 1$	Isotherme
$n = k$	Isentrope
$n \rightarrow \infty$	Isochore

Analog der Darstellungen im p,V-Diagramm – Bild 3.20 – sind alle elementaren Zustandsänderungen in Form einer jeweiligen Polytrope auch im T,s-Diagramm darstellbar.

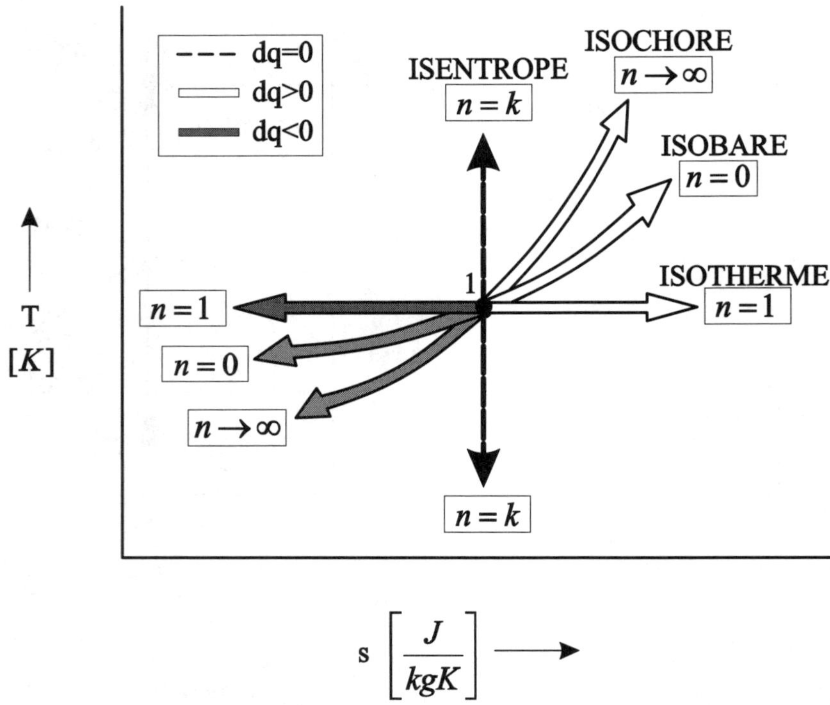

Bild 4.14 Darstellung der elementaren Zustandsänderungen in polytroper Form im T,s-Diagramm – ausgehend von einem gleichen ursprünglichen Zustand

4.6.3 u,s- und h,s-Diagramme

Bei der Berechnung der Prozesse in den Funktionsmodulen eines Fahrzeugs ist die Ermittlung der inneren Energie bzw. der Enthalpie maßgebend für die energetische Optimierung.

Die Energiebilanz anhand von Streckenvergleichen im u,s- bzw. h,s-Diagramm ist für grundlegende Betrachtungen übersichtlicher als der Vergleich von Flächen in T,s-Diagrammen. Der Übergang von einem T,s- zu einem u,s- bzw. h,s-Diagramm ist auf Basis der Gl. (3.14a), (3.14b) möglich.

$$du = c_v dT \tag{3.14a}$$

$$dh = c_p dT \tag{3.14b}$$

Dabei ist zu beachten, dass die spezifische Wärmekapazität selbst eine Funktion der Temperatur ist, wie im Bild 3.7 ersichtlich:

$$c_v = f(T); \qquad c_p = f(T) \tag{3.15}$$

Vereinfachend können ihre Mittelwerte c_{vm}, c_{pm} in einem Temperaturintervall (T_1, T_2) eingesetzt werden, entsprechend Gl. (3.19a, b, c).

In diesem Fall bleibt der Verlauf jeder Zustandsänderung im T,s- und u,s- bzw. h,s-Diagramm unverändert, lediglich der Temperaturwert auf der Ordinate wird mit der jeweiligen Konstante c_{vm}, c_{pm} multipliziert.

Allgemein ist der Übergang von einer Zustandsänderung im T,s-Diagramm zu ihrer Darstellung im u,s- bzw. h,s-Diagramm über die jeweilige Funktion $c_v(T)$ bzw. $c_p(T)$ möglich, wie in den Bildern 4.15 und 4.16 ersichtlich.

Im h,s-Diagramm kann beispielsweise der Anteil der kinetischen Energie an einer Enthalpie einfacher dargestellt werden. Bild 4.17 stellt die Enthalpieänderung für die Luftströmung dar, die während der Fahrt eines Autos angesaugt und anschließend durch einen Kompressor isentrop verdichtet wird. Je größer die Fahrtgeschwindigkeit c ist, desto höher ist der Anteil der kinetischen Energie an der Enthalpie. Aus dem Diagramm kann die Fahrtgeschwindigkeit ermittelt werden, bei der die vorgesehene Aufladung ohne Kompressor möglich wäre.

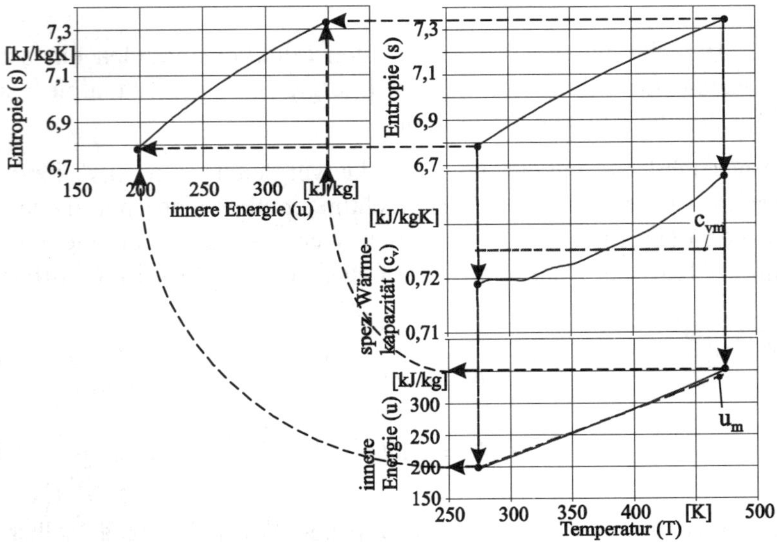

Bild 4.15 Darstellung einer Zustandsänderung im u,s-Diagramm – ausgehend von ihrem Verlauf im T,s-Diagramm

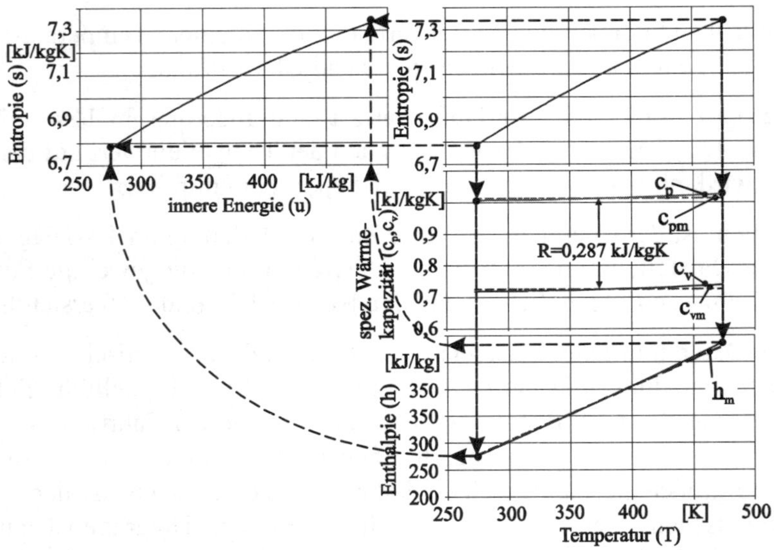

Bild 4.16 Darstellung einer Zustandsänderung im h,s-Diagramm – ausgehend von ihrem Verlauf im T,s-Diagramm

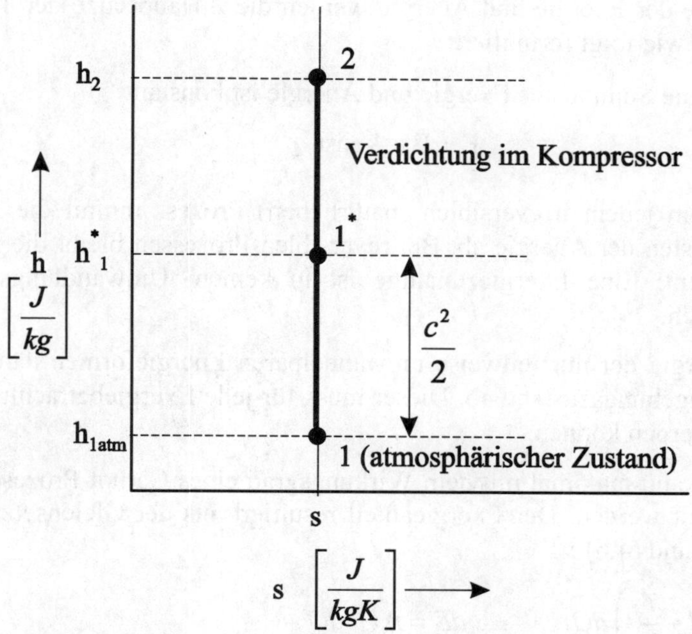

Bild 4.17 Enthalpieänderung der Luft bei Einströmung infolge der Fahrtgeschwindigkeit und infolge der isentropen Verdichtung mittels eines Kompressors

4.7 Exergie und Anergie

Aus dem 2.HS wurde abgeleitet, dass Wärme - und damit auch eine vorhandene innere Energie bzw. Enthalpie - selbst in reversiblen Prozessen nicht vollständig in Arbeit umgewandelt werden können.

Für die Bilanz der Energieformen während einer Umwandlung werden gelegentlich umwandelbare bzw. nicht umwandelbare Energieformen oder Energieanteile wie folgt definiert:

Definition

Exergie *- Eine Energie oder ein Energieanteil, der sich in einer vorgegebenen Umgebung vollständig in andere Energieformen umwandeln lässt.*

Anergie*- Der Teil einer Energie, der nicht umwandelbar ist.*

Mit Hilfe der Exergie und Anergie werden die 2 Hauptsätze der Thermodynamik wie folgt formuliert:

- 1HS: die Summe aus Exergie und Anergie ist konstant.

$$E + B = \text{konst} \tag{4.21}$$

- 2HS: in jedem irreversiblen (natürlichen) Prozess nimmt die Exergie zugunsten der Anergie ab. Bei reversiblen Prozessen bleibt die Exergie konstant. Eine Exergiezunahme ist in keinem Umwandlungsprozess möglich.

Die Exergie der nur teilweise umwandelbaren Energieformen hängt u. a. vom Umgebungszustand ab. Dieser muss für jede Exergiebetrachtung präzisiert werden können.

Wärme kann maximal mit dem Wirkungsgrad eines Carnot-Prozesses umgewandelt werden. Der Exergieanteil resultiert aus der Gleichsetzung der Gl.(4.3) und (4.6) :

$$dE = \left(1 - \frac{T_u}{T}\right) dQ; \qquad dE = \eta_{thc} \cdot dQ \tag{4.22}$$

Anwendungsbeispiele und Übungen zu Kapitel 4

Berechnung der Entropie in thermodynamischen Vorgängen

Ü 4.1 Ein Elektromotor wird bei 6kW Leistung 5 Minuten lang mit einer Bremse abgebremst, wobei die, in den Bremsbelegen entwickelte Reibungswärme, auf die Umgebung übertragen wird. Die Umgebungstemperatur beträgt 20°C.

Aufgabe: Berechnung der Entropieänderung während des Vorgangs.

Lösung: Die Reibung ist ein irreversibler Prozess. Die Entropie ist eine Zustandsgröße, also wegunabhängig. Ihre Änderung kann dann bei Annahme eines reversiblen Prozesses erfolgen, der den gleichen Effekt hat.

- die vom Elektromotor geleistete Arbeit ΔW wird zunächst in innere Energie ΔU umgewandelt; der Prozess kann innerhalb des Systems Motor-Bremse zunächst als isentrop (adiabat, reversibel) betrachtet werden:

$$-\Delta W = P \cdot t = \Delta U \qquad \text{wobei } t[s] \text{ - Zeit}$$

- die somit im System Motor-Bremse gespeicherte Energie wird aufgrund der Temperaturdifferenz zur Umgebung als Wärme, durch eine reversible Zustandsänderung abgeführt – eine reversible Wärmezufuhr ist aber nur isotherm möglich. Bei konstanter Temperatur gilt dann:

$$\Delta U = \Delta Q \Rightarrow \Delta S = \frac{\Delta Q}{T_o} = \frac{P \cdot t}{T_o}$$

$$\Delta S = \frac{6 \cdot 10^3 \cdot 5 \cdot 60}{293{,}15} = 6143 \left[\frac{J}{K}\right]$$

Entsprechend dem 2. HS nimmt die Entropie dabei zu. Der idealisierte Prozess, bestehend aus 2 konsekutiven, reversiblen Zustandsänderungen und die reale, irreversible Zustandsänderung sind im Bild Ü 4.1 dargestellt.

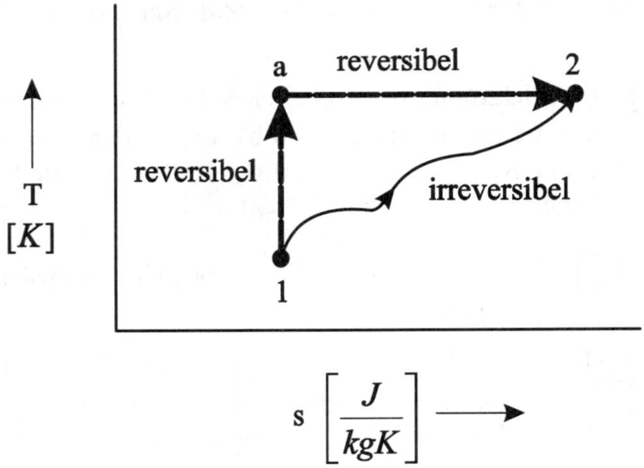

Bild Ü. 4.1 Idealisierter (1-a-2) und realer (1-2) Vorgang

Ü 4.2 Ein wärmedichter Raum ist durch eine Zwischenwand in 2 Volumen getrennt (Bild Ü 4.2). Die Temperaturen der 2 Räume sind unterschiedlich, $T_1 > T_2$. Die Zwischenwand ist massendicht aber wärmedurchlässig. Dieses Modell entspricht grundsätzlich jeder Wärmeübertragung durch einen Körper in einer betrachteten Umgebung, die als isoliertes System gesehen werden kann.

Frage: Wie verhält sich die Entropie des gesamten Systems während der Wärmeübertragung durch den Körper?

Lösung: Für das Volumen 1 gilt:

$$|\Delta S_1| = -\frac{|\Delta Q|}{T_1} \text{ (Wärmeabfuhr)}$$

Für das Volumen 2 gilt:

$$\Delta S_2 = \frac{\Delta Q}{T_2} \text{ (Wärmezufuhr)}$$

Die Entropieänderung beträgt insgesamt:

$$\Delta S = \Delta S_1 + \Delta S_2 = \Delta S_2 - |\Delta S_1| = \frac{\Delta Q}{T_2} - \frac{\Delta Q}{T_1} = \frac{Q}{T_2}\left(1 - \frac{T_2}{T_1}\right)$$

für $T_1 > T_2$ und $Q > 0$, $T_2 > 0$

$$\rightarrow \frac{Q}{T_2} > 0;\ 1 - \frac{T_2}{T_1} > 0 \Rightarrow \Delta S > 0$$

Eine natürliche Wärmeübertragung, bei dem die Temperaturen unterschiedlich sind und die Wärme nur von der höheren zur niedrigeren Temperatur übergehen kann, erfolgt stets mit Entropiezunahme. Eine Wärmeübertragung von T_{min} zu T_{max}, wodurch $\Delta S < 0$ als natürlicher Ablauf ist nicht möglich.

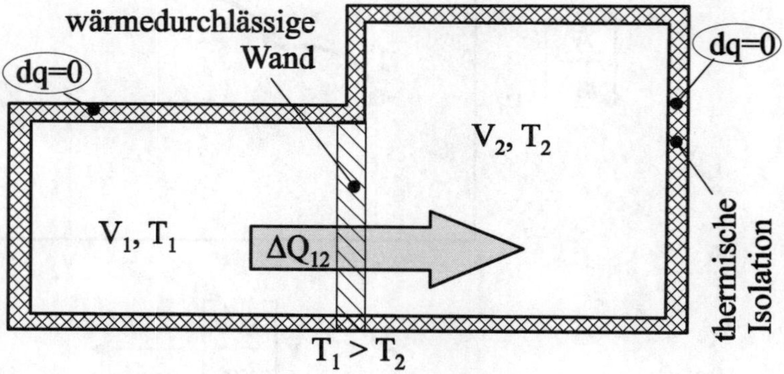

Bild Ü. 4.2 Änderung der Entropie in einem wärmedichten System infolge einer Wärmeübertragung zwischen seinen Teilvolumen

Ü 4.3 Eine Menge von 0,4 kg Sauerstoff erfährt als ideales Gas in einer Maschine eine Zustandsänderung (Bild Ü. 4.3) zwischen den Zuständen 1 und 2, die wie folgt präzisiert sind:

1. $p = 3$ bar

   $V = 0{,}125\ m^3$

   $T = 360$ K

2. $p = 8$ bar

   $V = 0{,}5\ m^3$

   $T = 3840$ K

Dabei ist $c_v = c_{vm}$ = konst = 653 [J / kg K]

R = 259,78 [J / kg K]

Aufgabe: Berechnung der Entropieänderung infolge dieser Zustandsänderung

Lösung: Die Entropie ist eine Zustandsgröße. Demzufolge ist ihre Änderung nicht von der Art der Zustandsänderung, sondern nur von Anfangs- und Endzustand abhängig;

nach Gl.(4.17') gilt:

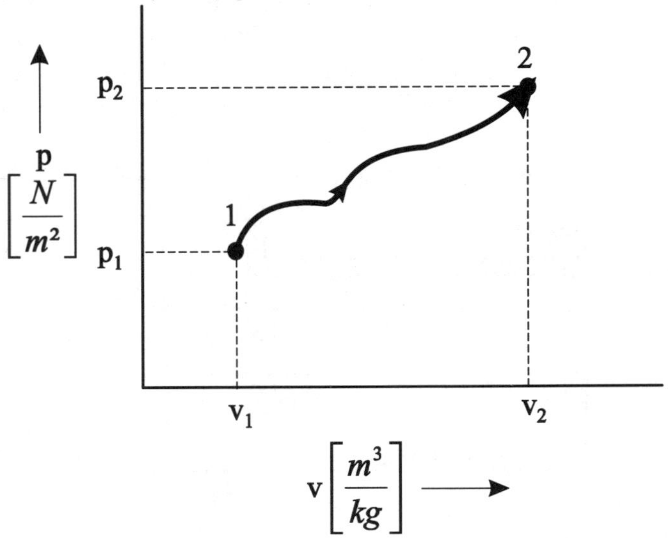

Bild Ü 4.3 Zustandsänderung 1,2 eines Gases (Sauerstoff) in einer Maschine

$$S_2 - S_1 = m\left(c_{vm}\, ln\frac{T_2}{T_1} + R\, ln\frac{v_2}{v_1}\right) \text{ mit } \frac{v_2}{v_1} = \frac{V_2}{V_1}$$

$$S_2 - S_1 = 0{,}4(653 \cdot 2{,}367 + 259{,}78 \cdot 1{,}386) = 762{,}26\left[\frac{J}{K}\right]$$

nach Gl.(4.18) resultiert das gleiche Ergebnis:

$$S_2 - S_1 = m\left[(c_{vm} + R)ln\frac{T_2}{T_1} - R\, ln\frac{p_2}{p_1}\right]$$

$\downarrow$

c_{pm}

$$S_2 - S_1 = 0{,}4(912{,}78 \cdot 2{,}367 - 259{,}78 \cdot 0{,}982) = 762{,}1 \left[\frac{J}{K}\right]$$

analog nach Gl. (4.19'):

$$S_2 - S_1 = m\left(c_{pm}\, ln\frac{v_2}{v_1} + c_{vm}\, ln\frac{p_2}{p_1}\right)$$

$$S_2 - S_1 = 0{,}4(912{,}78 \cdot 1{,}386 + 653 \cdot 0{,}982) = 762{,}54 \left[\frac{J}{K}\right]$$

(Die Abweichungen nach dem Komma resultieren aus der Logarithmusberechnung.)

Kommentar: Für die Berechnung der Entropieänderung eines beliebigen reversiblen oder irreversiblen Vorganges ist also nur die Kenntnis der Zustandsgrößen im Anfangs- und Endzustand bzw. der Gaseigenschaften erforderlich.

Ü 4.4 In einem Fahrgastraum mit dem Volumen von 9 m³, beträgt die Lufttemperatur 10°C. Der Raum wird bis zu einer Temperatur von 23°C beheizt. Der Luftdruck bleibt dabei konstant auf dem Umgebungswert p = 1 bar – weil der Fahrgastraum nicht vollkommen massendicht ist bzw. sein darf.

Aufgabe: Berechnung der inneren Energie und der Entropie zwischen den zwei Zuständen.

Angaben:

$$c_{pm_{LUFT}} = 1{,}005 \left[\frac{kJ}{kgK}\right]$$

$$R_{LUFT} = 0{,}2871 \left[\frac{kJ}{kgK}\right]$$

Lösung: Die Luftmasse wird vor und nach dem Heizen mittels der Zustandsgleichung ermittelt:

$$m_1 = \frac{p_1 V_1}{RT_1} = \frac{pV}{RT_1} = \frac{1 \cdot 10^5 \cdot 9}{287{,}1 \cdot 283{,}15} = 11{,}07\,[kg]$$

$$m_2 = \frac{p_2 V_2}{RT_2} = \frac{pV}{RT_2} = \frac{1 \cdot 10^5 \cdot 9}{287{,}1 \cdot 296{,}15} = 10{,}58\,[kg]$$

Die Variation der inneren Energie wird entsprechend der Gl.(3.15a) ermittelt, wobei

$$c_{vm_{LUFT}} = c_{pm_{LUFT}} - R_{LUFT} \tag{3.19c}$$

$$U_2 - U_1 = m_2 c_{vm} T_2 - m_1 c_{vm} T_1 =$$

$$= \left(\frac{pV}{RT_2} \cdot T_2 - \frac{pV}{RT_1} \cdot T_1 \right) c_{vm} = 0$$

Die innere Energie bleibt also konstant, da die Temperaturzunahme durch Massenverlust kompensiert wird. Dagegen nimmt die spezifische innere Energie (je kg beheizte Luft) zu. Es gilt entsprechend Gl. (3.15a):

$$u_2 - u_1 = c_{vm}(T_2 - T_1)$$

Zur Berechnung der Entropiezunahme gilt nach Gl.(4.18):

$$dS = \frac{dQ}{T} = mc_p \frac{dT}{T} - mR\frac{dp}{p}$$

wobei p = konst. →dp=0

$$\rightarrow \qquad dS = m_{c_p} \frac{dT}{T}$$

$$S_2 - S_1 = \int_1^2 mc_p \frac{dT}{T}$$

aus $pV = m_1 RT_1$

$$pV = m_2 RT_2$$

$$pV = m_i RT_i$$

resultiert durch Dividieren die Gleichung dieser Zustandsänderung:

$$1 = \frac{m_1 T_1}{m_i T_i}$$ und allgemein

$$mT = m_1 T_1 = konstant$$

$$\rightarrow \quad m = \frac{m_1 T_1}{T}$$

Der Ausdruck für m wird in dem Integral umgesetzt.

$$S_2 - S_1 = \int_{T_1}^{T_2} \frac{m_1 T_1}{T} c_p \frac{dT}{T} =$$

$$m_1 c_{pm} T_1 \int_1^2 \frac{dT}{T^2} = -m_1 c_{pm} T_1 \left(\frac{1}{T_2} - \frac{1}{T_1} \right) = m_1 c_{pm} T_1 \left(\frac{1}{T_1} - \frac{1}{T_2} \right)$$

$$S_2 - S_1 = \frac{pV}{RT_1} c_{pm} \left(1 - \frac{T_1}{T_2} \right)$$

$$= \frac{1 \cdot 10^5 \cdot 9}{287{,}1 \cdot 283{,}15} \cdot 1{,}005 \cdot 10^3 \left(1 - \frac{283{,}15}{296{,}15} \right)$$

$$= 488{,}417 \left[\frac{J}{K} \right]$$

Kommentar:

1. Die innere Energie bleibt konstant; für einen reversiblen Prozess dieser Art gelte bei einer ersten Betrachtung:

   $$dQ = dU + pdV \rightarrow dQ = 0 \rightarrow dS = \frac{dQ}{T} = 0$$

   $\Delta S = S_2 - S_1 > 0$ zeigt den Grad der Irreversibilität dieses Vorgangs

2. Der erhaltene Ausdruck wird vom 2.HS bestätigt: ein reversibler Wärmeübergang wäre nur bei $T_1 = T_2$ möglich → $S_2 - S_1 = 0$.

Ü 4.5 Es wird ein Carnot-Kreisprozess mit reversibler Wärmezufuhr und Wärmeabfuhr und mit adiabater, aber irreversibler Verdichtung und Entlastung mit einem vollständig reversiblem Carnotkreisprozess vergliechen. Die Irreversibilität bei Verdichtung und Entlastung ist durch Reibung verursacht.

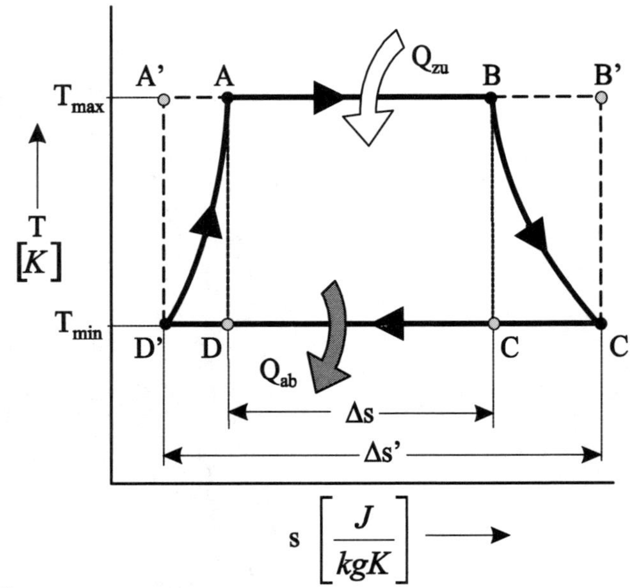

Bild Ü 4.5 Reversibler und irreversibler Carnot- Kreisprozess im T,s-Diagramm

- Im gleichen Temperaturbereich Tmax, Tmin, bei gleicher Wärmezufuhr verläuft der reversible Carnot-Prozess zwischen den Zuständen ABCD (Bild Ü 4.5)
- Die irreversiblen Adiabaten D'A und BC' verursachen eine Entropiezunahme CC' bzw. DD'. Bei allen adiabaten, irreversiblen Prozessen – also in diesem Fall sowohl bei der Verdichtung, als auch bei der Entlastung – ist diese Zunahme nicht nur als Betrag sondern auch als Richtung gegeben. (ds>0)
- Während der Wärmeabfuhr muss eine größere Entropiedifferenz (Δ s') als bei der Wärmezufuhr (Δ s) kompensiert (abgebaut) werden. Anderfalls kann der Anfangszustand nicht wieder erreicht, bzw. der Kreisprozess nicht realisiert werden. Dieser Vorgang wird durch das Clausius-Integral für irreversible Kreisprozesse Gl.(4.9') bestätigt.

$$\oint_{irrev} \frac{dQ}{T} < 0 \qquad (4.9')$$

Diese erweiterte Entropiesenkung bei der Wärmeabfuhr hat eine Zunahme der abgeführten Wärme zu Folge.

$$Q'_{ab} = \underset{(irrev)}{\int_{C'}^{D'} T_{min} \cdot ds} > \underset{(rev)}{\int_{C}^{D} T_{min} ds}$$

Zur Ermittlung der thermischen Wirkungsgrade wird der irreversible Carnot-Prozess in dem angrenzenden reversiblen Carnot-Prozess A'B'C'D' eingeschlossen. Der Vergleich mit diesem Ersatz-Carnot-Prozess statt des Prozesses ABCD ist zulässig, weil

$$\underset{(rev-ABCD)}{\eta_{th_c}} = \underset{(rev-A'B'C'D')}{\eta_{th_c}}$$

Es gilt:

$$\underset{(rev-ABCD)}{\eta_{th_c}} = \frac{T_{max} \Delta s - T_{min} |\Delta s|}{T_{max} \cdot \Delta s} = 1 - \frac{T_{min} \cdot |\Delta s|}{T_{max} \cdot \Delta s} =$$

$$= 1 - \frac{T_{min} \cdot |\Delta s'|}{T_{max} \cdot \Delta s'} = \underset{(rev-A'B'C'D')}{\eta_{th_c}}$$

Der thermische Wirkungsgrad ist demnach, wie erwartet nur temperaturabhängig. Andererseits ist

$$\underset{(irrev-ABC'D')}{\eta_{th_c}} = \frac{Q_{zu} - |Q_{ab}|}{Q_{zu}} = 1 - \frac{|Q_{ab}|}{Q_{zu}} = 1 - \frac{\int_{C'}^{D'} T_{min} |ds|}{\int_{A'}^{B'} T_{max} |ds|} =$$

$$= 1 - \frac{T_{min} \int_{C'}^{D'} |ds|}{T_{max} \int_{A}^{B} |ds|}$$

Aus dem T,s-Diagramm ist ersichtlich, dass

$$\int_{C'}^{D'} |ds| = s_{C'} - s_{D'} > \int_{C}^{D} |ds| = s_C - s_D$$

$$\rightarrow \qquad \underset{(irrev)}{\eta_{th_c}} < \underset{(rev)}{\eta_{th_c}}$$

Ü 4.6 Es wird ein Carnot-Kreisprozess mit irreversibler Wärmezufuhr und Wärmeabfuhr – infolge der Temperaturdifferenz zwischen Wärmequellen und Arbeitsraum (T int ≠ T ext) sowie mit adiabater, irreversibler Verdichtung und Entlastung infolge Reibung analysiert.

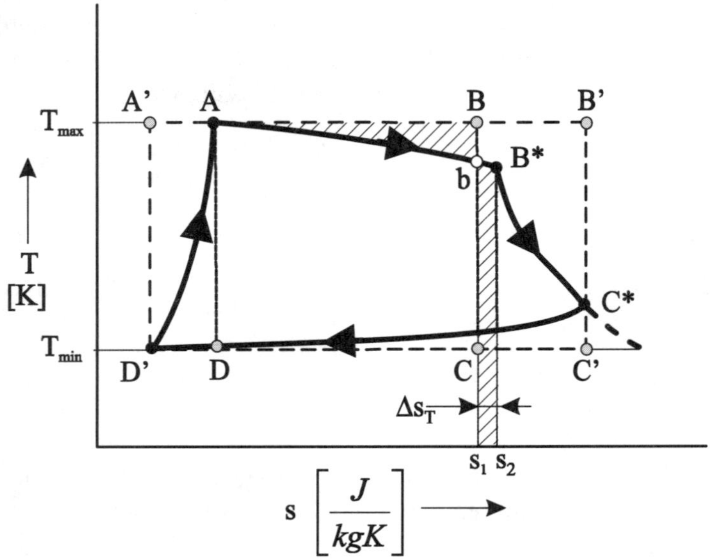

Bild Ü 4.6 Reversible und irreversible Carnot- Kreisprozess im T,s-Diagramm

- die Wärmequelle liefert die Wärme bei konstanter Temperatur T_{max}. Die Temperatur im Arbeitsraum ist stets geringer $T_{syst} < T_{max}$, sonst würde keine Wärme zuströmen
- bei der Wärmezufuhr gleicht sich die Temperatur aus: $T_{syst} < T < T_{max}$
  Dieser Ausgleichsprozess ist irreversibel, die Entropie nimmt um einen Δs_T mehr zu, als es bei der reversiblen Wärmezufuhr AB der Fall wäre.
  Die Entropiezunahme ist mit einer Energie - Fläche $bB^*s_1s_2$ b – verbunden. Diese Energie stünde sonst einer nützlichen Umwandlung zur Verfügung –
  Fläche AbBA = Fläche bB^*s_1 s_2 b.

  Die Zunahme der Prozessfläche allein durch Zunahme der Entropie ändert nicht den Wirkungsgrad – wie im Fall **Ü 4.5** gezeigt. Dagegen ist aber die Senkung der

Temperatur unter T_{max} nachteilig im Bezug auf den thermischen Wirkungsgrad.

Schlussfolgerungen:

- Die Wärme entsprechend der Fläche $bB^*s_1\ s_2b$ ist für den Prozess nicht nutzbar
- Die Wärme entsprechend der Fläche ABbA würde eine Erhöhung des thermischen Wirkungsgrades erbringen.

Die reibungsbehaftete Entlastung auf der irreversibelen Adiabate B* C* bewirkt eine Erhöhung der inneren Energie – also auch der Temperatur – gegenüber einer adiabaten, reversiblen Entlastung, die vom gleichen Zustand B aus abliefe. Grund dafür ist die Reibungswärme, die zunächst im System als innere Energie bleibt. Ihre Nutzung im Prozess könnte nur durch eine weitere Entlastung bis T_{min} erfolgen – so im Fall **Ü 4.5**.

Ein technisches System mit variabler Entlastung als Funktion der Reibungstemperatur ist allerdings schwer vorstellbar.

Der irreversible Prozess A B* C* D' A hat durch

- Senkung der maximalen Temperatur und
- Erhöhung der minimalen Temperatur

einen noch niedrigeren thermischen Wirkungsgrad als der Prozess im Fall **Ü 4.5**.

Dementsprechend: $$\underset{(irrev-Ü\,4.6)}{\eta_{th_c}} = 1 - \frac{|Q_{ab}|}{Q_{zu}} < \underset{(irrev-Ü\,4.5)}{\eta_{th_c}}$$

Um so niedriger wird der thermische Wirkungsgrad gegenüber dem reversiblen Carnot-Kreisprozess.

5 Prozesse in thermischen Maschinen für Kraftfahrzeuge

5.1 Kreisprozesse in Wärmekraftmaschinen

5.1.1 Rechtslaufende Kreisprozesse

In Wärmekraftmaschinen werden rechtslaufende Kreisprozesse realisiert, um – wie im Kapitel 4.6.1 erläutert – zugeführte Wärme in Arbeit umzuwandeln. Dabei wird eine maximale Umwandlung angestrebt, was durch den thermischen Wirkungsgrad – gemäß Gl. (4.3) – ausgedrückt wird. Wie im Zweiten Hauptsatz der Thermodynamik formuliert, resultiert die Kreisprozessarbeit aus der Differenz zwischen der zugeführten und der abgeführten Wärme, die für die Rückkehr des Arbeitsmediums in den ursprünglichen Zustand als Vorraussetzung eines zyklischen Vorgangs unumgänglich ist.
Die von einer Wärmekraftmaschine geleistete Arbeit wird in der Kraftfahrzeugtechnik entweder für den direkten Fahrzeugantrieb oder zur Erzeugung elektrischen Stroms an Bord genutzt, um einen Antrieb mittels Elektromotor abzusichern. Die kombinierte Funktion – Direktantrieb und Stromerzeugung – stellt eine weitere Alternative dar. Die Einsatzform der Wärmekraftmaschine ergibt die erforderliche Variabilität der Kreisprozessarbeit, die für die Gestaltung der thermodynamischen Vorgänge in der Maschine maßgebend ist.
Jeder Kreisprozess ist eine Folge von Zustandsänderungen – die allgemein durch Verkettung elementarer Zustandsänderungen nachgebildet werden können – wobei der Anfangs- und Endzustand des Arbeitsmediums identisch sind.
Im Verlauf eines Kreisprozesses finden stets – unabhängig von der spezifischen Form der jeweiligen Zustandsänderungen – vier Grundarten von Vorgängen statt:

- Verdichtung (Kompression)
- Wärmezufuhr
- Entlastung (Expansion)
- Wärmeabfuhr

Ein Kreisprozess besteht aus mindestens 3 elementaren Zustandsänderungen. Unabhängig von der Anzahl der einzelnen Zustandsänderungen in einem Kreisprozess ist die vom System mit der Umgebung ausgetauschte Wärme als algebraische Summe erfassbar:

$$Q_K = \sum Q_i \tag{5.1}$$

Analog wird für die ausgetauschte Arbeit die algebraische Summe der einzelnen Arbeitsaustauschvorgänge berechnet:

$$W_K = \sum W_i \tag{5.2}$$

Aus dem Ersten Hauptsatz resultiert für einen Kreisprozess $\sum Q_i = \sum W_i$ *bzw.* $Q_K = W_K$ (2.2).

Der thermische Wirkungsgrad des Kreisprozesses wird dann als Verhältnis des nützlichen Effektes zur dafür eingesetzten Energie ermittelt. Im Falle einer Wärmekraftmaschine wird Wärme (Q_{zu}) genutzt um Kreisprozessarbeit (W_k) zu gewinnen.

$$\eta_{th} = \frac{W_K}{Q_{zu}} \quad \rightarrow \quad \eta_{th} = 1 - \frac{|Q_{ab}|}{Q_{zu}} \tag{4.3}$$

Die Berechnung des Kreisprozesses in einer Wärmekraftmaschine hat, außer der Energiebilanz, die Ermittlung der Zustandsgrößen mindestens am Anfang bzw. am Ende jeder elementaren Zustandsänderung zum Ziel. Dadurch wird die Funktion der Maschine quantitativ beschrieben, wonach ihre Dimensionierung bzw. die Konstruktion erfolgen kann.
Die Zustandsgrößen können in der Reihenfolge der jeweiligen Zustandsänderungen berechnet werden, was eine andere Reihenfolge jedoch nicht ausschließt.

Die Idealisierung eines Kreisprozesses – die für grundlegende Betrachtungen sehr effizient ist – besteht nicht nur in seiner Durchführung mit einem idealen Gas. Es werden zusätzlich solche Vorgänge ausgeschlossen, die in realen Prozessen von der jeweiligen Ausführung der Maschine abhängig sind: die Reibung, der Wärmeaustausch durch Kühlung und Undichtheiten, die Verzögerungsfunktionen bei der Wärmezufuhr oder -abfuhr.

Die Durchführung eines idealen Kreisprozesses ist demzufolge an folgende Annahmen gebunden:

- das Arbeitsmedium ist ein ideales Gas
- die Zustandsänderungen sind reversibel
- die Masse und die chemische Struktur des Arbeitsmediums bleiben im gesamten Kreisprozess zunächst unverändert.

Die idealen Kreisprozesse haben den Vorteil der Vergleichbarkeit unterschiedliche Prozessführungen, unabhängig von der besonderen Ausführung einer Maschine.

Andererseits stellt ein idealer Kreisprozess die Grenzen des entsprechenden realen Prozesses dar, die bei der Ausführung der Maschine als Ziel zu betrachten sind.

5.1.2 Kreisprozesse in Wärmekraftmaschinen mit sukzessiven Zustandsänderungen

In Wärmekraftmaschinen wird die Wärme, die beispielsweise aus Brennstoff-, Solar-, Atom- oder geothermischer Energie stammen kann, dem Arbeitsstoff übertragen, der den Kreisprozess durchführt.

In der Kraftfahrzeugtechnik werden bislang fast ausschließlich Wärmekraftmaschinen eingesetzt, deren Wärmezufuhr durch Verbrennung eines Brennstoffs realisiert wird – infolge dessen werden sie auch als Verbrennungsmotoren bezeichnet.

Eine der Möglichkeiten, Kreisprozesse zu gestalten, ist die Verkettung der jeweiligen Zustandsänderungen als zeitliche Folge. Solche sukzessiven Vorgänge finden allgemein in einem Raum statt, dessen Volumen variabel ist. Die häufigste Ausführung solcher Verbrennungsmotoren sind Kolbenmotoren (Bild 1.4b). Die vier Grundarten von Vorgängen – Verdichtung, Wärmezufuhr, Entlastung und Wärmeabfuhr – erfordern eine entsprechende Anpassung des Arbeitsraumes, der beispielsweise sowohl guter Verdichter als auch optimaler Brennraum sein soll, was grundsätzlich Kompromisse verlangt. In idealen Kreisprozessen wird der Wärmeaustausch zunächst als reiner Energieaustausch – ohne Massenstrom – betrachtet, was die Vergleichbarkeit unterschiedlicher Prozessführungen vereinfacht.

- Die Wärmezufuhr wird dabei als Erwärmung idealer Luft angenommen. Im realen Prozess erfolgt die Umwandlung der chemischen Energie eines zugeführten Brennstoffs in Wärme mit direkter Beteiligung des Arbeitsmediums (ideale Luft).

– Die Wärmeabfuhr wird als Abkühlung idealer Luft zwischen Entlastung und erneuter Verdichtung angenommen, was bei allen Kolbenmotoren in idealer Form bei konstantem, maximalem Volumen erfolgen sollte. Im realen Prozess ändert sich die chemische Struktur des Arbeitsmediums infolge der Verbrennung, was einen Austausch mit frischer Ladung (Luft bzw. Luft und Kraftstoff) erfordert. Dieser Ladungswechsel bedingt eine zeitweise geänderte Form des Systems – vom geschlossenen zum offenen – die beim idealen Prozess, ohne Ladungswechselzwang, nicht vorkommt.

Der Ladungswechsel wird in Kolbenmotoren für Kraftfahrzeuge in zwei Varianten umgesetzt:

Viertaktmotoren:

Die Abgase werden zwischen maximalem und minimalem Volumen über einen gesamten Kolbenhub (1 Takt) ausgeschoben, im darauf folgenden Takt wird frische Ladung bis zum maximalen Volumen zugeführt. Der Vorgang wird über Einlass- und Auslassventile gesteuert. Alle vier Grundarten der Zustandsänderungen des arbeitverrichtenden, rechtslaufenden Kreisprozesses werden in weiteren zwei Takten durchgeführt. In Bild 5.1 ist der Kreisprozess in einem Viertakt-Kolbenmotor dargestellt. In idealer Form würde das Ausschieben der Abgase und die Zufuhr frischer Ladung bei gleichem, atmosphärischem Druck erfolgen, was für den Kreisprozess keine praktische Bedeutung hätte. Im realen Prozess ist das Ausschieben mit einem bestimmten Überdruck und das Ansaugen – je nach Kolbengeschwindigkeit – teilweise mit Unterdruck verbunden. Daraus resultiert praktisch ein linkslaufender Ladungswechsel-Kreisprozess, der Arbeitszufuhr vom eigentlichen, rechtslaufenden Kreisprozess benötigt.

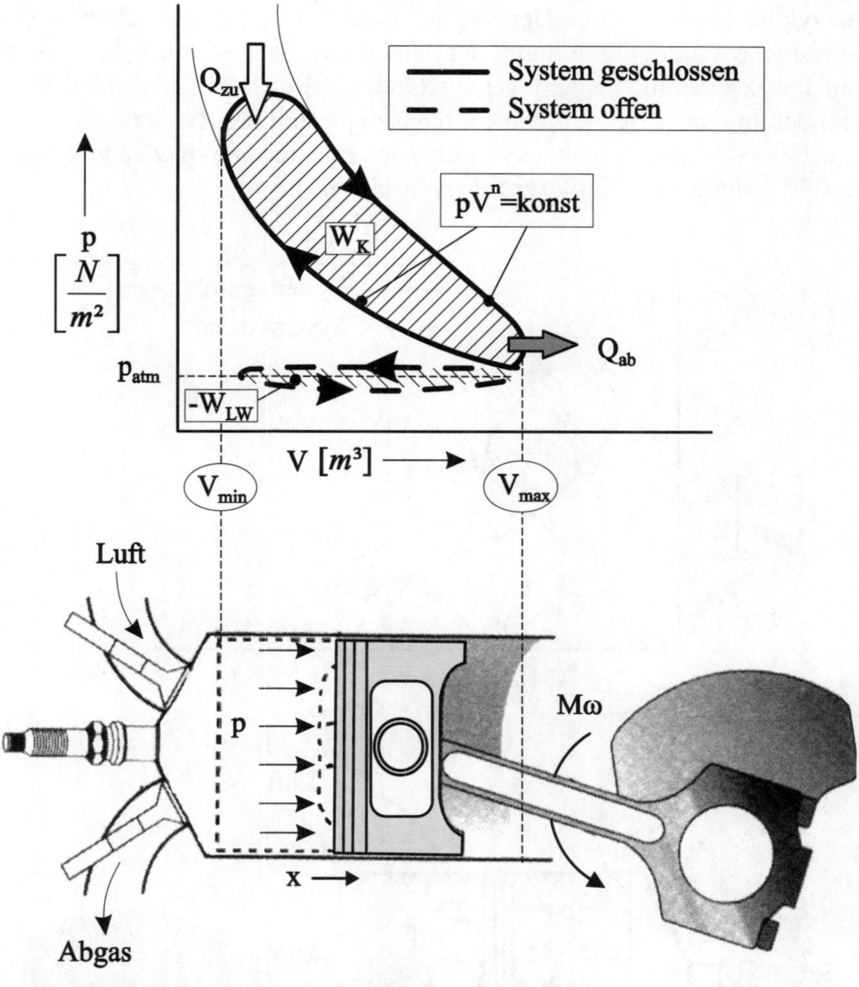

Bild 5.1 Kreisprozess in einem Viertakt-Kolbenmotor

Zweitaktmotoren:

Die Abgase werden während der Expansion, vor dem Erreichen des maximalen Volumens, zum Teil ausgeschoben – vorzugsweise über Schlitze im Zylinder, wie in Bild 5.2 dargestellt – wodurch der Expansionsdruck schlagartig sinkt. Durch die darauffolgende Öffnung von Einlasskanälen – vorzugsweise auch über Schlitze im Zylinder – ersetzt das frische Gemisch bei geringfügig höherem Druck das ausströmende Abgas. Dadurch ist jeder Kreisprozess über zwei Takte weitgehend rechtslaufend, was theoretisch doppelte Arbeit in einer gleichen Periode, verglichen mit einem Viertaktzyklus, erwarten lässt. Der Vergleich der Bilder 5.1 und 5.2 zeigt, dass eine solche Verdopplung durch den ladungswechselbedingten Prozessverlauf im Zweitaktmotor zum Teil verhindert wird. Der Unterschied bleibt dennoch in einem Bereich von ca. 60% zugunsten des Zweitaktverfahrens bestehen, was seinen weiteren Einsatz in der Kraftfahrzeugtechnik, wenn auch in geänderter, komplexerer Form, begründet.

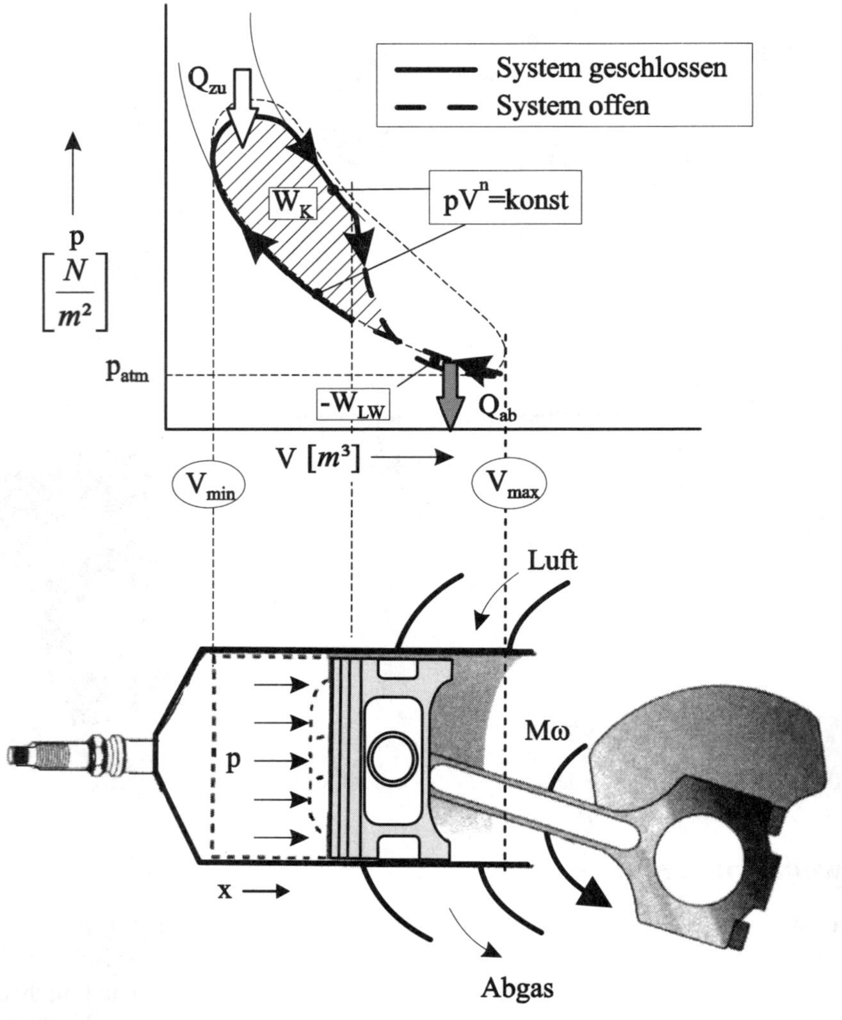

Bild 5.2 Kreisprozess in einem Zweitakt-Kolbenmotor

Ideale Otto-, Diesel-, und Seiliger-Kreisprozesse in Kolbenmotoren

Alle idealen Kreisprozesse in Kolbenmotoren sind durch drei gleichen Grundarten von Zustandsänderungen charakterisiert:
- Verdichtung: isentrop
- Entlastung: isentrop
- Wärmeabfuhr: isochor

Der Unterschied besteht im allgemeinen in der Art der Wärmezufuhr:
- Otto-Kreisprozess: isochor
- Diesel-Kreisprozess: isobar
- Seiliger-Kreisprozess: isochor und isobar (anteilig)

$$(Q_{zu} = \underbrace{aQ_{zu}}_{isochor} + \underbrace{bQ_{zu}}_{isobar}; a + b = 1)$$

Die idealen Otto-, Diesel- bzw. Seiliger-Kreisprozesse sind im p,v- und T,s-Diagramm für das allgemein mehr verbreitete Viertaktverfahren in Bild 5.3 dargestellt.

Idealer Otto-Kreisprozess:

- Die isentrope Verdichtung (1-2O) erfolgt entsprechend dem konstruktiv festgelegten Verdichtungsverhältnis $\varepsilon = \frac{V_{max}}{V_{min}} = \frac{v_{max}}{v_{min}}$, welches derzeit Werte zwischen 8 und 14 aufweist, je nach Gemischbildungsart und Klopffestigkeit des Brennstoffs, wie in Kap.7 dargestellt wird.
- Die isochore Wärmezufuhr (2O-3O) basiert auf der Annahme, dass die Geschwindigkeit der Wärmezufuhr durch die Verbrennung derart höher als die Kolbengeschwindigkeit ist, dass dabei keine Volumenänderung vorkommt. Bei Zufuhr eines vorbereiteten homogenen Gemisches in den Zylinder, welches nach der Verdichtung mittels einer Fremdzündung infolge einer sich ausbreitenden Flammenfront verbrennt, ist die angenommene isochore Wärmezufuhr vertretbar: die Geschwindigkeit der Flammenfront in modernen Ottomotoren für Automobile beträgt bei Volllast ca. 50 bis 60m/s, wogegen die Kolbengeschwindigkeit im Umkehrpunkt – bei v_{min} – bis auf 0 reduziert wird und im weiteren Verlauf maximal 30 m/s bei ca. 6000 U/min erreicht.
- Die aus dem Kreisprozess resultierende Arbeit w_K hängt, wie im Bild 5.3 ersichtlich, hauptsächlich vom Betrag der zugeführten Wärme ab, der im T,s-Diagramm als Fläche dargestellt ist.
- Der Betrag der abgeführten Wärme (4O-1) ist weitgehend von den übrigen Zustandsänderungen – zugeführte Wärme, Volumenverhältnis bei

Verdichtung und Entlastung – und von der Bedingung ihres isochoren Verlaufs bestimmt.

- Der idealerweise isobare Ladungswechsel hat, wie im p,v-Diagramm ersichtlich, keine konkrete Auswirkung auf den Prozess. Im T,s-Diagramm verläuft der Ladungswechsel auf einer Isobaren links von der isentropen Verdichtung.

Idealer Diesel-Kreisprozess:

- Die isentrope Verdichtung (1-2D) erfolgt bei allgemein höherem Verdichtungsverhältnis – zwischen 18 und 22 – als bei Ottomotoren, auf Grund der Unterschiede in Gemischbildung und Verbrennung, die in Kap. 7 dargestellt sind.
- Die isobare Wärmezufuhr (2D-3D) geht von der Tatsache aus, dass der Kraftstoff erst gegen Ende der Luftverdichtung in den Zylinder zugeführt wird, wonach die Gemischbildung und die Verbrennung durch Selbstzündung, initiiert durch die Temperatur am Ende der Verdichtung, stattfindet. Die Verkettung von Kraftstoff-Einspritzung, Gemischbildung und Verbrennung – die ohne Fremdzündung bei niedrigerer Geschwindigkeit abläuft – führt zu einer beachtlichen Verzögerung des Vorgangs, wobei eine unveränderte Position des Kolbens von Ende der Verdichtung bis zum Ende der Verbrennung nicht mehr angenommen werden kann. Der langsamere Prozess – isobar statt isochor – bei der Wärmezufuhr, verglichen mit dem Otto-Prozess, spiegelt sich im Verlauf der Wärmezufuhr im T,s-Diagramm wider. Dennoch wird allgemein im Diesel-Prozess, vor allem auf grund der höheren Verdichtung, eine höhere maximale Prozesstemperatur (T_{maxD}) als im Otto-Prozess (T_{maxO})erreicht.
- Die Zusammenhänge in Bezug auf Kreisprozessarbeit, abgeführte Wärme und Ladungswechselverlauf entsprechen jenen vom Otto-Kreisprozess.

Idealer Seiliger-Kreisprozess:

- Die kombinierte Wärmezufuhr – zum Teil isochor wie beim Otto- zum Teil isobar wie beim Diesel-Kreisprozess – stellt eine flexible Annäherung an reale Vorgänge dar: die Anteile an isochorer und isobarer Wärmezufuhr können variabel gestaltet werden, im Einklang mit dem angenommenen Modell der Gemischbildung und Verbrennung.
- Die übrigen Zusammenhänge sind den Otto- und Diesel-Kreisprozessen ähnlich.

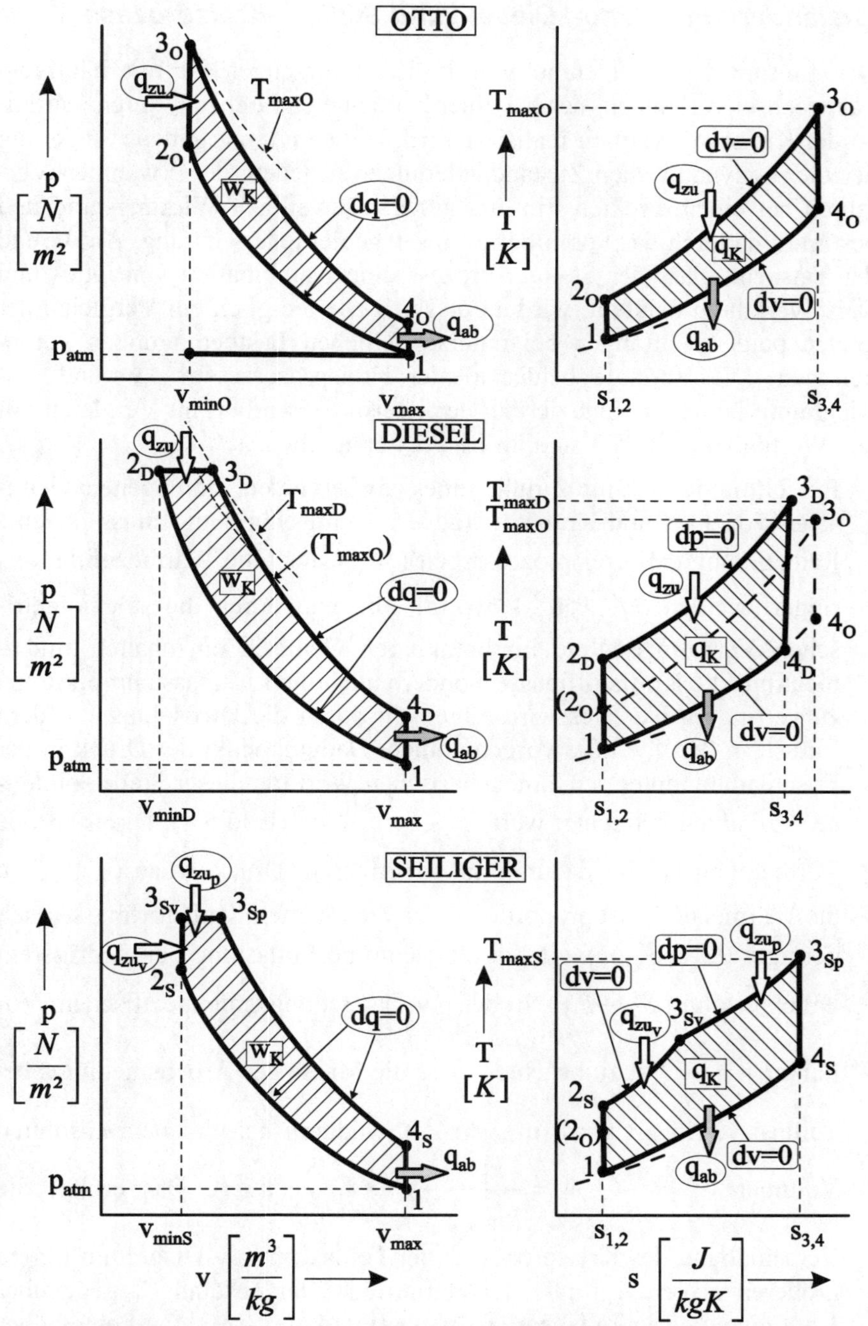

Bild 5.3 Ideale Kreisprozesse in Kolbenmotoren: Otto-, Diesel- und Seiliger-Kreisprozess

Laständerung in Otto-, Diesel-, und Seiliger-Kreisprozess

Der Einsatz von Kolbenmotoren in Kraftfahrzeugen ist mit häufigem Lastwechsel verbunden, der bei einer betrachteten Drehzahl durch Variation der Kreisprozessarbeit realisiert wird. Die damit verbundene Änderung der thermodynamischen Zustandänderungen in jedem der erwähnten Verfahren hat einen direkten Einfluss auf den jeweiligen Wirkungsgrad und bestimmt dadurch das vorteilhafte Einsatzgebiet jeder Gattung. Auf Grund der Tatsache, dass der Seiliger-Prozess eine Kombination von Otto- und Dieselverfahren darstellt, wird an dieser Stelle lediglich ein Vergleich der letzten beiden Gattungen bei unterschiedlichen Lastbedingungen vorgenommen. Die Verläufe beider idealer Kreisprozesse im p,v- und T,s-Diagramm bei einer Reduzierung der Kreisprozessarbeit im Vergleich mit den Werten von Bild 5.3 sind im Bild 5.4 ersichtlich.

– Bei Ottomotoren mit Zufuhr eines vorbereiteten, homogenen Gemisches von Luft und Kraftstoff (äußere Gemischbildung) muss für eine Reduzierung der Kreisprozessarbeit ($w'_K < w_K$) die Wärmezufuhr verringert werden ($q'_{zu} < q_{zu}$), wofür – bedingt durch die stöchiometrischen Verhältnisse, die im brennbaren Gemisch einzuhalten sind – nicht nur die Kraftstoffmasse, sondern auch die Luftmasse proportional zu verringern ist. Dies wird allgemein durch die Drosselung vor dem Eintritt in den Zylinder vorgenommen. Dadurch sinkt der Druck in der Frischladung unter den atmosphärischen Wert (an dieser Stelle soll keine Aufladung betrachtet werden) – $p'_{1O} < p_1$ (Bild 5.4). Die isentrope Verdichtung erfolgt dadurch auf niedrigerem Druckniveau ($1'_O - 2'_O$); die Wärmezufuhr ist proportional der verringerten Kraftstoffmasse auch geringer ($2'_O - 3'_O$), wodurch die isentrope Entlastung bei niedrigerem Druck erfolgt ($3'_O - 4'_O$). In der p,v-Darstellung (mit spezifischem Volumen $v = \frac{V}{m}$) ist zu beachten, dass die Masse des Arbeitsmediums bei Teillast verringert wird ($m_{Teil} < m_{Voll}$), wodurch bei gleichem absoluten Volumen $v'_i = \frac{V_i}{m_{Teil}}, v_i = \frac{V_i}{m_{Voll}} \rightarrow v'_i > v_i$ resultiert. Das erklärt die Verschiebung des Kreisprozesses bei Teillast im p,v-Diagramm hin zu größeren v-Werten. Im T,s-Diagramm wird der Zustand $1'_O$ gegenüber 1 auf eine niedrigere Isobare (p'=konst) und gleichzeitig auf eine höhere Isochore (v'=konst) verschoben.

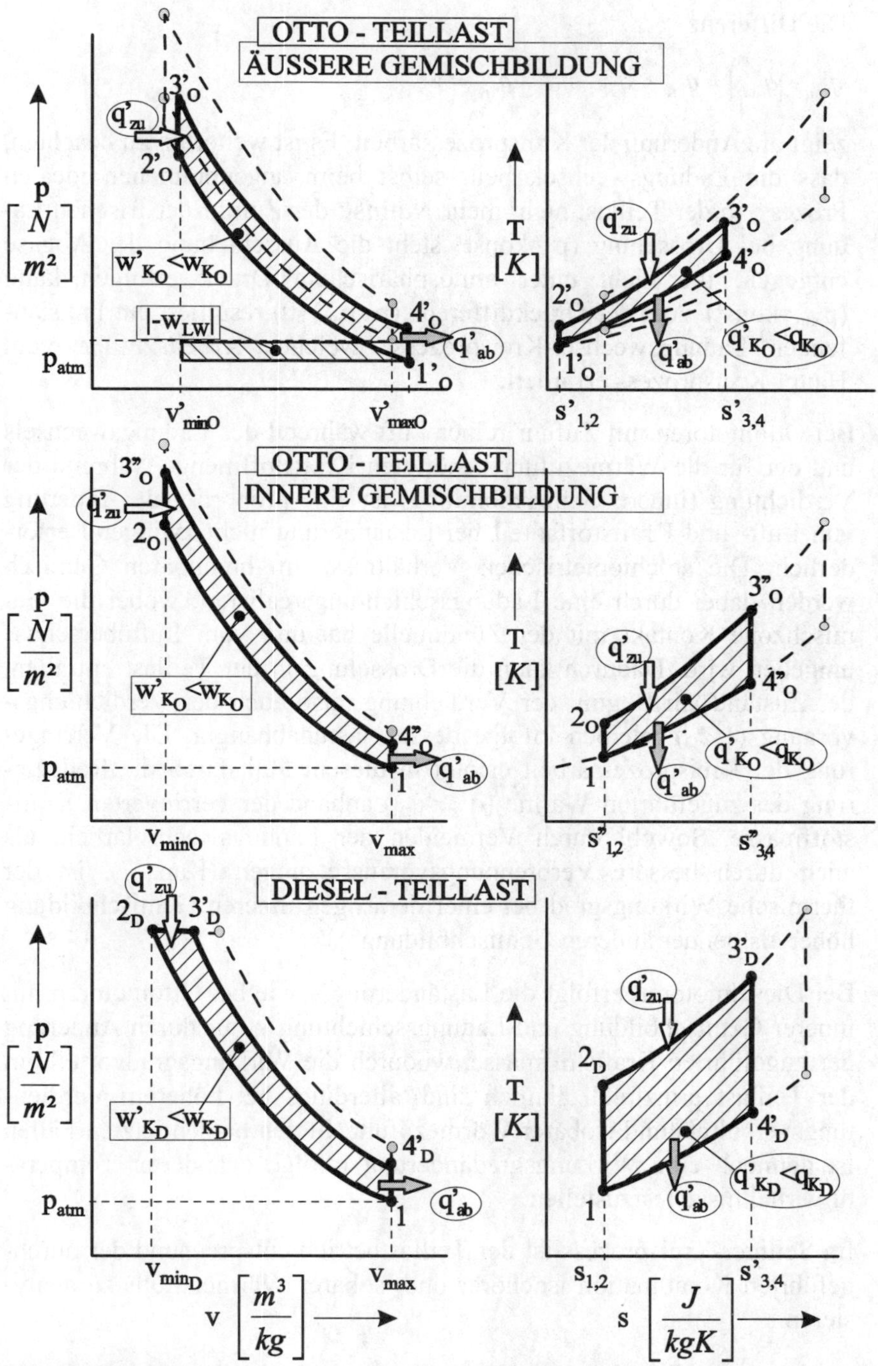

Bild 5.4 Ideale Kreisprozesse in Otto- und Dieselmotoren – Übergang von Voll- zu Teillast

Die Differenz

$$q'_{zu} - |q'_{ab}| = q'_K < q_K \quad mit \quad q'_K = w'_K$$

zeigt die Änderung der Kreisprozessarbeit. Es ist weiterhin zu beachten, dass die Ladungswechselarbeit, selbst beim angenommenen idealen Prozess, in der Teillast nicht mehr Null ist: der Zufuhr der frischen Ladung bei Drosselung (p'=konst) steht die Ausschiebung der Abgase entgegen, die nicht unter atmosphärischem Druck erfolgen kann (p_{atm}=konst). Aus der Druckdifferenz ($p'-p_{atm}<0$) resultiert ein linkslaufender Ladungswechsel-Kreisprozess, welcher Arbeitszufuhr vom Haupt-Kreisprozess erfordert.

- Bei Ottomotoren mit Zufuhr reiner Luft während des Ladungswechsels und der für die Wärmezufuhr benötigten Kraftstoffmenge während der Verdichtung (innere Gemischbildung) ist eine proportionale Änderung von Luft- und Kraftstoffanteil bei Laständerung nicht zwingend erforderlich. Die stöchiometrischen Verhältnisse im brennbaren Gemisch werden dabei durch eine Ladungsschichtung realisiert, wobei die Gemischzone Kontakt mit der Zündquelle hat und vom Luftüberschuss umgeben wird. Dadurch kann die Drosselung in der Teillast entfallen, der Zustand am Beginn der Verdichtung, also auch der Verdichtungsvorgang ($1\text{-}2_O$), bleiben infolge dessen lastunabhängig. Die Verringerung der Kreisprozessarbeit erfolgt in diesem Fall durch die Reduzierung der zugeführten Wärme ($q'_{zu}<q_{zu}$) anhand der verringerten Kraftstoffmasse. Sowohl durch Vermeiden der Ladungswechselarbeit, als auch durch bessere Verbrennungsvoraussetzungen (Kap. 7), ist der thermische Wirkungsgrad bei einer derartigen inneren Gemischbildung höher als bei der äußeren Gemischbildung.
- Bei Dieselmotoren erfolgt die Laständerung – wie bei Ottomotoren mit innerer Gemischbildung und Ladungsschichtung – nur durch Änderung der zugeführten Kraftstoffmasse, wodurch die Wirkungsgradvorteile in der Teillast prinzipiell ähnlich sind, allerdings bei höherem Verdichtungsverhältnis und isobarer Wärmezufuhr. In den beiden letzten Fällen ist dennoch eine Wirkungsgradänderung infolge geänderter Temperaturverhältnisse festzustellen.
- Im Seiliger-Kreisprozess ist der Teillastbetrieb entsprechend der durchgeführten Kombination isochorer und isobarer Wärmezufuhr zu analysieren.

Konvergenz der thermischen Wirkungsgrade idealer Otto- und Diesel-Prozesse

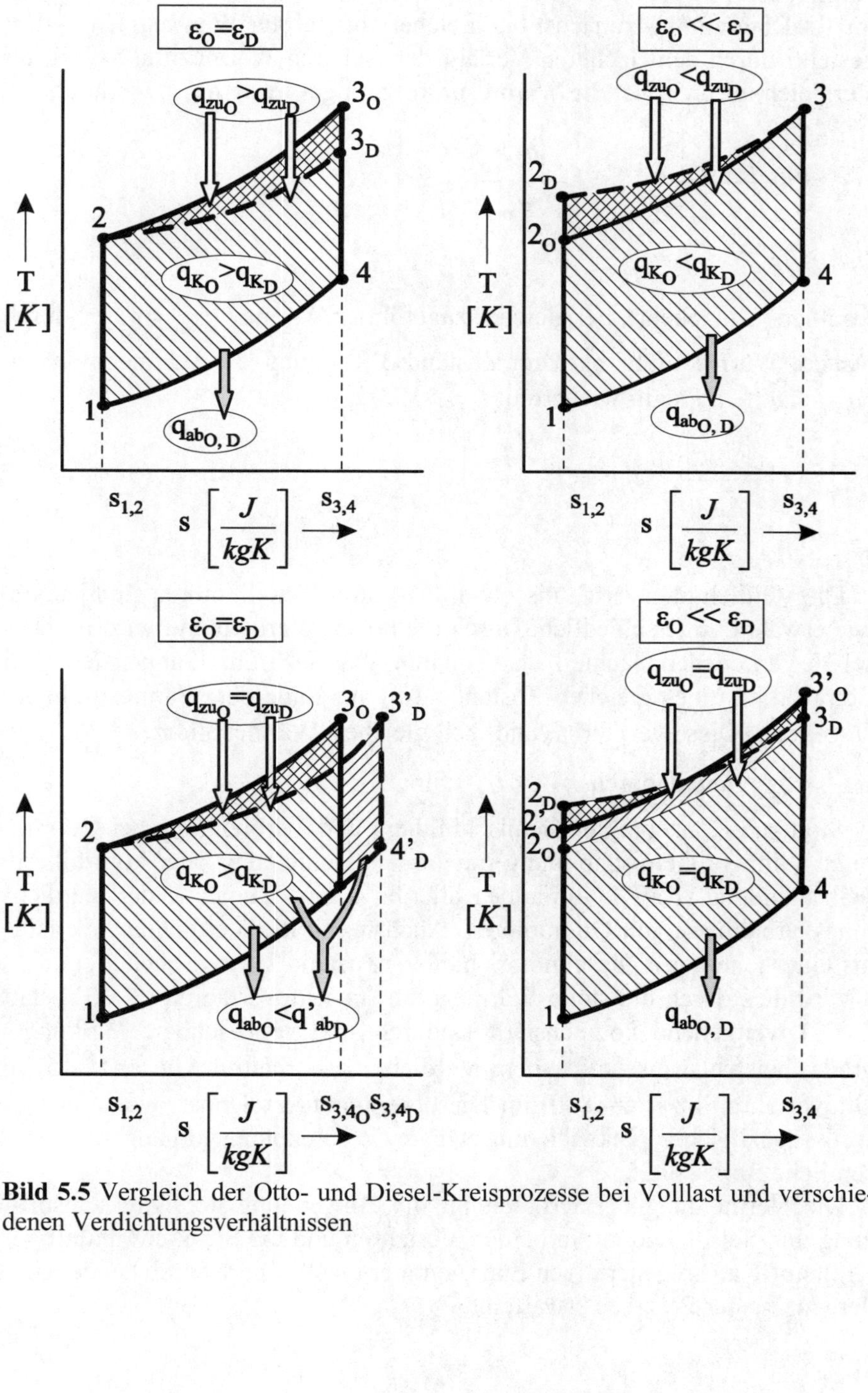

Bild 5.5 Vergleich der Otto- und Diesel-Kreisprozesse bei Volllast und verschiedenen Verdichtungsverhältnissen

Infolge der isobaren Wärmezufuhr hat ein Diesel-Kreisprozess bei gleichem Verdichtungsverhältnis einen niedrigeren thermischen Wirkungsgrad vergliechen mit dem Otto-Verfahren. In Bild 5.5 ist ein solcher Vergleich im T,s-Diagramm – zunächst bei gleicher abgeführter Wärme $q_{abO,D}$ – dargestellt: durch den flacheren Verlauf der isobaren Wärmezufuhr ($2\text{-}3_D$ im Vergleich mit $2\text{-}3_O$) ist die Wärmezufuhr geringer ($q_{zuD}<q_{zuO}$), wodurch

$$\eta_{th_D} = 1 - \frac{\left|q_{ab_{O,D}}\right|}{q_{zu_D}}; \eta_{th_O} = 1 - \frac{\left|q_{ab_{O,D}}\right|}{q_{zu_O}}$$

$$\eta_{th_O} > \eta_{th_D}$$

resultiert. Umgekehrt, bei gleicher zugeführter Wärme ($q_{zu_O} = q_{zu_D}$) durch weitere Wärmezufuhr bis zum Zustand $3'_D$, nimmt die Wärmeabfuhr zu ($q_{ab_O} < q'_{ab_D}$). Es gilt wiederum:

$$\eta'_{th_D} = 1 - \frac{\left|q'_{ab_D}\right|}{q_{zu_{O,D}}}; \quad \eta_{th_O} = 1 - \frac{\left|q_{ab_O}\right|}{q_{zu_{O,D}}}$$

$$\eta'_{th_D} < \eta_{th_O}$$

Die Verdichtungsverhältnisse von Otto- und Dieselmotoren sind jedoch, wie erwähnt, unterschiedlich. Durch die höhere Verdichtung wird im Diesel-Verfahren der Nachteil der isobaren Wärmezufuhr kompensiert. Bei Betrachtung eines gleichen Zustands $3_{O,D}$ am Ende der Wärmezufuhr im Otto- und Dieselverfahren und bei gleicher Wärmeabfuhr $q_{ab_{O,D}}$ wird $q_{zu_O} < q_{zu_D}$ und dadurch $\eta_{th_O} < \eta_{th_D}$ für $\varepsilon_O << \varepsilon_D$.

Moderne Konzepte zur Gemischbildung und Verbrennung bei Ottomotoren – innere Gemischbildung mit Ladungsschichtung oder kontrollierte Selbstzündung (Kap 7) –erlauben allerdings eine Zunahme der Verdichtungsverhältnisse von Ottomotoren. Auch, wenn das Verdichtungsverhältnis unter jenem des Dieselmotors bleibt – Zustand $2'_O$ zwischen 2_O und 2_D – wird dies durch die steile Wärmezufuhr im Ottoverfahren ($2'_O\text{-}3'_O$ statt $2_D\text{-}3_D$) weitgehend kompensiert. Dadurch sind vergleichbare Wirkungsgrade, beispielsweise mit einem Verdichtungsverhältnis von ε=14-15 im Ottoverfahren bzw. ε=18-19 im Dieselverfahren erreichbar, wobei der jeweils spezifische, praktisch umsetzbare Verbrennungsvorgang eine wesentliche Rolle spielt.

Die Vermeidung der Drosselung, die Anwendung der Direkteinspritzung und Selbstzündung in beiden Verfahren und die Struktur zukünftiger Kraftstoffe aus regenerativen Energieträgern lässt eine weitreichende Konvergenz beider Prozesse erwarten.

Bild 5.6 zeigt als Beispiel einen realen Kreisprozess in einem Viertakt-Ottomotor bei Voll- und Teillast, bei unveränderter Dauer des Prozesses (gleiche Drehzahl). Der Motor wird mit innerer Gemischbildung durch Benzin-Direkteinspritzung und Ladungsschichtung betrieben. Der Prozess entspricht weitgehend einem idealen Seiliger-Kreisprozess. Die gleichzeitige Messung von Druck- und Volumenänderung für solche Anwendungen wird in Kap. 9 beschrieben.

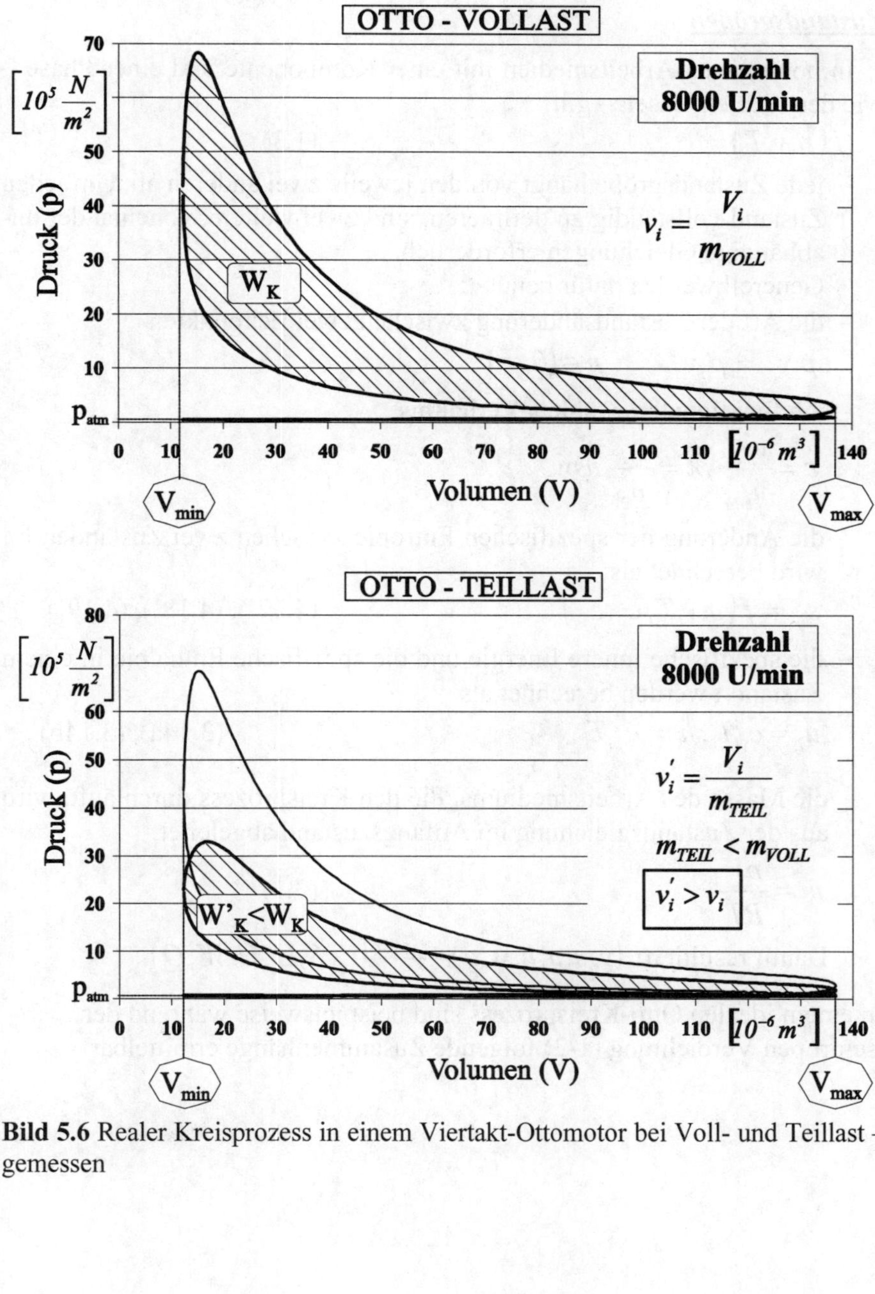

Bild 5.6 Realer Kreisprozess in einem Viertakt-Ottomotor bei Voll- und Teillast – gemessen

Berechnung des idealen Kreisprozesses in einem Kolbenmotor

Wesentliche Ziele einer Prozessberechnung sind die Zustandsgrößen (p,v,T,s,u,h) – mindestens in den Eckpunkten zwischen den elementaren Zustandsänderungen – und die energetischen Größen (w,q). Grundsätzlich müssen dafür der Anfangszustand (p,v,T;m) und das Arbeitsmedium (R,c_v,(c_p)) bekannt sein.

Zustandsgrößen

In homogenen Arbeitsmedien mit einer Komponente und einer Phase – wie den idealen Gasen – gilt:

$$f(p,v,T)=0 \qquad (1.3)$$

- jede Zustandsgröße hängt von den jeweils zwei anderen ab. Um jeden Zustand vollständig zu definieren, sind zwei weitere, voneinander unabhängige Gleichungen erforderlich.
  Generell werden dafür benutzt:
- die Art der Zustandsänderung zwischen zwei Eckpunkten
  $$p_i v_i^n = p_j v_j^n \qquad n \in (0,\infty)$$
- ein funktionell gewähltes Verhältnis
  $$\varepsilon = \frac{v_{max}}{v_{min}}, \lambda = \frac{p_3}{p_2}, usw.$$
- die Änderung der spezifischen Entropie zwischen zwei Zuständen i, j wird berechnet als:
  $$s_{ij} = f(p,v,T;c_v,c_p) \qquad (4.17'), (4.18'), (4.19')$$
- die spezifische innere Energie und die spezifische Enthalpie in einem Zustand i werden berechnet als:
  $$u_i = c_{vi} T_i ; h_i = c_{pi} T_i \qquad (3.14a), (3.14b)$$
- die Masse des Arbeitsmediums, die den Kreisprozess durchläuft, wird aus der Zustandsgleichung im Anfangszustand abgeleitet:
  $$m = \frac{pV}{RT} \qquad (3.1)$$
  Damit resultiert: $(v;s,u,h,w,q) \xrightarrow{m} (V;S,U,H,W,Q)$

In einem idealen Otto-Kreisprozess sind beispielsweise während der isentropen Verdichtung (1-2) folgende Zusammenhänge ermittelbar:

- Masse des Arbeitsmediums:

$$m = \frac{p_1 V_1}{R T_1}$$

- Zustandsänderung:

$$p_1 V_1^k = p_2 V_2^k \; bzw. \; p_1 v_1^k = p_2 v_2^k \; mit \; k = \frac{c_p}{c_v} \; und \; c_p = c_v + R$$

- funktionelles Verhältnis (gewählt):

$$\varepsilon = \frac{V_1}{V_2} \; bzw. \; \varepsilon = \frac{v_1}{v_2}$$

- Zustandsgleichung:

$$T_2 = \frac{p_2 V_2}{mR} \; bzw. \; T_2 = \frac{p_2 v_2}{R}$$

Der Zustand 2 ist dadurch bestimmt. Der Zustand 3 wird in gleicher Weise berechnet mit $\frac{p_3}{p_2} = \frac{T_3}{T_2}$ bei Wahl des Verhältnisses $\lambda = \frac{p_3}{p_2}$. Die Berechnung wird in dieser Form weitergeführt. Die abgeleiteten Zustandsgrößen in den Eckpunkten des Otto-Kreisprozesses sind folgend tabellarisch zusammengefasst.

Zustand / Größe	1	2	3	4
p	p_1	$p_1 \varepsilon^k$	λp_2	λp_1
V	V_1	$\frac{V_1}{\varepsilon}$	$V_2 = \frac{V_1}{\varepsilon}$	V_1
T	T_1	$T_1 \cdot \varepsilon^{k-1}$	λT_2	λT_1

Energetische Größen

Bei Annahme mittlerer Werte der spezifischen Wärmekapazitäten gilt:

$$c_{vm} = c_v \Big|_{T_{min}}^{T_{max}} \qquad T_{max} = T_3; \quad T_{min} = T_1$$

$$\text{zugeführte Wärme: } Q_{zu} = mc_{vm}(T_3 - T_2) \overset{(3.15)}{\rightarrow} U_3 - U_2 \tag{5.3}$$

$$\text{abgeführte Wärme: } Q_{ab} = mc_{vm}(T_1 - T_4) \overset{(3.15)}{\rightarrow} U_1 - U_4 \tag{5.4}$$

Entlastungsarbeit:

$$W_E = U_3 - U_4 \text{ (3.68)} \rightarrow W_E = \frac{1}{k-1}(p_3V_3 - p_4V_4) \tag{3.72}$$

Verdichtungsarbeit:

$$W_V = U_1 - U_2 \text{ (3.68)} \rightarrow W_V = \frac{1}{k-1}(p_1V_1 - p_2V_2) \tag{3.72}$$

Die gesamte Arbeit im Kreisprozess wird als algebraische Summe der Arbeiten bei jeder Zustandsänderung berechnet:

$$W_K = W_E + W_V = U_3 - U_4 + U_1 - U_2 \tag{5.5}$$

Die gesamte Arbeit im Kreisprozess kann auch als algebraische Summe der ausgetauschten Wärme berechnet werden (1HS):

$$W_K = Q_{zu} + Q_{ab} = U_3 - U_2 + U_1 - U_4 \tag{5.5'}$$

Bei Umsetzung der Zustandsgrößen in Gl. (5.5) resultiert mit $c_v\Big|_{T_{min}}^{T_{max}} = c_{vm} = konst.$:

$$W_K = p_1V_1(\lambda - 1)(\varepsilon^{k-1} - 1)\left(\frac{1}{1-\varepsilon}\right) \tag{5.5a}$$

Der thermische Wirkungsgrad des Kreisprozesses ist nach Gl.(4.3):

$$\eta_{th} = 1 - \frac{|Q_{ab}|}{Q_{zu}} = 1 - \frac{|U_4 - U_1|}{U_3 - U_2} = 1 - \frac{U_1\left(\dfrac{U_4}{U_1} - 1\right)}{U_2\left(\dfrac{U_3}{U_2} - 1\right)} =$$

$$= 1 - \frac{mc_{vm}T_1}{mc_{vm}T_2}\left(\frac{\dfrac{mc_{vm}T_4}{mc_{vm}T_1} - 1}{\dfrac{mc_{vm}T_3}{mc_{vm}T_2} - 1}\right) = 1 - \frac{T_1}{T_2}\left(\frac{\dfrac{T_4}{T_1} - 1}{\dfrac{T_3}{T_2} - 1}\right) = \tag{5.6}$$

$$= 1 - \frac{T_1}{T_2}\left(\frac{\lambda - 1}{\lambda - 1}\right)$$

oder anhand der Volumenverhältnisse gemäß Gl. (3.67):

$$\eta_{th} = 1 - \frac{T_1}{T_2} = 1 - \frac{1}{\varepsilon^{k-1}} \tag{5.7}$$

Es ist empfehlenswert, auf Basis der Temperaturen die bei der ersten Kreisprozessberechnung ermittelt wurden, Mittelwerte der spezifischen Wärmekapazität c_{vm} in Temperaturintervalen zwischen den Eckpunkten des Kreisprozesses abzuleiten. Dadurch kann einerseits der Verlauf der isentropen Zustandsänderungen und somit die Kreisprozessberechnung iterativ korrigiert werden.

Es gilt für $pv^k = konst.$ $\quad k = \dfrac{c_p(T)}{c_v(T)} = \dfrac{c_v(T) + R}{c_v(T)}$

und bei zunehmender Temperatur infolge einer Verdichtung von Luft:

$dT > 0 \rightarrow dc_v\,(T) > 0 \quad \rightarrow \quad dk(T) < 0$ (weil R=konst.)

Bei der Entlastung wird analog

$dT < 0 \rightarrow dc_v\,(T) < 0 \quad \rightarrow \quad dk(T) > 0$

Andererseits ist Gl. (5.7) zur Ermittlung des thermischen Wirkungsgrades bei c_v=f(T) nicht mehr anwendbar. Stattdessen sind die iterativ berechneten Werte für Wärme bzw. Arbeit zu nutzen.

5.1.3 Kreisprozesse in Wärmekraftmaschinen mit simultanen Zustandsänderungen

Außer den Kolbenmotoren, bei denen alle Zustandsänderungen nacheinander in dem gleichen Arbeitsraum statt finden, werden auch Wärmekraftmaschinen als Antriebe eingesetzt, die für jede Zustandsänderung einen separaten Raum aufweisen. In diesem Fall finden die Zustandsänderungen gleichzeitig in getrennten Räumen statt. Um die Verdichtung oder die Entlastung in einem solchen Raum durch mechanische Volumenänderung kontinuierlich zu gewähren, wird allgemein die periodische Translation von einer ständigen Rotation ersetzt. Derartige Maschinen werden auch als Strömungsmaschinen oder Gasturbinen bezeichnet.

Jedes Teilsystem ist infolge der Durchströmung des Arbeitsmediums ein offenes System.

Eine Strömungsmaschine enthält allgemein einen Verdichter, einen Brennraum und eine Turbine. Der Verdichter ist an ein Turbinenmodul direkt (mechanisch) angekoppelt. Dieses Turbinenmodul übernimmt den Teil der zugeführten Energie der für den Antrieb des Verdichters notwendig ist und setzt ihn in kinetische Energie um. Die restliche Energie wird in weiteren Turbinenstufen für den eigentlichen Antrieb umgesetzt. Eine andere Möglichkeit ist die Nutzung der verbleibenden Energie in einer Düse, wodurch eine entsprechende Beschleunigung der Strömung erfolgt. Die dadurch hervorgerufene Reaktionskraft der Umgebung wird beispielsweise als Antrieb für Flugzeuge genutzt.

$$F_R = ma = m\frac{\Delta c}{\Delta t} = \dot{m}\,\Delta c$$

In Bild 5.7 ist die Wirkungsweise einer Strömungsmaschine dargestellt.

Die idealen Kreisprozesse in derartigen Strömungsmaschinen werden allgemein nach folgenden Kriterien klassifiziert:

- Art der Verdichtung: adiabat, isotherm oder polytrop.
- Art der Wärmezufuhr: isobar oder polytrop

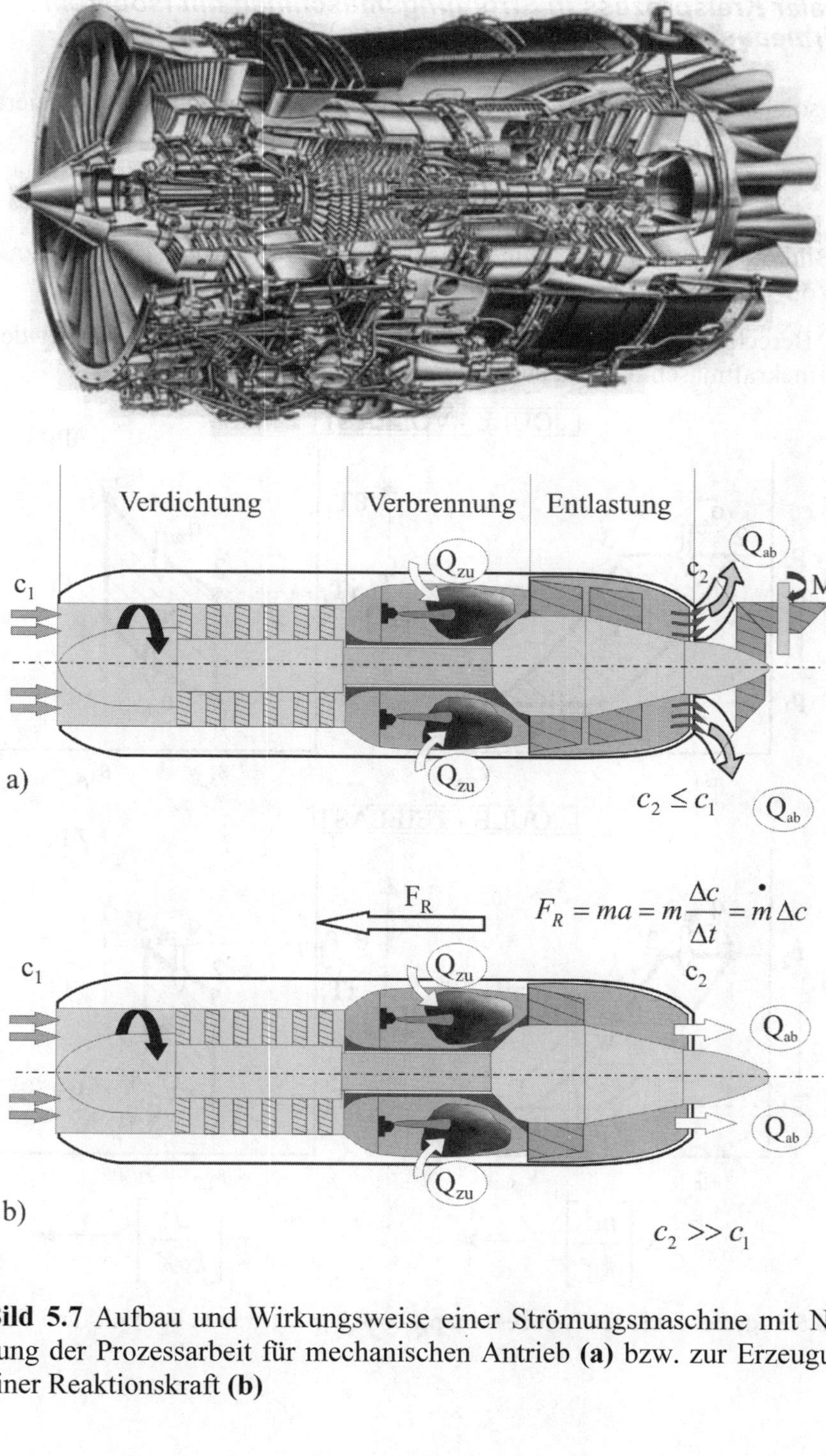

Bild 5.7 Aufbau und Wirkungsweise einer Strömungsmaschine mit Nutzung der Prozessarbeit für mechanischen Antrieb **(a)** bzw. zur Erzeugung einer Reaktionskraft **(b)**

Idealer Kreisprozess in Strömungsmaschinen mit isobarem Wärmeaustausch (Joule-Kreisprozess)

Ein solcher Prozess ist durch folgende Zustandsänderungen charakterisiert:

- isentrope Verdichtung bzw. Entlastung.
- isobare Wärmezufuhr bzw. Wärmeabfuhr.

In Bild 5.8 ist ein idealer Joule-Kreisprozess im p,v und im T,s-Diagramm in Voll- und Teillast dargestellt.

Die Berechnung der Kenngrößen des Kreisprozesses erfolgt wie bei den Wärmekraftmaschinen mit sukzessiven Zustandsänderungen:

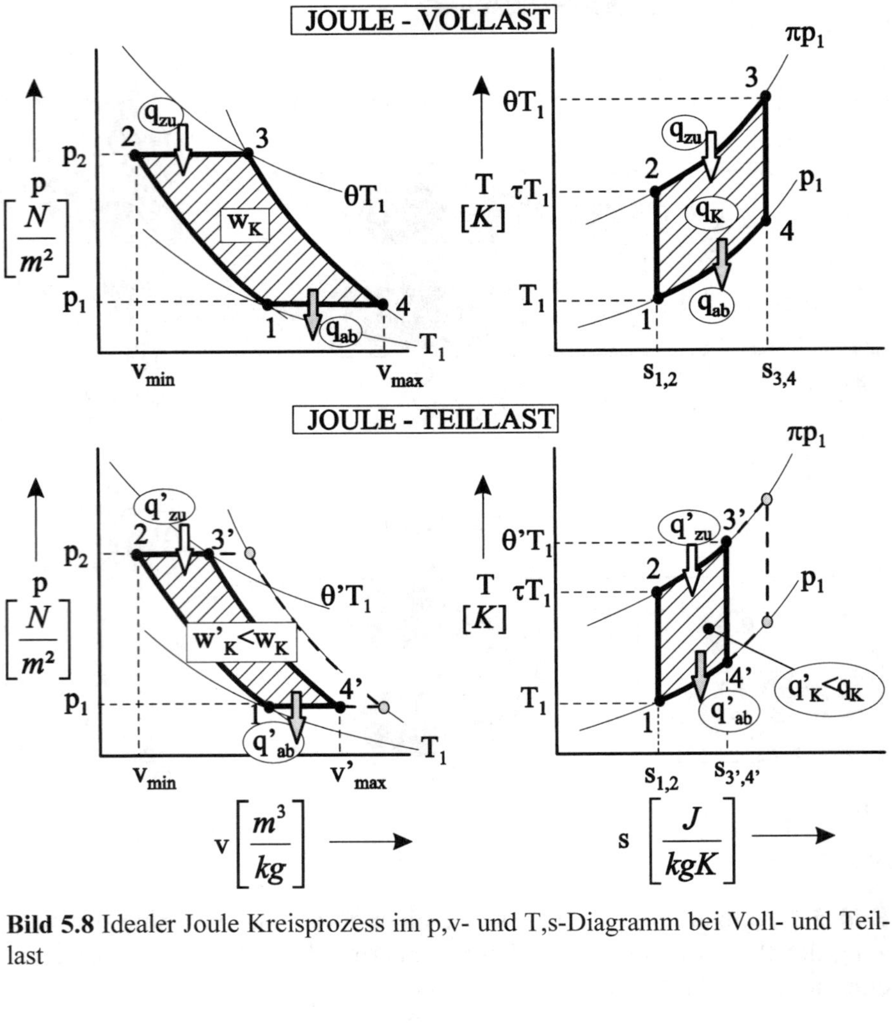

Bild 5.8 Idealer Joule Kreisprozess im p,v- und T,s-Diagramm bei Voll- und Teillast

Zustandsgrößen

Die Zustandsgrößen können beispielsweise vom Anfangszustand aus entsprechend der jeweiligen Zustandsänderungen sukzessiv berechnet werden. Ob die Folge der Zustandsänderungen zeitlich oder räumlich ist, spielt bei der Berechnung des Kreisprozesses keine Rolle. Auf Grund der Beziehungen im Kap. 3.4 werden die Zustandsgrößen ähnlich wie bei der Berechnung der Kreisprozesse in Maschinen mit sukzessiven Zustandsänderungen zusammengefasst.

Folgende Angaben sind üblich:

- Zustandsgrößen im Anfangszustand p_1, T_1 *bzw.* $\dot{m}$
- Druckverhältnis bei der Verdichtung $\pi = \frac{p_2}{p_1}$
- Temperaturverhältnis bei der Verdichtung $\tau = \frac{T_2}{T_1}$
- Temperaturverhältnis infolge der Verdichtung und der Wärmezufuhr $\theta = \frac{T_3}{T_1}$

Zustand / Größe	1	2	3	4
p	p_1	πp_1	πp_2	p_1
T	T_1	$T_1\tau$	$T_1\theta$	$T_1\frac{\theta}{\tau}$

Energetische Größen

Im Sinne einer übersichtlichen Bilanz der umgewandelten Energieformen wird die Darstellung der Kreisprozesse bei Strömungsmaschinen im h,s-Diagramm – wie im Bild 5.9 – bevorzugt. Ähnlich der Kreisprozessbetrachtung bei Otto- oder Dieselmotoren wird auch in diesem Fall zunächst angenommen, dass die chemische Struktur des Arbeitsmediums im Verlauf des Prozesses nicht geändert wird: die Verbrennung des in der Praxis verwendeten Kraftstoff-Luft-Gemisches wird als Wärmezufuhr in das Arbeitsmedium (ideales Gas) betrachtet. Andererseits wird das heiße Abgas am Ende der Entlastung in der idealen Betrachtung in der Umgebung abgekühlt und vor dem Verdichter wieder angesaugt. Dadurch entsteht eine virtuelle, isobare Zustandsänderung mit Wärmeabfuhr zwischen Entlastungsende und Verdichtungsanfang, die den Kreisprozess schließt.

Die Entalpien können auf der Grundlage der Temperaturen berechnet werden, wenn die spezifische Wärmekapazität bei konstantem Druck im jeweiligen Temperaturbereich bzw. die mittlere Wärmekapazität bekannt ist.

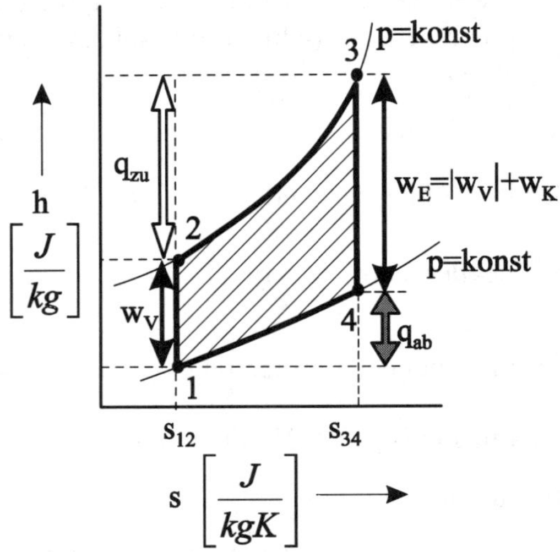

Bild 5.9 Kreisprozess in einer Strömungsmaschine im h,s-Diagramm

Die nutzbare Arbeit W_K resultiert aus der Differenz der Arbeiten zwischen Turbine und Verdichter, wofür die Bedingung

$$w_E>|w_V| \qquad \text{bzw.} \qquad W_E > |W_V|$$

gewährleistet sein muss. Im Bild 5.9 ist diese Bilanz als Streckendifferenz ersichtlich. Es gilt

$$w_K = w_E - |w_V| = (h_3 - h_4) - (h_2 - h_1) \tag{5.8}$$

oder analog aus der Wärmebilanz:

$$w_K = q_{zu} - |q_{ab}| = (h_3 - h_2) - (h_4 - h_1) \tag{5.8a}$$

Mit Hilfe der Zustandsgrößen und der eingeführten Verhältnissen gilt:

$$w_K = c_{pm} T_1 \theta - c_{pm} T_1 \tau - c_{pm} \frac{\theta}{\tau} + c_{pm} T_1; \text{ wobei } h_1 = c_{pm} T_1$$

$$w_K = h_1\left[\theta\left(1-\frac{1}{\tau}\right)-(\tau-1)\right] \tag{5.9}$$

Die maximale nutzbare Arbeit kann auf Grund der Gleichung (5.9) durch Extremwertbildung bezüglich der Temperaturverhältnisses τ abgeleitet werden:

Aus $\frac{dw_K}{d\tau}=0$ bzw. $\frac{d\left(\frac{w_K}{h_1}\right)}{d\tau}=0$ resultiert:

$$\frac{d}{d\tau}\left[\theta-\frac{\theta}{\tau}-\tau+1\right]=0 \quad\Rightarrow\quad 0+\frac{\theta}{\tau^2}-1+0=0$$

und daraus: $\frac{\theta}{\tau^2}-1=0$ bzw. $\tau=\sqrt{\theta}$

Für

$$\tau_{opt}=\sqrt{\theta} \tag{5.10}$$

resultiert:

$$w_{K\,max}=h_1\left(\sqrt{\theta}-1\right)^2=h_1(\tau-1)^2 \tag{5.11}$$

Der thermische Wirkungsgrad des Kreisprozesses ist:

$$\eta_{th}=1-\frac{\dot m\cdot|q_{ab}|}{\dot m\cdot q_{zu}}=1-\frac{h_4-h_1}{h_3-h_2} \tag{5.12}$$

Mit $c_{pm}\Big|_{T_1}^{T_3}=konst.$ resultiert:

$$\eta_{th}=1-\frac{1}{\tau}=1-\frac{1}{\pi^{\frac{k-1}{k}}} \tag{5.13}$$

Analog der Betrachtung bei Kreisprozessen in Maschinen mit sukzessiven Zustandsänderungen wird eine iterative Prozessberechnung empfohlen, wobei durch Einsetzen der Werte für die Wärmekapazität auf engen Temperaturintervallen die temperaturabhängigen Isentropenexponenten ermittelbar sind.

In der Kraftfahrzeugtechnik werden für verschiedene Antriebskonfigurationen Teile oder Kombinationen von Wärmekraftmaschinen mit sukzessiven und/oder simultanen Zustandsänderungen verwendet.

Folgende Beispiele sind dafür repräsentativ:

- Kolbenmotoren nach Otto- oder Dieselverfahren mit Turboaufladung; dabei wird die Turbinenarbeit aus der Enthalpie des aus dem Kolbenmotor ausströmenden Abgases gewonnen und ausschließlich zum Antreiben des vor dem Kolbenmotor geschalteten Luftverdichters genutzt (Bild 5.10).

Bild 5.10 Kolbenmotor mit Turboaufladung

- Kolbenmotor nach Otto- oder Dieselverfahren mit mechanischem Lader (Kolben- oder Strömungsmaschine). In diesem Fall wird die Verdichtungsarbeit vom Kolbenmotor selbst mechanisch abgeleitet, was in der gesamten Energiebilanz berücksichtigt werden muss.

- Gasturbine (Strömungsmaschine) oder Kolbenmotor zur Stromerzeugung an Bord eines Fahrzeuges mit Antrieb durch Elektromotor. Eine Wärmekraftmaschine zur Stromerzeugung kann auf den dafür ausreichenden Funktionsbereich derart angepasst werden, dass ihr Wirkungsgrad mit jenem der als zukunftsträchtig betrachteten Brennstoffzellen zumindest vergleichbar wird.

5.2. Kreisprozesse in Klimaanlagen und Wärmepumpen

5.2.1 Linkslaufende Kreisprozesse

In den Kältemaschinen – zu denen die Klimaanlagen zählen – und Wärmepumpen wird im Gegensatz zu den Wärmekraftmaschinen Arbeit genutzt, um einen Wärmefluss zu erzeugen, der als natürlicher Ausgleichsprozess nicht möglich ist. Es handelt sich dabei um die Wärmeaufnahme bei einer niedrigeren Temperatur als der der Wärmeabgabe aus dem System (Klimaanlagen) bzw. um die Wärmeabgabe bei einer höherer Temperatur, als der der Wärmezufuhr in das System (Wärmepumpen). Entsprechend dem 1.HS ist eine derartige negative Wärmebilanz nur mit Arbeitsaufwand, also innerhalb eines linkslaufenden Kreisprozesses möglich (Kap.1.8, Kap. 4.6).

Nach diesem Prinzip arbeiten sowohl die Klimaanlagen als auch die Wärmepumpen. Der Unterschied besteht nur darin, welche Seite des erzeugten Wärmeflusses genutzt wird. Bild 5.11 zeigt den prinzipiellen Kreisprozess für solche Anwendungen.

Zu den Komfort- und Sicherheitsanforderungen in Fahrgasträumen von Automobilen und Nutzfahrzeugen gehören das Kühlen im Sommer und das Heizen im Winter auf jeweils konstante, steuerbare Temperatur. Nutzfahrzeuge werden darüber hinaus oft für viele Anwendungen als mobile Kältekammer eingesetzt. Dabei ist der Energieverbrauch der jeweiligen Anlage, der sich im gesamten Kraftstoffverbrauch des Fahrzeugs widerspiegelt, zu minimieren.

Andererseits ist die wachsende Nutzung von Gasen als Treibstoff mit ihrer Speicherung an Bord bei hoher Dichte konfrontiert, was nicht immer durch hohen Druck, sondern zunehmend durch extrem niedrige Temperaturen realisiert wird. Allein durch thermische Isolation ist die Einhaltung sehr niedriger Temperaturen nur begrenzt und mit hohem Aufwand möglich – ein zusätzliches Kühlsystem ist dafür sehr empfehlenswert. Andererseits besteht das Problem der Standheizung im Winter, die durch Verbrennung zusätzlichen Kraftstoffs oder durch Latentwärmespeicherung bei Stillstand des Antriebsverbrennungsmotors bzw. bei Nutzung von Antriebselektromotoren eine begrenzte Effizienz haben.

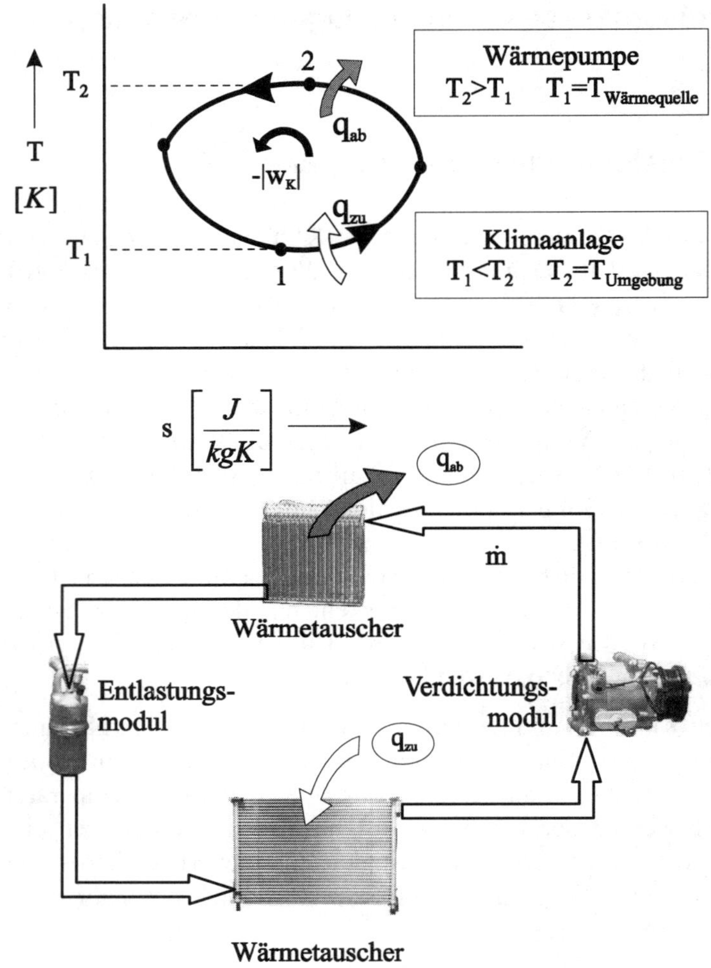

Bild 5.11. Linkslaufender Kreisprozess in Klimaanlagen und Wärmepumpen

Es ist prinzipiell möglich, ein thermodynamisches System sowohl als Kältemaschine als auch als Wärmepumpe – beispielsweise als Klimaanlage im Sommer und als Heizungsanlage im Winter – zu benutzen.

5.2.2 Kreisprozesse in Kältemaschinen

Die Wärmeübertragung von einem System mit niedrigerer Temperatur zu einem System mit höherer Temperatur ist als natürlicher Vorgang nicht möglich. Sobald aber eine entsprechende Energieform dafür eingesetzt wird, beispielsweise als Pumparbeit, ist auch ein solcher Wärmetransport

durchführbar. Unabhängig von der Art der Zustandsänderungen erfolgt die Wärmeübernahme des Arbeitsmediums aus dem kalten Raum ins System bei durchschnittlich niedrigerer Temperatur als die Wärmeübergabe des Arbeitsmediums vom System zur Umgebung.
Die für diese Wärmeübertragung benötigte Arbeit ist in Bild 5.12 als Fläche innerhalb eines Referenz-Carnot-Kreisprozesses dargestellt.
Die energetische Bilanz anhand spezifischer Größen ergibt:

$$q_{zu} - |q_{ab}| = w_K \text{ , bzw.} \qquad q_{zu} - |q_{ab}| = -|w_K| \tag{5.14}$$

(weil die Arbeit in einem linkslaufenden Prozess stets dem System zugeführt wird). Daraus resultiert:

$$|q_{ab}| = q_{zu} + |w_K| \tag{5.15}$$

Die Wärmeübername ins System wird entsprechend der vereinbarten Vorzeichen als positiv betrachtet und mit q_{zu} bezeichnet: dass diese Wärme für den kalten Raum selbst als abgeführt zählt, ist irrelevant für den Kreisprozess, in dem die Aufnahme dieser Wärme ins Arbeitsmedium erfolgt.

Zur energetischen Bewertung eines linkslaufenden Kreisprozesses wird eine Leistungsziffer der Kältemaschine eingeführt.

Definition

Leistungsziffer der Kältekraftmaschine *Verhältnis zwischen dem Nutzeffekt und der dafür eingesetzten Energie:*

$$\varepsilon_K = \frac{q_{zu}}{|w_K|} = \frac{q_{zu}}{|q_{ab}| - q_{zu}} = \frac{1}{\dfrac{|q_{ab}|}{q_{zu}} - 1} \tag{5.16}$$

Dabei ist sowohl $\varepsilon > 1$ als auch $\varepsilon < 1$ möglich.

Es ist also ein prinzipieller Unterschied zu dem thermischen Wirkungsgrad bei Wärmekraftmaschinen zu verzeichnen, der nur kleiner eins sein kann. Analog sollte die Leistungsziffer als mathematischer Kehrwert des Ausdrucks für den thermischen Wirkungsgrad stets größer eins bleiben. Der thermische Wirkungsgrad stellt allerdings den Umwandlungsgrad einer Energieform (Wärme) in eine andere (Arbeit) innerhalb eines thermodynamischen Systems dar. Entsprechend des Zweiten Hauptsatzes ist eine vollständige Umwandlung, die einen Wirkungsgrad von eins zur Folge hätte, nicht möglich. Die Leistungsziffer einer Kältemaschine charakterisiert nicht die Umwandlung, sondern den Transport einer Energie: wenn der Temperaturunterschied zwischen den zwei Quellen gering ist, so kann eine große Wärme mit geringem Arbeitsaufwand aufgenommen und transportiert werden.

Allgemein erreicht eine Kältekammer infolge des wiederholten Wärmetransports nach einer gewissen Zeit eine konstante Temperatur. Weiterhin wird die Wärme allgemein in die Umgebung abgegeben, ohne dass die Umgebungstemperatur dadurch beeinflusst wird (unendliche Quelle). Der Kreisprozess in einer Kältemaschine verläuft also prinzipiell zwischen zwei Wärmequellen mit jeweils konstanter Temperatur. Aus diesem Grund bildet der linkslaufende Carnot-Prozess – wie im Bild 5.12 dargestellt – den Referenzvorgang.

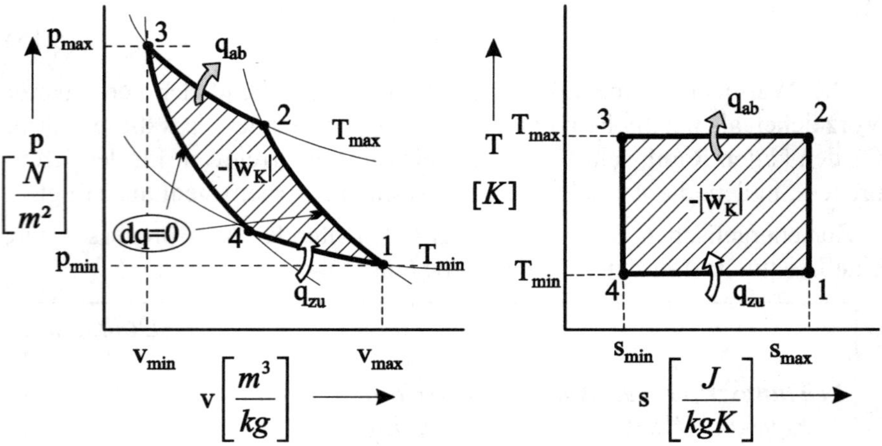

Bild 5.12 Linkslaufender, idealer Carnot-Kreisprozess als Referenz für die Prozesse in Klimaanlagen und Wärmepumpen

Es gilt für die Kältemaschine:

für $T_O = T_{min}$ – Temperatur der Kältekammer: $$q_{zu} = T_O \Delta s \tag{5.17a}$$

für $T_U = T_{max}$ – Temperatur der Umgebung: $$q_{ab} = T_u \Delta s \tag{5.17b}$$

$$|w_K| = |q_{ab}| - q_{zu} \quad \Rightarrow \quad |w_K| = T_u |\Delta s| - T_O \Delta s \tag{5.18}$$

Daraus resultiert:

$$\varepsilon_{Kc} = \frac{1}{\dfrac{T_u |\Delta_S|}{T_O \Delta_S} - 1}$$

Für $\frac{T_u}{T_O} < 2$ resultiert $\varepsilon_{K_c} > 1$

Ansonsten bei $\frac{T_u}{T_O} \geq 2$ ist $\varepsilon_{K_c} < 1$

Beispiel:

Ein Temperaturverhältnis $\frac{T_u}{T_O} < 2$ gilt nur für extreme Temperaturdifferenzen: bei einer Umgebungstemperatur von 40°C (313,15 K) wäre dabei die Temperatur der Kältekammer unter –116,58°C (156,58 K)

Der Wärmetransport von der kalten zur warmen Quelle wird grundsätzlich durch eine Verdichtung realisiert. Die Kreisprozesse in Kältemaschinen unterscheiden sich nach dem dafür eingesetzten Arbeitsmedium in zwei Kategorien:

- Kreisprozesse mit idealem Gas: Luft ist dafür sehr vorteilhaft
- Kreisprozesse mit Dämpfen → NH_3,CO_2,SO_2,CH_2-CF_3, CH_3Cl

Wasser ist dafür nicht von Vorteil: bei t = - 10°C müsste zur Gewährung der flüssigen Phase ein extrem niedriger Druck p=0,001 bar realisiert werden, was mindestens zu Dichtheitsproblemen führen würde. Kältemaschinen mit idealem Gas werden nur für spezielle Anwendungen ausgeführt – extrem niedrige Temperaturen, Transport großer Wärmeströme. Die Arbeitsweise der Kältemaschine ist beim Einsatz von Gasen oder Dämpfen prinzipiell ähnlich. Die Wirkungsweise einer Kältemaschine mit idealem Gas als Arbeitsmedium ist in Bild 5.13 dargestellt. Zur Einhaltung einer konstanten Temperatur T_O, die geringer als die Umgebungstemperatur T_u ist, wird die Kältekammer gegenüber der Umgebung grundsätzlich wärmedicht ausgeführt; durch die Kammer verläuft der Kreislauf des Arbeitsmediums, welches die Wärme aus der Kammer aufnimmt. Das Arbeitsmedium strömt nach der Wärmeaufnahme aus der Kammer zu einem Verdichter. Durch die Verdichtung steigt der Druck des Arbeitsmediums und demzufolge auch seine Temperatur. Aus diesem Zustand kann das Arbeitsmedium in einem Wärmetauscher Wärme an die Umgebung abführen, entweder direkt an die Luft oder über ein strömendes Medium, beispielsweise Kühlwasser.

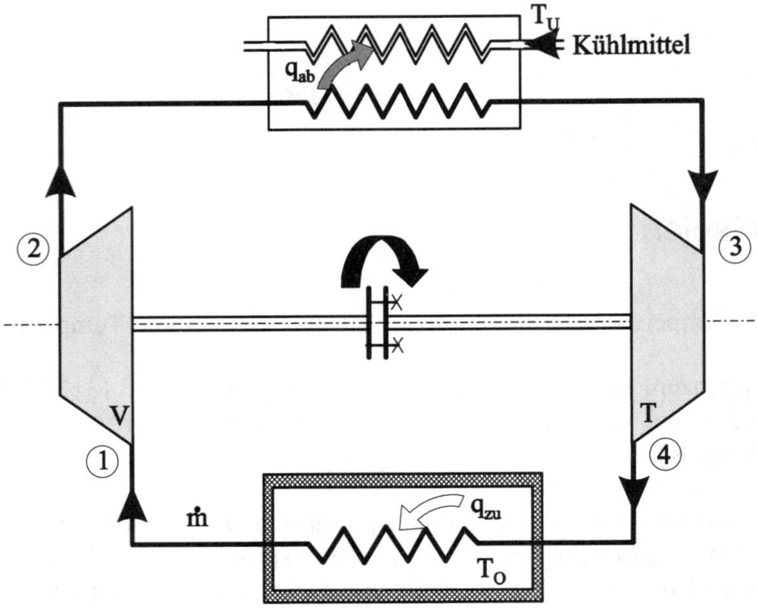

Bild 5.13 Wirkungsweise einer Kältemaschine mit idealem Gas

Sowohl bei der Wärmeaufnahme als auch bei der Wärmeabgabe werden also Wärmetauscher eingesetzt, die in thermodynamischem Sinne offene Systeme sind. Beide Vorgänge sind demzufolge isobar. In Bild 5.10 ist der ideale Kreisprozess in einer solchen Anlage dargestellt. Während der Wärmeabgabe bleibt der Druck auf dem Wert wie am Ende der Verdichtung, trotz der Temperatursenkung. Dieser Druck wird in einem weiteren Anlagenmodul entlastet – zum Beispiel in einer Turbine. (Im nächsten Kapitel werden Dämpfe als Arbeitsmedien mit änderbaren Phasen dargestellt. Diese werden in Klimaanlagen mittels Drosselventilen entlastet, die eine Kondensation zur flüssigen Phase hervorrufen. Das bewirkt die Senkung der inneren Energie und dadurch der Temperatur.) Das Arbeitsmedium verrichtet in der Turbine eine Arbeit und erreicht infolge dessen niedrigere Werte für Druck und Temperatur. Die Temperatur wird in dieser Weise unter die Temperatur der Kältekammer T_O gebracht. Von diesem Zustand aus kann das Arbeitsmedium erneut Wärme aus der Kältekammer aufnehmen.

Die in der Turbine geleistete Arbeit ist – beim Einsatz von Gasen –stets kleiner als die Verdichtungsarbeit – entsprechend der Energiebilanz in einem linkslaufenden Kreisprozess. Durch eine Kopplung zwischen Turbine und Verdichter kann die Entlastungsarbeit anteilmäßig für die Verdichtung genutzt werden. Zur Analyse eines solchen idealen Kreisprozesses wird außer den üblichen Annahmen (ideales Gas, reversible Zustandsänderungen) vorrausgesetzt, dass jeder Wärmeaustausch vollständig bis zur Temperatur der Kältekammer bzw. der Umgebung erfolgt.

Zur Berechnung des Kreisprozesses sind folgende Angaben üblich:

$$\pi = \frac{p_2}{p_1} \quad sowie \quad \tau = \frac{T_2}{T_1} \quad \text{wobei } T_1 = T_O > T_4$$

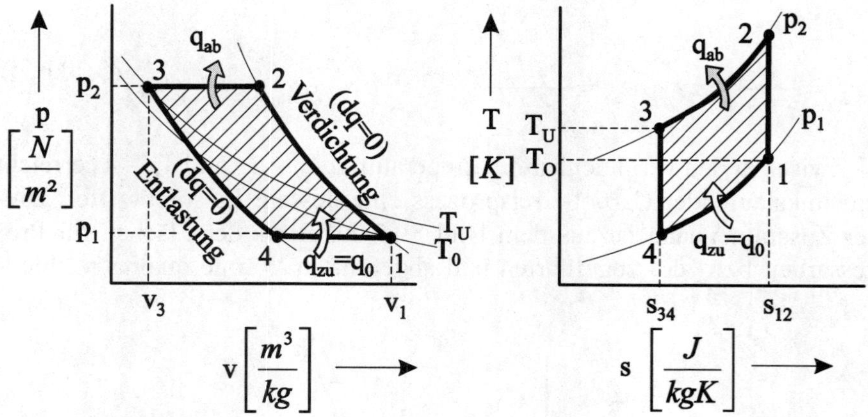

Bild 5.14 Idealer Kreisprozess in einer Kältemaschine mit idealem Gas

Wie die aus Bild 5.14 ersichtlich, soll das Druckverhältnis bei der Verdichtung derart realisiert werden, dass die resultierende Verdichtungstemperatur über der Umgebungstemperatur liegt ($T_2 > T_u$), sonst ist kein Wärmeaustausch möglich. Analog soll die Temperatur nach der Entlastung unter der Temperatur der Kältekammer liegen. Je mehr die Verdichtungs- bzw. Entlastung ausgedehnt werden, desto mehr Wärme wird aufgenommen und abgegeben.

Für die energetische Bilanz gilt:

$$|q_{ab}| = h_2 - h_3 \xrightarrow{(5.14)} |w_K| = (h_2 - h_3) - (h_1 - h_4) \tag{5.19}$$

$$q_{zu} = h_1 - h_4$$

Aus Gl.(5.16) resultiert:

$$\varepsilon_K = \frac{1}{\dfrac{h_2 - h_3}{h_1 - h_4} - 1} = \frac{1}{\dfrac{h_2}{h_1} \cdot \dfrac{1 - \dfrac{h_3}{h_2}}{1 - \dfrac{h_4}{h_1}} - 1} \tag{5.20}$$

Andererseits gilt nach Gl.(3.64) bei der Annahme $c_p = c_{pm}$ und mit $h=c_pT$:

$$\frac{h_2}{h_1} = \frac{h_3}{h_4} = \frac{T_2}{T_1} = \left(\frac{p_2}{p_1}\right)^{\frac{k-1}{k}}$$

$$\rightarrow \frac{h_4}{h_1} = \frac{h_3}{h_2} \rightarrow \varepsilon_K = \frac{1}{\frac{h_2}{h_1} - 1} = \frac{1}{\frac{T_2}{T_1} - 1} \tag{5.20a}$$

$$\varepsilon_K = \frac{1}{\tau - 1} \quad bzw. \quad \varepsilon_K = \frac{1}{\pi^{\frac{k-1}{k}} - 1} \tag{5.20 b, c}$$

Zwischen den vergleichbaren Temperaturen $T_u = T_3$ und $T_o = T_1$ erreicht ein linkslaufender Carnot-Kreisprozess eine bessere Leistungsziffer. Dieser Zusammenhang ist aus dem Bild 5.15 auf Basis der Flächen für Prozessarbeit bzw. der zugeführten und abgeführten Wärme qualitativ ableitbar.

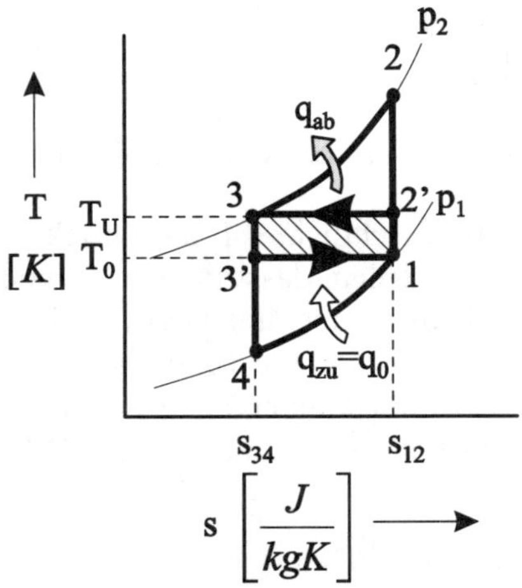

Bild 5.15 Vergleich des idealen Kreisprozesses in einer Kältemaschine mit einem Referenz-Carnot-Kreisprozess

Für jede Kältemaschine stellt deswegen der entsprechende linkslaufende Carnot-Kreis-Prozess den Referenzprozess dar. Ein ideales Gas als Arbeitsmittel für Kältemaschinen hat gegenüber dem Dampf den Nachteil einer viel geringeren spezifischen Wärmekapazität: die Aufnahme einer vergleichbaren Wärme bedingt daher einen größeren Massenstrom und größeren Wärmeaustauschflächen. Der Vorteil der Gase ist andererseits das Erreichen extrem niedriger Temperaturen ohne Gefahr des Erstarrens durch Phasenänderung.

5.2.3 Kreisprozesse in Wärmepumpen (Heizanlagen)

Zur Heizung des Fahrgastraumes eines Fahrzeuges kann – analog der Kältemaschine – ein linkslaufender Kreisprozess genutzt werden. Dadurch, dass die Zustandsänderungen – Verdichtung, Wärmeabfuhr, Entlastung, Wärmezufuhr – ähnlich jener in einer Kältemaschine sind, können prinzipiell die Funktionsmodule einer gleichen Maschine genutzt werden. Der Unterschied besteht nur in der Nutzungsstelle: in der Wärmepumpe wird die vom thermodynamischen System abgegebene Wärme genutzt. Die ins System zugeführte Wärme kann im Falle eines Fahrzeugs vom Kühlmittel des Motors oder vom Abgas gewonnen werden. Die Umschaltung einer Klimaanlage auf Wärmepumpefunktion ist demzufolge durch die Umschaltung der Wärmequellen an den Wärmetauschern prinzipiell möglich: statt aus dem Fahrgastraum würde Wärme bei der niedrigeren Temperatur vom Kühl- und Auspuffsystem des Motors dem Arbeitsmedium zugeführt bzw. statt in die Umgebung würde die Wärme bei der niedrigeren Temperatur in den Fahrgastraum abgeführt.

Wie bei der Kältemaschine ist auch im Falle der Wärmepumpe der Betrieb mit idealem Gas oder mit Dampf möglich. In diesem Fall wird der Dampf wegen der größeren spezifischen Wärmekapazität bevorzugt. Der Kreisprozess und die Wirkungsweise der Anlage, die in Bild 5.16 dargestellt ist, bleiben jedoch prinzipiell gleich.

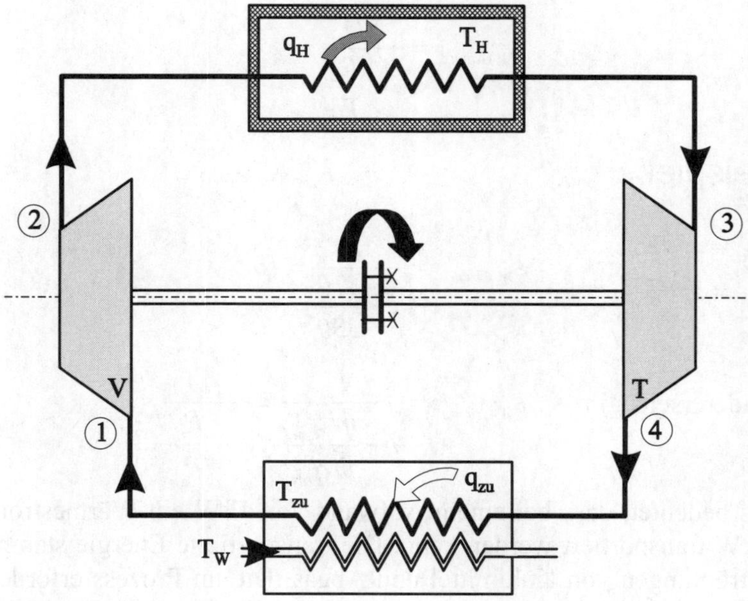

Bild 5.16 Wirkungsweise einer Wärmepumpe

Der zu beheizende Raum befindet sich nach dem Verdichterausgang. Das Arbeitsmedium kann beispielsweise nach der Verdichtung eine Temperatur um 50 - 60°C erreichen. Die Wärmeübertragung an den Fahrgastraum – über den Wärmetauscher – führt zur Senkung der Temperatur, der Druck bleibt aber konstant. Es erfolgt dann eine Entlastung des Arbeitsmediums – auch hier ist beim Einsatz eines Gases als Arbeitsmediums der Einsatz einer Turbine möglich – wonach Druck und Temperatur sinken. Die Temperatur am Ende der Entlastung liegt somit unter der Temperatur des Wärmeaustauschmediums, das in den Wärmetauscher einströmt. Infolge der Temperaturdifferenz wird von diesem Medium dem Arbeitsmedium im Kreisprozess Wärme zugeführt. Die Temperatur des Arbeitsmediums erreicht somit den Wert am Verdichtereingang und der Kreisprozess kann vom gleichen Zustand aus wiederholt werden.

Analog der Kältemaschine wird eine Leistungsziffer der Wärmepumpe wie folgt eingeführt:

$$\varepsilon_W = \frac{|q_{ab}|}{w_K} = \frac{|q_{ab}|}{|q_{ab}| - q_{zu}} = \frac{1}{1 - \dfrac{q_{zu}}{|q_{ab}|}} \quad \rightarrow \quad \varepsilon_W > 1 \tag{5.21}$$

Für den linkslaufenden Carnot-Kreisprozess als Referenzzyklus gilt:

$$\varepsilon_{WCarnot} = \frac{1}{1 - \dfrac{T_{zu}}{T_{ab}}}$$

Beispiel:

$T_{zu} = 310K$

$T_{ab} = 330K$

$$\varepsilon_{W\,Carnot} = \frac{1}{1 - \dfrac{310}{330}} = 16{,}5$$

Andererseits gilt: $$\varepsilon_{W\,Carnot} = \frac{1}{1 - \dfrac{\dot{m}\,q_{zu}}{\dot{m}\,q_{ab}}} = \frac{1}{1 - \dfrac{P_{zu}}{P_{ab}}}$$

Das bedeutet, dass bei einem Aufwand von 1kW ein Wärmestrom von 16,5 kW transportiert werden kann. Die transportierte Energie stammt aus den Strömungen von Kühlmittel und Abgas. Die im Prozess erforderliche Arbeit dient nur dem Wärmetransport von der kalten zur warmen Quelle.

Anwendungsbeispiele und Übungen zu Kapitel 5

Kreisprozesse in Wärmekraftmaschinen

Ü 5.1 Es ist der ideale Kreisprozess in einem Kolbenmotor auf Grundlage der spezifischen, elementaren Zustandsänderungen im Otto-, Diesel-, Seiliger- und Stirling-Verfahren zu berechnen.

Aufgaben:

1. Berechnung der Zustandsgrößen in den Eckpunkten des Kreisprozesses für die angegebenen Fälle.
2. Berechnung von mindestens 10 Zwischenpunkten auf jeder Zustandsänderung in dem jeweiligen Kreisprozess (Paare p, V bzw. T, s).
3. Berechnung der energetischen Größen q, w, h, u für jede Zustandsänderung bzw. für den gesamten Kreisprozess.
4. Berechnung des thermischen Wirkungsgrades für die Kreisprozesse und den Referenz-Carnot-Prozess
5. Maßstäbliche Darstellung der Kreisprozesse im p, V / T, s -Diagramm, ausgehend von den Ergebnissen der Punkte 1) und 2). Die Kreisprozesse für die beiden angegebenen Lastfälle sind jeweils im gleichen p, V / T, s -Diagramm darzustellen.

Angaben:

- Arbeitsmedium: ideale Luft

$$R = 0{,}28704\left[\frac{kJ}{kgK}\right];c_{pm} = 1{,}005\left[\frac{kJ}{kgK}\right]$$

- Anfangszustand (atmosphärischer Zustand):

$$p_1 = 1\cdot 10^5\left[\frac{N}{m^2}\right];T_1 = (273{,}15+10)[K]\ ;$$

$$s_1 = 6{,}882\left[\frac{kJ}{kgK}\right]$$

- Maximale Prozesstemperatur (Lastniveau):

  Fall A (hohe Last): 1900°C

  $T_{maxA}=(273{,}15+1900)[K]$

  Fall B (niedrige Last): 1100°C

  $T_{maxB}=(273{,}15+1100)[K]$

- Kolbenmotor:

	Otto	**Otto***	**Diesel**	**Seiliger**	**Stirling**
Verdichtung ε *[-]*	12	13,8	22	12	11
Hubvolumen $V_H\,[10^{-3}\,m^3]$	1,8	1,8	1,8	1,8	1,8
Verdichtung	*ds=0*	*ds=0*	*ds=0*	*ds=0*	*dT=0*
Wärmezufuhr	*dv=0*	*dv=0*	*dp=0*	*dv=0 (30%)* *dp=0 (70%)*	*dv=0*
Entlastung	*ds=0*	*ds=0*	*ds=0*	*ds=0*	*dT=0*
Wärmeabfuhr	*dv=0*	*dv=0*	*dv=0*	*dv=0*	*dv=0*

Elementare Zustandsänderungen: dv=0 isochor

dp=0 isobar

dT=0 isotherm

ds=0 isentrop

Lösung:

Berechnung der Zustandsgrößen in den Eckpunkten:

Zustand 1

Für alle als Kolbenmotoren betrachteten Maschinen (Otto, Otto*, Diesel, Seiliger, Stirling) gilt:

$$V_1 = V_{max} = V_H + V_{min}$$

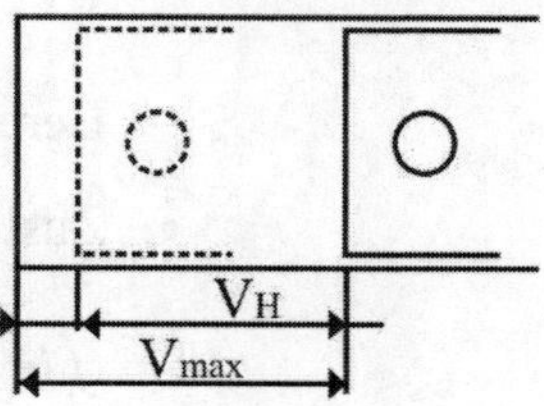

$$\varepsilon = \frac{V_{max}}{V_{min}} = \frac{V_H + V_{min}}{V_{min}}$$

$$V_{max} = V_H + \frac{V_H}{\varepsilon - 1} = \frac{\varepsilon}{\varepsilon - 1} V_H$$

- Zustandsgleichung:

$$pV = mRT \rightarrow m = \frac{p_1 V_1}{RT_1}$$

Zustand 1	**Fall A, Fall B**					
		Otto	**Otto***	**Diesel**	**Seiliger**	**Stirling**
p	$\left[10^5 \frac{N}{m^2}\right]$	1	1	1	1	1
V	$[10^{-3}\, m^3]$	1,964	1,941	1,886	1,964	1,980
T	$[K]$	283,15	283,15	283,15	283,15	283,15
s	$\left[\frac{kJ}{kg \cdot K}\right]$	6,882	6,882	6,882	6,882	6,882
m	$10^{-3}[kg]$	2,416	2,388	2,330	2,416	2,436

Zustand 2

– für alle Verfahren mit 1-2 isentrop (Otto, Otto*, Diesel, Seiliger):

$$ds = 0 \rightarrow p_i V_i^k = konst \;\; bzw. \;\; p_i v_i^k = konst \;\; i \in [1,2]$$

$$k = \frac{c_{pm}}{c_{vm}} = \frac{c_{pm}}{c_{pm} - R} \rightarrow k = \frac{1{,}005}{1{,}005 - 0{,}28704} \left[\frac{\frac{kJ}{kgK}}{\frac{kJ}{kgK}} \right]$$

– für das Verfahren mit 1-2 isotherm (Stirling):

$$dT = 0 \rightarrow p_i V_i = konst \;\; bzw. \;\; p_i v_i = konst \;\; i \in [1,2]$$

– Berechnung der Zustandsgrößen p_2, V_2, T_2:

- Zustandänderung 1-2:

$$für \;\; p_i V_i^k = konst \rightarrow p_1 V_1^k = p_2 V_2^k$$

$$\rightarrow p_2 = p_1 \left(\frac{V_1}{V_2} \right)^k = p_1 \varepsilon^k$$

$$für \;\; p_i V_i = konst \rightarrow p_1 V_1 = p_2 V_2$$

$$\rightarrow p_2 = p_1 \left(\frac{V_1}{V_2} \right) = p_1 \varepsilon$$

- funktionelles Verhältnis (gegeben):

$$\varepsilon = \frac{V_1}{V_2} \qquad \rightarrow V_2 = \frac{V_1}{\varepsilon}$$

- Zustandsgleichung:

$$pV = mRT \rightarrow \frac{p_1 V_1}{T_1} = \frac{p_2 V_2}{T_2}$$

$$\rightarrow T_2 = \frac{p_2 V_2}{p_1 V_1} T_1$$

Zustand 2	**Fall A, Fall B**					
		Otto	**Otto***	**Diesel**	**Seiliger**	**Stirling**
p	$\left[10^5 \dfrac{N}{m^2}\right]$	32,41	39,41	75,70	32,41	11,00
V	$[10^{-3}\, m^3]$	0,164	0,141	0,086	0,164	0,180
T	$[K]$	764,67	808,61	974,32	764,64	283,15
s	$\left[\dfrac{kJ}{kg \cdot K}\right]$	6,882	6,882	6,882	6,882	6,194*)

$$*)\ s_2 = s_1 + R\,ln\frac{V_2}{V_1} = s_1 - R\,ln\,\varepsilon$$

Zustand 3

– Berechnung der Zustandsgrößen p_3, V_3, T_3:

- Zustandänderung 2-3:

  Otto, Otto*, Stirling:

$$f\ddot{u}r\ \ dV = 0; \frac{p_i}{T_i} = konst \rightarrow \frac{p_2}{T_2} = \frac{p_3}{T_3} \rightarrow p_3 = p_2\frac{T_3}{T_2}$$

  Diesel:

$$f\ddot{u}r\ \ dp = 0; \frac{V_i}{T_i} = konst \rightarrow \frac{V_2}{T_2} = \frac{V_3}{T_3} \rightarrow V_3 = V_2\frac{T_3}{T_2}$$

  Seiliger:

$$f\ddot{u}r\ 30\%\ q_{zu}\ \ bei\ dV = 0 \rightarrow 30\% q_{zu} = (c_{pm} - R)(T_3{'} - T_2)$$

$$70\%\ q_{zu}\ \ bei\ dp = 0 \rightarrow 70\% q_{zu} = c_{pm}(T_3 - T_3{'})$$

  (da so $T_3{'}$ gefunden werden soll) $\rightarrow T_3{'} = \dfrac{3c_{pm}T_3 + 7(c_{pm} - R)T_2}{3c_{pm} + 7(c_{pm} - R)}$

$$und\ \ p_3{'} = p_2\frac{T_3{'}}{T_2}; p_3 = p_3{'}$$

- funktionelles Verhältnis (gegeben):

  $T_3 = T_{max}$

- Zustandsgleichung:
  $pV = mRT$

- spezifische Entropie:

$$isochor \rightarrow s_3 - s_2 = \left(c_{pm} - R\right) ln \frac{T_3}{T_2}$$

$$\left(Seiliger \rightarrow s_3' - s_2 = \left(c_{pm} - R\right) ln \frac{T_3'}{T_2} \right)$$

$$isobar \rightarrow s_3 - s_2 = c_{pm}\, ln \frac{T_3}{T_2}$$

$$\left(Seiliger \rightarrow s_3 - s_3' = c_{pm}\, ln \frac{T_3}{T_3'} \right)$$

Zustand 3 **Fall A**

		Otto	**Otto***	**Diesel**	**Seiliger**	**Stirling**
p	$\left[10^5 \frac{N}{m^2}\right]$	92,10	105,91	75,71	54,79*) 54,79	84,42
V	$[10^{-3}\, m^3]$	0,164	0,141	0,191	0,164*) 0,275	0,180
T	$[K]$	2173,15	2173,15	2173,15	1292,78*) 2173,15	2173,15
s	$\left[\frac{kJ}{kg \cdot K}\right]$	7,632	7,592	7,688	7,259*) 7,781	7,657

*) Zustand 3'

Zustand 3 **Fall B**

		Otto	**Otto***	**Diesel**	**Seiliger**	**Stirling**
p	$\left[10^5 \frac{N}{m^2}\right]$	58,19	66,92	75,71	42,08*) 42,08	53,35
V	$[10^{-3}\, m^3]$	0,164	0,141	0,121	0,164*) 0,226	0,180
T	$[K]$	1373,15	1373,15	1373,15	992,81*) 1373,15	1373,15
s	$\left[\frac{kJ}{kg \cdot K}\right]$	7,302	7,262	7,227	7,069*) 7,395	7,327

*) Zustand 3'

Zustand 4

– Berechnung der Zustandsgrößen p_4, V_4, T_4:

- Zustandänderung 3-4.

  Otto, Otto*, Diesel, Seiliger:

$$für\ \ p_i V_i^k = konst \rightarrow p_3 V_3^k = p_4 V_4^k$$

$$\rightarrow p_4 = p_3 \left(\frac{V_3}{V_4} \right)^k$$

  Stirling:

$$für\ \ p_i V_i \ = konst \rightarrow p_3 V_3 \ = p_4 V_4$$

$$\rightarrow p_4 = p_3 \left(\frac{V_3}{V_4} \right)$$

- funktionelles Verhältnis (verfahrensbedingt):

  für alle Prozessführungen

$$isochore\ Wärmeabfuhr \qquad \rightarrow V_4 = V_1$$

- Zustandsgleichung:

$$pV = mRT$$

Zustand 4	**Fall A**	**Otto**	**Otto***	**Diesel**	**Seiliger**	**Stirling**
p	$\left[10^5 \dfrac{N}{m^2}\right]$	2,84	2,69	3,07	3,50	7,67
V	$[10^{-3}\ m^3]$	1,964	1,941	1,886	1,964	1,980
T	$[K]$	804,70	760,97	870,31	990,41	2173,15
s	$\left[\dfrac{kJ}{kg \cdot K}\right]$	7,632	7,592	7,688	7,781	8,345*)

Zustand 4	**Fall B**					
		Otto	**Otto***	**Diesel**	**Seiliger**	**Stirling**
p	$\left[10^5 \dfrac{N}{m^2}\right]$	1,80	1,70	1,62	2,04	4,85
V	$[10^{-3}\,m^3]$	1,964	1,941	1,886	1,964	1,980
T	$[K]$	508,47	480,83	457,72	578,86	1373,15
s	$\left[\dfrac{kJ}{kg \cdot K}\right]$	7,302	7,262	7,227	7,395	8,016*)

*) $s_4 = s_3 + R\ln\dfrac{V_4}{V_3} = s_3 + R\ln\varepsilon$

Kontrolle

Mit den berechneten Werten der Zustandsgrößen wird für die jeweilige Zustandsänderung 4-1 in jedem Verfahren die Entropiedifferenz s_4-s_1 berechnet. In allen Fällen wird $s_1 = 6{,}882\left[\dfrac{kJ}{kgK}\right]$ bestätigt.

Berechnung von Zwischenpunkten auf jeder Zustandsänderung

Für die maßstäbliche Darstellung der Diagramme (p,V) und (T,s) werden für alle Zustandsänderungen, die keine Geraden sind, Zwischenpunkte berechnet.

		Otto	**Otto***	**Diesel**	**Seiliger**	**Stirling**
p,V	**1-2**	$p_i V_i^k$	$p_i V_i^k$	$p_i V_i^k$	$p_i V_i^k$	$p_i V_i$
	2-3	|	|	—	|—	|
	3-4	$p_i V_i^k$	$p_i V_i^k$	$p_i V_i^k$	$p_i V_i^k$	$p_i V_i$
	4-1	|	|	|	|	|
T,s	**1-2**	|	|	|	|	—
	2-3	*)	*)	**)	*)/**)	*)
	3-4	|	|	|	|	—
	4-1	*)	*)	*)	*)	*)

Rechenbeispiele für Zwischenpunkte

- Otto-Prozess, Isentrope 1-2 (p,V)

$p_i V_i^k = p_1 V_1^k$	$V\,[10^{-3}\,m^3]$	1,96	1,64	1,31	0,82	0,49	0,16
	$p\,[10^5\,\frac{N}{m^2}]$	1,00	1,29	1,76	3,41	6,94	32,41

- Otto-Prozess, Isochore 2-3 (T,s) *)

$s_i - s_2 = (c_{pm} - R) ln \frac{T_i}{T_2}$	$s\left[\frac{kJ}{kgK}\right]$	6,882	7,25	7,492	7,632
	$T\,[K]$	764,67	1276,68	1788,95	2173,15

- Diesel-Prozess, Isobare 2-3 (T,s) **)

$s_i - s_2 = c_{pm}\, ln \frac{T_i}{T_2}$	$s\left[\frac{kJ}{kgK}\right]$	6,882	6,98	7,425	7,687
	$T\,[K]$	974,32	1075,67	1675,07	2173,15

Berechnung von q,w,h,u

Zustandänderung 1-2

		Otto	Otto*	Diesel	Seiliger	Stirling
q_{12}	$\left[\frac{kJ}{kg}\right]$	0	0	0	0	$RT_1 ln\frac{V_2}{V_1}$
w_{12}		u_1-u_2	u_1-u_2	u_1-u_2	u_1-u_2	$RT_1 ln\frac{V_2}{V_1}$
h_2-h_1		$c_{pm}(T_2-T_1)$	$c_{pm}(T_2-T_1)$	$c_{pm}(T_2-T_1)$	$c_{pm}(T_2-T_1)$	0
u_2-u_1		$c_{vm}(T_2-T_1)$	$c_{vm}(T_2-T_1)$	$c_{vm}(T_2-T_1)$	$c_{vm}(T_2-T_1)$	0
q_{12}	$\left[\frac{kJ}{kg}\right]$ A,B	0	0	0	0	-194,9
w_{12}		-345,7	-377,3	-496,2	-345,7	-194,9
h_2-h_1		483,9	528,1	694,6	483,9	0
u_2-u_1		345,7	377,3	497,2	345,7	0

Zustandsänderung 2-3

		Otto	Otto*	Diesel	Seiliger	Stirling
q_{23}	$\left[\frac{kJ}{kg}\right]$	u_3-u_2	u_3-u_2	h_3-h_2	$u_3'-u_2$ h_3-h_3'	u_3-u_2
w_{23}		0	0	$p_3(v_3-v_2)$	0 $p_3(v_3-v_3')$	0
h_3-h_2		$c_{pm}(T_3-T_2)$	$c_{pm}(T_3-T_2)$	$c_{pm}(T_3-T_2)$	$c_{pm}(T_3-T_2)$	$c_{pm}(T_3-T_2)$
u_3-u_2		$c_{vm}(T_3-T_2)$	$c_{vm}(T_3-T_2)$	$c_{vm}(T_3-T_2)$	$c_{vm}(T_3-T_2)$	$c_{vm}(T_3-T_2)$
q_{23}	$\left[\frac{kJ}{kg}\right]$	1011,2 436,9	979,7 405,3	1204,8 400,8	379,2*) 163,8*) 884,8**) 382,2**)	1356,9 782,6
w_{23}		0	0	344,1 114,5	0*) 0*) 252,7**) 109,2**)	0
h_3-h_2	A B	1415,5 611,5	1371,4 567,4	1204,8 400,8	530,8*) 229,3*) 884,8**) 382,2**)	1899,5 1095,5
u_3-u_2		1011,2 436,9	979,7 405,3	860,7 286,3	379,2*) 163,8*) 632,1**) 273,1**)	1356,9 782,6

*) Zustandsänderung 2-3'

**) Zustandsänderung 3'-3

Zustandsänderung 3-4

		Otto	Otto*	Diesel	Seiliger	Stirling
q_{34}	$\left[\frac{kJ}{kg}\right]$	*0*	*0*	*0*	*0*	$RT_3 \ln\frac{V_4}{V_3}$
w_{34}		u_3-u_4	u_3-u_4	u_3-u_4	u_3-u_4	$RT_3 \ln\frac{V_4}{V_3}$
h_4-h_3		$c_{pm}(T_4-T_3)$	$c_{pm}(T_4-T_3)$	$c_{pm}(T_4-T_3)$	$c_{pm}(T_4-T_3)$	*0*
u_4-u_3		$c_{vm}(T_4-T_3)$	$c_{vm}(T_4-T_3)$	$c_{vm}(T_4-T_3)$	$c_{vm}(T_4-T_3)$	*0*
q_{34}	$\left[\frac{kJ}{kg}\right]$	0	0	0	0	1495,8 945,1
w_{34}		982,5 620,8	1013,9 640,6	935,4 657,2	849,2 570,3	1495,8 945,1
h_4-h_3	A	-1375,3 -869,0	-1419,2 -896,8	-1309,4 -920,0	-1188,7 -798,3	0
u_4-u_3	B	-982,5 -620,8	-1013,9 -640,6	-935,4 -657,2	-849,2 -570,3	0

Zustandsänderung 4-1

		Otto	Otto*	Diesel	Seiliger	Stirling
q_{41}	$\left[\frac{kJ}{kg}\right]$	u_1-u_4	u_1-u_4	u_1-u_4	u_1-u_4	u_1-u_4
w_{41}		*0*	*0*	*0*	*0*	*0*
h_1-h_4		$c_{pm}(T_1-T_4)$	$c_{pm}(T_1-T_4)$	$c_{pm}(T_1-T_4)$	$c_{pm}(T_1-T_4)$	$c_{pm}(T_1-T_4)$
u_1-u_4		$c_{vm}(T_1-T_4)$	$c_{vm}(T_1-T_4)$	$c_{vm}(T_1-T_4)$	$c_{vm}(T_1-T_4)$	$c_{vm}(T_1-T_4)$

q_{41}	$\left[\frac{kJ}{kg}\right]$	-374,5 -161,8	-343,1 -141,9	-421,6 -125,3	-507,8 -212,3	-1356,9 -782,6
w_{41}		0	0	0	0	0
h_1-h_4	A	-524,2 -226,4	-480,2 -198,7	-590,1 -175,4	-710,8 -297,2	-1899,5 -1095,5
u_1-u_4	B	-374,5 -161,8	-343,1 -141,9	-421,6 -125,3	-507,8 -212,3	-1356,9 -782,6

Berechnung Σq_i, Σw_i, Σh_i, Σu_i; q_{zu}; η_{th}

		Otto	**Otto***	**Diesel**	**Seiliger**	**Stirling**	
Σq_i	$\left[\frac{kJ}{kg}\right]$	636,8 275,1	636,6 263,4	783,3 275,5	756,2 333,7	1300,9 750,2	
Σw_i		636,8 275,1	636,6 263,4	783,3 275,5	756,2 333,7	1300,9 750,2	
Σh_i		0 0	0 0	0 0	0 0	0 0	
Σu_i		0 0	0 0	0 0	0 0	0 0	
Σq_{zu}		1011,2 436,9	979,7 405,3	1204,8 400,8	379,2+884,8 163,8+382,2	1495,8*) 945,1*)	2852,7 1727,7
$\eta_{th} = \frac{w_k}{q_{zu}}$		0,63 0,63	0,65 0,65	0,65 0,69	0,61 0,61	0,87*) 0,79*)	0,46 0,43

*) siehe Kommentar Nr. 4

Thermischer Wirkungsgrad des Referenz-Carnot-Prozesses

Der thermische Wirkungsgrad des Referenz-Carnot-Kreisprozesses als Vergleich für alle Verfahren beträgt:

$$\eta_{th} = 1 - \frac{T_{min}}{T_{max}}$$

Fall A: $$\eta_{thA} = 1 - \frac{283,15}{2173,15} = 0,87$$

Fall B: $$\eta_{thB} = 1 - \frac{283,15}{1373,15} = 0,79$$

Kommentare

1. Der thermische Wirkungsgrad des idealen Otto-Kreisprozesses ist bei der Annahme c_{pm}=konst unverändert mit der Last – er hängt nur vom Verdichtungsverhältnis ab.
2. Der Otto-Kreisprozess mit ε=13,8 erreicht bei Volllast den gleichen thermischen Wirkungsgrad wie der Diesel-Kreisprozess mit ε=22. Bei Teillast nimmt der thermische Wirkungsgrad des Diesel-Kreisprozesses zu, während er beim Otto-Prozess unverändert bleibt.
3. Der Seiliger-Kreisprozess hat in gleichen Temperaturgrenzen einen geringeren thermischen Wirkungsgrad als die Otto- und Diesel-Kreisprozesse.
4. Der Stirling-Kreisprozess erreicht den thermischen Wirkungsgrad eines Carnot-Kreisprozesses, wenn die während der Zustandsänderung 4-1 (isochor) abgeführte Wärme während der Zustandsänderung 2-3 (isochor) wieder zugeführt wird (Wärmerekuperation). Anderenfalls hat er den niedrigsten Wirkungsgrad von allen analysierten Verfahren für Kolbenmotoren.

Maßstäbliche Darstellung der idealen Kreisprozesse im p,V und T,s Diagramm

Otto-Prozess

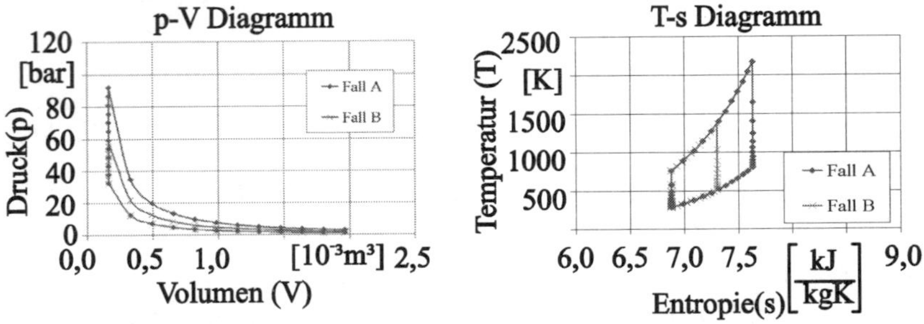

Bild Ü.5.1/1 Maßstäbliche Darstellung des idealen Otto-Prozesses in p,v- und T,s-Diagramm

Otto*-Prozess

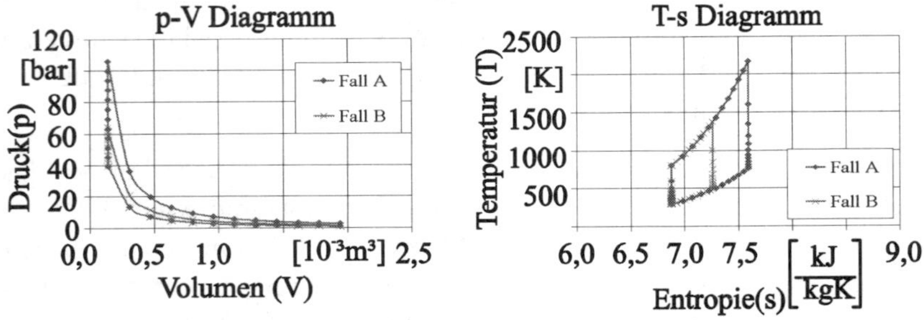

Bild Ü.5.1/2 Maßstäbliche Darstellung des idealen Otto*-Prozesses in p,v- und T,s- Diagramm

Diesel-Prozess

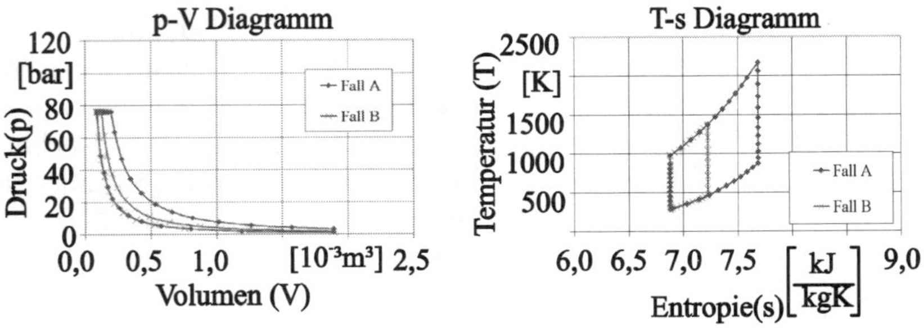

Bild Ü.5.1/3 Maßstäbliche Darstellung des idealen Diesel-Prozesses in p,v- und T,s- Diagramm

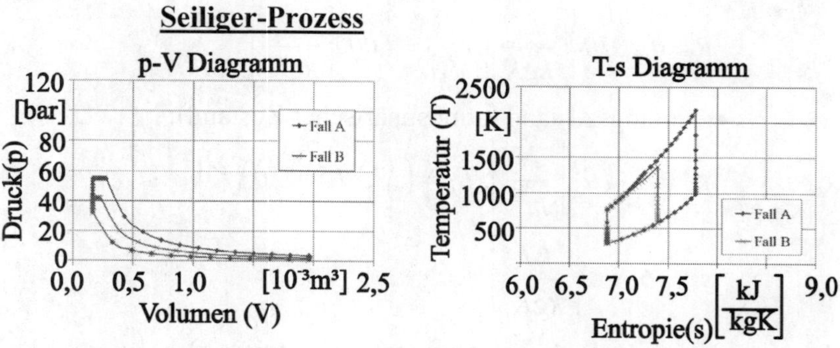

Bild Ü.5.1/4 Maßstäbliche Darstellung des idealen Seiliger-Prozesses in p,v- und T,s- Diagramm

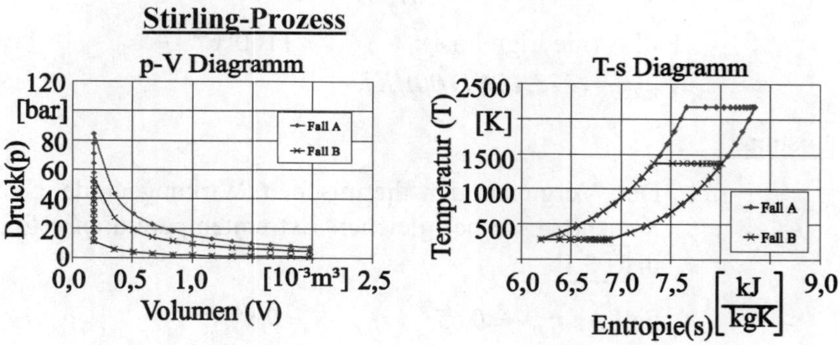

Bild Ü.5.1/5 Maßstäbliche Darstellung des idealen Stirling-Prozesses in p,v- und T,s- Diagramm

Ü 5.2 Es sind der thermische Wirkungsgrad und die Zustandsgrößen in den Eckpunkten eines idealen Carnot-Kreisprozesses im Vergleich zu jenen des idealen Diesel-Kreisprozesses bei gleicher Masse des Arbeitsmediums wie in Ü 5.1 unter folgenden Bedingungen zu berechnen.

Aufgaben

1. gleiche Temperaturgrenzen bei gleicher Kreisprozessarbeit
2. gleiche Druckgrenzen

Angaben:

- Arbeitsmedium: ideale Luft

$$R = 0{,}28704\left[\frac{kJ}{kgK}\right]; c_{pm} = 1{,}005\left[\frac{kJ}{kgK}\right]$$

- Anfangszustand (atmosphärischer Zustand):

$$p_1 = 1 \cdot 10^5\left[\frac{N}{m^2}\right]; T_1 = (273{,}15 + 10)[K];$$

$$s_1 = 6{,}882\left[\frac{kJ}{kgK}\right]$$

- Maximale Prozesstemperatur (Lastniveau):

  Fall A (hohe Last): 1900°C

  $T_{maxA} = (273{,}15 + 1900)[K]$

  Fall B (niedrige Last): 1100°C

  $T_{maxB} = (273{,}15 + 1100)[K]$

Lösung:

1. Der Vergleich der thermischen Wirkungsgrade beider Kreisprozesse bei gleichen Extremtemperaturen erfolgte in **Ü 5.1**:

   Fall A: $\eta_{th_D} = 0{,}65; \quad \eta_{th_{Carnot}} = 0{,}87$

   Fall B: $\eta_{th_D} = 0{,}685; \quad \eta_{th_{Carnot}} = 0{,}79$

   Der Carnot-Kreisprozess mit isothermer Wärmezufuhr / Wärmeabfuhr und isentroper Verdichtung / Entlastung könnte prinzipiell sowohl in einem geschlossenen System (Kolbenmotor) als auch, vorteilhafterweise, in einem offenen System (Verkettung von Wärmetauschern, Verdichter und Turbine mit Massenstrom) umgesetzt werden.

   In den Temperatur-Vergleichsgrenzen müssen allerdings die Drücke und Temperaturen in den Eckpunkten, entsprechend den spezifischen, elementaren Zustandsänderungen berechnet werden.

   Laut der Aufgabenstellung gilt:

   $w_{KCarnot} = w_{KD}$ sowie

$$\left(\frac{V_2}{V_3}\right)^{k-1} = \left(\frac{V_1}{V_4}\right)^{k-1} = \frac{T_{max}}{T_{min}}$$

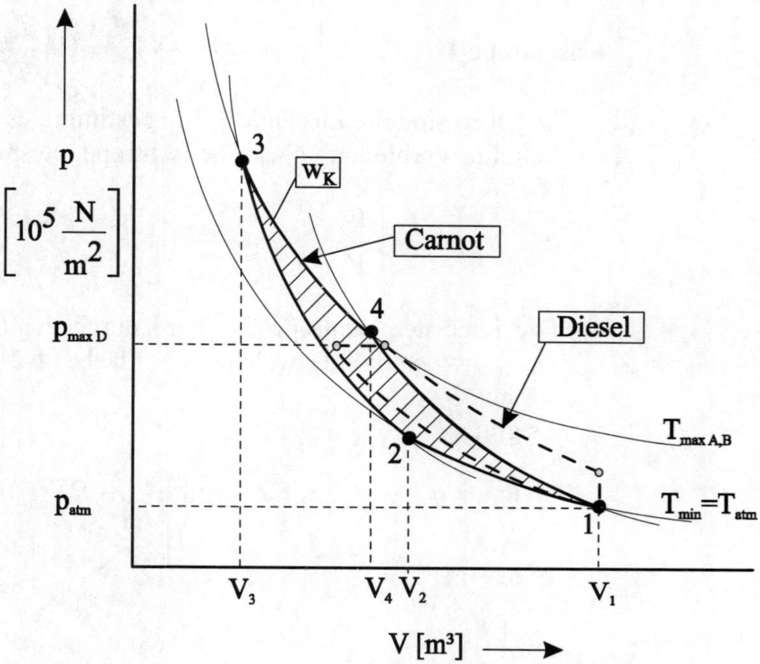

Bild. Ü.5.2 Darstellung eines idealen Carnot-Kreisprozesses im Vergleich zu einem idealen Diesel-Kreisprozess

Zustand 1

Der Zustand 1 am Beginn des Prozesses ist – wie bei allen Kolbenmotoren in **Ü 5.1** – durch $\frac{p_{atm}}{T_{atm}}$ eindeutig definiert.

Zustand 1	Fall A,B
$p\left[10^5 \frac{N}{m^2}\right]$	1
$V\,[10^{-3} m^3]$	1,886
$T\,[K]$	283,15

Der Zustand 4 ist ebenfalls durch T_4, V_4 bestimmt. Es gilt:

- $T_4=T_{max}$
- Isentrope 4-1: $\left(\frac{V_1}{V_4}\right)^{k-1}=\frac{T_{max}}{T_{min}} \rightarrow V_4=V_1\left(\frac{T_{max}}{T_{min}}\right)^{\frac{1}{1-k}}$

Dagegen sind die Zustände 2-3 unbestimmt, es gilt lediglich ihre Verbindung über eine Isentrope, beispielsweise:

$$\left(\frac{V_2}{V_3}\right)^{k-1}=\frac{T_{max}}{T_{min}}$$

Die Lage der Isentrope 2-3 wird durch die Bedingung $w_{KCarnot}=w_{KD}$ fixiert, welche die Fläche 1-2-3-4-1 bestimmt.
Es gilt:

$$w_K=q_{zu}-|q_{ab}|=RT_{\max}\ln\left(\frac{V_4}{V_3}\right)-RT_{\min}\ln\left(\frac{V_1}{V_2}\right)$$

wegen $V_1>V_2$

mit $\left(\frac{V_2}{V_3}\right)^{k-1}=\left(\frac{V_1}{V_4}\right)^{k-1}=\frac{T_{\max}}{T_{\min}}$ wird

$\frac{V_2}{V_3}=\frac{V_1}{V_4}$ und $\frac{V_4}{V_3}=\frac{V_1}{V_2}$

Daraus resultiert:

$$w_K=RT_{\max}\ln\left(\frac{V_1}{V_2}\right)-RT_{\min}\ln\left(\frac{V_1}{V_2}\right)$$

$$w_K=R(T_{\max}-T_{\min})\ln\frac{V_1}{V_2}$$

$$V_2=V_1e^{-\frac{w_k}{R(T_{max}-T_{min})}}$$

Zustand 2

- Zustandsänderung:

  Isotherme Verdichtung

$T_2 = T_1 = T_{min}$

- funktionelle Bedingung (gegeben):

$$w_{KCarnot} = w_{KD}$$

- Zustandsgleichung:

$$p_2 V_2 = p_1 V_1 \rightarrow p_2 = \frac{V_1}{V_2} p_1$$

$$V_{2A} = 1{,}886 \cdot e^{-\frac{783{,}3 \cdot 10^3}{287{,}04(2173{,}15-283{,}15)}} \left[10^{-3} m^3\right]$$

$$V_{2B} = 1{,}886 \cdot e^{-\frac{275{,}5 \cdot 10^3}{287{,}04(1373{,}15-283{,}15)}} \left[10^{-3} m^3\right]$$

Zustand 2	Fall A	Fall B
$p\left[10^5 \frac{N}{m^2}\right]$	4,24	2,41
$V\,[10^{-3} m^3]$	0,44	0,78
$T\,[K]$	283,15	283,15

Zustand 3

- Zustandsänderung:
  Isentrope Verdichtung

$$p_i V_i^k = konst \quad i \in [2{,}3]$$

- funktionelle Bedingung (gegeben):

$$T_3 = T_{max}$$

- Zustandsgleichung:

$$\frac{p_3 V_3}{T_3} = \frac{p_2 V_2}{T_2} \rightarrow V_3 = V_2 \left(\frac{T_{min}}{T_{max}}\right)^{\frac{1}{k-1}}$$

Zustand 3	Fall A	Fall B
$p\left[10^5 \dfrac{N}{m^2}\right]$	5322,7	607,1
$V\,[10^{-3} m^3]$	0,00272	0,01506
$T\,[K]$	2173,15	1373,15

Bemerkungen (bei Kolbenmotorenausführungen):

- $\dfrac{V_1}{V_3} = \dfrac{V_{max}}{V_{min}} = \varepsilon$ $\qquad \varepsilon_A = \dfrac{1{,}886}{0{,}00272} = 693{,}38$!

$$\varepsilon_B = \frac{1{,}886}{0{,}01506} = 125{,}23 \text{ !}$$

Zustand 4

- Zustandsänderung:
  Isotherme Entlastung

  $T_3 = T_4 = T_{max}$

- funktionelle Bedingung (verfahrensbedingt):

$$\left(\frac{V_1}{V_4}\right)^{k-1} = \frac{T_{max}}{T_{min}} \qquad \rightarrow \qquad V_4 = V_1\left(\frac{T_{min}}{T_{max}}\right)^{\frac{1}{k-1}}$$

- Zustandsgleichung:

$$p_4 V_4 = p_3 V_3 \qquad \rightarrow \qquad p_4 = p_3 \frac{V_3}{V_4}$$

Zustand 4	Fall A	Fall B
$p\left[10^5 \dfrac{N}{m^2}\right]$	1255,8	251,7
$V\,[10^{-3} m^3]$	0,01153	0,03634
$T\,[K]$	2173,15	1373,15

Kommentar Die maximalen Druckwerte im Carnot-Kreisprozess sowohl bei Voll- als auch bei Teillastwerten eines Dieselmotors machen die praktische Umsetzung eines solchen Verfahrens unmöglich. Die zu realisierenden, extrem hohen und dazu noch lastabhängigen Verdichtungsverhältnisse führen zur gleichen Schlussfolgerung.

2. Minimaler Druck im Diesel-Kreisprozess:

$$p_{min} = 1 \cdot 10^5 \left[\frac{N}{m^2}\right]$$

Maximaler Druck im Diesel-Kreisprozess:

$$p_{max\,A} = 75{,}7 \cdot 10^5 \left[\frac{N}{m^2}\right]$$

$$p_{max\,B} = 75{,}7 \cdot 10^5 \left[\frac{N}{m^2}\right]$$

Die Zustände 1 und 2 bleiben unverändert, da: $p_{2\,A,B} < p_{max\,A,B}$

Zustand 3

- Zustandsänderung:
  Isentrope Verdichtung

$$\frac{p_3}{p_2} = \left(\frac{V_2}{V_3}\right)^k = \left(\frac{T_3}{T_2}\right)^{\frac{k}{k-1}}$$

- funktionelle Bedingung (gegeben):
  $p_3 = p_{max}$
- Zustandsgleichung:

$$\frac{p_3 V_3}{T_3} = \frac{p_2 V_2}{T_2}$$

$$\left(\frac{p_3}{p_2}\right)_A = \frac{75{,}7}{4{,}24} = 17{,}85$$

$$\left(\frac{p_3}{p_2}\right)_B = \frac{75{,}7}{2{,}41} = 31{,}41$$

$$T_3 = T_2 \left(\frac{p_3}{p_2}\right)^{\frac{k-1}{k}}$$

$$V_3 = V_2 \left(\frac{p_2}{p_3}\right)^{\frac{1}{k}}$$

Zustand 3	Fall A	Fall B
$p\left[10^5 \frac{N}{m^2}\right]$	75,7	75,7
$V\,[10^{-3} m^3]$	0,0567	0,0666
$T\,[K]$	645,0	757,7

Zustand 4

- Zustandsänderung:
  Isotherme Entlastung

  $T_3 = T_4 = T_{max}$

- funktionelle Bedingung (verfahrensbedingt):

$$\left(\frac{V_1}{V_4}\right)^{k-1} = \frac{T_{max}}{T_{min}} \qquad \rightarrow \quad V_4 = V_1 \left(\frac{T_{min}}{T_{max}}\right)^{\frac{1}{k-1}}$$

- Zustandsgleichung:

$$p_4 V_4 = p_3 V_3 \qquad \rightarrow \quad p_4 = p_3 \frac{V_3}{V_4}$$

Zustand 4	Fall A	Fall B
$p\left[10^5\ \dfrac{N}{m^2}\right]$	17,86	31,38
$V\,[10^{-3}m^3]$	0,2405	0,1608
$T\,[K]$	645,0	757,7

$$w_K = q_{zu} - |q_{ab}| = q_{34} - |q_{12}| = R(T_{max} - T_{min})ln\frac{V_1}{V_2}$$

$$w_{KA} = 287{,}04(645{,}0 - 283{,}15)ln\frac{1{,}886}{0{,}44} =$$

$$= 150{,}02\left[\frac{kJ}{kg}\right] << w_{KDA}$$

$$w_{KB} = 287{,}04(757{,}7 - 283{,}15)ln\frac{1{,}886}{0{,}78} =$$

$$= 120{,}27\left[\frac{kJ}{kg}\right] << w_{KDB}$$

$$\eta_{thCarnotA} = 1 - \frac{T_{min}}{T_{max\,A}} = 0{,}561 < \eta_{thDA}$$

$$\eta_{thCornotB} = 1 - \frac{T_{min}}{T_{max\,B}} = 0{,}638 < \eta_{thDB}$$

Kommentar

In den gleichen Druckgrenzen wie ein Diesel-Kreisprozess erreicht ein Carnot-Kreisprozess nicht die gleiche Kreisprozessarbeit – dabei ist sein thermischer Wirkungsgrad ebenfalls ungünstiger.

Ü 5.3 Es ist der ideale Joule-Kreisprozess in einer Gasturbine (Strömungsmaschine) für den Antrieb eines Automobils bei gleichen Bedingungen wie für den jeweiligen Diesel-Kreisprozess entsprechend Ü 5.1 bei einer Drehzahl von 3000 min^{-1} zu berechnen.

Aufgaben

1. Berechnung der Zustandsgrößen in den Eckpunkten des Kreisprozesses für die angegebenen Fälle.
2. Berechnung der energetischen Größen q, w, h, u, Δs für jede Zustandsänderung bzw. für den gesamten Kreisprozess.
3. Berechnung der theoretischen Leistung der Strömungsmaschine.
4. Berechnung des thermischen Wirkungsgrades.

Angaben:

- Arbeitsmedium: ideale Luft

$$R = 0{,}28704\left[\frac{kJ}{kgK}\right]; c_{pm} = 1{,}005\left[\frac{kJ}{kgK}\right]$$

- Anfangszustand: (atmosphärischer Zustand):

$$p_1 = 1 \cdot 10^5\left[\frac{N}{m^2}\right]; T_1 = (273{,}15 + 10)[K];$$

$$s_1 = 6{,}882\left[\frac{kJ}{kgK}\right]$$

- Maximale Prozesstemperatur (Lastniveau):

  Fall A (hohe Last): 1900°C

  $T_{maxA}=(273{,}15+1900)[K]$

  Fall B (niedrige Last): 1100°C

  $T_{maxB}=(273{,}15+1100)[K]$

- Druckverhältnis bei der Verdichtung: $\frac{p_2}{p_1} = 7$

Lösung

Zustand 1

Bei 3000 min^{-1} benötigt ein Viertakt-Dieselmotor nach Ü 5.1 einen theoretischen Massenstrom an Arbeitsstoff:

$$\dot{m} = \frac{m}{T_{Asp}} = m \cdot \frac{n}{2}$$

$$\rightarrow \dot{m} = 2{,}33\left[10^{-3}\,kg\right] \cdot \frac{3000}{60} \cdot \frac{1}{2}\left[s^{-1}\right] = 58{,}25\left[\frac{g}{s}\right]$$

Die Strömungsmaschine ist ein offenes System, deshalb werden keine absoluten Volumen in den Eckpunkten des Kreisprozesses, sondern bei Bedarf spezifische Volumen $v = \frac{1}{\rho}$ berechnet.

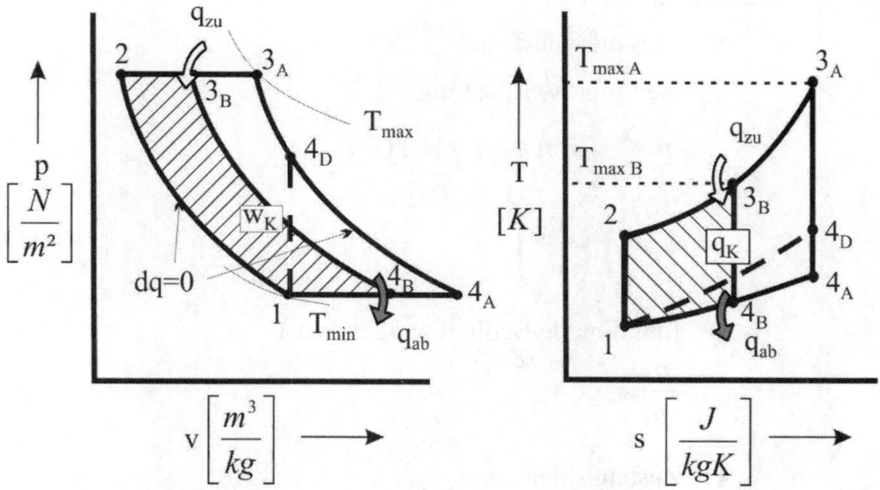

Bild Ü.5.3 Darstellung eines idealen Joule-Kreisprozesses (Teil- und Vollast) im Vergleich zu einem idealen Diesel-Kreisprozess mit gleichem Verdichtungsenddruck

Gegenüber dem Dieselmotor ist die Entlastung bis zum Umgebungsdruck – statt bis zum Anfangsvolumen – ausgedehnt, was bei vergleichbaren Bedingungen einen günstigeren thermischen Wirkungsgrad erwarten lässt.
Das Druckverhältnis nach der isentropen Verdichtung ist bei der Strömungsmaschine verfahrensbedingt niedriger

als beim Dieselmotor. Die maximale Temperatur infolge der Wärmezufuhr durch Verbrennung ist jedoch vergleichbar.

Zustand 1	Fall A,B
$p\left[10^5\dfrac{N}{m^2}\right]$	1
$v\left[10^{-3}\dfrac{m^3}{kg}\right]$	0,8127 *)
$T\,[K]$	283,15

*) $v_1 = \dfrac{RT_1}{p_1}$

Zustand 2

- Zustandsänderung:

  Isentrope Verdichtung

  $$p_i v_i^k = konst \quad i \in [1,2]$$

  $$v_2 = v_1\left(\frac{p_1}{p_2}\right)^{\frac{1}{k}}$$

- funktionelle Bedingung (gegeben):

  $$\frac{p_2}{p_1} = 7$$

- Zustandsgleichung:

  $$\frac{p_1 v_1}{T_1} = \frac{p_2 v_2}{T_2} \rightarrow \frac{p_2}{p_1} = \left(\frac{T_2}{T_1}\right)^{\frac{k}{k-1}}$$

  Daraus resultiert:

  $$T_2 = T_1\left(\frac{p_2}{p_1}\right)^{\frac{k-1}{k}}$$

Zustand 2	Fall A,B
$p\left[10^5\ \frac{N}{m^2}\right]$	7
$v\left[10^{-3}\ \frac{m^3}{kg}\right]$	0,2025
$T\,[K]$	493,69

Zustand 3

- Zustandsänderung:

  Isobare Wärmezufuhr

  $p_3 = p_2$

- funktionelle Bedingung (gegeben):

  $T_3 = T_{\max}$

  $T_{3A} = 2173{,}15[K]$

  $T_{3B} = 1373{,}15[K]$

- Zustandsgleichung

  $$\frac{p_3 v_3}{T_3} = \frac{p_2 v_2}{T_2}$$

  Daraus resultiert:

  $$v_3 = v_2 \frac{T_3}{T_2}$$

Zustand 3	Fall A	Fall B
$p\left[10^5\ \frac{N}{m^2}\right]$	7,0	7,0
$v\left[10^{-3}\ \frac{m^3}{kg}\right]$	0,891	0,563
$T\,[K]$	2173,15	1373,15

Zustand 4

- Zustandsänderung:

  Isentrope Entlastung

  $p_i v_i^{\,k} = konst \quad i \in [3{,}4]$

- funktionelle Bedingung (verfahrensbedingt):

  $p_4 = p_1$

- Zustandsgleichung

$$\frac{p_4 v_4}{T_4} = \frac{p_3 v_3}{T_3} \rightarrow \frac{p_4}{p_3} = \left(\frac{T_4}{T_3}\right)^{\frac{k}{k-1}}$$

Daraus resultiert:

$$T_4 = T_3 \left(\frac{p_4}{p_3}\right)^{\frac{k-1}{k}} \; ; \; v_4 = v_3 \left(\frac{p_3}{p_4}\right)^{\frac{1}{k}}$$

Zustand 4	A	B
$p\left[10^5 \frac{N}{m^2}\right]$	1,0	1,0
$v\left[10^{-3} \frac{m^3}{kg}\right]$	3,564	2,252
$T\,[K]$	1246,35	787,5

Entropieberechnung

$$\Delta s_{12} = 0$$

$$\Delta s_{23} = c_{pm} \ln \frac{T_3}{T_2} = 1{,}489 \left[\frac{kJ}{kgK}\right]$$

$$\Delta s_{34} = 0$$

$$\Delta s_{41} = c_{pm} \ln \frac{T_1}{T_4} = -1{,}489 \left[\frac{kJ}{kgK}\right]$$

Kontrolle

$$\frac{T_3}{T_2} = \frac{T_4}{T_1} \rightarrow \frac{T_2}{T_1} = \left(\frac{T_3}{T_4}\right)_{A,B}$$

$$\left(\frac{T_3}{T_4}\right)_A = 1{,}743\,;\left(\frac{T_3}{T_4}\right)_B = 1{,}743 \leftrightarrow$$

$$\leftrightarrow \frac{T_2}{T_1} = \frac{493{,}69}{283{,}15} = 1{,}743$$

Berechnung von q,w,h,u

		Fall A				Fall B			
		1-2	**2-3**	**3-4**	**4-1**	**1-2**	**2-3**	**3-4**	**4-1**
q_i	$\left[\frac{kJ}{kg}\right]$	0	h_3-h_2	0	h_1-h_4	0	h_3-h_2	0	h_1-h_4
w_i		h_1-h_2	0	h_3-h_4	0	h_1-h_2	0	h_3-h_4	0
Δh		$c_p\Delta T$	$c_p\Delta T$	$c_p\Delta T$	$c_p\Delta T$	$c_p\Delta T$	$c_p\Delta T$	$c_p\Delta T$	$c_p\Delta T$
Δu		$c_v\Delta T$	$c_v\Delta T$	$c_v\Delta T$	$c_v\Delta T$	$c_v\Delta T$	$c_v\Delta T$	$c_v\Delta T$	$c_v\Delta T$
q_i	$\left[\frac{kJ}{kg}\right]$	0	1687,9	0	-968,0	0	883,9	0	-506,9
w_i		-211,6	0	931,4	0	-211,6	0	588,6	0
Δh		211,6	1687,9	-931,4	-968,0	211,6	883,9	-588,6	-506,9
Δu		151,2	1205,8	-665,4	-691,5	151,2	631,4	-420,5	-362,1

$$w_K = q_{zu} - |q_{ab}| = \Sigma q_i = \Sigma w_i$$

$$w_{KA} = 719{,}9\left[\frac{kJ}{kg}\right]; w_{KB} = 377{,}0\left[\frac{kJ}{kg}\right]$$

Theoretische Leistung

Die theoretische Leistung der Strömungsmaschine bei hoher bzw. niedriger Last beträgt:

$$P[kW] = \dot{m}\left[\frac{kg}{s}\right] \cdot w_k\left[\frac{kJ}{kg}\right]$$

$$P_A = 58{,}25 \cdot 10^{-3} \cdot 719{,}9 = 41{,}934[kW]$$

$$P_B = 58{,}25 \cdot 10^{-3} \cdot 377{,}0 = 21{,}960[kW]$$

Thermischer Wirkungsgrad

$$\eta_{th} = \frac{w_K}{q_{zu}}$$

Fall A: $\eta_{thA} = \dfrac{719{,}9}{1687{,}9} = 0{,}427$

Fall B: $\eta_{thB} = \dfrac{377{,}0}{883{,}85} = 0{,}427$

Kommentare

1. Die Kreisprozessarbeit der Strömungsmaschine ist trotz der erheblich niedrigeren Verdichtung (auf $7 \cdot 10^5\left[\frac{N}{m^2}\right]$ statt $75{,}7 \cdot 10^5\left[\frac{N}{m^2}\right]$) vergleichbar (bei Volllast $719{,}9\left[\frac{kJ}{kg}\right]$ bzw. $783{,}3\left[\frac{kJ}{kg}\right]$). Der Grund ist die zusätzliche Entlastung bis zum Umgebungsdruck.
2. Die geringere Kreisprozessarbeit wird im Hinblick auf eine hohe Leistung allgemein durch den erhöhten Massenstrom, mittels Drehzahl, kompensiert und zum Teil weit übertroffen.
3. Der thermische Wirkungsgrad ist bei dieser niedrigen Verdichtung geringer als jener im Dieselprozess, wäre jedoch bei gleicher Verdichtung eindeutig höher.

6 Arbeitsmedien: Dämpfe und Gas-Dampf-Gemische

6.1 Phasen und Komponenten eines Dampfes

Wie im Kap. 3.1 erwähnt, werden zur Durchführung oder Steuerung von Prozessen in Kraftfahrzeugmodulen überwiegend Fluide eingesetzt, die in einer oder mehreren Phasen auftreten können. Für eine übersichtliche Betrachtung von Energieumwandlungsprozessen und Zustandsänderungen wurden in den bisherigen Kapiteln zunächst nur Arbeitsmedien mit einer einzigen Phase – als Gas – einbezogen. Ein Energieaustausch bzw. eine Zustandsänderung in einem solchen Arbeitsmedium erfolgt gleichmäßig in seinem ganzen Volumen (Isotrop). In kraftfahrzeugtechnischen Anwendungen erscheinen allerdings in der Regel komplexe Medien:

- mit einer Komponente und mehreren Phasen – Dämpfe als Arbeitsmedien in Klimaanlagen und Wärmepumpen, Dampfphasen als unerwünschte Begleiteffekte in Einspritzanlagen und Kühlkreisläufen
- mit mehreren Komponenten und Phasen: Kraftstoff-/Luft-Gemische in Ansaugleitungen bzw. in Brennräumen von Verbrennungsmotoren, feuchte atmosphärische Luft in Fahrgastzellen oder als Umströmung der Karosserie

Im Kap. 1.4 wurde die Abhängigkeit der Zustandsgrößen von Komponenten und Phasen eines Mediums auf Basis der Phasenregel (Gibbs) exemplifiziert. Bild 6.1 zeigt die Druck- und Temperaturabhängigkeit der Phasen für zwei repräsentative Medien in der Kraftfahrzeugtechnik – Wasser und Kohlendioxid.

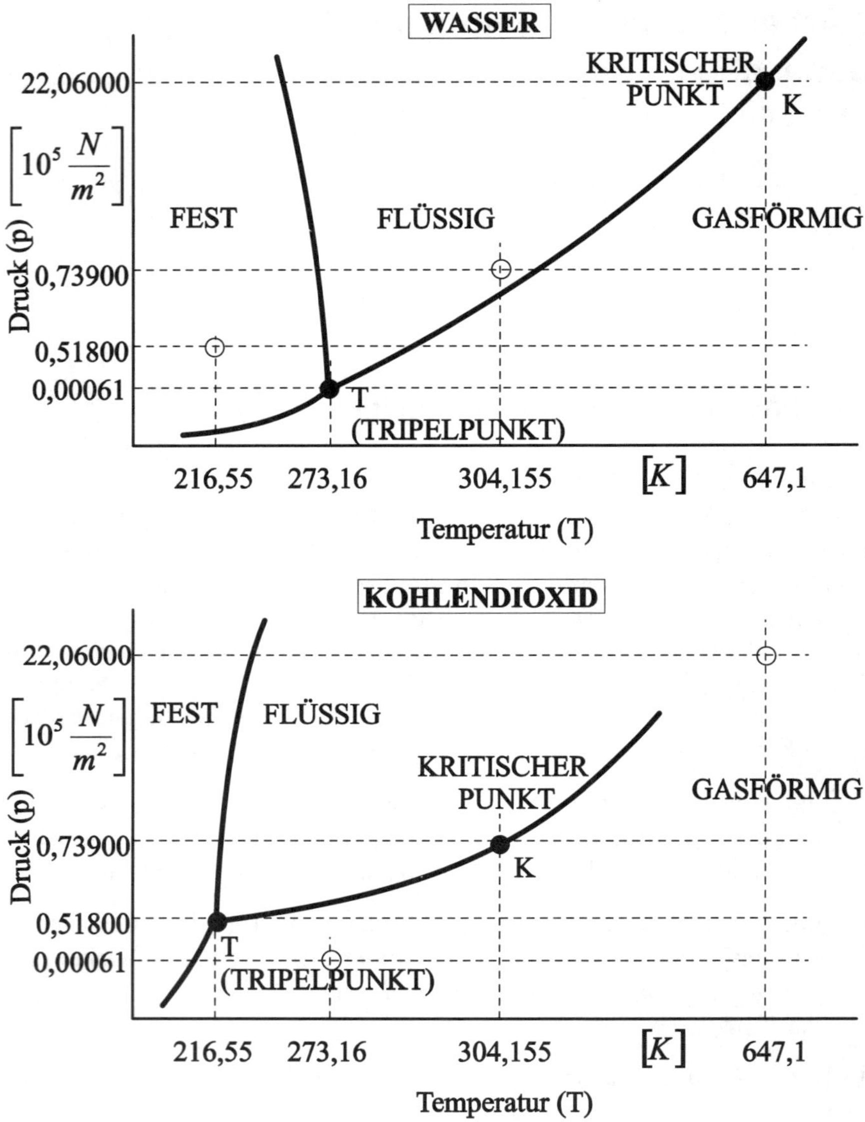

Bild 6.1 Druck und Temperaturabhängigkeit der Phasen in Wasser und Kohlendioxid

Jede Druck-/Temperaturkombination entspricht in dieser Darstellung einer Phase, bei zusätzlich betrachtetem spezifischen Volumen erscheinen auch Phasenkombinationen – beispielsweise als Gemisch von Gas und Flüssigkeit (Dampf) – wie in der weiteren Betrachtung dargestellt wird.

Ein Vergleich beider Diagramme zeigt zum Beispiel, warum Kohlendioxid das günstigere Arbeitsmedium in Klimaanlagen ist: bei Temperaturen unter -50°C (223,15K) und realisierbaren Druckwerten oberhalb 0,5 bar bleibt es gasförmig bzw. flüssig, während Wasser nur bei einem vakuumnahen Druck eine solche Temperatur nur als Gas erreicht; Wasser in flüssiger Form ist – unabhängig vom Druck – unter 0°C praktisch nicht erreichbar. In den kraftfahrzeugtechnischen Anwendungen sind fast ausnahmslos die flüssigen und die gasförmigen Phasen bzw. ihre Kombination in Komponenten von Arbeitsmedien vorhanden.

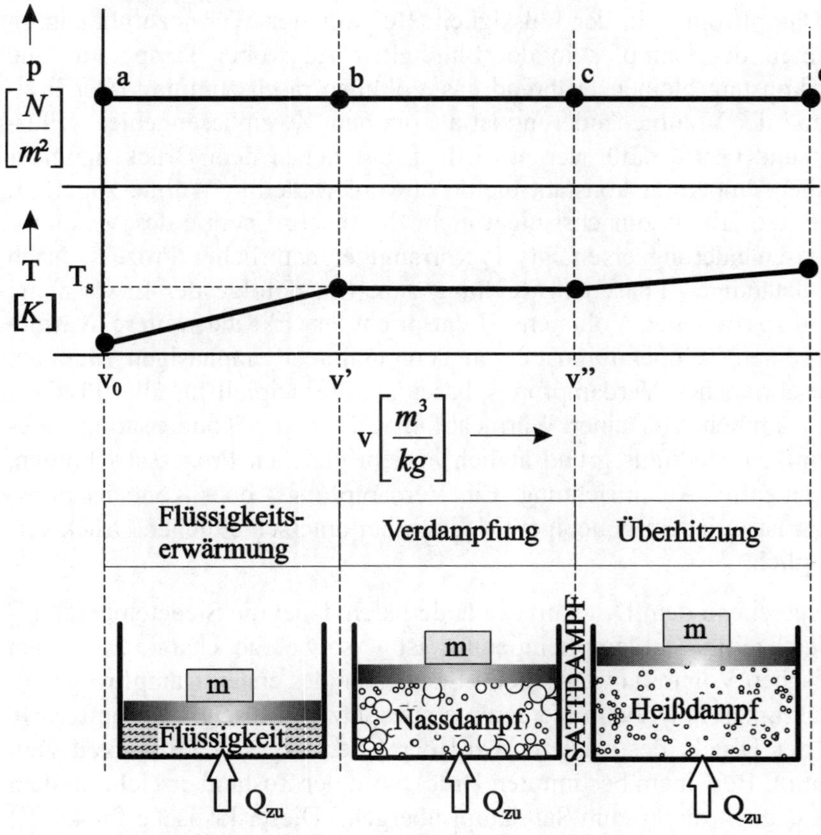

Bild 6.2 Temperaturverlauf während der Ausdehnung eines Mediums infolge seiner Erwärmung bei konstantem Druck

Im Hinblick auf die häufigsten Anwendungen wird des Weiteren das Verhalten einer Flüssigkeit bei isobarer Wärmezufuhr betrachtet. Zur Vereinfachung des Modells wird das Arbeitsmedium in einem geschlossenen System betrachtet, welches von einer Zylinder-Kolben-Paarung gebildet wird. Reibungs- und Masseverluste werden ausgeschlossen, die senkrechte Beweglichkeit des Kolbens ergibt – entsprechend seiner Masse und Fläche – einen konstanten Druck auf das Arbeitsmedium, unabhängig von dessen möglicher Ausdehnung während einer Zustandsänderung. Im Bild 6.2 sind Druck- und Temperaturverlauf während der Ausdehnung eines Arbeitsmediums infolge seiner Erwärmung schematisch dargestellt.

Infolge der Wärmezufuhr Q_{zu} nimmt die Temperatur bis zur Siedetemperatur Ts, aber auch das spezifische Volumen der Flüssigkeit zu. In dem Zustand bei Siedetemperatur erscheint beim spezifischen Volumen v' der erste Dampftropfen in der Flüssigkeit. Bei weiterer Wärmezufuhr nimmt der Anteil des Dampfes in der Flüssigkeit zu, wobei Temperatur und Druck konstant bleiben, während das Volumen rasch zunimmt. Der Freiheitsgrad der Volumenänderung ist also in dem Zweiphasengebiet – Flüssigkeit und Gas – dafür verantwortlich, das neben dem Druck nunmehr auch die Temperatur konstant bleibt, obwohl weiterhin Wärme zugeführt wird. Diese erhöht zunächst nicht mehr die innere Energie des Mediums, die Phasenänderung erscheint als vorrangiger natürlicher Prozess. Nach der vollständigen Phasenumwandlung zum Gas infolge der Erwärmung, die dem spezifischen Volumen v'' entspricht, erwirkt die weitere Wärmezufuhr einen Temperaturanstieg in dem nunmehr einphasigen Medium. Die beschriebenen Verdampfungsphasen sind prinzipiell für alle flüssigen Medien ähnlich. Bei einer Wärmeabfuhr erfolgt die Kondensation eines gasförmigen Mediums grundsätzlich in dem gleichen Prozessabschnitten, in umgekehrter Ablaufrichtung. Ein Verdampfungs- oder Kondensationsvorgang ist in jedem beliebigen Medium bei unterschiedlichen Druckwerten möglich.

Entsprechend dem Druckniveau ändert sich dabei die Siedetemperatur – die gleichzeitig Sattdampftemperatur ist – sowie die charakteristischen spezifischen Volumina v', v'' beim Erscheinen des ersten Dampftropfen in der Flüssigkeit bzw. beim Verdampfen des letzten Flüssigkeitstropfens. Je höher der Druck, desto kürzer wird der Übergang von Flüssigkeit zum Sattdampf. Bei einem bestimmten Druck wird der Zustand erreicht, in dem die Flüssigkeit direkt zum Sattdampf übergeht. Dieser kritische Punkt (K) entspricht beispielsweise beim Wasser folgender Zustandswerte:

$$p_{kr} = 22{,}064\,MPa$$

$$T_{kr} = 647{,}1\,K$$

$$v_{kr} = \frac{1}{\rho_{kr}} = 3{,}26 \cdot 10^{-3}\,\frac{m^3}{kg}$$

In Bild 6.3 sind die Grenzwerte für Temperatur und charakteristische spezifische Volumina v', v'' eines Mediums während der isobaren Verdampfung in Abhängigkeit des Druckwertes prinzipiell dargestellt.

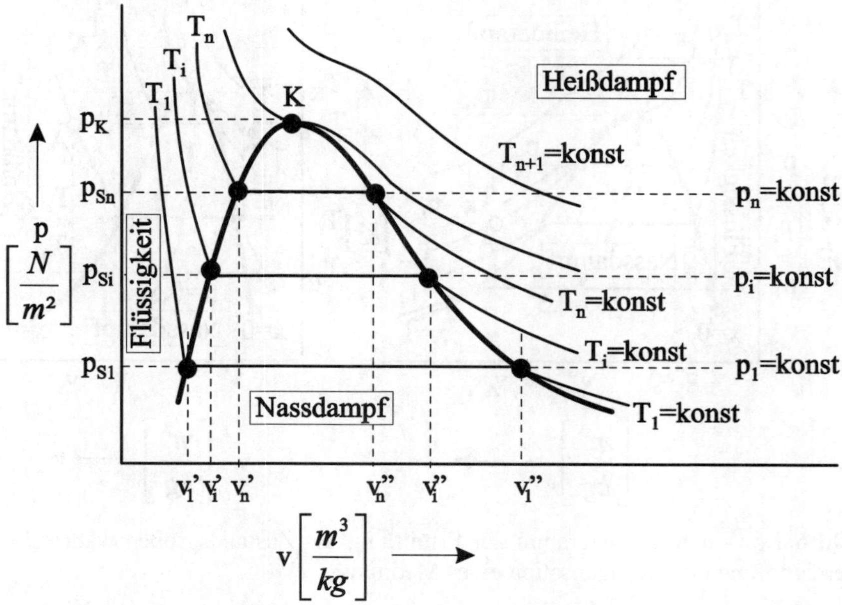

Bild 6.3 Isobare Verdampfung oder Kondensation eines Mediums bei verschiedenen Druckwerten

6.2 Diagrammdarstellungen der Zustands- und energetischen Größen eines Dampfes

Die Änderung der Zustandsgrößen eines Dampfes im Laufe eines Prozesses wird oft im p,v- und t,v-Diagrammen verfolgt. Bild 6.4 zeigt solche Darstellungsformen.

Im Heißdampfgebiet entspricht die p,v-Darstellung jener von realen Gasen, deren Abweichung von idealen Gasen im Kap. 3.1.2 diskutiert wurde. Eine solche Darstellung erleichtert somit den Zusammenhang mit dem bereits analysierten Verlauf elementarer Zustandsänderungen in idealen Gasen. Im Heißdampfgebiet ist demnach jede Zustandsgröße bei gegebenen Werten der übrigen zwei Zustandsgrößen ermittelbar: für einen jeweils gegebenen Wert für Druck und Temperatur (p_i, T_{i+1}) im p,v- oder im T,v-

Diagramm kann ein eindeutiger Zustand A im Heißdampfgebiet lokalisiert werden, dem auf der Abszisse ein spezifisches Volumen v_A entspricht.

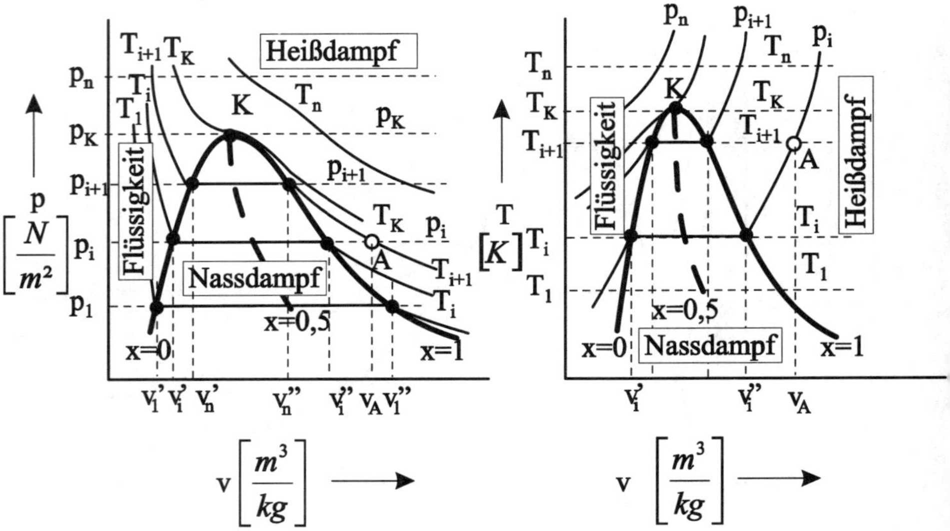

Bild 6.4 p,v- und t,v-Diagramm zur Ermittlung der Zustandsgrößen während der Verdampfung oder Kondensation eines Mediums

Im Nassdampfgebiet ist die Lokalisierung eines eindeutigen Zustandes anhand zwei bekannter Zustandsgrößen auf Grund einer zusätzlichen Phase nicht mehr möglich: im gesamten Nassdampfgebiet entspricht einem Druckwert (Beispiel p_i) nur eine Temperatur (T_i). Dieses Wertepaar gilt für alle Werte des spezifischen Volumens zwischen v' und v'' (p,v- und T,v-Diagramm im Bild 6.4) und dadurch allen Zuständen in diesem Bereich. Die Lokalisierung eines bestimmten Zustandes im Nassdampfgebiet erfordert die Einführung einer zusätzlichen Zustandsgröße – in diesem Fall des Dampfanteils.

Definition

*Der **Dampfanteil** im Nassdampf ist die Masse des gasförmigen Anteils zur Gesamtmasse eines Dampfes.*

$$x_D = \frac{m_G}{m_G + m_F}$$

|| m_G – *Masse des gasförmigen Anteils*

|| m_F – *Masse des flüssigen Anteils*

Daraus resultiert:

$$m_G = m_F \frac{x_D}{1 - x_D} \qquad \text{oder} \qquad m_F = m_G \frac{1 - x_D}{x_D} \tag{6.1}$$

Das Gesamtvolumen des Dampfes resultiert analog als:

$$V = V_G + V_F \qquad \text{woraus} \qquad v = \frac{V}{m} = \frac{V_G + V_F}{m_G + m_F} \tag{6.2}$$

- das Volumen des Gases in der Gesamtmasse des Dampfes ist:

$$\frac{V_G}{m_G + m_F} \xrightarrow{(6.1)} \frac{V_G}{m_G + m_G \cdot \dfrac{x_D}{1 - x_D}} = \frac{V_G}{m_G} \cdot x_D \tag{6.3a}$$

- das Volumen der Flüssigkeit in der Gesamtmasse des Dampfes ist:

$$\frac{V_F}{m_F + m_G} \xrightarrow{(6.1)} \frac{V_F}{m_F \cdot \dfrac{x_D}{1 - x_D} + m_F} = \frac{V_F}{m_F} \cdot (1 - x_D) \tag{6.3b}$$

Das spezifische Volumen v des Dampfes in Gl. (6.2) setzt sich aus den Anteilen der Flüssigkeit und des Gases zusammen, entsprechend Gl. (6.3a), (6.3b):

$$v = \frac{V_G}{m_G} \cdot x_D + \frac{V_F}{m_F}(1 - x_D) \tag{6.4}$$

Dabei sind: $\frac{V_F}{m_F} = v'$ und $\frac{V_G}{m_G} = v''$ die charakteristischen spezifischen Volumina am Beginn und Ende der Verdampfung.

Dadurch wird Gl. (6.4) zu:

$$v = (1 - x_D)v' + x_D v'' \tag{6.5}$$

Das spezifische Volumen v in einem bestimmten Zustand im Nassdampfgebiet bei gegebenem Druck und Temperatur ist somit von dem Wert des Dampfanteils x präzisiert. Die Einführung des Dampfanteils als Parameter für alle Druck-/Temperaturwerte im p,v- und T,v-Diagramm ermöglicht die Lokalisierung jedes einzelnen Zustandes. Aus Gl. (6.5) resultiert:

$$x_D = \frac{v - v'}{v'' - v'} \qquad x_D \in (0,\ 1) \tag{6.6}$$

Dabei gilt:

- für $x_D = 0 \;\rightarrow\; v = v'$ (alle Zustände auf der Siedekurve/unterer Grenzkurve)
- für $x_D = 1 \;\rightarrow\; v = v''$ (alle Zustände auf der Taukurve/ Sattdampfkurve/obere Grenzkurve)

Für einen bestimmten Zwischenwert des Parameters x_D, beispielsweise $x_D = 0{,}5$ im Bild 6.4, ist das spezifische Volumen v jeweils von den Werten v', v'' abhängig, die von Druck- und Temperaturniveau abhängen. Diese Werte bestimmen den Verlauf der Kurven konstanten Dampfgehaltes (x_D = konst.) im Bild 6.4.

Die energetischen Größen – innere Energie, Enthalpie, Wärme, Arbeit – werden allgemein aus entropiebezogenen Diagrammen abgeleitet. Analog der Ermittlung des spezifischen Volumens eines Dampfes auf Basis des Dampfanteils x_D – Gl. (6.1) bis (6.5) – werden auch die spezifischen Werte der inneren Energie, Enthalpie und Entropie abgeleitet.

Es gilt:

$$u = \frac{U}{m} = \frac{U_G + U_F}{m_G + m_F} \;\rightarrow\; u = (1 - x_D)\,u' + x_D u'' \tag{6.7a}$$

$$h = \frac{H}{m} = \frac{H_G + H_F}{m_G + m_F} \;\rightarrow\; h = (1 - x_D)\,h' + x_D h'' \tag{6.7b}$$

$$s = \frac{S}{m} = \frac{S_G + S_F}{m_G + m_F} \;\rightarrow\; s = (1 - x_D)\,s' + x_D s'' \tag{6.7c}$$

Bild 6.5 zeigt eine übliche Form des T,s-Diagramms, am Beispiel des Wasserdampfes.

Für eine effektivere Nutzung der häufig genutzten Diagrammzonen wird der Tripelpunkt als Bezug betrachtet.

Es wird vereinbart: $h = 0,\quad s = 0$ bei $p = 0{,}0006107\,MPa$

$t = 0°C$

Daraus resultiert auch: $u = h - pv = 0 - 0{,}0006117 \cdot 0{,}001 \cong 0$

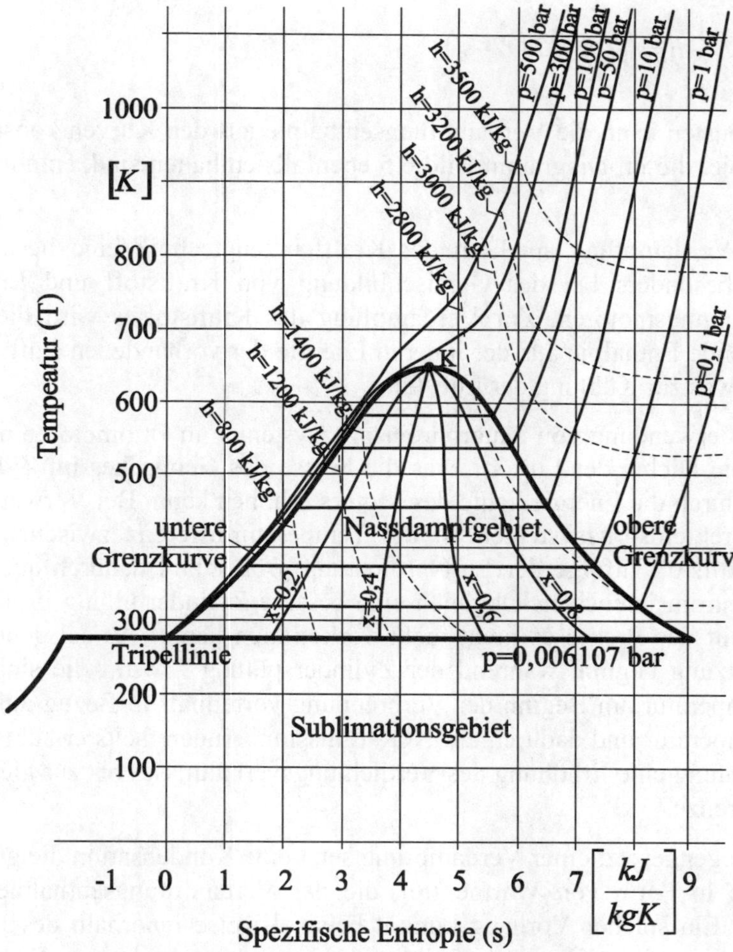

Bild 6.5 T,s-Diagramm für Wasserdampf

Je höher die Temperatur und je geringer der Druck im Heißdampfgebiet werden, desto mehr nähert sich der Verlauf der Isobaren und der Isothermen den für ideale Gase im T,s-Diagramm bekannten Formen an. Die Fläche unter einer Isobaren/ Isothermen im Nassdampfgebiet zwischen den jeweiligen Grenzkurven entspricht der Verdampfungsenthalpie Δh_v beim jeweiligen Druckniveau.

Auf Grund der Tatsache, dass die Temperatur während der Verdampfung konstant bleibt, gilt:

$$\Delta h_v = h'' - h' = \int_{s'}^{s''} T ds = T(s'' - s') \tag{6.8}$$

Ansonsten kann die Verdampfungsenthalpie aus den Kurven konstanter Enthalpie, die im Diagramm Bild 6.5 ebenfalls enthalten sind, entnommen werden.

Die Verdampfung spielt in der Kraftfahrzeugtechnik eine besondere Rolle, besonders bei der Gemischbildung von Kraftstoff und Luft in Verbrennungsmotoren. Zur Verdampfung des Kraftstoffes wird die entsprechende Enthalpie aus der inneren Energie der vorhandenen Luft abgezogen, was zur Kühlung der Luft führt.

Bei Verwendung von Saugrohreinspritzsystemen in Ottomotoren nimmt dabei die Dichte der Luft zu, was die Masse des Gemisches im Zylinder und dadurch die Energiedichte des Motors erhöhen kann. Bei Verwendung von Direkteinspritzsystemen ist die Temperaturdifferenz zwischen Luft und Kraftstoff infolge der Luftverdichtung größer und dadurch auch der Wärmestrom intensiver. Obgleich eine bessere Zylinderfüllung in diesem Abschnitt des Prozesses nicht mehr vorkommen kann – es sei denn, die Einspritzung beginnt während der Zylinderspülung – wirkt die sinkende Lufttemperatur am Beginn der Verbrennung vorteilhaft in Bezug auf Prozesstemperatur und dadurch auf NO_X-Emission. Andererseits erlaubt diese Luftkühlung eine Erhöhung des Verdichtungsverhältnisses bis zur gleichen Klopfgrenze.

Entgegengesetzt einer Verdampfung setzt eine Kondensation die gleiche Energie in Form von Wärme frei, die der Verdampfungsenthalpie entspricht. Ein solcher Vorgang kommt beispielsweise innerhalb des Kreisprozesses in einer Klimaanlage während der Wärmeabfuhr vor. Die energetische Bilanz innerhalb eines Prozesses mit Dampf als Arbeitsmedium wird bei Nutzung von h,s-Diagrammen durch Ermittlung von Strecken anstatt Flächen begünstigt. Bild 6.6 zeigt als Beispiel ein h,s-Diagramm für Wasserdampf, welches für die Übersichtlichkeit weitaus weniger Parameterwerte für Drücke, Temperaturen und Dampfanteile als ein übliches Arbeitsdiagramm enthält.

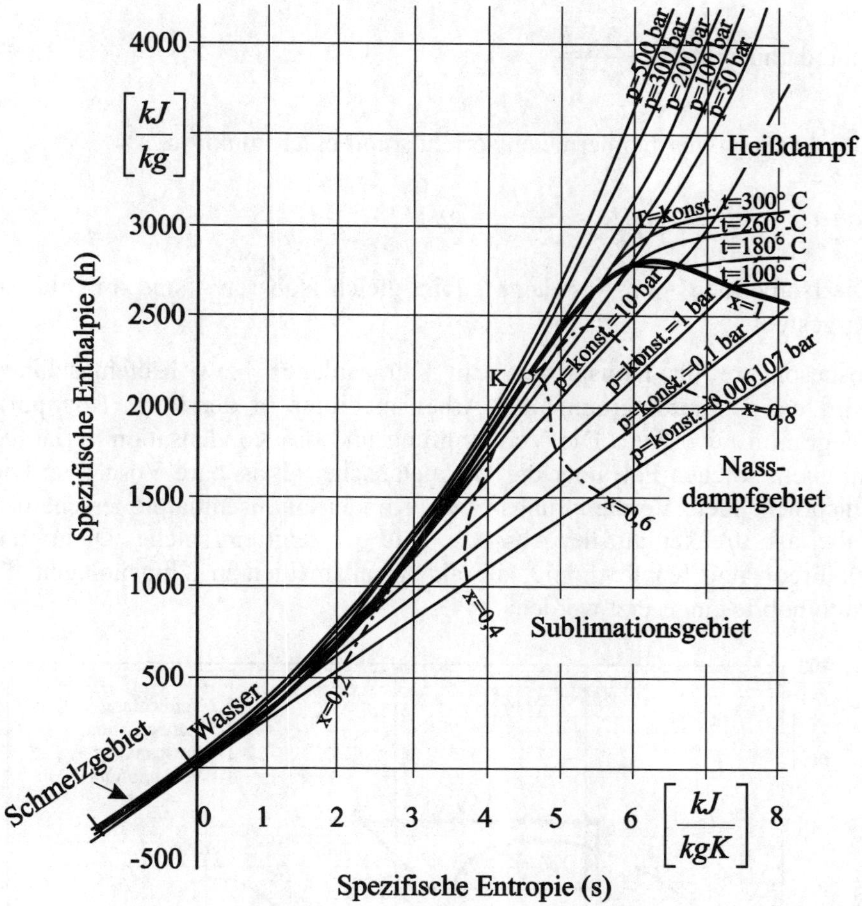

Bild 6.6 h,s-Diagramm für Wasserdampf

Bei idealen Gasen – und analog im Heißdampfgebiet zu hohen Temperaturen und geringen Druckwerten hin – entspricht das h,s- prinzipiell einem T,s-Diagramm, wobei

$$dh = c_p \cdot dT \qquad (3.14b)$$

Im Nassdampfgebiet ist der Unterschied beträchtlich.

Es gilt:

$$\Delta h_v = h'' - h' = \int_{s'}^{s''} T ds = T(s'' - s') \qquad (6.8)$$

und daraus: $$T = \frac{h''-h'}{s''-s'}$$ (6.9)

Der Anstieg einer Isotherme entspricht somit einer Funktion

$$tan\,\alpha = \frac{dh}{ds} \quad \rightarrow \quad tan\,\alpha = \frac{h''-h'}{s''-s'} = konst.$$

Die Isothermen – im Nassdampfgebiet gleich Isobaren – sind im Bild 6.6 dargestellt.

Insbesondere für Kreisprozesse in Klimaanlagen bzw. Kältemaschinen wird das Dampfdiagramm des Arbeitsmediums in der Form (log p,h)-Diagramm bevorzugt. Die Verdampfung und die Kondensation verlaufen in einem solchen Fall über die Wärmetauscher als isobare Vorgänge. Die entsprechenden Verdampfungs- und Kondensationsenthalpie erscheinen dabei als Strecken auf der Abszisse. Bild 6.7 zeigt ein solches Diagramm für Freon und Kohlendioxid, die als Arbeitsmedien in Klimaanlagen für Automobile eingesetzt werden.

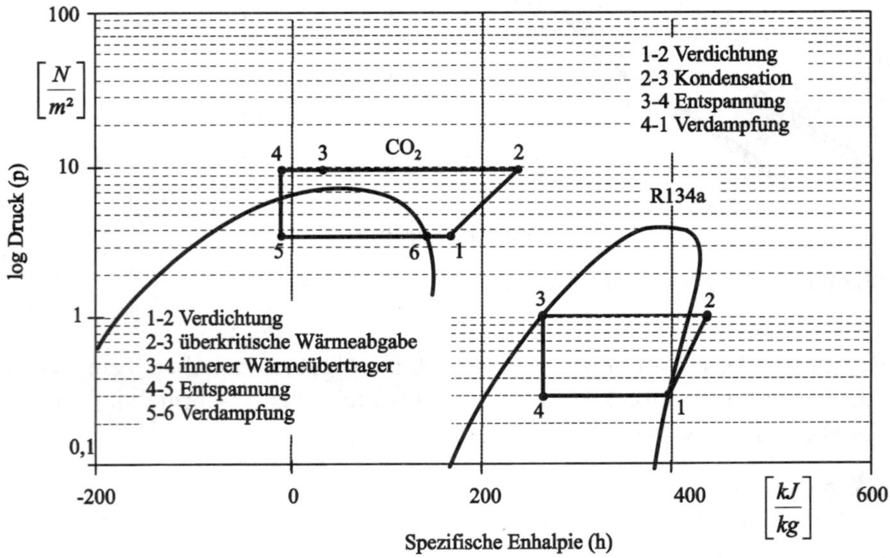

Bild 6.7 log p,h-Diagramm für Freon und Kohlendioxid

6.3 Kreisprozesse mit Dampf in der Kraftfahrzeugtechnik

Die Kreisprozesse mit Dampf können grundsätzlich – wie beim Einsatz von Gasen als Arbeitsmedien – rechtslaufend oder linkslaufend gestaltet werden. Rechtslaufende Kreisprozesse haben auch in diesem Fall als Ziel die Umwandlung zugeführter Wärme in Kreisprozessarbeit; linkslaufende Kreisprozesse die Umwälzung von Wärme mittels zugeführter Arbeit.

Zur Verdampfung und Kondensation werden Wärmeübertrager bzw. Wärmetauscher verwendet, die zusammen mit den weiteren Funktionsmodulen einer entsprechenden Anlage als Verkettung offener Systeme angeordnet sind, die von Arbeitsmedien durchströmt werden. Rechtslaufende Kreisprozesse mit Dampf werden allgemein in Kraftwerken oder in kombinierten Kraft- und Heizwerken (Kraft-Wärme-Kopplung) realisiert. Ihre Anwendung in der Kraftfahrzeugtechnik in Anlagen für Stromerzeugung auf Basis erwärmten Wassers ist prinzipiell möglich und bietet ein interessantes Entwicklungspotential. Linkslaufende Kreisprozesse mit Dampf werden in der Kraftfahrzeugtechnik in Klimaanlagen und neuerdings in Wärmepumpen angewendet.

6.3.1 Rechtslaufende Kreisprozesse mit Dampf in Kraftanlagen

Als Vergleichsbasis werden im Bild 6.8 ein klassischer rechtslaufender Kreisprozess mit Dampf – der Clausius-Rankine-Prozess – sowie die Funktionsmodule einer entsprechenden Anlage dargestellt.

Folgende Zustandsänderungen sind dafür charakteristisch:

1-2 Adiabate Druckerhöhung des Arbeitsmediums als flüssige Phase mittels Pumpe

2-3 Isobare Erwärmung des Arbeitsmediums als flüssige Phase im Vorwärmer

3-4 Isobare Erwärmung des Arbeitsmediums als Nassdampf im Verdampfer

4-5 Isobare Erwärmung des Arbeitsmediums als Heißdampf im Überhitzer

5-6 Adiabate, irreversible Entspannung des gasförmigen Arbeitsmediums in Turbine (5-6’ ideale, isentrope Entspannung als Vergleich)

6-1 Kondensation des Heißdampfes bis zur flüssigen Phase im Kondensator

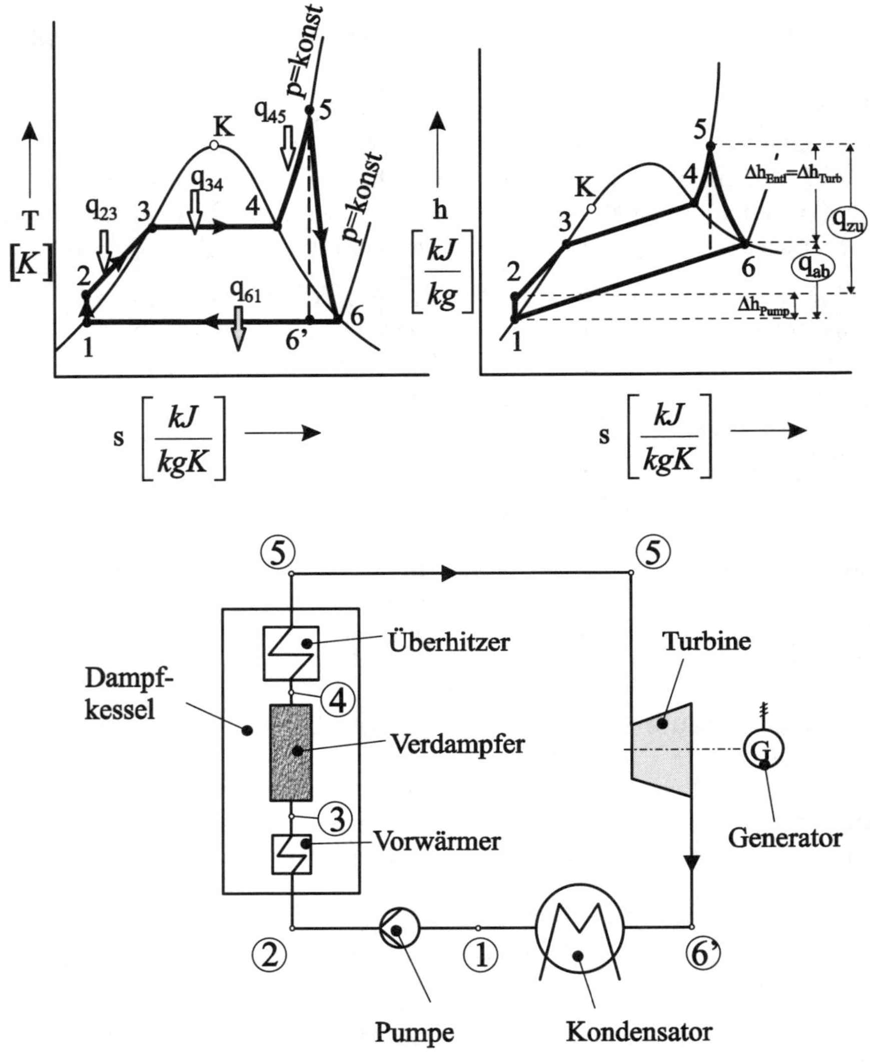

Bild 6.8 Rechtslaufender Kreisprozess mit Dampf: Clausius-Rankine-Prozess im T,s- und h,s-Diagramm und die Funktionsmodule einer Dampfkraftanlage

Die Energiebilanz in einem solchen Kreisprozess kann zwar durch Flächenvergleich im T,s-Diagramm vorgenommen werden, ist jedoch weitaus effektiver im h,s-Diagramm, durch den einfachen Streckenvergleich, wie im h,s-Diagramm in Bild 6.8 ersichtlich ist.

$$q_{zu} = h_5 - h_2 \qquad (6.10)$$
$$|q_{ab}| = h_6 - h_1$$

Bei realen Verhältnissen ist in Anbetracht der übrigen Enthalpiewerte h_2-h_1 vernachlässigbar.

Mit $h_2 = h_1$ resultiert aus Gl. (6.10)

$$w_k = q_{zu} - |q_{ab}| = h_5 - h_6 \qquad (6.11)$$

Andererseits ist $h_5 - h_6 = \Delta h_{Entlastung} = \Delta h_{Turbine}$ und damit. $w_k = \Delta h_{Turbine}$.

Das heißt, die Arbeit beim Pumpen der Flüssigkeit ist vernachlässigbar im Vergleich zur Turbinenarbeit, die in diesem Fall der Kreisprozessarbeit entspricht. Der thermische Wirkungsgrad eines solchen Kreisprozesses ist:

$$\eta_{th} = \frac{w_k}{q_{zu}} = \frac{\Delta h_{Turbine}}{h_5 - h_2} \qquad (6.12)$$

6.3.2 Linkslaufende Kreisprozesse mit Dampf in Klimaanlagen

Als Vergleichsbasis für linkslaufende Kreisprozesse mit Dampf wird – wie im Falle der rechtslaufenden Prozesse – ebenfalls der Clausius-Rankine-Prozess zu Grunde gelegt. Während das T,s-Diagramm auch dafür Verwendung findet, wird auf Grund des Temperaturniveaus solcher Prozesse – die auch Kaltdampfprozesse genannt werden – der h,s- eine log p,h-Darstellung vorgezogen. Folgende Zustandsänderungen sind dafür charakteristisch:

1-2 Adiabate Verdichtung des Arbeitsmediums in gasförmiger Phase mittels Verdichter

2-3 Isobare Abkühlung des gasförmigen Arbeitsmediums im Kondensator

3-4 Isobare Abkühlung des Arbeitsmediums als Nassdampf im Kondensator

4-5 Isobare Abkühlung des flüssigen Arbeitsmediums im Kondensator

5-6 Adiabate, irreversible Entspannung des flüssigen Arbeitsmediums in der Drossel (5-6' ideale, isentrope Druckminderung als Vergleich)

6-7 Isobare Wärmeaufnahme des Arbeitsmediums als Nassdampf von dem zu kühlenden Raum

7-1 Isobare Wärmeaufnahme des Arbeitsmediums in gasförmiger Phase von dem zu kühlenden Raum.

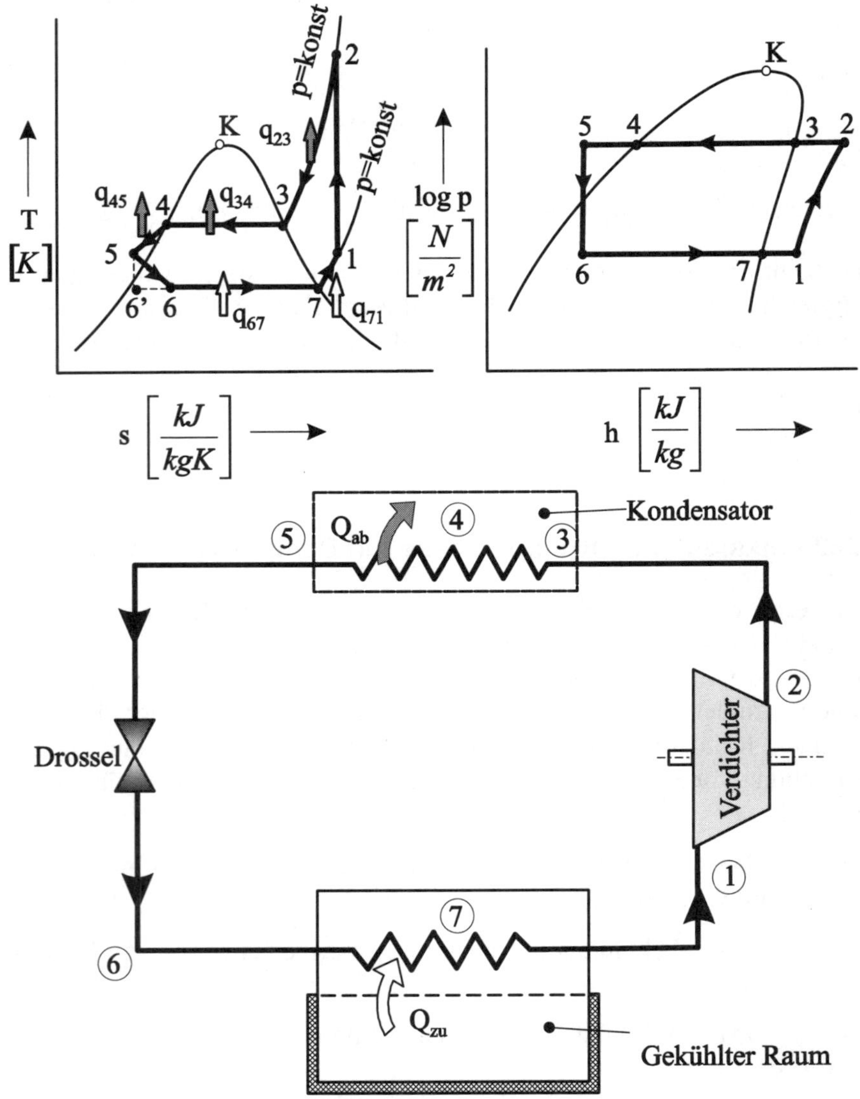

Bild 6.9 Linkslaufender Kreisprozess mit Dampf: Clausius-Rankine-Prozess im T,s- und log p,h-Diagramm sowie die Funktionsmodule einer Klimaanlage

Die Energiebilanz im Prozess ist aus der Differenz der Enthalpie im log p,h-Diagramm ableitbar.

Es gilt:
$$q_{zu} = h_1 - h_6 \qquad (6.13)$$
$$|q_{ab}| = h_2 - h_5$$

Dabei ist in der Drossel $h_5 = h_6$, wodurch $|w_k| = |q_{ab}| - q_{zu} = h_2 - h_1$

Andererseits ist $h_2 - h_1 = \Delta h_{Verdichtung} = \Delta h_{Verdichter}$ und damit $|w_k| = \Delta h_{Verdichter}$.

Die Leistungsziffer eines solchen Kreisprozesses ist – in Anlehnung an den ähnlichen Prozess mit Gas im Kap. 5 –

$$\varepsilon_k = \frac{q_{zu}}{|w_k|} = \frac{h_1 - h_6}{|\Delta h_{Verdichter}|} \qquad (6.14)$$

6.3.3 Linkslaufende Kreisprozesse mit Dampf in Wärmepumpenanlagen

Der Vergleichsprozess für eine solche Anwendung ist ebenfalls der linkslaufende Clausius-Rankine-Kreisprozess, wie für Klimaanlagen im Bild 6.9 dargestellt. Der Unterschied ist lediglich die Verschiebung der Zustandsänderungen hin zu höheren Temperaturen, entsprechend der Wärmezufuhr von einer Wärmequelle – Kühlwasser des Motors oder Abgaswärme - anstatt von dem zu kühlenden Raum, dessen Temperatur unter Umgebungstemperatur liegen soll. Auf der Seite der Wärmeabgabe ist nunmehr der zu heizende Raum – im Fahrzeug der Fahrgastraum – statt der Umgebung.

In Bild 6.10 werden deswegen nur die Funktionsmodule einer Wärmepumpe dargestellt, die Zustandsänderungen entsprechen prinzipiell jeden, die im Bild 6.9 dargestellt sind.

Die Energiebilanz ist auf Basis der Gl. (6.13) erstellbar. Die Leistungsziffer der Wärmepumpe mit Dampf geht von der Definition des ähnlichen Prozesses mit Gas aus, der im Kap. 5 dargestellt wurde. Es gilt:

$$\varepsilon_w = \frac{|q_{ab}|}{|w_k|} = \frac{h_2 - h_5}{\Delta h_{Verdichter}} \qquad (6.15)$$

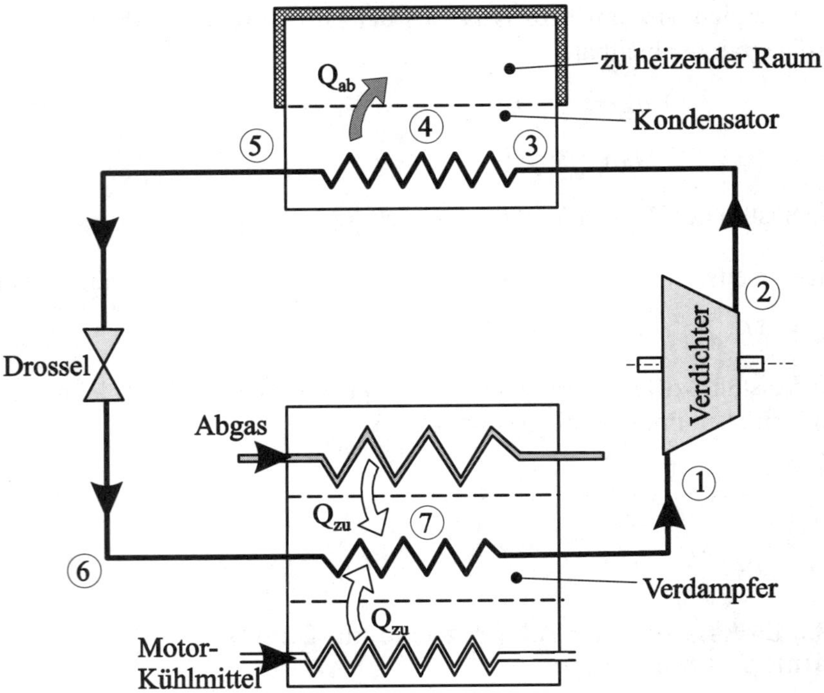

Bild 6.10 Linkslaufender Kreisprozess mit Dampf sowie Funktionsmodule einer Wärmepumpe

6.3.4 Drosselung von Nassdampf

In den Kreisprozessen mit Dampf in Klimaanlagen und Wärmepumpen wird – wie in den Bildern 6.9 und 6.10 ersichtlich – die Druckminderung mittels einer Drossel realisiert. Dabei wird das Arbeitsmedium zunehmend verdampft, während seine Temperatur sinkt. Dieser Vorgang entspricht nicht der natürlichen Vorstellung, wonach die Verdampfung stets von einer Temperaturerhöhung begleitet wird, wie beim Erhitzen einer beliebigen Flüssigkeit.

Solche irreversiblen Strömungsprozesse kommen in der Kraftfahrzeugtechnik häufig vor:

- als gezielter Vorgang: in Düsen, Zerstäubern, Sprühern, Druckminderungsventilen

- als Begleiteffekt: in reibungsbehafteten Abschnitten, Verengungen und Knickstellen von Leitungen und Rohren – beispielsweise in Einspritz- und Kühlsystemen

Bei einem solchen Vorgang kommt allgemein kein wesentlicher Wärmeaustausch vor – er entspricht demzufolge einer adiabaten, irreversibler Druckminderung. Eine übersichtliche Analyse der damit verbundenen Zustandsänderung ist auf Basis des h,s-Diagramms möglich.

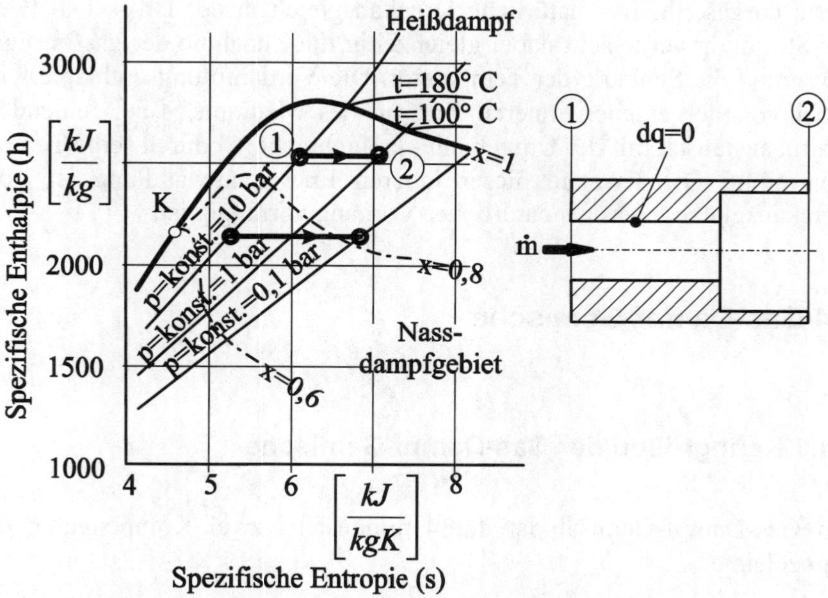

Bild 6.11 Adiabate, irreversible Drosselung von Nassdampf

Aus dem 1. HS für eine stationäre Strömung in einem offenen System resultiert:

$$q_{12} - w_{p_{12}} = h_2^* - h_1^* \qquad \text{wobei } q_{12} = 0 \text{ (adiabat)}$$

und $\qquad w_{p12} = 0$ (es wird keine Arbeit ausgetauscht)

Daraus resultiert

$$h_2^* = h_1^*$$

Bei den üblichen Strömungsgeschwindigkeiten in den erwähnten Anwendungen gilt für

$$h^* = h + \frac{c^2}{2} \quad \rightarrow \quad h^* \cong h$$

Dadurch wird $\qquad h_2 = h_1$

Bei dieser Strömung bleibt also die Enthalpie konstant, wobei die vorhandene Druckdifferenz zwischen Ein- und Ausgang aus der Drossel die Strömungsrichtung – dadurch auch die Vorgangsrichtung bestimmt. Ein solcher Vorgang ist im Bild 6.11 in zwei Beispielen für zwei Enthalpiewerte dargestellt. Der natürliche Druckausgleich in der Drossel in Form der Strömung verursacht dabei gleichzeitig die Zunahme der gasförmigen Phase und die Senkung der Temperatur. Die Verdampfungsenthalpie wird dabei von der eigenen inneren Energie des Mediums – bei fehlendem Wärmeaustausch mit der Umgebung – aufgebracht, wodurch seine Temperatur sinkt. Die Ursache dieser inneren Energieumwandlung ist der Druckausgleich – was als natürlicher Vorgang vorrangig ist.

6.4 Gas-Dampf-Gemische

6.4.1 Kenngrößen der Gas-Dampf-Gemische

Ein Gas-Dampf-Gemisch ist durch mindestens zwei Komponenten gekennzeichnet:

1. Komponente - stets in gasförmiger Phase (aus der Sicht möglicher Verdampfungs- und Kondensationsvorgänge als Heißdampf zu betrachten)
2. Komponente - allgemein als Dampf – der von Gas über Flüssigkeit bis zur festen Form kondensieren kann und dadurch eine, zwei oder drei Phasen aufweisen kann.

Beispiele:

Gas-Dampf-Gemische

- *Feuchte Luft in der Atmosphäre – die neben der gasförmigen Luftkomponente eine Wasserkomponente in gasförmiger, dampfförmiger (Nassdampf), flüssiger oder fester Phase enthält.*

- *Luft-/Kraftstoff-Gemische für Verbrennungsmotoren – die neben der gasförmigen Luftkomponente eine Kraftstoffkomponente in gasförmiger, dampfförmiger (Nassdampf) oder flüssiger Phase enthält.*

- *Verbrennungsabgase, die neben den gasförmigen Komponenten Kohlendioxid, Kohlenmonoxid und Stickoxid die Komponente Wasser in gasförmiger, dampfförmiger (Nassdampf) oder flüssiger Phase enthalten.*

Die Betrachtung der Gas-Dampf-Gemische erfolgt unter vereinfachten Voraussetzungen:

- Es werden keine chemischen Verbindungen zwischen Komponenten berücksichtigt (beispielsweise Lösung von Ammoniak in Wasser)
- Die Komponenten werden weitgehend als ideale Gase betrachtet – die Annäherung an reale Bedingungen ist über Realgas-Korrekturfaktoren möglich.

Ein repräsentatives Gas-Dampf-Gemisch ist die feuchte Luft in der Atmosphäre. Die weiteren Ausführungen werden für die Übersichtlichkeit auf dieses Modell bezogen.

Das Modell kann wie folgt definiert werden:

1. Komponente - stets in gasförmiger Phase: Luft – allgemein als Gemisch von Sauerstoff und Stickstoff, wie im Kap. 3.3.1 dargestellt.
2. Komponente - Wasser als Gas, Dampf, Flüssigkeit oder Eis. Als Gas wird das Wasser auf Grund seines geringen Partialdrucks in der atmosphärischen Luft als ideales Gas betrachtet.

Die Erscheinungsformen der feuchten Luft entsprechen der Wasserphasen:

- feuchte Luft – ungesättigt: mit gasförmigen Wasserdampfanteil (im Heißdampfbereich)
- feuchte Luft – gesättigt: mit Wasserdampfanteil als Sattdampf – gemäß der Definition im Kap. 6.1
- feuchte Luft – übersättigt: mit Wasserdampfanteil in Form von Sattdampf, Flüssigkeit und Eis.

Die Besonderheit des Luft-Wasserdampf-Gemisches in der Atmosphäre ist das Verhältnis der Partialdrücke von Luft und Wasser, welches im üblichen Temperaturbereich zwischen 30 und 1000 liegt. Soweit das Wasser gasförmig vorhanden ist, gelten für das Luft-Wasserdampf-Gemisch die Gesetze von Gasgemischen, die in Kap. 3.3 dargestellt wurden.

Folgende Kenngrößen werden zur Analyse der Vorgänge mit feuchter Luft eingeführt:

Relative Feuchte

$\varphi = \frac{p_w}{p_s}$ *- als Verhältnis zwischen dem Partialdruck des Wasserdampfes (p_w) und des Wasserdampfs bei Sättigung (p_s) bei einer betrachteten Temperatur*

Beim Einsatz der Zustandsgleichung (3.16) gilt:

$$\varphi = \frac{\rho_w}{\rho_s} \qquad \leftarrow \quad \rho_s = \frac{1}{v``}$$

$$\varphi = \frac{p_w}{p_s} = \frac{\rho_w RT}{\rho_s RT} \tag{6.16}$$

Absolute Feuchte

$x = \frac{m_w}{m_L}$ *- als Verhältnis zwischen der Wassermasse (als Dampf, Flüssigkeit, Eis) und der Luftmasse*

- Grenzwerte *trockene Luft* $\rightarrow x = 0$

flüssiges Wasser $\rightarrow x \rightarrow \infty$

mit $p_w V = m_w R_w T$ *und* $p_L V = m_L R_L T$

$$gilt\ x = \frac{\frac{p_w V}{R_w T}}{\frac{p_L V}{R_L T}} = \frac{p_w R_L}{p_L R_w}$$

$$und\ für\ \frac{R_L}{R_w} = \frac{287{,}04\left[\frac{J}{kgK}\right]}{461{,}5\left[\frac{J}{kgK}\right]} = 0{,}622$$

bzw. bei $p_{atm} = p_L + p_w \rightarrow p_L = p_{atm} - p_w$ *und* $p_w = \varphi\, p_s$

$$x = 0{,}622 \frac{\varphi\, p_s}{p_{atm} - \varphi\, p_s}$$

Für $\varphi < 1$ *ist dabei* $x = x_D$*, also ein Dampfanteil im Nassdampfgebiet, wie im Kap. (6.1) definiert.*

Der Sättigungsdruck des Wassers (p_s) ist von der Temperatur der feuchten Luft abhängig. Folgende Werte werden als Beispiel aufgeführt:

t	$[°C]$	- 20	- 10	0	+ 10	+ 20
$\mathbf{p_s}$	$\left[10^5 \dfrac{N}{m^2}\right]$	0,001033	0,002599	0,006112	0,012282	0,023392

Tabelle 6.1 Abhängigkeit des Wasser-Sättigungsdrucks von der Temperatur – Beispiel

Definition

Sättigungsdampfgehalt *– absolute Feuchte bei gesättigtem Wasserdampfgehalt in der Luft (relative Feuchte* $\varphi = 1$*)*

$$x_{DS} = 0{,}622 \frac{p_s}{p_{atm} - p_s} \qquad (6.18)$$

Entsprechend der dargestellten Abhängigkeit des Sättigungsdrucks von der atmosphärischen Temperatur ist auch der Sättigungsdampfgehalt temperaturabhängig.

Eine Kühlung der feuchten Luft in der Atmosphäre – beispielsweise von +20°C auf +10°C – kann zur Übersättigung einer bis dahin ungesättigten feuchten Luft führen. Die gleiche Masse des Wassers in der Luft enthält in diesem Fall einen verringerten Anteil von Sattdampf zugunsten eines flüssigen Anteils, in Form von Nebel.

Für die erwähnten Temperaturwerte gilt:

t	$[°C]$	- 20	- 10	0	+ 10	+ 20
$\mathbf{x_{DS}}$	$\left[\dfrac{g\ Wasser}{kg\ Luft}\right]$	0,641	1,618	3,822	7,727	14,88

Tabelle 6.2 Abhängigkeit des Sättigungsdampfgehaltes von der Temperatur – Beispiel

Sättigungsgrad - *als Verhältnis zwischen der absoluten Feuchte (x_D) und dem Sättigungsdampfgehalt (x_{DS})*

$$\psi = \frac{x_D}{x_{DS}}$$

- *mit* $$\frac{x_D}{x_{DS}} = \frac{0{,}622\dfrac{\varphi p_s}{p_{atm} - \varphi p_s}}{0{,}622\dfrac{p_s}{p_{atm} - p_s}}$$

$$\psi = \varphi \frac{p_{atm} - p_s}{p_{atm} - \varphi p_s} \tag{6.19}$$

$\psi \cong \varphi$ ← - *in Anbetracht des großen Unterschiedes zwischen p_{atm} und p_s*

Die übliche Messung der Luftfeuchtigkeit mittels Hygrometer ergibt die relative Feuchte in der Form $\varphi \cdot 100[\%]$. Dies kann demnach auch als Sättigungsgrad interpretiert werden – wieviel Wassermasse könnte der Luft bei der vorhandenen Temperatur bis zu einer Sättigung zugeführt, bis flüssiges Wasser (Nebel, Regen) erscheinen würde.

Beispiel:

Eine relative Feuchte von 50% bei 20°C bedeutet entsprechend der Werte für x_{DS} (t) ein Wassergehalt von 7,44 g Wasser/kg Luft – bis zur Sättigung bei 14,88 gWasser/kgLuft könnten bei dieser Temperatur noch weitere 7,44 gWasser/kg Luft aufgenommen werden, ohne Änderung der gasförmigen Phase des Wassers.

Die Masse und die Dichte der feuchten Luft können wie bei Gasgemischen abgeleitet werden. Es gilt:

- für Luft: $p_L V = m_L R_L T$ *mit* $p_L = p_{atm} - \varphi p_s$

$$m_L = \frac{(p_{atm} - \varphi p_s)V}{R_L T}$$

- für Wasserdampf $p_w \cdot V = m_w R_w T$ mit $p_w = \varphi p_s$

$$m_w = \frac{\varphi p_s \cdot V}{R_w T}$$

Masse der feuchten Luft

$$m = m_L + m_w = \left(\frac{p_{atm} - \varphi p_s}{R_L} + \frac{\varphi p_s}{R_w} \right) \cdot \frac{V}{T} \tag{6.20}$$

Dichte der feuchten Luft

$$\rho = \frac{m}{V} = \left(\frac{p_{atm} - \varphi p_s}{R_L} + \frac{\varphi p_s}{R_w} \right) \cdot \frac{1}{T} \tag{6.21}$$

Die Enthalpie der feuchten Luft wird aus der Summe der Enthalpien der Komponenten abgeleitet:

$$H = H_L + H_w$$

mit $\quad H = mh$

$$mh = m_L h_L + m_w h_w$$

wobei $\quad m = m_L + m_w$

Daraus resultiert: $\quad h\left[\frac{J}{kg\, f.L.}\right] = \frac{m_L}{m} \cdot h_L + \frac{m_w}{m} \cdot h_w$

In der Praxis ist es üblich, die Enthalpie der feuchten Luft auf die Masse der trockenen Luft (t.L.) statt auf die Gesamtmasse der feuchten Luft (f.L.) zu beziehen:

$$h`\left[\frac{J}{kg\ t.L.}\right] = \frac{H}{m_L} \rightarrow h` = h_L + \frac{m_w}{m_L} \cdot h_w \ ; mit \quad \frac{m_w}{m_L} = x$$

Das ergibt eine übersichtliche Form:

$$h` = h_L + x h_w \tag{6.22}$$

Die Beziehung mit der physikalisch begründeten Form h resultiert aus:

$$h` = \frac{H}{m_L} = \frac{mh}{m_L} = \frac{(m_L + m_w)h}{m_L} = (1 + x)h$$

Das führt zu:

$$h = \frac{h`}{1 + x} \tag{6.23}$$

Die Berechnung der spezifischen Enthalpie erfolgt auf Basis der allgemeinen Form in Gl. (3.14b) für die Anteile Luft und Wasser.

Der Wasseranteil x in der feuchten Luft erscheint in einer bis drei der drei möglichen Phasen – fest, flüssig oder dampfförmig. Die Massenbeteiligung jeder dieser Phasen am Wasseranteil x kann wie folgt ausgedrückt werden:

$$x = x_D + x_F + x_E \tag{6.24}$$

mit D – Wasserdampf

F – Flüssiges Wasser

E – Eis

Zur Berechnung der spezifischen Enthalpie des Wasseranteils wird wie für Wasserdampf im Kap. 6.2 vereinbart:

$h_0 = 0$ bei $p = 0{,}0006107\ MPa$

$t = 0°C$

Bei der Ermittlung der spezifischen Enthalpie werden auch die Anteile zur Phasenänderung – zur Verdampfung des Wassers Δh_v bzw. zum Schmelzen des Eises Δh_s berüchsichtigt.

Durch die Vereinbarung $h_0 = 0$ bei t = 0°C wird ein Prozess unter 0°C – wie das Schmelzen – formell mit negativen Enthalpien beschrieben. Die erwähnten Anteile der spezifischen Enthalpie zur Phasenänderung werden daher als $\left(\Delta h_v = 2500 \frac{kJ}{kg} \right)$ und $\left(\Delta h_s = -333{,}4 \frac{kJ}{kg} \right)$ algebraisch addiert.

Für die Anteile unterschiedlicher Wasserphasen an der spezifischen Enthalpie sind die phasenspezifischen Werte der spezifischen Wärmekapazität einzubeziehen.

Es gilt:

$$c_{p_D} = 1{,}86 \left[\frac{kJ}{kg}\right]$$

$$c_{p_F} = 4{,}19 \left[\frac{kJ}{kg}\right]$$

$$c_{p_E} = 2{,}07 \left[\frac{kJ}{kg}\right]$$

Andererseits ist die spezifische Wärmekapazität der Luft bei konstantem Druck für einen repräsentativen Temperaturbereich der feuchten Luft

(-30°C/+50°C): $c_{p_L} = 1{,}004 \left[\frac{kJ}{kg}\right]$.

Die spezifische Enthalpie der feuchten Luft resultiert als Summe der erwähnten Anteile

$$h` = \underbrace{c_{p_L} T}_{Luft} + \underbrace{\left(x_D c_{pD} + x_F c_{pF} + x_E c_{pE}\right) \cdot T}_{Wasseranteile\ in\ jeweiliger.\ Phase} + \underbrace{x_D \Delta h_v}_{\substack{Verdampfungs\\ Enthalpie}} + \underbrace{x_E \Delta h_s}_{Schmelzenthalpie} \qquad (6.25)$$

Mit der Vereinbarung $h_0 = 0$ bei t = 0°C gilt andererseits:

$$h` - h_0 = c_{p_L}\left(T - T_0\right) + \left(x_D c_{pD} + x_F c_{pF} + x_E c_{pE}\right)\left(T - T_0\right) + x_D \Delta h_v + x_E \Delta h_s$$

wobei: $\underset{[K]}{T - T_0} = \underset{[°C]}{t - 0}$

Daraus resultiert:

$$h` = \left(1{,}004 + 1{,}86 x_D + 4{,}19 x_F + 2{,}07 x_E\right) \cdot t + 2500 x_D - 333{,}4 x_E \qquad (6.26)$$

In dem repräsentativen Bereich der feuchten Luft (-30°C/+50°C) hat die Verdampfungsenthalpie des Wassers den größten Anteil an der gesamten spezifischen Enthalpie der feuchten Luft, wie es aus Gl. (6.26) ersichtlich ist. In Gl. (6.26) sind alle Wasserphasen berücksichtigt. In speziellen Gebieten – wo nicht alle Phasen vertreten sind – wird der Ausdruck vereinfacht.

Beispiele:

Gebiet mit einer Wasserphase – ungesättigter Dampf (Heißdampf) – bei t > 0°C:

$$x < x_{DS} \quad (\varphi < 1) \qquad \text{- mit } x_F = 0; \quad x_E = 0 \xrightarrow[\text{aus Gl.(6.24)}]{\text{(Heißdampf)}} x = x_D$$

$$h` = (1{,}004 + 1{,}86 x_D)t + 2500 x_D \tag{6.26a}$$

Gebiet mit einer Wasserphase – gesättigter Dampf – bei t > 0°C:

$$x = x_{DS} \quad (\varphi = 1) \qquad \text{- mit } x_F = 0; \quad x_E = 0 \qquad \rightarrow x = x_{DS}$$

$$h` = (1{,}004 + 1{,}86 x_{DS})t + 2500 x_{DS} \tag{6.26b}$$

Gebiet mit zwei Wasserphasen – übersättigter Dampf (Nassdampf) – bei t > 0°C:

$$x > x_{DS} \qquad \text{- mit } x_F > 0; \quad x_E = 0 \qquad \rightarrow x = x_{DS} + x_F$$

$$h` = (1{,}004 + 1{,}86 x_{DS} + 4{,}19 x_F)t + 2500 x_{DS} \tag{6.26c}$$

Gebiet mit zwei Wasserphasen – übersättigter Dampf (Nassdampf) – bei t < 0°C:

$$x > x_{DS} \qquad \text{- mit } x_F = 0; \quad x_E > 0 \qquad \rightarrow x = x_{DS} + x_E$$

$$h` = (1{,}004 + 1{,}86 x_{DS} + 2{,}05 x_E)t + 2500 x_{DS} - 333{,}4 x_E \tag{6.26d}$$

Gebiet mit drei Wasserphasen – übersättigter Dampf (Nassdampf) – bei t < 0°C:

$$x > x_{DS} \qquad \text{- mit } x_F > 0; \quad x_E > 0 \qquad \rightarrow x = x_{DS} + x_F + x_E$$

- dafür gilt der vollständige Ausdruck der Gl. (6.26)

6.4.2 Kenngrößen der Gas-Dampf-Gemische in Diagrammform

Die Analyse der thermodynamischen Vorgänge in einem Gas-Dampf-Gemisch kann – wie bei Dämpfen – auch auf Basis geeigneter Diagramme durchgeführt werden. Für feuchte Luft ist die Darstellung der Kenngrößen in h,x-Diagrammen üblich. Die spezifischen Gebiete der feuchten Luft – mit verschiedenen Wasserphasen – sind in einem h,x-Diagramm in Bild 6.12 schematisch dargestellt.

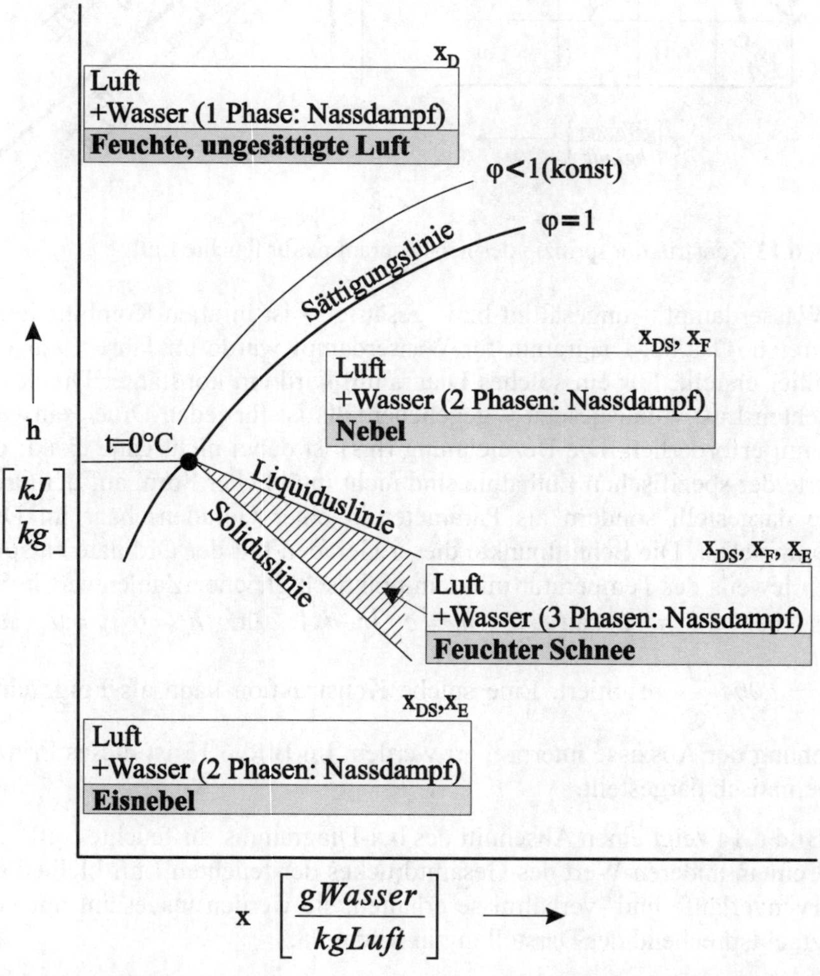

Bild. 6.12 Spezifische Gebiete der feuchten Luft im h,x-Diagramm – schematisch

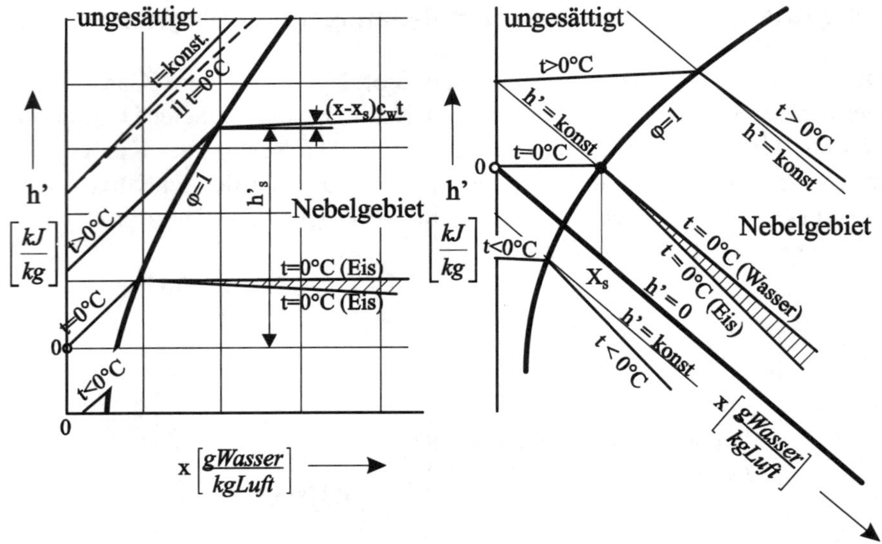

Bild 6.13 Konstruktionsprinzip des h,x-Diagramms für feuchte Luft

Wasserdampf – ungesättigt bzw. gesättigt – ist in allen Kombinationen vertreten. Das h,x-Diagramm für Wasserdampf wurde im Jahre 1923 von Mollier erstellt. Für ein solches Diagramm wird ein konstanter Druck der feuchten Luft vorausgesetzt – gegebenenfalls ist für jeden Druck ein Diagramm erforderlich. Die Bezeichnung (h,s) ist dabei nicht ganz exakt: die Werte der spezifischen Enthalpie sind nicht in üblicher Form auf der Ordinate dargestellt sondern als Parameter in einer Geradenschaar im Diagramm selbst. Die Schnittpunkte dieser Geraden mit der Ordinate entsprechen jeweils der Temperatur mit dem praktisch gleichen Zahlenwert in °C, was bei $x = 0$ aus $h - h_0 = c_{p_L}(t - t_0)$ für $h_0 = 0; t_0 = 0$ und $c_{p_L} = 1{,}004 \frac{kJ}{kg}$ resultiert. Eine solche Konstruktion kann als Folge einer Drehung der Abszisse interpretiert werden. Im Bild 6.13 ist dieses Prinzip schematisch dargestellt.

Bild 6.14 zeigt einen Abschnitt des h,x-Diagramms für feuchte Luft.
Bei einem anderen Wert des Gesamtdruckes der feuchten Luft bleiben die Kurvenverläufe und -verhältnisse erhalten, sie werden insgesamt nur versetzt, entsprechend der Darstellung in Bild 6.15.

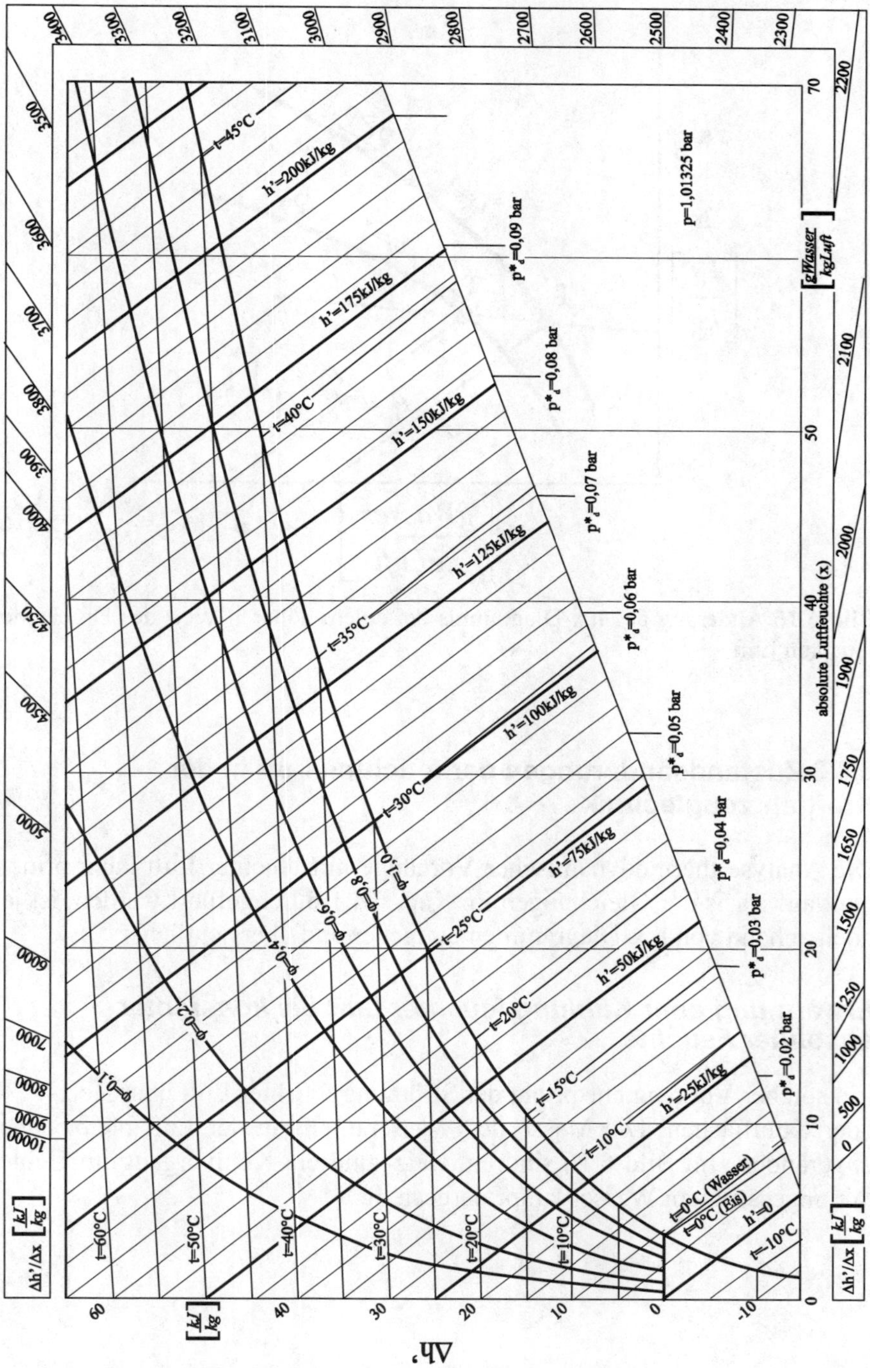

Bild 6.14 h,x-Diagramm für feuchte Luft (Abschnitt)

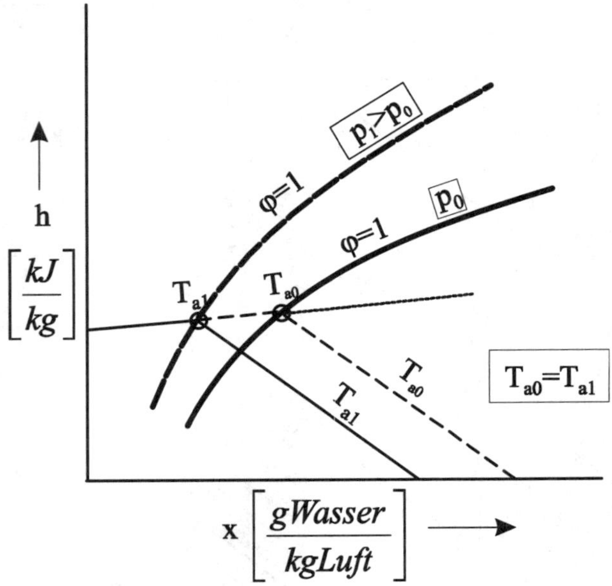

Bild 6.15 Änderung des h,x-Diagramms bei einem höheren Wert des Drucks der feuchten Luft

6.4.3 Zustandsänderungen der feuchten Luft in der Kraftfahrzeugtechnik

Die Analyse thermodynamischer Vorgänge mit feuchter Luft kann prinzipiell auf Basis der Gleichungen im Kap. 6.4.1 durchgeführt werden, ist jedoch anhand von h,x-Diagrammen einfacher und übersichtlicher.

Erwärmung oder Kühlung feuchter Luft bei konstanter absoluter Feuchte

Ein solcher Vorgang entspricht der Strömung feuchter Luft über Heiz- oder Kühlflächen. Die Masse des Wasseranteils in der Luft bleibt dabei unverändert. Im Bild 6.16 sind ein Heiz- und ein Kühlvorgang im Gebiet mit ungesättigtem Wasserdampf dargestellt.

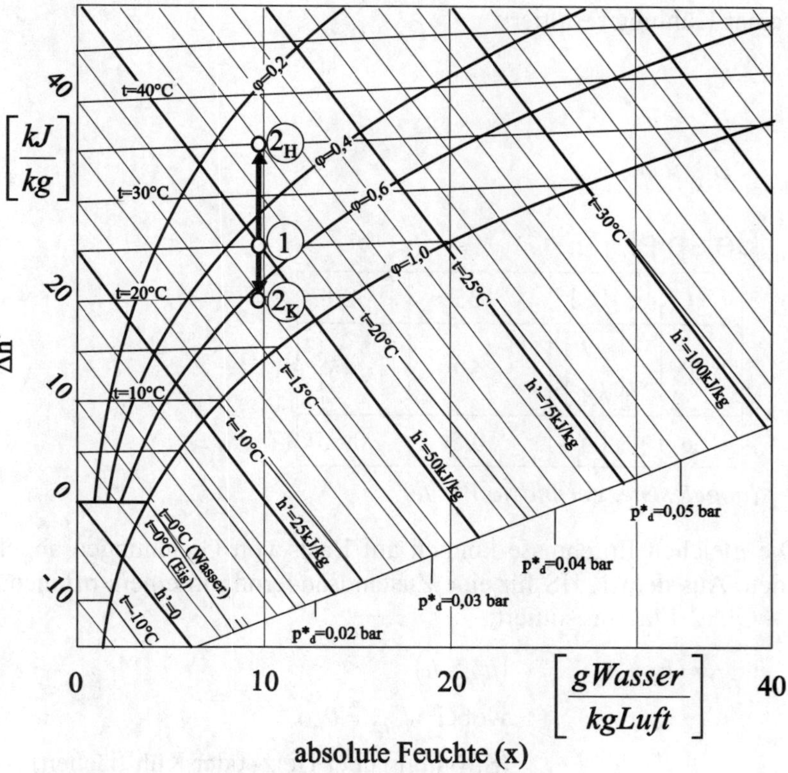

Bild 6.16 Änderung der Kenngrößen einer feuchten Luft bei Erwärmung oder Kühlung

Wie im Bild ersichtlich, ändern sich bei der Erwärmung ($1\text{-}2_H$) folgende Kenngrößen:

$$t_{2_H} > t_1$$

$$h`_{2_H} > h'_1$$

$$\varphi_{2_H} < \varphi_1$$

Beispiel:

t	$[°C]$	25	35
h'	$\left[\frac{kJ}{kg}\right]$	50	60
φ	[-]	0,5	0,25

(abgelesene, gerundete Werte)

Bei einer Kühlung resultiert:

$$t_{2_K} < t_1$$

$$h`_{2_K} < h'_1$$

$$\varphi_{2_K} > \varphi_1$$

Beispiel:

t	$[°C]$	25	20
h'	$\left[\frac{kJ}{kg}\right]$	50	45
φ	[-]	0,5	0,65

(abgelesene, gerundete Werte)

Die gleichen Ergebnisse können auf Basis von Gleichungen abgeleitet werden. Aus dem 1. HS für eine Zustandsänderung in einem offenen System – Gl. (2.17a) – resultiert:

$$q_{12} - w_{p12} = h_2 - h_1 \qquad (h^* \cong h)$$

wobei $w_{p12} = 0$

(Strömung über Heiz- oder Kühlflächen)

Daraus folgt:

$$q_{12} = h_2 - h_1$$

Die Einbeziehung der Enthalpieform $h`\left[\frac{kJ}{kg\,t.L.}\right]$ ergibt:

$$q_{12} = \left[(1{,}004 + 1{,}86\,x_D)t_2 + 2500\,x_D\right] - \left[(1{,}004 + 1{,}86\,x_D)t_1 + 2500\,x_D\right]$$
$$= (1{,}004 + 1{,}86\,x_D)(t_2 - t_1)$$

Beispiel:

$\mathbf{x_D}$	$\frac{gWasser}{kgLuft}$	10	10
Δt	$[°C]$	25-35	25-20
Δh'	$\left[\frac{kJ}{kg}\right]$	10,226	-5,113

Die Enthalpiedifferenzen entsprechen denen aus dem h,x-Diagramm abgelesenen Werten für die Erwärmung bzw. Kühlung. Für die gesamte Massenströmung der feuchten Luft kann aus der ermittelten Enthalpiedifferenz der ausgetauschte Wärmestrom infolge der Erwärmung oder Kühlung ermittelt werden.

Bei stationärer Strömung gilt:

$$\dot{Q} = \dot{m} \cdot h \qquad [kW] \left[\frac{kg}{s}\right] \left[\frac{kJ}{kg}\right] \qquad \text{mit } h = \frac{h`}{(1+x)} \tag{6.23}$$

Trocknung feuchter Luft

Infolge der Trocknung wird ein Teil der Wassermasse aus der feuchten Luft entfernt. Ein solcher Vorgang ist im Bild 6.17 dargestellt.

Folgende Zustandsänderungen sind dafür erforderlich:

1-2 Kühlung der feuchten Luft (wie im Bild 6.17 dargestellt, bei x = konst.) mit Unterschreitung der Sättigungslinie. Dabei wird gemäß Gl. (6.18) infolge der Senkung des Partialdrucks des Wassers bei Sättigung in Abhängigkeit der Temperatur:
von $x_{DS} > x \;\rightarrow\; x_{DS} = x \;\rightarrow\; x_{DS} < x$ bzw. $x = x_{DS} + x_F$

2-3 Entfernung des flüssigen Wassers durch Abtropfen bei unveränderter Abkühltemperatur:

$$x_F = x - x_{DS}$$

Dem erreichten Zustand $x = x_{DS}$ bei der Abkühltemperatur entspricht $\varphi = 1$.

3-4 Erwärmung der feuchten Luft bis zur ursprünglichen Temperatur im Zustand 1. Dabei gilt wiederum gemäß Gl. (6.18) bei Zunahme des Partialdrucks des Wassers bei Sättigung:
von $x_{DS} = x \;\rightarrow\; x_{DS} > x$

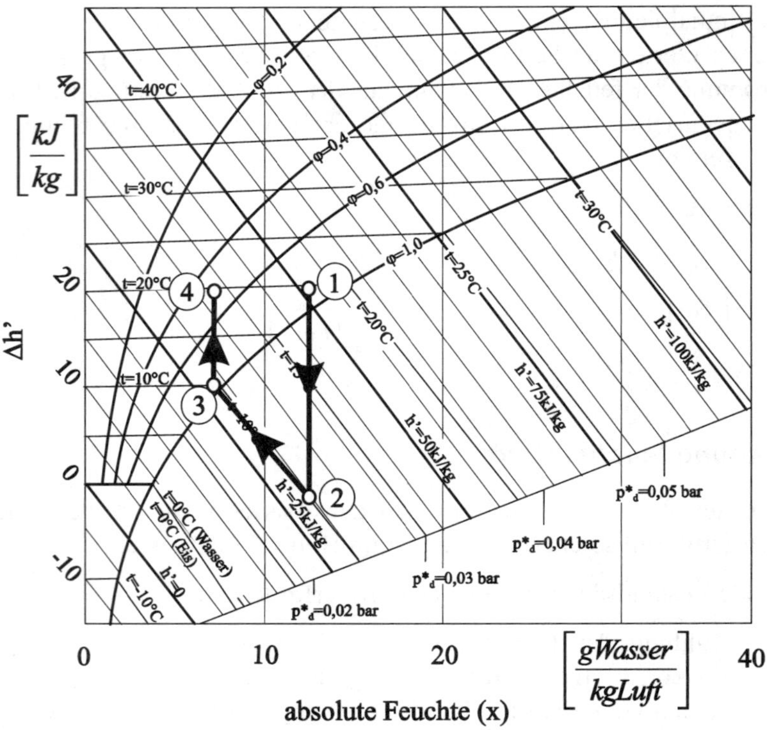

Bild 6.17 Gekoppelte Zustandsänderungen zur Trocknung einer feuchten Luft

Daraus folgt insgesamt $x_4 < x_1$ bzw. $\varphi_4 < \varphi_1$. Die Änderung der spezifischen Enthalpie infolge der drei konsekutiven Zustandsänderungen kann aus dem Diagramm abgelesen werden.

Zur weiteren Trocknung kann nach der Kühlung (1, 2) und Wasserentfernung (2, 3) eine erneute Kühlung, in einem nachgeschalteten Wärmetauscher, vorgenommen werden, gefolgt von einer weiteren Wasserentfernung bis zur Sättigungslinie, die in diesem Fall einer niedrigeren Temperatur entspricht. Danach wird die so getrocknete Luft wieder auf die ursprüngliche Temperatur in Zustand 1 erwärmt. Auch in diesem Fall können die Ergebnisse mittels Gleichungen abgeleitet werden.

Bei bekanntem Wasseranteil x_1 im Zustand 1 wird infolge der Kühlung auf die Temperatur im Zustand 2:

$$x_{DS} = 0{,}622 \frac{p_s(t_2)}{p_{atm} - p_s(t_2)} \tag{6.18}$$

wobei die Funktion $p_s = f(t)$ bekannt sein muss.

Daraus resultiert: $x_F = x_2 - x_{DS}(t_2)$ mit $x_2 = x_1$.

Im Zustand 3, nach Entfernen des Wasseranteils

$$x_F = x - x_{DS}(t_2), \qquad x_F = 0, \text{ bleibt} \qquad x_3 = x_{DS}(t_2)$$

Bei der erneuten Erwärmung ist $x_3 = x_4$. Die Änderung der spezifischen Enthalpie wird bei diesen bekannten Wasseranteilen aus Gl. (6.26) abgeleitet:

$$\Delta h_{12} = \left[\left(1{,}004 + 1{,}86\, x_{DS}(t_2) + 4{,}19\, x_F\right)t_2 + 2500\, x_{DS}(t_2)\right] - \left[\left(1{,}004 + 1{,}86 x_1\right)t_1 + 2500\, x_1\right]$$

$$\begin{aligned}\Delta h_{23} &= \left[\left(1{,}004 + 1{,}86\, x_{DS}(t_2) + 4{,}19\, x_F\right)t_2 + 2500\, x_{DS}(t_2)\right] - \\ &\quad \left[\left(1{,}004 + 1{,}86 x_{DS}(t_2)\right)t_2 + 2500\, x_{DS}(t_2)\right] \\ &= 4{,}19\, x_F\, t_2\end{aligned}$$

$$\Delta h_{34} = \left[\left(1{,}004 + 1{,}86\, x_4\right)t_1 + 2500\, x_4\right] - \left[\left(1{,}004 + 1{,}86\, x_{D_S}(t_2)\right)t_2 + 2500\, x_{DS}(t_2)\right]$$

Mischung feuchter Luftströme

Die Mischung feuchter Luftströme mit unterschiedlicher Temperatur und Wasseranteil führt zur Änderung sämtlicher Zustands- und Kenngrößen, unter Umständen auch der Phasen. Beispielsweise kann es beim Zusammentreffen zweier atmosphärischer Luftströmungen mit jeweils ungesättigtem Wassergehalt zur Nebelbildung kommen. Durch lokale Messungen von Druck, Temperatur, relativer Feuchte und Geschwindigkeit der Luft kann die Bildung und Änderung von Nebelgebieten kurzzeitig vorhergesagt werden. In Zusammenwirkung mit modernen Telematiksystemen im Kraftfahrzeug werden entsprechende Warnmeldungen über das Navigationssystem möglich. Das physikalische Modell der Mischung zweier feuchter Luftströme ist im Bild 6.18 schematisch dargestellt.

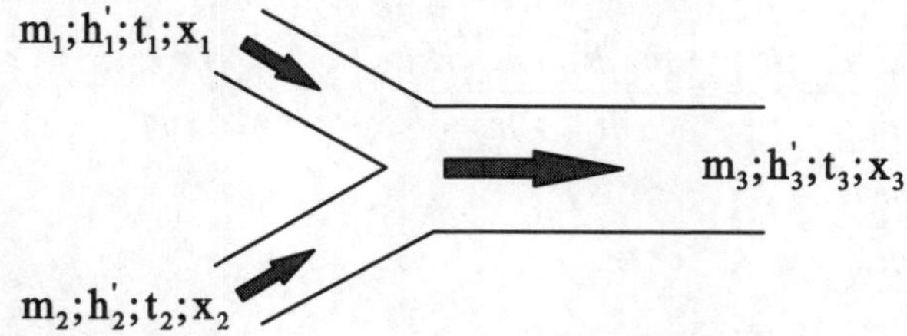

Bild 6.18 Physikalisches Modell zur Mischung zweier feuchter Luftströme - schematisch

Der Mischungsvorgang wird ausschließlich zwischen den betrachteten Luftanteilen angenommen – ohne Massen- oder Wärmeaustausch mit der übrigen Umgebung.

Die Massen- und Enthalpiebilanz ergibt:

- für die Anteile von trockener Luft: (6.27a)

$$m_{L3} = m_{L1} + m_{L2} \text{ bzw. } \dot{m}_{L3} = \dot{m}_{L1} + \dot{m}_{L2}$$

- für die Anteile von Wasser:

$$m_{w3} = m_{w1} + m_{w2} \text{ bzw. } \dot{m}_{w3} = \dot{m}_{w1} + \dot{m}_{w2} \tag{6.27b}$$

$$\text{wobei } \frac{m_w}{m_L} = x \text{ bzw. } \dot{m}_w = x \cdot \dot{m}_L$$

Gl. (6.27b) wird somit: $x_3 m_{L3} = x_1 m_{L1} + x_2 m_{L2}$

$$\text{wobei } m_{L3} = m_{L1} + m_{L2} \tag{6.27a}$$

Daraus resultiert:

$$x_3 = \frac{x_1 \dot{m}_{L1} + x_2 \dot{m}_{L2}}{\dot{m}_{L1} + \dot{m}_{L2}} = \frac{x_1 + x_2 \cdot \dfrac{\dot{m}_{L2}}{\dot{m}_{L1}}}{1 + \dfrac{\dot{m}_{L2}}{\dot{m}_{L1}}} \tag{6.28}$$

Das ergibt: $$\frac{\dot{m}_{L2}}{\dot{m}_{L1}} = \frac{x_1 - x_3}{x_3 - x_2} \tag{6.29a}$$

Für die Enthalpiebilanz gilt:

$H_3 = H_1 + H_2$ und daraus

$$\dot{m}_{L3} h`_3 = \dot{m}_{L1} h`_1 + \dot{m}_{L2} h`_2 \tag{6.30}$$

Daraus resultiert:

$$h`_3 = \frac{\dot{m}_{L1} h`_1 + \dot{m}_{L2} h`_2}{\dot{m}_{L3}} = \frac{\dot{m}_{L1} h`_1 + \dot{m}_{L2} h`_2}{\dot{m}_{L1} + \dot{m}_{L2}},$$

$$h`_3 = \frac{h`_1 + \dfrac{\dot{m}_{L2}}{\dot{m}_{L1}}}{1 + \dfrac{\dot{m}_{L2}}{\dot{m}_{L1}}} \tag{6.31}$$

Das ergibt: $$\frac{\dot{m}_{L2}}{\dot{m}_{L1}} = \frac{h'_1 - h'_3}{h'_3 - h'_2} \qquad (6.29b)$$

Der Vergleich der Gl. (6.29a), (6.29b) ergibt:

$$\frac{\dot{m}_{L2}}{\dot{m}_{L1}} = \frac{x_1 - x_3}{x_3 - x_2} = \frac{h`_1 - h`_3}{h`_3 - h`_2} \text{ bzw. } \frac{h`_3 - h`_2}{x_3 - x_2} = \frac{h`_3 - h`_1}{x_3 - x_1} \qquad (6.32)$$

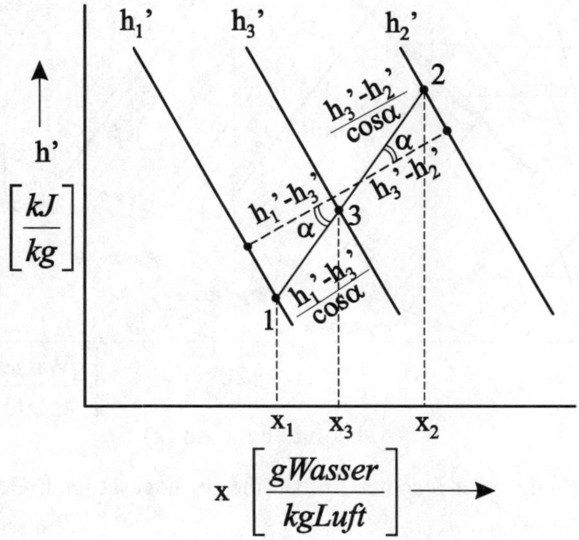

Bild 6.19 Zusammenhänge von spezifischen Entropien und absoluter Feuchte bei Mischung von zwei feuchten Luftströmen

Wie im Bild 6.19 dargestellt, führt die Proportionalität zwischen der resultierenden spezifischen Enthalpie und absoluten Feuchte zu der Erkenntnis, dass jeder Mischvorgang im h,x-Diagramm auf einer Gerade zwischen den Zuständen der zwei ursprünglichen Luftströmungen verläuft. Die Lage des neuen Zustandes auf der Gerade hängt gemäß Gl. (6.29a), (6.29b) vom Verhältnis der zwei auftreffenden Massenströme ab. Im Bild 6.20 ist eine solche Mischung in zwei Fällen dargestellt. Eine der Luftströmungen wird für diesen Vergleich in einem Referenzzustand a betrachtet.

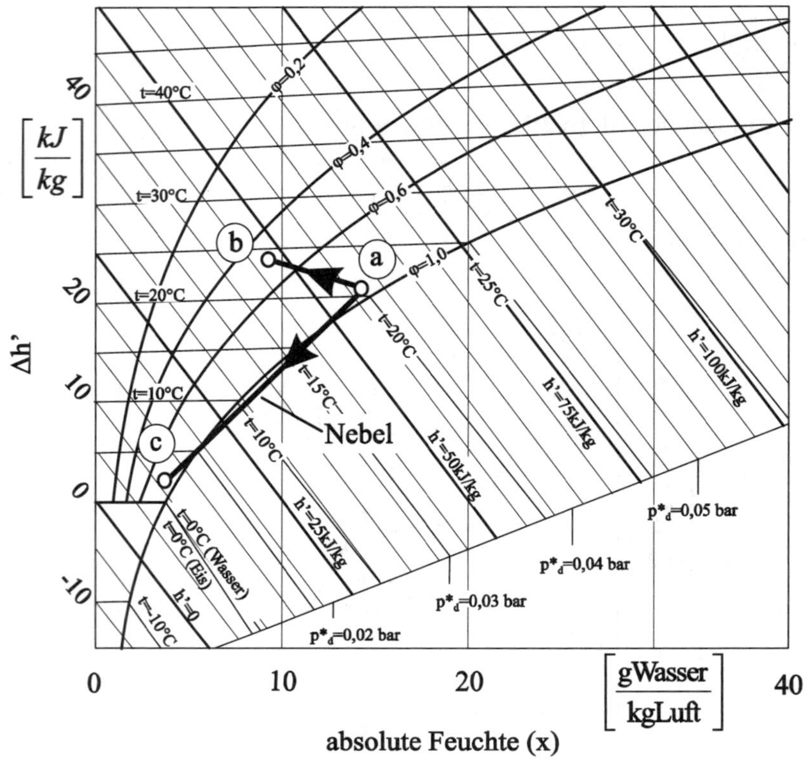

Bild 6.20 Mischung zwei feuchter Luftströme im ungesättigten Gebiet (ab) und mit Nebelbildung (ac)

- im ersten Fall wird die Luftströmung im Zustand a mit einer Luftströmung im Zustand b vermischt. Die Mischung wird einen Zustand auf der Gerade a-b erreichen, der entsprechend der strömenden Massen näher an a oder an b liegen wird. Der Zustand auf der Gerade a-b bleibt in jedem Fall im ungesättigten Gebiet, in dem auch die zwei Strömungen in a und b lagen.
- im zweiten Fall ist der Zustand c im Vergleich zu b durch eine niedrigere Temperatur gekennzeichnet, obgleich auch im ungesättigten Gebiet. Die Mischung wird in diesem Fall einen Zustand auf der Gerade a-c erreichen, die größtenteils die Sattdampflinie unterschreitet. In diesem Bereich bildet sich aus den zwei ungesättigten Strömungen Nebel.

Folgende Beispiele sind über das Auftreffen zwei atmosphärischer Luftströmungen mit unterschiedlichen Temperaturen hinaus noch erwähnenswert:

- Nebelbildung in der Nähe von Wasserflächen früh oder abends im Sommer. Die warme Luft in der Höhe bewirkt über der Wasseroberfläche eine partielle Wasserverdampfung. Dadurch steigt einerseits die absolute Feuchte der Luft, andererseits sinkt die Luftenthalpie auf Grund der entzogenen Verdampfungsenthalpie. Daraus resultiert ein Zustandsunterschied zwischen den Luftschichten in verschiedenen Höhen, der zu Nebel führt.
- Übersättigte feuchte Luft entsteht auch beim Auftreffen des warmen Atems auf kalte Winterluft und beim Ausstoß von Dampf aus Kühltürmen in kalter Umgebung.

In ähnlicher Form entsteht weißer Nebel beim Auftreffen von Abgasen aus Verbrennungsmotoren, die Wasserdampf enthalten, auf eine kalte Umgebung.

Befeuchtung feuchter Luft

Bei der Funktion von Klimaanlagen in Fahrzeugen wird oft die gefühlte Trocknung der Luft als störend für die Atemwege empfunden. Wie bei der Trocknung feuchter Luft dargestellt, bewirkt zunächst die Temperatursenkung durch die Klimaanlage eine Kondensation bei unveränderter absoluter Feuchte. Der Anteil an flüssigem Wasser scheidet sich dann bei gleicher Temperatur infolge der Tropfenmasse ab, wodurch die absolute Feuchte sinkt. Durch Auftreffen der kalten, entfeuchteten Luft auf Luftströmungen im Fahrgastraum, die durch Sonnenstrahlung oder Konvektion von Außen erwärmt werden, sinkt zum Teil die Mischungstemperatur entlang einer Mischungsgerade. Dadurch kann eine relative Feuchte wie vor der Entfeuchtung erreicht werden, die absolute Feuchte – die für die Befeuchtung der Atemwege ausschlaggebend ist – ist allerdings gesunken.

Ein Gleichgewicht entsteht in Abhängigkeit des Massenverhältnisses der von der Klimaanlage einströmenden, gekühlten, atmosphärischen Luft zur abgedrängten Luft. Die Befeuchtung der klimatisierten Luft im Fahrgastraum erscheint jedoch in den meisten Fällen als notwendig. Das Einsprühen von Wasser kann bei Ermittlung des Entfeuchtungsgrades aus gemessener Temperatur und relativer Feuchte exakt gesteuert werden, was den Fahrkomfort erhöhen kann.

Wie bei der Mischung feuchter Luftströme wird der Zustand nach dem Einsprühen von Wasser auf einer Mischungsgerade liegen. Allerdings ist der Zustand der reinen Wasserströmung im h,x-Diagramm infolge der unendlichen absoluten Feuchte $(x \to \infty)$ nicht darstellbar. Die Richtung der Mischungsgerade und der Mischungszustand können dennoch ermittelt werden.

Es gilt:

- Massenbilanz

  für trockene Luft: $m_{L1} + m_{L2} = m_{L3}$ (6.27a)

  mit $m_{L2} = 0$ (Wasser)

  $m_{L1} = m_{L3} = m_L$

  für Wasser: $x_1 m_L + \Delta m_w = x_3 m_L$ (6.27b)

  Daraus resultiert: $x_3 - x_1 = \dfrac{\Delta m_W}{m_L}$ (6.33)

- Enthalpiebilanz

  $m_L h`_1 + \Delta m_w h_w = m_L h`_3$ (6.30)

  Daraus resultiert: $\dfrac{\Delta m_w}{m_L} = \dfrac{h`_3 - h`_1}{h_w}$ (6.34)

Aus Gl. (6.33) und (6.34) wird:

$$\frac{\Delta m_w}{m_L} = x_3 - x_1 = \frac{h`_3 - h`_1}{h_w}$$

bzw. $h_w = \dfrac{h`_3 - h`_1}{x_3 - x_1}$, wobei $h_w = 4{,}19 t_w \left[\dfrac{kJ}{kgW}\right]$

und demzufolge $\dfrac{h`_3 - h`_1}{x_3 - x_1} = 4{,}19 t_w$ (6.35)

Bei der Mischungsgerade durch den Zustand 1 gilt $t = t_1$, woraus zum Zustand 3 hin:

$$\Delta h`_{31} = 4{,}19 t_w \Delta x_{31} = 4{,}19 t_w \frac{\Delta m_w}{m_L} \quad (6.36)$$

bzw. $\dfrac{\Delta h`_{31}}{\Delta x_{31}} = 4{,}19 t_w$

Das h,x-Diagramm im Bild 6.14 ist von Linien mit konstantem Wert für $\Delta h`_{31} / \Delta x_{31}$ umrahmt. Bei bekannter Wassertemperatur ist dieser Wert ermittelbar, eine Parallele zu der Richtung der entsprechenden Randlinie durch den Zustand 1 ergibt die Mischungsgerade. Der Zustand 2 wird aus dem Abstand Δx auf der x-Achse, auf Basis der Gl. (6.33), abgeleitet.

Anwendungsbeispiele und Übungen zu Kapitel 6

Dampf und Gas-Dampf-Gemische

Ü 6.1 Ein Kubikmeter Wasser-Nassdampf liegt in einem geschlossenen Behälter unter einem Druck von 5 MPa vor. Der Dampfanteil beträgt 0,6.

Aufgaben:

1. Berechnung des spezifischen Volumens des Nassdampfes.
2. Berechnung der Masse des Nassdampfes und der Wassermasse in diesem.
3. Berechnung der spezifischen Enthalpie des Nassdampfes.

Angaben:

p	t	v`	v``	h`	h``	s`	s``	r
$[MPa]$	$[°C]$	$\left[\frac{m^3}{kg}\right]$	$\left[\frac{m^3}{kg}\right]$	$\left[\frac{kJ}{kg}\right]$	$\left[\frac{kJ}{kg}\right]$	$\left[\frac{kJ}{kgK}\right]$	$\left[\frac{kJ}{kgK}\right]$	$\left[\frac{kJ}{kg}\right]$
5	263,9	0,00129	0,0394	1154,4	2794,2	2,92	5,97	1639,7

(Auszug aus einer Wasserdampftafel für Sättigungszustand)

Lösung:

1. Nach Gl. (6.5) gilt:

$$v = (1 - x_D)v` + x_D v``$$

$$v = (1 - 0{,}6)0{,}00129 + 0{,}6 \cdot 0{,}0394 = 0{,}024\left[\frac{m^3}{kg}\right]$$

2. $$m = \frac{V}{v} = \frac{1\,[m^3]}{0{,}024\left[\frac{m^3}{kg}\right]} = 41{,}66\,[kg]$$

$$m_w = (1 - x_D)m = (1 - 0{,}6)41{,}66 = 16{,}66\,[kg]$$

3. Nach Gl. (6.7.b,c) gilt:

$$h = (1 - x_D)\,h` + x_D h``$$

$$s = (1 - x_D)\,s` + x_D s``$$

$$h = (1 - 0{,}6)\,1154{,}4 + 0{,}6 \cdot 2794{,}2 = 2138{,}28 \left[\frac{kJ}{kg}\right]$$

$$s = (1 - 0{,}6)\,2{,}92 + 0{,}6 \cdot 5{,}97 = 4{,}75 \left[\frac{kJ}{kgK}\right]$$

Ü 6.2 In einer Turbine wird ein Massenstrom von 1kg/s Wasserheißdampf von 900K/1MPa auf 533K/0,1MPa isentrop entlastet.

Frage: Wie viel Leistung würde auf Grund dieser Zustandsänderung theoretisch entstehen?

Lösung: Im T,s-Diagramm im Bild 6.5 läuft die Isentrope von 900K/1MPa bis 533K/0,1MPa bei einer Entropie von $8\left[\frac{kJ}{kgK}\right]$.

Die Enthalpie im Endzustand kann im Diagramm abgelesen werden: $3000\left[\frac{kJ}{kg}\right]$.

Die Entropie im Anfangszustand könnte extrapoliert werden. Das h,s-Diagramm im Bild 6.6 erlaubt allerdings die einfachere Ermittlung der Enthalpien bei der bekannten Entropie von $8\left[\frac{kJ}{kgK}\right]$ zwischen $1[MPa]$ und $0{,}1[MPa]$: die Enthalpie im Anfangszustand beträgt $3700\left[\frac{kJ}{kg}\right]$, im Endzustand wird wiederum der Wert $3000\left[\frac{kJ}{kg}\right]$ abgelesen.

Für die Leistungsberechnung gilt:

$$P_{th} = \dot{m}\Delta h = 1\left[\frac{kg}{s}\right] \cdot \left(3700\left[\frac{kJ}{kg}\right] - 3000\left[\frac{kJ}{kg}\right]\right) = 700[kW]$$

Ü 6.3 Eine Klimaanlage wird vom Kältemittel R134a auf das alternative Arbeitsmedium CO_2 umgestellt. Dabei sollen die Verdampfungstemperatur des Arbeitsmediums von 0°C und die Austrittstemperatur aus dem Kondensator von 40°C unverändert bleiben. Durch diese Bedingung ändern sich die Druckwerte und -verhältnisse in den Kreisprozessen beider Arbeitsmedien. Beide Kreisprozesse sind im Bild 6.7 dargestellt.

Frage: Wie ändert sich die Wärmeaufnahme und die Leistungszifer der Klimaanlage infolge dieser Umstellung?

Lösung: Nach Gl. (6.13) und (6.14) gilt:

$$q_{zu} = \Delta h_{Verdampfer} \text{ und}$$

$$\varepsilon_K = \frac{q_{zu}}{|w_K|} = \frac{\Delta h_{Verdampfer}}{|\Delta h_{Verdichter}|}$$

- *für R134a gilt*:

$$q_{zu} = h_1 - h_4 = 400 - 260 = 140 \frac{kJ}{kg}$$

$$|\Delta h_{Verdichter}| = h_2 - h_1 = 435 - 400 = 35 \frac{kJ}{kg}$$

$$\varepsilon_K = \frac{140}{35} = 4$$

- *für CO_2 gilt:*

$$q_{zu} = h_1 - h_5 = [160 - (-20)] = 180 \frac{kJ}{kg}$$

$$|\Delta h_{Verdichter}| = 70 \frac{kJ}{kg}$$

$$\varepsilon_K = \frac{180}{70} = 2{,}57$$

Ü 6.4 Die absolute Feuchte und der Sättigungsgehalt atmosphärischer Luft sollen zwecks einer übersichtlichen Betrachtung der Zusammenhänge in Abhängigkeit der Temperatur für unterschiedliche Werte der relativen Feuchte als Parameter im Diagramm dargestellt werden.

Aufgaben: Erstellung der Diagramme für absolute Feuchte je kg feuchte Luft und für den Sättigungsgrad in Abhängigkeit der Lufttemperatur. Die relative Feuchte wird als Parameter in einer Kurvenschar eingeführt.

Angaben: Luftdruck: 0,1 MPa

Temperaturbereich: -20°C/+40°C $\left(\Delta t = 10°C\right)$

t	$[°C]$	-20	-10	0	10	20	30	40
p_s	$\left[\frac{N}{m^2}\right]$	103,3	259,9	611,2	1228,2	2339,2	4246,7	7384,4

Relative Feuchte: 20%, 40%, 60%, 80%

Lösung: für die Werte der absoluten Feuchte und des Sättigungsgrads gelten die Gl. (6.17), (6.18) und (6.19):

$$x = 0,622 \frac{\varphi\ p_s}{p_{atm} - \varphi\ p_s} \qquad (6.17)$$

$$x_{DS} = 0,622 \frac{p_s}{p_{atm} - p_s} \qquad (6.18)$$

$$\psi = \frac{x}{x_{DS}} \qquad (6.19)$$

t	φ	x	x_{DS}	Ψ
$[°C]$	[%]	$\left[\frac{gWaser}{kgLuft}\right]$	$\left[\frac{gWaser}{kgLuft}\right]$	[%]
-20	20	0,129	0,643	20
	40	0,257	0,643	40
	60	0,321	0,643	60
	80	0,514	0,643	80
-10	20	0,323	1,628	20
	40	0,647	1,628	40
	60	0,809	1,628	60
	80	1,296	1,628	80
0	20	0,761	3,825	20
	40	1,524	3,825	40
	60	1,907	3,825	60
	80	3,056	3,825	80
10	20	1,532	7,734	20
	40	3,071	7,734	40
	60	3,843	7,734	60
	80	6,172	7,734	80

t	φ	x	x_{DS}	Ψ
[°C]	[%]	$\left[\frac{gWaser}{kgLuft}\right]$	$\left[\frac{gWaser}{kgLuft}\right]$	[%]
20	20	2,924	14,898	20
	40	5,875	14,898	40
	60	7,361	14,898	60
	80	11,862	14,898	80
30	20	5,328	27,586	20
	40	10,748	27,586	40
	60	13,494	27,586	60
	80	21,875	27,586	80
40	20	9,324	49,593	20
	40	18,932	49,593	40
	60	23,846	49,593	60
	80	39,052	49,593	80

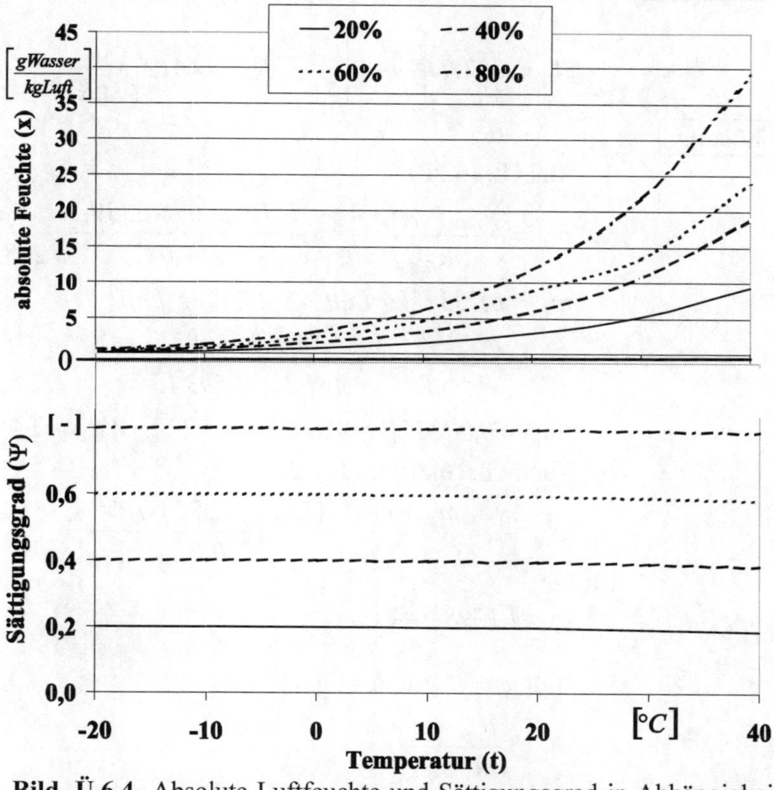

Bild. Ü.6.4 Absolute Luftfeuchte und Sättigungsgrad in Abhängigkeit von Temperatur

Ü 6.5 Ein Behälter mit dem Volumen von 0,2 m³ enthält feuchte atmosphärische Luft in folgendem Zustand: $t = 20°C,\ p = 0{,}1MPa,\ \varphi = 0{,}8$

Aufgabe: Berechnung folgender Kenngrößen:

1. Masse der Luft im Behälter
2. Masse des Wasserdampfes in der feuchten Luft
3. Dichte der feuchten Luft
4. Was würde sich ändern, wenn das gesamte Wasser vor Eintritt in den Behälter herausgefiltert würde? Der Druck und die Temperatur der getrockneten Luft im Behälter bleiben unverändert.

Angaben: bei $t = 20°C \rightarrow p_s = 2339{,}2\left[\frac{N}{m^2}\right]$

$$R_L = 287{,}04\left[\frac{J}{kgK}\right]; \qquad R_W = 461{,}5\left[\frac{J}{kgK}\right]$$

Lösung:

1. Aus Gl. (6.20)

$$m_L = \frac{p_{atm} - \varphi p_s}{R_L}\cdot\frac{V}{T} = \frac{1\cdot 10^5 - 0{,}8\cdot 2339{,}2}{287{,}04}\cdot\frac{0{,}2}{293{,}15}$$

$$m_L = 0{,}2332\,[kg\ Luft] \rightarrow 233{,}2\,[g\ Luft]$$

2. $$m_w = \frac{\varphi p_s}{R_w}\cdot\frac{V}{T} = \frac{0{,}8\cdot 2339{,}2}{461{,}2}\cdot\frac{0{,}2}{293{,}15}$$

$$m_w = 0{,}00277\,[kg\ Wasse]r \rightarrow 2{,}77\,[g\ Wasser]$$

3. Nach Gl. (6.20) und (6.21)

$$\rho = \frac{m}{v} = \frac{m_L + m_v}{v} = \frac{(233{,}2 + 2{,}77)\cdot 10^{-3}}{0{,}2}$$

$$\rho = 1{,}1798\left[\frac{kg}{m^3}\right]$$

4. Für $\varphi = 0$ gilt aus Gl. (6.20)

$$m_L = \frac{p_{atm}\cdot V}{R_L\cdot T}$$

(Zustandsgleichung der Luft als ideales Gas)

$$m_L = \frac{1 \cdot 10^5 \cdot 0{,}2}{287{,}04 \cdot 293{,}15} = 0{,}2377\,[kg]$$

$$m_L = 237{,}7\,[g\ Luft]$$

$$\rho = \frac{m_L}{v} = \frac{237{,}7 \cdot 10^{-3}}{0{,}2} = 1{,}1884\left[\frac{kg}{m^3}\right]$$

Kommentar: Die Luftmasse bzw. die Luftdichte sind in gleichem Volumen und bei gleicher Temperatur höher ohne Wasseranteil, was zunächst als paradox erscheint.
Das Wasser ist jedoch in diesem Zustand ein Gas mit extrem niedrigem Druck: $\frac{p_{atm}}{p_s} = \frac{10^5}{2339{,}2} = 42{,}74$

Ü 6.6 Wie ändert sich die spezifische Enthalpie der feuchten Luft in einer Umgebung mit p = 1bar, wenn die Temperatur von 0°C auf 20°C bei einer relativen Feuchte von jeweils $\varphi = 0{,}7$ steigt? Wie groß wäre in beiden Fällen die spezifische Enthalpie der feuchten Luft bei Sättigung?

Angaben:

$$0°C \rightarrow p_s = 6{,}112 \cdot 10^2\left[\frac{N}{m^2}\right]$$

$$20°C \rightarrow p_s = 23{,}392 \cdot 10^2\left[\frac{N}{m^2}\right]$$

Lösung:

$$h` = (1{,}004 + 1{,}86x_D + 4{,}19x_F + 2{,}05x_E)t + 2500x_D - 333{,}4x_E \qquad (6.26)$$

$$x_D = \frac{m_w}{m_L} = 0{,}622 \cdot \frac{\varphi\, p_s}{p_{atm} - \varphi\, p_s}$$

$\Rightarrow$ bei 0°C

$$x_D = 0{,}622\frac{0{,}7 \cdot 6{,}112 \cdot 10^2}{1 \cdot 10^5 - 0{,}7 \cdot 6{,}112 \cdot 10^2}$$

$$x_{D(0°C)} = 0{,}00267\left[\frac{kgWasser}{kgLuft}\right]$$

$\Rightarrow$ bei 20°C

$$x_D = 0{,}622 \frac{0{,}7 \cdot 23{,}392 \cdot 10^2}{1 \cdot 10^5 - 0{,}7 \cdot 23{,}392 \cdot 10^2}$$

$$x_{D(20°C)} = 0{,}01035 \left[\frac{kgWasser}{kgLuft} \right]$$

$$x_{DS(0°C)} = 0{,}622 \cdot \frac{6{,}112 \cdot 10^2}{1 \cdot 10^5 \cdot 6{,}112 \cdot 10^2}$$

$$x_{DS(0°C)} = 0{,}003825 \left[\frac{kgWasser}{kgLuft} \right] > x_{D(0°C)}$$

$$x_{DS(20°C)} = 0{,}622 \cdot \frac{23{,}392 \cdot 10^2}{1 \cdot 10^5 \cdot 23{,}293 \cdot 10^2}$$

$$x_{DS(20°C)} = 0{,}01498 \left[\frac{kgWasser}{kgLuft} \right] > x_{D(20°C)}$$

$$\left(\frac{x}{x_{DS}} \right) < 1; \quad \left(\frac{x}{x_{DS}} \right)_{20°C} < 1$$

Dadurch sind: $x_F, x_E = 0$

In beiden Fällen ist die Luft ungesättigt, was der angegebenen relativen Feuchte $\varphi = 0{,}7$ entspricht.

Gl. (6.26) wird in der Form (6.26a) geschrieben:

$$h` = (1{,}004 + 1{,}86 x_D) \cdot t + 2500 x_D$$

$$h`_{(0°C)} = 2500 \cdot 0{,}00267 = 6{,}675 \left[\frac{kJ}{kg\,Luft} \right]$$

$$h`_{(20°C)} = (1{,}004 + 1{,}86 \cdot 0{,}01035) \cdot 20 + 2500 \cdot 0{,}01035$$

$$h`_{(20°C)} = 46{,}34 \left[\frac{kJ}{kg\,Luft} \right]$$

$$\Delta h` = 46{,}34 - 6{,}675 = 39{,}665 \left[\frac{kJ}{kg\,Luft} \right]$$

Bei Sättigung gilt:

$$h`_{(0°c)} = 2500 \cdot x_{DS} = 2500 \cdot 0{,}003825 = 9{,}56 \left[\frac{kJ}{kg\,Luft} \right]$$

$$h`_{(20°C)} = \left(1{,}004 + 1{,}86 \cdot 0{,}01488\right) \cdot 20 + 2500 \cdot 0{,}01488$$

$$h`_{(20°C)} = 57{,}88 \left[\frac{kJ}{kg\,Luft} \right]$$

Ü 6.7 1. Wie viel Nebel ist in der Luft unter folgenden Bedingungen enthalten:

$t = 10°C$

$p = 1bar$

$x = 15 \dfrac{gWasser}{kgLuft}$

2. Wie groß ist dabei die Enthalpie der Luft?

Lösung: $x = x_{DS} + x_F + x_E$,

wobei $x_E = 0$ bei $10°C \rightarrow x_F = x - x_{DS}$

$$x_{DS} = 0{,}622 \frac{p_s}{p_{atm} - p_s \left(1228{,}2 \dfrac{N}{m^2} \right)}$$

oder aus der Tabelle

$$x_{DS}(10°C) = 7{,}734 \frac{g}{kg} \rightarrow x_F = 15 - 7{,}734 = 7{,}266 \left[\frac{gNebel}{kgLuft} \right]$$

$$h` = \left(1{,}004 + 1{,}86 x_{DS} + 4{,}19 x_F\right) \cdot t + 2500 x_{DS}$$

$$h` = 19{,}79 \left[\frac{kJ}{kg\,Luft} \right]$$

Ü 6.8 In einer Klimaanlage werden 21 kg/h Raumluft in dem Zustand $(t_1 = 20°C;\ \varphi_1 = 0{,}8)$ mit 7 kg/h Außenluft in dem Zustand $(t_2 = 6°C;\ \varphi_2 = 0{,}8)$ gemischt. Der atmosphärische Druck gilt für beide Strömungen und beträgt 1bar.

Aufgaben: Folgende Kenngrößen des resultierenden Luftgemisches sind zu berechnen:

1. die absolute Feuchte
2. die Enthalpie
3. die Temperatur

Lösung:

$$x_3 = \frac{x_1 \dot{m}_{L1} + x_2 \dot{m}_{L2}}{\dot{m}_{L1} + \dot{m}_{L2}} \rightarrow x_3 = \frac{x_1 \cdot 21 + x_2 \cdot 7}{21 + 7}$$

aus dem h,x-Diagramm (Bild 6.14) für 1bar:

$$x_1 = 12\left[\frac{gWasser}{kgLuft}\right] = 0{,}012\left[\frac{kgWasser}{kgLuft}\right]$$

$$x_2 = 4{,}5\left[\frac{gWasser}{kgLuft}\right] = 0{,}0045\left[\frac{kgWasser}{kgLuft}\right]$$

$$\rightarrow x_3 = 0{,}01025\left[\frac{kgWasser}{kgLuft}\right] \rightarrow x_3 = 10{,}125\left[\frac{gWasser}{kgLuft}\right]$$

aus dem h,x-Diagramm sind auf der Gerade zwischen den Zuständen für die 2 Strömungen bei $x_3 = 9{,}9$ folgende Werte für h`, t zu lesen:

$$h` = 43\left[\frac{kJ}{kg}\right]; \quad t_3 = 17[°C]$$

Ü 6.9 In einem Raum beträgt die Lufttemperatur 20°C bei einer Feuchtigkeit $\varphi = 0{,}8$. Durch die Luftkühlung sinkt die Enthalpie um $20\left[\frac{kJ}{kg\ tr.\ Luft}\right]$, wodurch ein Teil des Wassers in der Luft kondensiert. Das flüssige Wasser wird durch einen Abscheider entfernt, anschließend wird die Luft bis zur ursprünglichen Temperatur wieder erwärmt.

Aufgaben: Folgende Kenngrößen des Vorgangs sind aus dem h,x-Diagramm (Bild 6.14) abzuleiten:

1. Wie viel Wasser wurde aus der Luft entfernt und bei welcher Lufttemperatur?
2. Wie viel Enthalpie (Wärme) ist erforderlich, um die Luft auf die ursprüngliche Temperatur zu erwärmen?
3. Auf welchen Wert sinkt die absolute Feuchte (x)?

Lösung:

1. $x_1 = 12\left[\frac{gW}{kgL}\right] \xrightarrow[bei\,10°C]{}$ nach Wasserentfernung bis $\varphi = 1$ auf gleicher Temperatur

$$x_2 = 8\left[\frac{gW}{kgL}\right] \rightarrow 4\left[\frac{gW}{kg\ Luft}\right]$$ entfernt (33%)

Die Lufttemperatur beträgt $10[°C]$.

2. Enthalpiebilanz

$\rightarrow$ bei Kühlung wurden $20\left[\frac{kJ}{kgL}\right]$ abgezogen

bei Erwärmung von 30 $\rightarrow$ $40\left[\frac{kJ}{kg}\right]$ zugeführt: $10\left[\frac{kJ}{kg}\right]$

3. $\varphi = 0{,}54$

Ü 6.10 In einem Raum befindet sich Luft mit einer Feuchte von 80% bei einer Temperatur von 4°C. Die Luft wird auf 20°C erwärmt.

Fragen: Wie ändert sich dabei die relative Feuchte?

Wie viel Energie hat die Luft während dieses Vorganges aufgenommen?

Lösung: Aus dem h,x-Diagramm (Bild 6.14) wird abgelesen:

$$\varphi_1 = 0{,}8 \rightarrow \varphi_2 = 0{,}28$$

$$h`_1 = 14\left[\frac{kJ}{kg}\right] \quad h`_2 = 30\left[\frac{kJ}{kg}\right] \rightarrow \Delta h` = 16\left[\frac{kJ}{kg\ tr.\ Luft}\right]$$

7 Verbrennung

7.1 Kraftstoffe

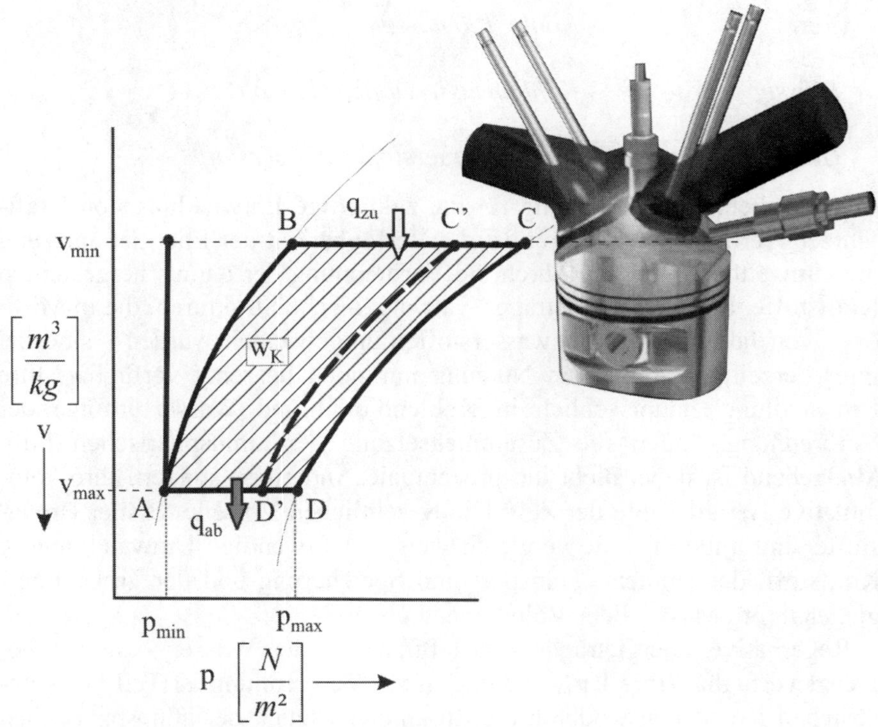

Bild 7.1 Wärmezufuhr in einem Verbrennungsmotor durch Kraftstoffverbrennung (idealer Ottokreisprozess)

Die Wärmezufuhr in Verbrennungsmotoren für Kraftfahrzeuge erfolgt als Umwandlung der chemischen Energie eines zugeführten Brennstoffs in Wärme infolge einer chemischen Reaktion mit Sauerstoff aus der angesaugten Luft. Bild 7.1 zeigt beispielhaft einen solchen Vorgang – als Zustandsänderung BC – innerhalb eines idealen Ottokreisprozesses. Die Änderung der spezifischen Kreisprozessarbeit w_K entsprechend der angeforderten Last erfolgt bei Verbrennungsmotoren grundsätzlich durch die Variation der zugeführten Brennstoffmenge und somit der zugeführten Wärme (Zustandsänderung BC` statt BC). Inwieweit die angesaugte Luftmenge der variablen Brennstoffmenge angepasst werden soll, hängt von dem jeweiligen Verfahren ab, wie im Kap. 7.6 dargestellt wird.

Brennstoffe für Kraftfahrzeugverbrennungsmotoren werden allgemein als Kraftstoffe bezeichnet. Die Kraftstoffe werden in Verbrennungsmotoren bisher nur in flüssiger und gasförmiger Phase verwendet. Sie können jedoch auch aus festen Energieträgern gewonnen werden.

Beispiele:

Fest - *Kohle, Biomasse*

Flüssig - *Kohlenwasserstoffe, Alkohole*

Gasförmig - *Kohlenwasserstoffe, Wasserstoff*

Von erheblicher Bedeutung für die zukünftige Entwicklung von Kraftfahrzeugverbrennungsmotoren ist die Verfügbarkeit der Energieträger und die Umweltbeeinflussung durch die Verbrennung der daraus hergestellten Kraftstoffe. Fossile Energieträger – als organische Strukturen, die in Millionen von Jahren zu Kohlenwasserstoffen umgewandelt wurden – sind bei ihrer derzeitigen intensiven Nutzung nur noch begrenzt verfügbar. Ihre Umwandlung, hauptsächlich in Kohlendioxid und Wasser infolge der Verbrennung, ändert die Zusammensetzung der atmosphärischen Luft. Maßgebend ist dabei nicht die prozentuale Änderung, sondern ihre kommulative Art im Laufe der Zeit. Die wesentlichen Vorteile fossiler Brennstoffe sind allerdings die vergleichsweise unaufwendige Umwandlung zu Kraftstoff, der einfache Transport und Speicherung und der große Energiegehalt pro Masse- oder Volumeneinheit.

Regernative Energieträger – aus Pflanzen oder Wasser – sind unbegrenzt verfügbar. Ihre Umwandlung durch Verbrennung ist Teil eines natürlichen Kreislaufs, wodurch die Zusammensetzung der atmosphärischen Luft nur zum Teil beeinflusst wird. Die regenerativen Energieträger bieten trotz ihrer höheren Umwandlungsverluste im Vergleich zu fossilen Energieträgern eine sichere Perspektive der weiteren Entwicklung von Verbrennungsmotoren.

Beispiele:

fossile Energieträger	*Kraftstoffe*
Kohle	*Synthetische Kraftstoffe, Wasserstoff*
Erdöl	*Benzin, Diesel, Autogas*
Erdgas	*CNG (Compressed Natural Gas),*
	LNG (Liquified Natural Gas)
	Wasserstoff
regenerative Energieträger	***Kraftstoffe***
Biomasse	*Methanol* *Ethanol*
Öle	*Rapsöl*
	Palmöl
	Nussöl
Wasser	*Wasserstoff*

Eine allgemeine Kraftstoffstruktur weist folgende Elemente auf: Kohlenstoff, Wasserstoff, Schwefel, Sauerstoff, Ballast.

In einzelnen Kraftstoffen sind möglicherweise eins oder mehrere dieser Elemente nicht vertreten. Die vollständige Verbrennungsreaktion eines Kraftstoffs, welcher alle Elemente enthält, ist in idealer Form durch folgende Anfangs- und Endprodukte gekennzeichnet:

$$C + O_2 \rightarrow CO_2$$

$$H_2 + 1/2\ O_2 \rightarrow H_2O$$

$$S + O_2 \rightarrow SO_2$$

Kraftstoffe werden nach ihrer chemischen Struktur wie folgt klassifiziert:

Paraffine (Alkane) **$C_nH_{2(n+1)}$**

einfache Bindungen, offene Kette

Beispiele:

Normal-Paraffine – ohne Verzweigung

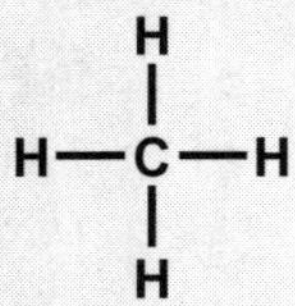

Methan CH_4

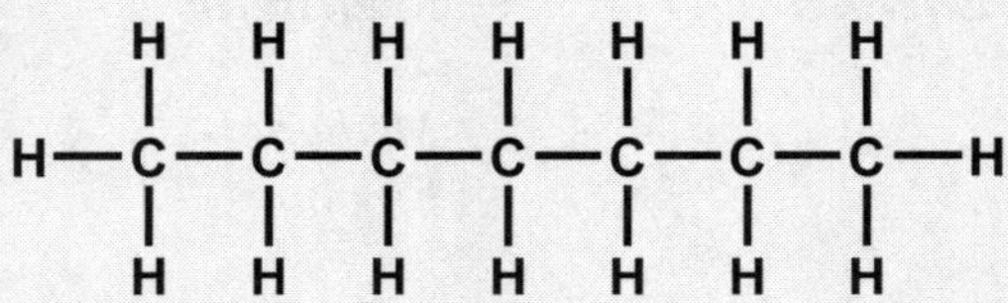

Heptan C_7H_{16}

Iso-Paraffine – mit Verzweigung

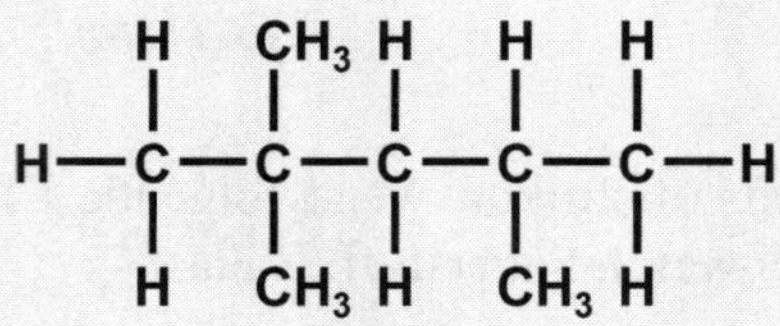

2,2,4 Trimethylpentan → Isooktan C_8H_{18}

Cykloparaffine (Cykloalkane, Napthene) $C_n H_{2n}$
einfache Bindungen, geschlossene Ketten (ringförmig)

Beispiele:

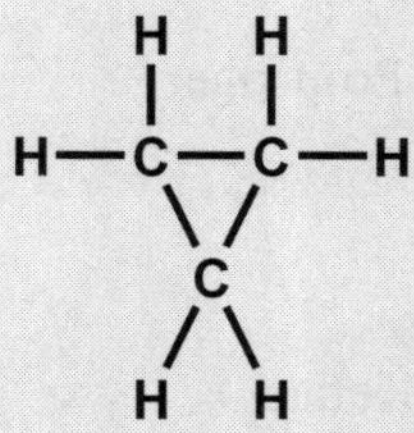

Cyklopropan $C_3 H_6$

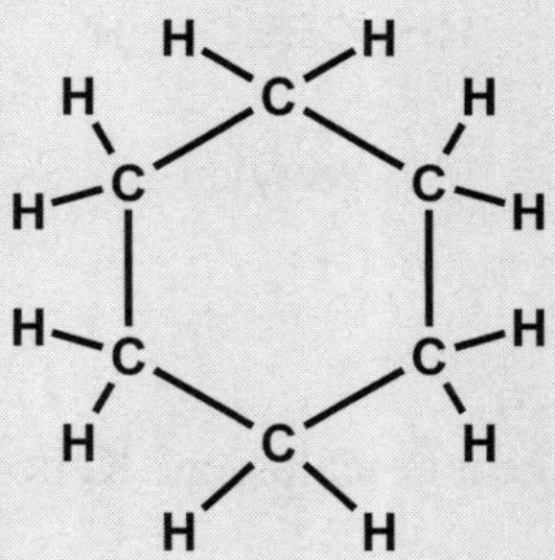

Cyklohexan $C_6 H_{12}$

Olefine (Alkene)
1,2 doppelte Bindungen, offene Ketten

Beispiele:

Mono-Olefine $C_n H_{2n}$

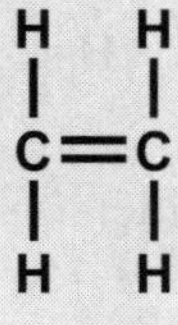

Ethen, Ethylen $C_2 H_4$

Di-Olefine $C_n\,H_{2(n-1)}$

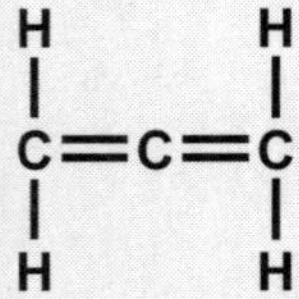

Propadien $C_3\,H_4$

Alkine $C_n\,H_{2(n-1)}$

dreifache Bindungen, offene Ketten

Beispiel:

Acetylen

Aromaten $C_n\,H_{2(n-3)}$

einfache/doppelte Bindungen, geschlossene Ketten (ringförmig)

Beispiel:

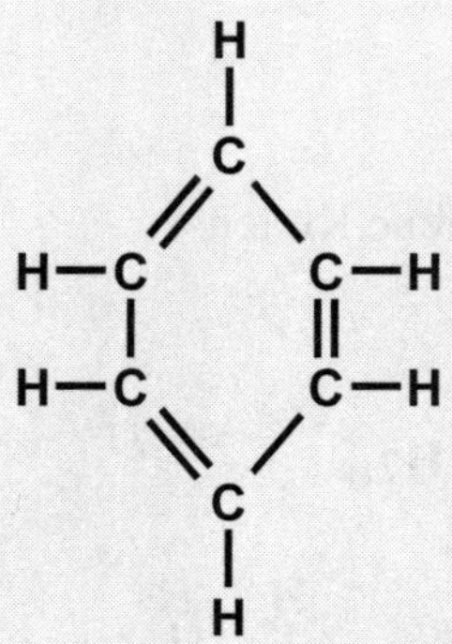

Benzen $C_6\,H_6$ → Toluen $C_7\,H_8$ → Xylen $C_8\,H_{10}$

Alkohole

Ausgehend von Kohlenwasserstoffen sind Alkohole durch Substitution eines Wasserstoffatoms durch eine Gruppe des Typs OH (Hydroxyl) gekennzeichnet.

Beispiele:

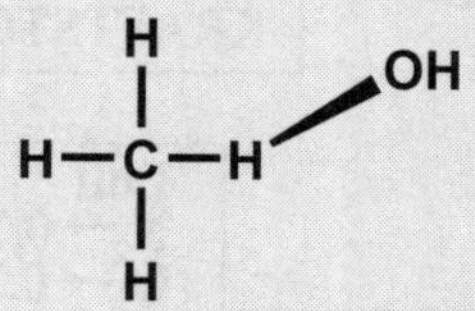

Methan → Methanol (Methyl Alkohol)

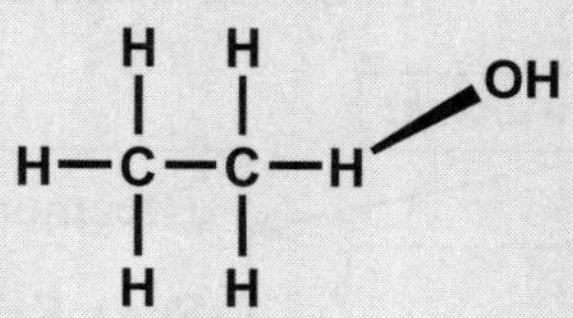

Ethan → Ethanol (Ethyl Alkohol)

Äther

Ein Sauerstoffatom zwischen zwei Kohlenstoffatomen führt zu Verbindungen des Typs **...– C – O – C –...**

Beispiel:

$$H_3C-O-CH_3$$

Dimethyläther

7.2 Kraftstoff-Luft-Gemische

Die Umwandlung der chemischen Energie eines Kraftstoffs in Wärme erfolgt als chemische Reaktion mit Beteiligung von Sauerstoff aus der atmosphärischen Luft. Die Ableitung des Sauerstoffanteils in einer Luft mit bekannter Zusammensetzung ist im Bild 7.2 dargestellt.

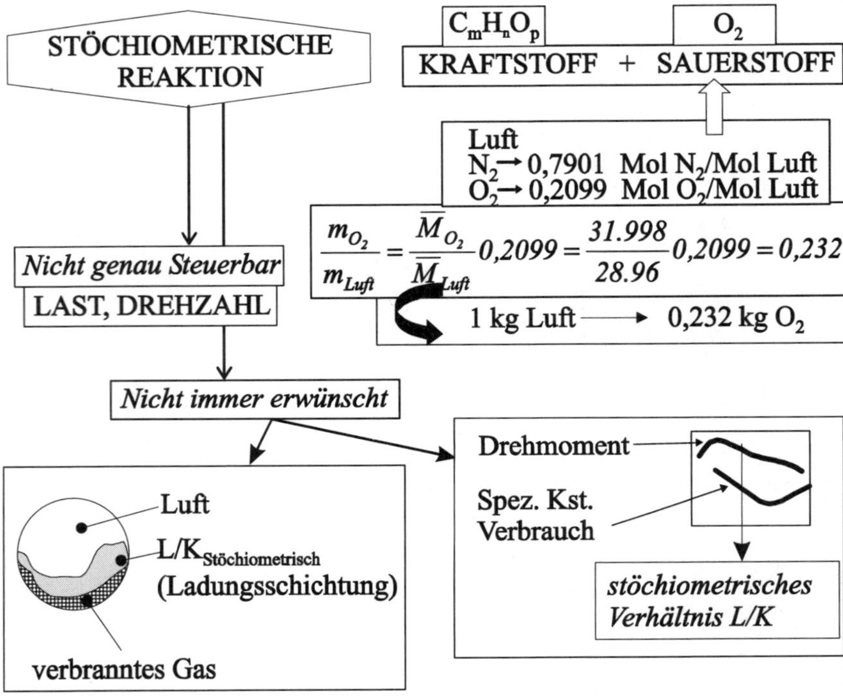

Bild 7.2 Kraftstoff-Luft-Gemische für Kraftfahrzeugverbrennungsmotoren

Eine effiziente chemische Reaktion setzt allgemein stöchiometrische Verhältnisse der beteiligten Komponenten voraus. In Verbrennungsmotoren ist allerdings ein stöchiometrisches Kraftstoff-Luft-Verhältnis nicht immer genau steuerbar und andererseits nicht immer erwünscht:

- die Steuerbarkeit der dem Motor zugeführten Luft- und Kraftstoffmengen ist in einem breiten Feld von Last- und Drehzahlkombinationen technisch sehr komplex. Selbst wenn die zugeführten Mengen stöchiometrischen Verhältnissen entsprechen, ist eine homogene Verteilung beider Komponenten im Brennraum nicht immer realisierbar.
- ein genaues stöchiometrisches Verhältnis ist selbst in einem homogenen Gemisch nicht immer erwünscht: in einem beliebigen Funktions-

punkt des Motors erreicht das Drehmoment dann ein Maximum, wenn ein geringer Kraftstoffüberfluss vorhanden ist, wie im Bild 7.2 dargestellt. Das resultiert aus der höheren Wahrscheinlichkeit, jeder Masseneinheit der zugeführten Luft Wärme durch Kraftstoffverbrennung zuzuführen. Umgekehrt erreicht der Kraftstoffverbrauch im gleichen Funktionspunkt des Motors dann ein Minimum, wenn die Luft teilweise in Überschuss ist: in diesem Fall steigt die Wahrscheinlichkeit der Verbrennung jedes Kraftstofftropfens mit der Menge der dafür vorhandenen Luft. Selbst wenn solche Abweichungen von stöchiometrischen Verhältnissen in vielen Fällen sehr gering sind, berechtigen sie die Einführung eines Kraftstoff-Luft-Verhältnisses. Bei modernen Ottomotoren mit Ladungsschichtung infolge Kraftstoff-Direkteinspritzung und umso mehr bei Dieselmotoren wird generell nur die Kraftstoffmenge entsprechend der angeforderten Last verändert, während die angesaugte Luftmenge ungedrosselt bleibt. Das Verhältnis der zugeführten Kraftstoff- und Luftmengen ist in solchen Fällen stark variabel.

Solche Verhältnisse werden international in zwei Formen definiert.

Definition

Luft-Kraftstoff-Verhältnis ***(L/K)***

$$\lambda[-]=\frac{\left(\frac{L}{K}\right)_{aktuell}\left[\frac{kg\,Luft}{kg\,Kst}\right]}{\left(\frac{L}{K}\right)_{st}\left[\frac{kg\,Luft}{kg\,Kst}\right]} \qquad (7.1.a)$$

Kraftstoff-Luft-Verhältnis ***(K/L)***

$$\phi[-]=\frac{\left(\frac{K}{L}\right)_{aktuell}\left[\frac{kg\,Kst}{kg\,Luft}\right]}{\left(\frac{K}{L}\right)_{st}\left[\frac{kg\,Kst}{kg\,Luft}\right]} \qquad (7.1.b)$$

Zwischen beiden Verhältnissen gilt: $\lambda = 1/\phi$

In Deutschland wird vorwiegend das Luft-Kraftstoff-Verhältnis λ in Betracht gezogen.

Die einfache Ermittlung des Luft-Kraftstoff-Verhältnisses eines homogenen Gemisches der zugeführten Kraftstoff- und Luftanteile könnte auf Basis dieser Definitionen wie folgt vorgenommen werden:

- Berechnen $\left(\frac{K}{L}\right)_{st}$ oder $\left(\frac{L}{K}\right)_{st}$ ausgehend von der $C_mH_nO_p$ Struktur des Kraftstoffs – wie im Kap. 7.4 gezeigt wird

- Messen $\left(\frac{K}{L}\right)_{aktuell}$ oder $\left(\frac{K}{L}\right)_{aktuell}$

$$\frac{m_L}{m_K} = \frac{\dot{m}_L}{\dot{m}_K} = \frac{\dot{V}_L \cdot \rho_L}{\dot{V}_K \cdot \rho_K} \qquad \text{mit } \rho_L = \frac{p_L}{R_L \cdot T_L}$$

Beispiele:

$$\rho_K - 730...780 \left[\frac{kg}{m^3}\right] \quad \textit{für Benzin}$$

$$- 815...880 \left[\frac{kg}{m^3}\right] \quad \textit{für Dieselkraftstoff}$$

Das Verhältnis beider Komponenten kann demzufolge aus der Messung der atmosphärischen Zustandsgrößen (p_L, T_L) und der zugeführten Volmenströme abgeleitet werden. Mögliche Anteilsverluste von beiden Komponenten während des Ladungswechsels im Motor und viel mehr die unhomogene Struktur eines Gemisches im Brennraum – wodurch vorhandene Komponenten mehr oder weniger in den Verbrennungsprozess einbezogen werden – erweisen eine solche einfache Ermittlung als unpraktikabel: ein globales Luft-Kraftstoff-Verhältnis stellt in dem Fall kaum die Beteiligung beider Komponenten an der Verbrennung dar. Eine korrekte Ermittlung wird demzufolge nur nach der Verbrennung auf Basis der resultierenden Produkte möglich sein, wie im Kap. 7.5 dargestellt wird.

7.3 Heizwerte

Die Umwandlung der chemischen Energie eines Kraftstoffs bzw. eines Kraftstoff-Luft-Gemisches in Wärme ist in der Änderung der inneren Energie oder der Enthalpie des Arbeitsmediums – je nach Verbrennungsvorgang (isochor oder isobar) – quantifizierbar. Ein solches Änderungspotential wird allgemein als *Heizwert* bezeichnet.

Der Heizwert kann aus zwei unterschiedlichen Perspektiven betrachtet werden:

- der Bezug auf eine Masseneinheit des Kraftstoffs deutet auf seinen Energiegehalt und somit auf die erforderliche Speichermenge an Bord eines Fahrzeugs für eine gewünschte Reichweite bei einem betrachteten Lastprofil.
- der Bezug auf eine Masseneinheit des Gemisches von Kraftstoff und Luft im Brennraum deutet auf die erzielbare, spezifische Wärmezufuhr in einem Motor. Ein Kraftstoff mit hohem Heizwert führt dann nicht zu einem proportional hohen Heizwert des Gemisches im Brennraum, wenn für seine Verbrennung, reaktionsbedingt, viel Luft erforderlich ist.

Kraftstoff-Heizwerte

Die Wärmezufuhr infolge eines Verbrennungsvorgangs kann allgemein mittels einer spezifischen Wärmekapazität c_x für die entsprechende Zustandsänderung x ausgedrückt werden. Es gilt:

$$c_X = \left(\frac{\partial q}{\partial T}\right)_X \tag{3.9}$$

Ein Verbrennungsvorgang ist allgemein isochor (in geschlossenen Systemen) oder isobar (in manchen geschlossenen bzw. in offenen Systemen).

Dafür gilt:

v konstant: $c_v = \left(\frac{\partial q}{\partial T}\right)_v$ mit dq=du(T,v)+pdv

$$\text{für } dv = 0 \quad \rightarrow c_v = \left(\frac{d\,u}{dT}\right)_v \tag{3.13a}$$

p konstant: $c_p = \left(\frac{\partial q}{\partial T}\right)_p$ mit dq=dh(T,p)-vdp

$$\text{für } dp = 0 \quad \rightarrow c_p = \left(\frac{d\,h}{dT}\right)_p \tag{3.13b}$$

Der Heizwert eines Kraftstoffs wird je nach Art des Verbrennungsvorgangs definiert.

> *Definition*
>
> *Kraftstoff-Heizwert*
>
> *für v = konst.* $\Delta u_K \rightarrow H_v\left[\frac{kJ}{kgKst}\right]$
>
> *für p = konst.* $\Delta h_K \rightarrow H_p\left[\frac{kJ}{kgKst}\right]$

Die Nullwerte für innere Energie und Enthalpie entsprechen der Temperatur Null. Aus der Definition der spezifischen Enthalpie im Kap. 2.3.1 wird abgeleitet.

$$\Delta h_K = \Delta u_K + p\Delta v_K \rightarrow \quad H_p = H_v + p\Delta v \qquad (7.2)$$

Dabei stellt Δv die Änderung des spezifischen Volumens durch die Änderung der Molzahl der gasförmigen Komponenten bei Verbrennung mit konstantem Druck dar. Diese Änderung wird nach Abkühlung der Endprodukte auf die Temperatur der Anfangsprodukte betrachtet.

Je nach Phasenart des Kraftstoffs gelten folgende Beziehungen:

Fest	C	$\Delta v_K = 0$	$H_p = H_v$
Flüssig	C_mH_n	$\Delta v_K > 0$	$H_p > H_v$ (3‰)
Gasförmig	H	$\Delta v_K < 0$	$H_p < H_v$ (4‰)

Die in der Praxis kaum relevanten Unterschiede beider Heizwerte einerseits und die einfachere experimentelle Ermittlung andererseits führten zur allgemeinen Verwendung des Heizwertes bei konstantem Druck H_p als Kraftstoff-Heizwert.

Aus Kraftstoffen, die Wasserstoff enthalten, entsteht bei der Verbrennung ein Wasseranteil im Abgas. Bei der experimentellen Ermittlung eines Kraftstoff-Heizwertes kondensiert der Wasserdampf teilweise, wodurch Kondensationsenthalpie frei wird. Es ist demzufolge empfehlenswert, die gesamte Masse des Wasserdampfs mit der entsprechenden spezifischen Enthalpie außer Betracht zu lassen. Dadurch entstehen zwei Formen des Kraftstoff-Heizwertes.

Definition

Oberer Heizwert H_O $- H_2O$ *kondensiert*

Unterer Heizwert H_U $- H_2O$ *nicht kondensiert*

$$H_U = H_O - \left(\frac{m_{H_2O}}{m_{KST}} \right) \cdot h_{r_{H_2O}} \tag{7.3}$$

$$h_{r_{H_2O}} \rightarrow 2500 \left[\frac{kJ}{kg} \right] (bei\ 0°C)$$

$$2442 \left[\frac{kJ}{kg} \right] (bei\ 25°C)$$

Gemisch-Heizwert

Der Zylinder bzw. der Brennraum je Zylindereinheit in einem Verbrennungsmotor hat ein definiertes Volumen. Die Umsetzung der chemischen Energie in Wärme bedingt die Beteiligung beider Komponenten, Kraftstoff und Luft, an der Reaktion in diesem Volumen. Für die Umsetzung der Energie im Zylinder ist demzufolge nicht der Heizwert des Kraftstoffs selbst, sondern jener des Gemisches maßgebend.

Ausgehend von der Definition des Luft-Kraftstoff-Verhältnisses:

$$\lambda = \frac{\left(\frac{L}{K} \right)_{aktuell}}{\left(\frac{L}{K} \right)_{st}} \tag{7.1a}$$

gilt:

$$\left(\frac{L}{K} \right)_{aktuell} = \lambda \cdot \left(\frac{L}{K} \right)_{st} \tag{7.4}$$

Für 1 kg Kst resultiert:

$$\mathrm{m}_{\mathrm{GEM}} = \mathrm{m}_{\mathrm{KST}} + \mathrm{m}_{\mathrm{Luft}} \rightarrow 1 + \lambda \cdot \left(\frac{L}{K} \right)_{st} \tag{7.5}$$

Das führt zu folgenden Formen des Gemischheizwertes.

Definition

Gemischheizwert (massenbezogen)

$$H_G = \frac{H_U}{m_{GemZyl}} = \frac{H_U}{1 + \lambda \cdot \left(\frac{L}{K}\right)_{st}} \tag{7.6}$$

Gemischheizwert (volumenbezogen)

$$H_g = \frac{H_U}{\left(V_{Luft} + V_{Kst}\right)_{Zyl}} \Rightarrow \frac{H_U}{m_{Gem\,Zyl}} \cdot \frac{m_{Gem\,Zyl}}{V_{Gem\,Zyl}}$$

$$mit \quad \frac{m_{Gem\,Zyl}}{V_{Gem\,Zyl}} = \rho_{Gem\,Zyl} \tag{7.7}$$

Bei äußerer Gemischbildung (z.B. Saugrohreinspritzung in Ottomotoren) gilt:

$$\rho_{Gem\,Zyl} \rightarrow \frac{m_{Gem\,Zyl}}{\left(V_{Luft} + V_{KST}\right)_{Zyl}}$$

$$\rightarrow H_g = H_G \cdot \rho_{GemZyl} \tag{7.7a}$$

Bei innerer Gemischbildung (Direkteinspritzung in Otto- und Dieselmotoren) gilt wegen der Kraftstoffzufuhr, nachdem das Zylindervolumen bereits mit Luft gefüllt wird:

$$\rho_{GemZyl} \rightarrow \frac{m_{Luft} + \cancel{m_{KST}}}{\left(V_{Luft} + \cancel{V_{KST}}\right)_{Zyl}} = \rho_{Luft}$$

$$\rightarrow H_g = \frac{H_U}{\lambda \cdot \left(\frac{L}{K}\right)_{st}} \cdot \rho_{Luft} \tag{7.7b}$$

Allgemein wird die Form (7.7) bei Anwendung flüssiger Kraftstoffe in Anbetracht der Volumenverhältnisse

$$\frac{V_{Luft}}{V_{KST}} = \frac{\rho_{KST}}{\rho_{Luft}} \approx \frac{800}{1.2}$$

analog der Form (7.7b)

$$H_g = \frac{H_U \cdot \rho_{Luft} \cdot \eta_{Verbr}}{\lambda \cdot \left(\frac{L}{K}\right)_{st}} \qquad (7.7c)$$

wobei η_{Verbr} – den Wirkungsgrad der Verbrennung darstellt.

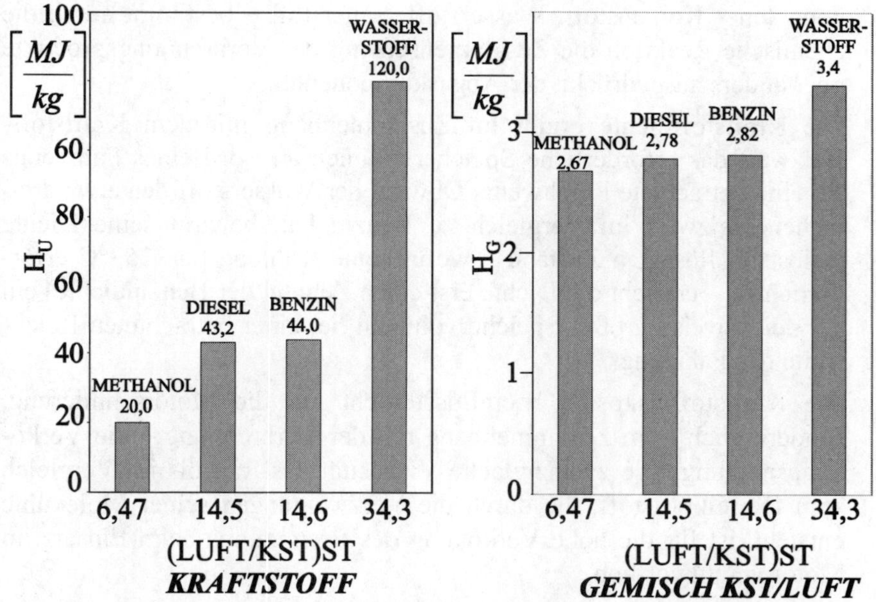

Bild 7.3 Vergleich der Kraftstoff-Heizwerte (untere Heizwerte) und Gemischheizwerte für ausgewählte Kraftstoffe

Bild 7.3 stellt einen Vergleich der Kraftstoff- und Gemischheizwerte bei Anwendung konventioneller und alternativer Kraftstoffarten dar. Für jede Kraftstoffart ist auch das stöchiometrisch erforderliche Luft-Kraftstoff-Verhältnis angegeben. Der untere Heizwert des Wasserstoffs erscheint dabei als unübertroffen. Andererseits ist der Luftbedarf bei der Verbrennung eines Kilogramms Wasserstoffs viel höher als für die anderen aufgeführten Kraftstoffarten. Einem betrachteten Brennraumvolumen kann jedoch nur eine definierte, begrenzte Luftmenge zugeführt werden, was für die einsetzbare Kraftstoffmenge ausschlaggebend ist. Obwohl der Wasserstoff einen hohen Heizwert hat, ist die einsetzbare Menge bei vergleichbarem Luftvolumen relativ gering. Dadurch ist der volumenbezogene Gemischheizwert beim Einsatz von Wasserstoff sogar unter jenem von konventionellen Gemischen, wie im Bild 7.3 ersichtlich.

In der Tabelle 7.1 sind die Heizwerte sowie die weiteren einsatzrelevanten Eigenschaften für die Kraftstoffe im Bild 7.3 sowie für weitere zukunftsträchtige Kraftstoffe dargestellt. Jede Eigenschaft hat eine spezifische Wirkung beim Einsatz des jeweiligen Kraftstoffs im Motor bzw. im Fahrzeug.

Folgende Zusammenhänge sind dafür erwähnenswert:

- Die Kraftstoffstruktur, ausgedrückt in den Anteilen elementarer Komponenten – Kohlenstoff, Wasserstoff, Sauerstoff – bestimmt durch die chemische Reaktion die Zusammensetzung der Verbrennungsprodukte oder anders ausgedrückt, der Abgaskomponenten.
- Die Kraftstoffdichte ergibt im Zusammenhang mit dem Kraftstoff-Heizwert das erforderliche Speichervolumen an Bord eines Fahrzeugs für eine betrachtete Reichweite. Obwohl der Wasserstoff den etwa dreifachen Heizwert im Vergleich zu Benzin hat, bewirkt seine Dichte (selbst im flüssigen Zustand – wofür seine Kühlung bis -253°C erforderlich ist – erreicht die Dichte erst einen Zehntel der Benzindichte) ein vergleichsweise großes Speichervolumen bei einer betrachteten Reichweite des Fahrzeugs.
- Die Kraftstoffviskosität beeinflusst nicht nur die Motorschmierung, sondern auch – im Zusammenhang mit der Verbrennung – die Verkokungsneigung. Die zwanzigfache Viskosität des Rapsöls im Vergleich zum Dieselkraftstoff, die durch die Verzweigungen seiner Molekühle entsteht, ist für die hohe Verkokung des Brennraums beim Einsatz im Motor verantwortlich.
- Der stöchiometrische Luftbedarf beeinflusst, wie erwähnt, den Gemischheizwert, aber auch die Dosierbarkeit des Kraftstoffs: die geringere Wasserstoffmenge pro Kilogramm Luft im Vergleich beispielsweise zu Benzin erfordert auch eine viel genauere Dosierung, was die Anforderungen an das jeweilige Einspritzsystem erhöht.
- Der Gemischheizwert bestimmt im Zusammenspiel von Kraftstoff-Heizwert und Luftbedarf die erreichbare Energiedichte und dadurch das erreichbare Drehmoment je Zylindervolumen. Wie aus der Tabelle ersichtlich, bleibt der Gemischheizwert für alle Kraftstoffe in der gleichen Größenordnung.

KRAFTSTOFF	STRUKTUR	DICHTE $[kg / dm^3]$	VISKOSITÄT (KIN.) $[cSt]$ (20°C/0,1 MPa)	HEIZ-WERT (UNT.) $[MJ / kg]$	STOECH. LUFT-BEDARF $[kgL / kg\ Kst]$	GEMISCH-HEIZWERT $[MJ / kg\ Gem]$	OKTAN-ZAHL/ CETAN-ZAHL	VERDAMPFUNGS-ENTHALPIE $[KJ / kg]$ (25°C/0,1 MPa-Flüss.) (ts/ 0,1 MPa – Gas.)
KOHLEN-WASSERSTOFFE								
BENZIN	C_mH_n ($<C_8H_{18}$)	0,72 - 0,78	0,6 - 0,75	44	14,6 -14,7	3,9	91- 99	350
DIESEL	C_mH_n ($<C_8H_{18}$)	0,78 - 0,84	3,5 - 3,9	43,2	14,5	3,8	50 - 54	270
ERDGAS (85-95% METHAN)	CH_4	0,141 (0°C/20MPa) 0,409 (-150°C/0,1MPa) 0,00079 (0°C/0,1MPa)	k.A.	45	14,5	4,0	ca. 120	0,51 (GAS)
AUTOGAS 50% PROPAN; 50% BUTAN)	C_3H_8/C_4H_{10}	0,00235 GAS (0°C/0,1MPa) ca. 0,5 FLÜSSIG (0°C/0,5–1,0MPa)	k.A.	46	15,5	3,8	98	386
ALKOHOLE								
METHANOL	CH_3-OH	0,792	0,75	20	6,47	3,5	106	1103
ETHANOL	C_2H_5-OH	0,785	1,5	26	9,00	3,5	107	840
WASSERSTOFF	H_2	0,009 (GAS) (-200°C/0,1MPa) 0,071 (FLÜSSIG) (-253°C/0,1MPa)	k.A.	120	34,3	3,0	k.A.	436
ÖLE								
RAPSÖL	$C_mH_nO_pR_i$	0,92	68-75	35 - 39	12,4	3,5	38 - 44	k.A.
RAPSÖL-METHYLESTHER		0,86 – 0,9	6-8	37,2	12,5	3,5	51 - 58	k.A.
DIMETHYLÄTHER	CH_3OCH_3	0,00197 (GAS) (15°C/0,1MPa) 0,67 (FLÜSSIG) (20°C/0,5 MPa)	0,12 – 0,15 (20°C/0,5MPa)	9,0	28 (GAS) 27 (FLÜSSIG)	3,5	55 - 60	400 (GAS)
	Abgas-Komponenten	**Speicherung an Bord**	**Schmierung Verkokung**	**Reichweite**	**Kraftstoffs-Dosierung**	**Energiedichte/ Drehmoment**	**Klopfneigung/ Zündwilligkeit**	**Kaltstart/ Innenkühlung/ Ladungsmasse**

Tabelle 7.1 Eigenschaften konventioneller und alternativer Kraftstoffe für Fahrzeugverbrennungsmotoren und ihre Wirkung im Fahrzeugeinsatz

- Die durch die Kraftstoffstruktur bestimmte Oktan-/Cetanzahl ist ein Maß der Verbrennungsqualität zwischen Klopfneigung und Zündwilligkeit.

- Die spezifische Verdampfungsenthalpie eines Kraftstoffs beeinflusst sowohl die Kaltstarteigenschaften des Motors als auch das Temperaturniveau der Ladungsmasse. Die Verdampfungsenthalpie wird generell aus der inneren Energie der beteiligten Luft gewonnen, wodurch deren Temperatur sinkt. Die Auswirkung solcher Prozesse im Motor wurde im Kap. 5 exemplifiziert.

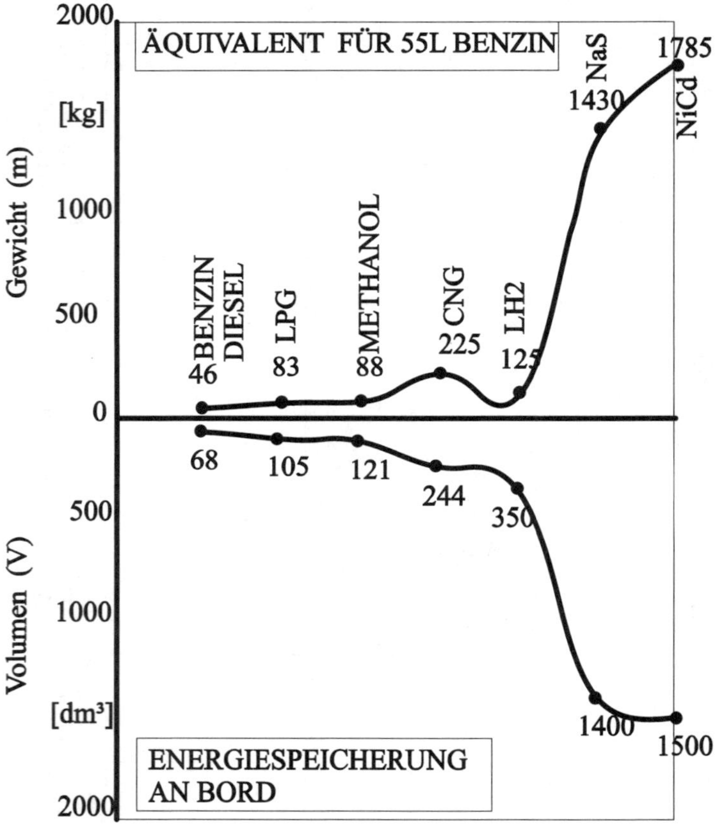

Bild 7.4 Vergleich der gespeicherten Massen und Volumina für unterschiedliche Energieträger an Bord bei gleichem Energieäquivalenten

Die Auswirkungen von Heizwert und Kraftstoffdichte auf den Einsatz eines Kraftstoffs im Fahrzeug ist in einer anderen Form im Bild 7.4 dargestellt. Dabei wurden das Gewicht und das Volumen eines Kraftstofftanks bei gleichem Energieäquivalenten – entsprechend 55 Liter Benzin – berechnet. Das Gewicht und das Volumen des erforderlichen Tanks wurden in die Werte einbezogen. Als Vergleich sind die Werte beim Einsatz zwei moderner Batteriearten (NaS, NiCd) aufgeführt.

Aus dem Bild ist ersichtlich, dass die eindeutig effizientesten Energieträger Benzin und Dieselkraftstoff sind. Methanol und Erdgas erfordern größere und schwerere Tanks, beim Wasserstoff wird dies sowohl durch die geringe Dichte als auch durch die erforderliche kryogene Speicherung noch verstärkt. Der Einsatz von Batterien erscheint aus dieser Perspektive als sehr unvorteilhaft.

7.4 Verbrennungsrechnung

7.4.1 Verfahren zur Verbrennungsrechnung

Das Ziel der Verbrennungsrechnung ist die Ableitung des stöchiometrischen Luftbedarfs für einen Kraftstoff mit bekannter chemischen Struktur sowie der Verbrennungsprodukte bzw. Abgaszusammensetzung.

Die Basis einer solchen Berechnung bilden wahlweise:

a) die molekulare Struktur des Kraftstoffs
  - Anzahl der Atome jeder Komponente in einem Kraftstoffmolekül

b) die elementare Struktur des Kraftstoffs
  - Masse jeder Komponente je Kilogramm Kraftstoff

Beispiel:

a) $C_m H_n O_p$ Oktan $C_8 H_{18}$

b) $1 kg\,Kst$ $c\,kg\,C$ Oktan $c = 0{,}842 kg\,C / kg\,Kst$

$h\,kg\,H_2$ $h = 0{,}158 kg H_2 / kg\,Kst$

$o\,kg\,O_2$ $o = 0$

Der Übergang von der molekularen zur elementaren Struktur ist mittels Molmassen bzw. Kilomolmassen der Komponenten möglich. Es gilt:

$$c = \frac{m \cdot \overline{M}_C \left[\frac{kgC}{kmolKst}\right]}{\left[m\overline{M}_C + n\overline{M}_H + p\overline{M}_O\right]\left[\frac{kgKst}{kmolKst}\right]} \tag{7.8}$$

Beispiel:

Oktan

$$C_8H_{18} \quad 8 \cdot 12 + 18 \cdot 1 = 114 kg/kmol$$

$$c = \frac{8 \cdot 12}{8 \cdot 12 + 18 \cdot 1} = 0{,}842 \frac{kgC}{kgKst}$$

$$h = \frac{18 \cdot 1}{8 \cdot 12 + 18 \cdot 1} = 0{,}158 \frac{kgH}{kgKst}$$

$$c + h = 0{,}842 + 0{,}158 = 1$$

Ein Kraftstoff entsteht allgemein als Gemisch mehrerer Komponenten – das Benzin ist beispielsweise ein Gemisch von Kohlenwasserstoffverbindungen wie Heptan und Oktan mit weiteren Zusätzen, wie Methanol. Bei bekannten Massenanteilen dieser Komponenten kann auf Basis ihrer molekularen Struktur die Ableitung der elementaren Struktur wie folgt berechnet werden:

$$\alpha(C_mH_n) + \beta(C_rH_sO_t) \qquad \alpha + \beta = 1 \tag{7.9}$$

$$c = \frac{\alpha m\overline{M}_C + \beta r\overline{M}_C}{\alpha m\overline{M}_C + \alpha n\overline{M}_H + \beta r\overline{M}_C + \beta s\overline{M}_H + \beta t\overline{M}_O} \tag{7.10}$$

Als Kontrolle gilt:

$$1kgKst \rightarrow c\frac{kgC}{kgKst} + h\frac{kgH_2}{kgKst} + s\frac{kgS_2}{kgKst} + o\frac{kgO_2}{kgKst} + b\frac{kgBalast}{kgKst} \tag{7.11}$$

Die Verbrennungsrechnung auf Basis der molekularen Struktur ist durch die langen Ausdrücke, die aus Gl. (7.9) bei Aufstellung der chemischen Gleichungen resultieren, relativ umständlich. Die Berechnung auf Grund der elementaren Struktur des Kraftstoffs – die sowohl experimentell, als auch durch Ableitung aus der molekularen Struktur mittels Gl. (7.8), (7.9), (7.10) ermittelbar ist – wird auf Grund der besseren Übersichtlichkeit in den weiteren Betrachtungen vorgezogen. Die vollständige chemische Reaktion bei stöchiometrischen Verhältnissen zwischen den elementaren Bestandteilen des Kraftstoffs und dem Sauerstoffanteil in der Luft im Brennraum ist in Bild 7.5 schematisch dargestellt.

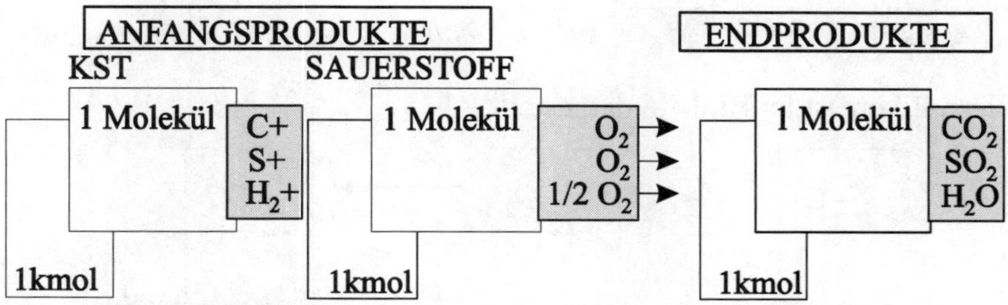

Bild. 7.5 Vollständige chemische Reaktion zwischen Kraftstoff und Sauerstoff bei stöchiometrischen Verhältnissen

Eine Reaktion des Typs 1 Molekül A + 1 Molekül B → 1 Molekül C

ergibt x Moleküle A + x Moleküle B → x Moleküle C

oder $\overline{N}$ Moleküle A + $\overline{N}$ Moleküle B → $\overline{N}$ Moleküle C

Im Kap. 3.1.1 wurde ein Kilomol als Anzahl von $N = 6{,}0231 \cdot 10^{26}$ Molekülen (Loschmidtsche Zahl) definiert. Das berechtigt die im Bild 7.5 eingeführte Beziehung:

$$1 \text{ kmol A} + 1 \text{ kmol B} \rightarrow 1 \text{ kmol C}$$

Bei Kenntnis der Molekülanzahl jeder elementaren Komponente in einem Kilogramm Kraftstoff ist die quantitative Bilanz ableitbar.

Dafür gilt (mit abgerundeten Werten für die Molmasse):

$$c\left[\frac{kgC}{kgKst}\right] \qquad \frac{c}{\overline{M}_C}\left[\frac{kgC/kgKst}{kgC/kmolC}\right] \qquad \frac{c}{12}\left[\frac{kmolC}{kgKst}\right]$$

$$s\left[\frac{kgS}{kgKst}\right] \qquad \frac{s}{\overline{M}_S}\left[\frac{kgS/kgKst}{kgS/kmolS}\right] \qquad \frac{s}{32}\left[\frac{kmolS}{kgKst}\right]$$

$$h\left[\frac{kgH_2}{kgKst}\right] \qquad \frac{h}{\overline{M}_{H_2}}\left[\frac{kgH_2/kgKst}{kgH_2/kmolH_2}\right] \qquad \frac{h}{2}\left[\frac{kmolH_2}{kgKst}\right]$$

$$o\left[\frac{kgO_2}{kgKst}\right] \qquad \frac{o}{\overline{M}_{O_2}}\left[\frac{kgO_2/kgKst}{kgO_2/kmolO_2}\right] \qquad \frac{o}{32}\left[\frac{kmolO_2}{kgKst}\right]$$

Diese Bilanz ist im Bild 7.6 dargestellt.

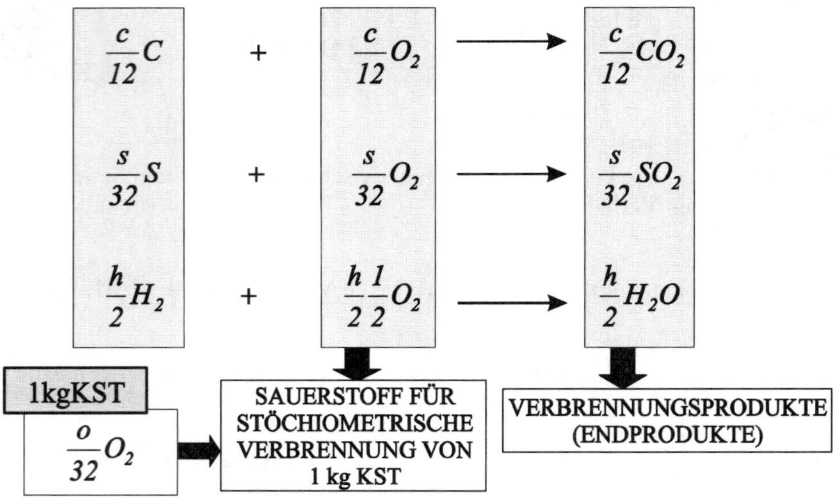

Bild 7.6 Quantitative Bilanz einer vollständigen Verbrennungsreaktion auf Basis der molekularen Beteiligung der elementaren Komponenten in einem Kilogramm Kraftstoff

Diese Bilanz ergibt sowohl die stöchiometrisch erforderliche Sauerstoffmenge als auch die Mengen der Verbrennungsprodukte, die aus der vollständigen Verbrennung eines Kilogramms Kraftstoff mit bekannter elementarer Struktur resultieren.

7.4.2 Stöchiometrischer Luftbedarf

Der Sauerstoffbedarf bei stöchiometrischer, vollständiger Verbrennung eines Kilogramms Kraftstoff resultiert aus der Bilanz im Bild 7.6 wie folgt:

$$\left(\frac{O}{K}\right)_{st}\left[\frac{kgO_2}{kgKst}\right]=\left(\frac{c}{12}+\frac{s}{32}+\frac{h}{4}-\frac{o}{32}\right)\left[\frac{kmolO_2}{kgKst}\right]\cdot 32\left[\frac{kgO_2}{kmolO_2}\right] \tag{7.12}$$

Dabei ist die subtrahierte Sauerstoffmenge diejenige, die im Kraftstoff selbst enthalten war und demzufolge nicht von der Umgebungsluft einzuführen ist. Beim einsatz der exakten Werte für die Mollmasse der Komponenten C, S, H_2, O_2 resultiert:

$$\left(\frac{O}{K}\right)_{st}=\left(2{,}664c+0{,}988s+7{,}937h-o\right)\left[\frac{kgO_2}{kgKst}\right] \tag{7.13}$$

Der Luftbedarf bei stöchiometrischer, vollständiger Verbrennung eines Kilogramms Kraftstoff wird auf Basis der Gl. (7.13) bei bekanntem Sauerstoffanteil in der atmosphärischer Luft – wie im Bild 7.2 dargestellt – abgeleitet:

$$\frac{m_{Luft}}{m_{O_2}}=\frac{\overline{M}_{Luft}}{\overline{M}_{O_2}}=\frac{1}{0{,}232}=4{,}31$$

$$\left(\frac{L}{K}\right)_{st}=4{,}31\cdot\left(2{,}664c+0{,}988s+7{,}937h-o\right)\left[\frac{kgLuft}{kgKst}\right] \tag{7.14}$$

Tabelle 7.2 zeigt den stöchiometrischen Luftbedarf mehrerer Kraftstoffe, berechnet nach Gl. (7.14) auf Basis ihrer elementaren Struktur.

Kraftstoff	Struktur	$\overline{M}_{Kst}$ $\left[\frac{kg}{kmol}\right]$	c $\left[\frac{kg\,c}{kgKst}\right]$	h $\left[\frac{kg\,h}{kgKst}\right]$	o $\left[\frac{kg\,h}{kgKst}\right]$	s $\left[\frac{kg\,s}{kgKst}\right]$	L_{min} $\left[\frac{kg\,Luft}{kgKst}\right]$
Methan	CH_4	16	0,750	0,250	0,000	0	17,163
Ethan	C_2H_6	30	0,800	0,200	0,000	0	16,027
Propan	C_3H_8	44	0,818	0,182	0,000	0	15,618
Butan	C_4H_{10}	58	0,828	0,172	0,000	0	15,391
Pentan	C_5H_{12}	72	0,833	0,167	0,000	0	15,277
Hexan	C_6H_{12}	86	0,837	0,163	0,000	0	15,186
Heptan	C_7H_{16}	100	0,840	0,160	0,000	0	15,118

Tabelle 7.2 Stöchiometrischer Luftbedarf von Kraftstoffen – berechnet auf Basis ihrer elementaren Struktur

Kraftstoff	Struktur	M_{Kst} $\left[\frac{kg}{kmol}\right]$	c $\left[\frac{kg\,c}{kgKst}\right]$	h $\left[\frac{kg\,h}{kgKst}\right]$	o $\left[\frac{kg\,h}{kgKst}\right]$	s $\left[\frac{kg\,s}{kgKst}\right]$	L_{min} $\left[\frac{kg\,Luft}{kgKst}\right]$
Oktan	C_8H_{18}	114	0,842	0,158	0,000	0	15,073
Ethen	C_2H_4	28	0,857	0,143	0,000	0	14,732
Propen	C_3H_6	42	0,857	0,143	0,000	0	14,732
Propadien	C_3H_4	40	0,900	0,100	0,000	0	13,755
Cyclo-hexan	C_6H_{12}	84	0,857	0,143	0,000	0	14,732
Benzol	C_6H_6	78	0,923	0,077	0,000	0	13,232
Methanol	CH_3OH	32	0,375	0,125	0,500	0	6,47
Ethanol	C_2H_5OH	46	0,522	0,130	0,348	0	8,941
Diethylether	C_2H_5-O-C_2H_5	74	0,649	0,135	0,216	0	11,139
Kohlenstoff	C	12	1,000	0,000	0,000	0	11,482
Kohlen-monoxid	CO	28	0,429	0,000	0,571	0	2,463
Wasserstoff	H_2	2	0,000	1,000	0,000	0	34,23

Tabelle 7.2 Stöchiometrischer Luftbedarf von Kraftstoffen – berechnet auf Basis ihrer elementaren Struktur (Fortsetzung)

7.4.3 Zusammensetzung der Abgaskomponenten bei vollständiger Verbrennung

Aus der vollständigen Verbrennung eines Kilogramms Kraftstoff bei stöchiometrischem Luft-Kraftstoff-Verhältnis resultieren entsprechend der Darstellung im Bild 7.6 folgende Verbrennungsprodukte:

$$\overline{N}_P = \underbrace{\left(\frac{c}{12}+\frac{s}{32}+\frac{h}{2}\right)\left[\frac{kmol\,Prod.}{kgKst}\right]}_{\substack{\updownarrow \\ Verbrennung}} + \underbrace{(1-0,2099)\frac{\left(\frac{L}{K}\right)_{st}}{\overline{M}_{Luft}}\left[\frac{kmolLuft}{kgKst}\right]}_{\substack{\updownarrow \\ \left(\frac{L}{K}\right)_{st}-\left(\frac{O}{K}\right)_{st}}} \tag{7.15}$$

Dabei stellt der Ausdruck $\left(\frac{L}{K}\right)_{st} - \left(\frac{K}{L}\right)_{st}$ die Komponenten der Luft dar, die an der Verbrennung nicht beteiligt waren – im wesentlichen Stickstoff. Bei dieser grundsätzlichen Betrachtung wird die Einbeziehung des Stickstoffs in chemischen Reaktionen vernachlässigt. Solche Reaktionen erfolgen meist bei hohen Verbrennungstemperaturen und haben die Bildung von NO und NO_2 zur Folge, wie im nächsten Abschnitt dargestellt wird. Selbst in einem solchen Fall sind die entstehenden Mengen vernachlässigbar in der Bilanz der Verbrennungsprodukte gemäß Gl. (7.15).

Angesichts der möglichen Kondensation des Wasserdampfes bei der experimentellen Analyse der Verbrennungsprodukte ist es vorteilhaft, die gesamte Wassermenge aus dem Abgas herauszufiltern – ähnlich wie bei der Bestimmung des Kraftstoffheizwertes.

Als trockene Verbrennungsprodukte resultieren:

$$\overline{N}_{TP} = \left(\frac{c}{12} + \frac{s}{32} + \cancel{\frac{h}{2}}\right)\left[\frac{kmol\,Prod}{kgKst}\right] + 0{,}7901\frac{\left(\frac{L}{K}\right)_{st}}{\overline{M}_{Luft}}\left[\frac{kmolLuft}{kgKst}\right] \tag{7.16}$$

Dabei ist der CO_2-Anteil:

$$\left(\overline{N}_{CO_2}\right)_{max} = \left(\frac{c}{12} + \frac{s}{32}\right)\left[\frac{kmol\,CO_2}{kgKst}\right] \tag{7.17}$$

Der Schwefeldioxidanteil wird an dieser Stelle dem Kohlendioxidanteil zugerechnet. Einerseits ist dieser Anteil derart gering, dass er vernachlässigbar wäre. Andererseits hat er aber eine energetische Wirkung, weshalb diese Verfahrensweise vorteilhafter erscheint.

Die CO_2-Konzentration resultiert daraus als:

$$k_{max} = \frac{\left(\overline{N}_{CO_2}\right)_{max}}{\overline{N}_{TP}} = \frac{\frac{c}{12} + \frac{s}{32}}{\frac{c}{12} + \frac{s}{32} + 0{,}7901\frac{\left(\frac{L}{K}\right)_{st}}{\overline{M}_{Luft}}}[-] \tag{7.18}$$

Bei einer vollständigen Verbrennung mit Luftüberschuss erscheint dieser als Anteil im Abgas, der an der Verbrennung unbeteiligt war. Gl. (7.16) wird dadurch mit dem zusätzlichen Term wie folgt erweitert:

Trockene Verbrennungsprodukte:

$$\underbrace{\underbrace{\overline{N}'_{TP} = \left(\frac{c}{12}+\frac{s}{32}+\cancel{\frac{h}{2}}\right)}_{\substack{\updownarrow \\ Verbrennung}} + \underbrace{(1-0{,}2099)\frac{\left(\frac{L}{K}\right)_{st}}{\overline{M}_{Luft}}}_{\substack{\updownarrow \\ \left(\frac{L}{K}\right)_{st}-\left(\frac{O}{K}\right)_{st}}}}_{\overline{N}_{TP}} + \underbrace{(\lambda-1)\frac{\left(\frac{L}{K}\right)_{st}}{\overline{M}_{Luft}}}_{\substack{\updownarrow \\ Luftüberschuss}} \tag{7.19}$$

Auch in diesem Fall bleibt die Beteiligung des Stickstoffs in chemischen Reaktionen unberücksichtigt.

Die CO_2-Konzentration resultiert in diesem Fall als:

$$k = \frac{\left(\overline{N}_{CO_2}\right)_{max}}{\overline{N}'_{TP}} = \frac{\frac{c}{12}+\frac{s}{32}}{\overline{N}_{TP}+(\lambda-1)\frac{\left(\frac{L}{K}\right)_{st}}{\overline{M}_{Luft}}}\,[-] \tag{7.20}$$

Daraus resultiert:

$$\Rightarrow \frac{k_{max}}{k} = \frac{\frac{\left(\overline{N}_{CO_2}\right)_{max}}{\overline{N}_{TP}}}{\frac{\left(\overline{N}_{CO_2}\right)_{max}}{\overline{N}_{TP}+(\lambda-1)\frac{\left(\frac{L}{K}\right)_{st}}{\overline{M}_{Luft}}}} = 1+(\lambda-1)\cdot\frac{\left(\frac{L}{K}\right)_{st}}{\overline{M}_{Luft}}\cdot\frac{1}{\overline{N}_{TP}} \tag{7.21}$$

Die Umstellung der Gl. (7.21) nach dem Luft-Kraftstoff-Verhältnis λ ergibt:

$$\lambda = \left(\frac{k_{max}}{k}-1\right)\frac{\overline{N}_{TP}}{\frac{\left(\frac{L}{K}\right)_{st}}{\overline{M}_{Luft}}}+1 \tag{7.22}$$

Dabei ist die Konzentration *k* von dem Luftüberschuss abhängig, während alle anderen Größen der Zusammensetzung des jeweiligen Kraftstoffs entsprechen. Aus der Messung der CO_2-Konzentration im Abgas kann unter der Bedingung einer vollständigen Verbrennung das Luft-Kraftstoff-Verhältnis bei der Reaktion abgeleitet werden.

Bei einer vollständigen Verbrennung mit Luftüberschuss erscheint andererseits ein Sauerstoffanteil im Abgas – auf Grund der Tatsache, dass der Luftüberschuss an der Verbrennung unbeteiligt war. Entsprechend dem molaren Anteil des Sauerstoffs in dem Luftüberschuss ergibt Gl. (7.19):

$$o = \frac{\overline{N}_{O_2}}{\overline{N}'_{TP}} = \frac{0{,}2099\,(\lambda - 1)\dfrac{\left(\dfrac{L}{K}\right)_{st}}{\overline{M}_{Luft}}}{\left(\dfrac{c}{12} + \dfrac{s}{32}\right) + 0{,}7901\dfrac{\left(\dfrac{L}{K}\right)_{st}}{\overline{M}_{Luft}} + (\lambda - 1)\dfrac{\left(\dfrac{L}{K}\right)_{st}}{\overline{M}_{Luft}}} \tag{7.23}$$

Ähnlich der Bildung einer maximalen Kohlendioxidkonzentration k_{max} nach Gl. (7.18) wird eine maximale Sauerstoffkonzentration o_{max} im Abgas definiert. Es gilt:

$$o_{max} \quad \text{für } \lambda \to \infty$$

- was bedeuten würde, dass das Abgas aus reiner Luft besteht.

Dafür gilt:

$$o_{max} = \frac{0{,}2099\overline{N}_{Luft}}{\overline{N}_{Luft}} = 0{,}2099 \tag{7.24}$$

Analog der Gl. (7.21) wird folgendes Konzentrationsverhältnis gebildet:

$$\frac{o_{max}}{o} = \frac{\overline{N}_{TP} + (\lambda - 1)\dfrac{\left(\dfrac{L}{K}\right)_{st}}{\overline{M}_{Luft}}}{(\lambda - 1)\dfrac{(L/K)_{st}}{\overline{M}_{Luft}}} \tag{7.25}$$

Die Umstellung der Gl. (7.25) nach dem Luft-Kraftstoff-Verhältnis ergibt:

$$\lambda = 1 + \frac{1}{\frac{o_{max}}{o} - 1} \cdot \frac{\overline{N}_{TP}}{\frac{\left(\frac{L}{K}\right)_{st}}{\overline{M}_{Luft}}} \tag{7.26}$$

Die Sauerstoffkonzentration o im Abgas ist dabei von dem Luftüberschuss abhängig, während alle anderen Größen dem Zusammenhang des jeweiligen Kraftstoffs entsprechen. Analog der Zusammensetzung in Gl. (7.22) kann aus der Messung der Sauerstoffkonzentration im Abgas das Luft-Kraftstoff-Verhältnis bei der Reaktion abgeleitet werden.

Die Messung beider Konzentrationen – Kohlendioxid und Sauerstoff – im Abgas sollen zu gleichen Luft-Kraftstoff-Verhältnis λ führen. Eine der beiden Messungen kann also als Kontrollmöglichkeit herangezogen werden.

Die Gleichsetzung der Gl. (7.22) und (7.26) ergibt andererseits:

$$\frac{k_{max}}{k} - 1 = \frac{1}{1 - \frac{o}{o_{max}}} \tag{7.27}$$

In dieser Weise kann durch die Messung einer der beiden Konzentrationen im Abgas die andere abgeleitet werden.

7.4.4 Zusammensetzung der Abgaskomponenten bei unvollständiger Verbrennung

Selbst bei stöchiometrischem Luft-Kraftstoff-Verhältnis oder gar bei Luftüberschuss im Brennraum eines Otto- oder Dieselmotors kann es zu unvollständigen Verbrennungsreaktionen kommen.

Die Ursachen dafür sind hauptsächlich:

- Kontakt des Kraftstoffs mit einer Brennraumwand – als Filmbildung oder beim Aufprall des Einspritzstrahls, wie im Bild 7.7. veranschaulicht – wodurch ein lokaler Sauerstoffmangel oder das Einfrieren der Flamme an der relativ kalten Wand verursacht wird.
- flüssiger Kern des Einspritzstrahls – wie im Bild 7.7 ersichtlich – wodurch lokaler Sauerstoffmangel entsteht.
- Dissoziation der Moleküle von Endprodukten – beispielsweise CO_2 – bei sehr hohen Verbrennungstemperaturen.

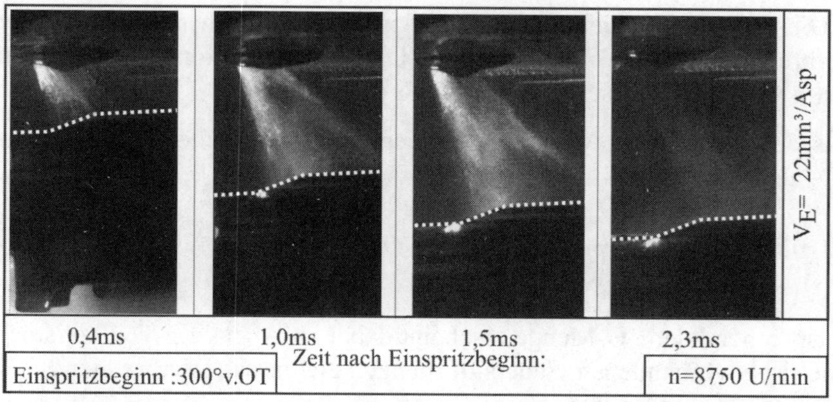

Bild 7.7 Ursachen einer unvollständigen Verbrennung

Eine unvollständige Verbrennung hat im Wesentlichen die Bildung zusätzlicher Abgaskomponenten wie CO, H_2, NO, NO_2, C_mH_n (unverbrannte Kohlenwasserstoffe) zur Folge.

Für eine allgemeine Massenbilanz der Anfangs- und Endprodukte, wie bei der vollständigen Verbrennung, wird zunächst nur die Bildung von CO in Betracht gezogen. Grund dafür ist, dass die CO Emission mindestens eine Größenordnung höher als die Emission von H_2, NO, NO_2, NO_X liegt.

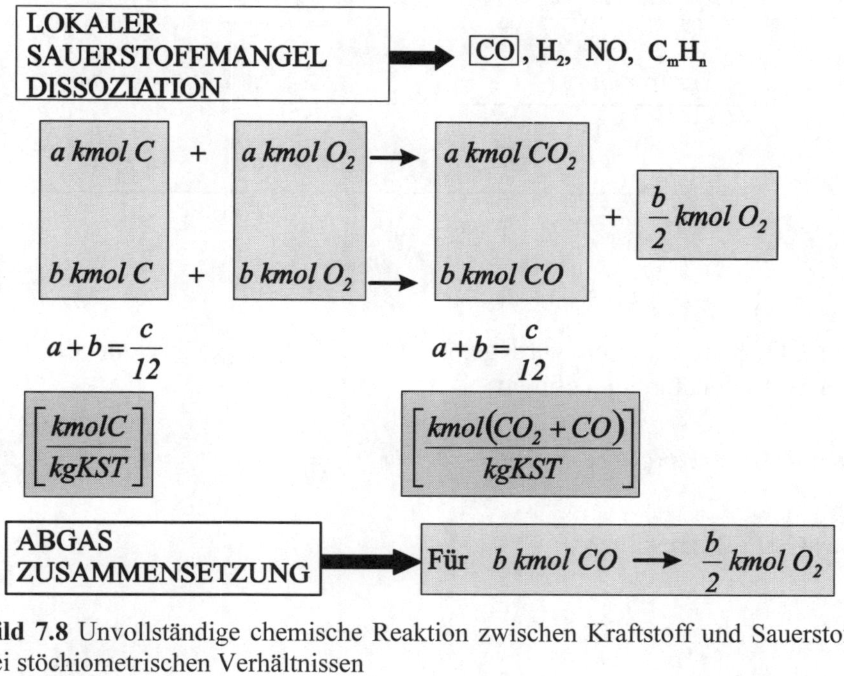

Bild 7.8 Unvollständige chemische Reaktion zwischen Kraftstoff und Sauerstoff bei stöchiometrischen Verhältnissen

Die Bilanz der Anfangs- und Endprodukte bei einer unvollständigen Verbrennung mit Bildung von CO, trotz stöchiometrischen Luft-Kraftstoff-Verhältnisses, ist im Bild 7.8 dargestellt.

Aus der verfügbaren Menge an Kohlenstoff wird in diesem Fall sowohl CO_2 als auch CO gebildet:

Es gilt:
$$\frac{c}{12} kmol\, C = a\, kmol\, CO_2 + b\, kmol\, CO \tag{7.28}$$

Entsprechend der CO-Menge erscheint dabei im Abgas ein Teil der stöchiometrisch vorhandenen Sauerstoffmenge, die in die Verbrennung nicht mehr einbezogen wurde:

$$b\, kmol\, CO \quad \rightarrow \quad \frac{b}{2} kmol\, O_2$$

Die trockenen Verbrennungsprodukte werden in diesem Fall – unter verallgemeinernder Einbeziehung eines Luftüberschusses:

$$\overline{N}'_{TP_{CO}} = \underbrace{\underbrace{\left(\frac{c}{12} + \frac{s}{32} + \frac{h}{2} + \frac{b}{2}\right)}_{Verbrennung} + (1 - 0{,}2099)\frac{\left(\frac{L}{K}\right)_{st}}{\overline{M}_{Luft}}}_{\overline{N}_{TP_{CO}}} + \underbrace{(\lambda - 1)\frac{\left(\frac{L}{K}\right)_{st}}{\overline{M}_{Luft}}}_{Luftüberschuss} \tag{7.29}$$

(Gesamtsumme: $\overline{N}'_{TP_{CO}}$)

Die CO_2-Konzentration wird gemäß Gl. (7.20) eingeführt und die CO-Konzentration ähnlich definiert:

Es gilt:
$$k(CO_2) = \frac{a}{\overline{N}'_{TP_{CO}}} \qquad z(CO) = \frac{b}{\overline{N}'_{TP_{CO}}}$$

Aus Gl. (7.28) resultiert:

$$k + z = \frac{\frac{c}{12} + \frac{s}{32}}{\overline{N}'_{TP_{CO}}} \tag{7.30}$$

Ähnlich der Gl. (7.21) wird ein Verhältnis der Konzentrationen gebiltet:

$$\frac{k_{max}}{k+z} = \frac{\dfrac{\frac{c}{12} + \frac{s}{32}}{\overline{N}_{TP}}}{\dfrac{\frac{c}{12} + \frac{s}{32}}{\overline{N}'_{TP_{CO}}}} = \frac{\overline{N}'_{TP_{CO}}}{\overline{N}_{TP}} \tag{7.31}$$

Die Umstellung der Gl. (7.31) nach dem Luft-Kraftstoff-Verhältnis λ ergibt:

$$\lambda = 1 + \left[\frac{k_{max}}{k+z}\left(1 - \frac{z}{2}\right) - 1\right] \frac{\overline{N}_{TP}}{\dfrac{\left(\frac{L}{K}\right)_{st}}{\overline{M}_{Luft}}} \qquad \lambda = f(k, z) \tag{7.32}$$

Bei der unvollständigen Verbrennung mit Luftüberschuss erscheint um so mehr ein Sauerstoffanteil im Abgas – aus dem Luftüberschuss selbst und aus der unverbrauchten Sauerstoffmenge bei der CO-Bildung. Analog der Gl. (7.23) wird die Sauerstoffkonzentration auf Basis der gesamten Abgasmenge in Gl. (7.29) abgeleitet:

$$o = \frac{\overline{N}_{O_2}}{\overline{N}'_{TP_{CO}}} = \frac{\frac{b}{2} + 0{,}2099(\lambda - 1)\dfrac{\left(\frac{L}{K}\right)_{st}}{\overline{M}_{Luft}}}{\frac{c}{12} + \frac{s}{32} + \frac{b}{2} + (1 - 0{,}2099)\dfrac{\left(\frac{L}{K}\right)_{st}}{\overline{M}_{Luft}} + (\lambda - 1)\dfrac{\left(\frac{L}{K}\right)_{st}}{\overline{M}_{Luft}}} \tag{7.33}$$

Andererseits gilt:

$$o_{max} = \frac{0{,}2099\,\overline{N}_{Luft}}{\overline{N}_{Luft}} = 0{,}2099 \tag{7.24}$$

Aus dem Verhältnis der Sauerstoffkonzentrationen o_{max}/o analog der Gl. (7.25) gilt bei der Umstellung nach λ:

$$\lambda = 1 + \frac{2o - z}{2(o_{max} - o) + z} \cdot \frac{\overline{N}_{TP}}{\dfrac{\left(\dfrac{L}{K}\right)_{st}}{\overline{M}_{Luft}}} \qquad \lambda = f(z,o) \tag{7.34}$$

Gl. (7.32) und (7.34) für eine unvollständige Verbrennung entsprechen den Gl. (7.22) und (7.26) bei der vollständigen Verbrennung.

Für $z = 0$, bei einem formellen Übergang von der unvollständigen zur vollständigen Verbrennung werden die Ausdrücke (7.32) und (7.22) bzw. (7.34) und (7.26) identisch.

Die Ausdrücke

$$\lambda = f(k,z) \tag{7.32}$$

$$\lambda = f(z,o) \tag{7.34}$$

ergeben einen Zusammenhang der Konzentrationen an CO_2, CO, O_2 im Abgas bei einer unvollständigen Verbrennung mit dem Luft-Kraftstoff-Verhältnis λ während des Verbrennungsprozesses.

Prinzipiell genügt die Messung von zwei Konzentrationen, beispielsweise CO_2 und CO, um die dritte Konzentration – in diesem Beispiel O_2 – und das Luft-Kraftstoff-Verhältnis abzuleiten. Die Messung aller drei Konzentrationen ergibt einen Kontrollparameter bei der Bestimmung des Luft-Kraftstoff-Verhältnisses.

Diese Zusammenhänge dienen – wie bereits erwähnt – der Ermittlung des tatsächlichen Luft-Kraftstoff-Verhältnisses während eines Verbrennungsvorgangs. Zusätzliche Abgaskomponenten bei unvollständiger Verbrennung – wie H_2, NO, NO_2, C_mH_n – spielen auf Grund ihrer verhältnismäßig geringen Konzentrationen keine Rolle in dieser Bilanz. Sie werden allerdings im nächsten Kapitel auf Grund ihrer umweltbelastenden Wirkung nach einer anderen Methode abgeleitet. In früheren Betrachtungen war es üblich, die analytischen Zusammenhänge in Gl. (7.32), (7.34) in graphischer Form darzustellen. Außer den Variablen λ, *k, z, o* sind alle anderen Größen in diesen Ausdrücken von der Zusammensetzung des jeweiligen Kraftstoffs (*c, s, h, o*) abhängig. Die Aufstellung eines solchen Diagramms für einen Kraftstoff mit bekannter Zusammensetzung ermöglicht eine einfache Ermittlung des Luft-Kraftstoff-Verhältnisses aus gemessenen Konzentrationen von CO_2, CO, O_2.

Im Bild 7.9 ist ein solches Diagramm für ein Benzin mit bekannter Zusammensetzung dargestellt.

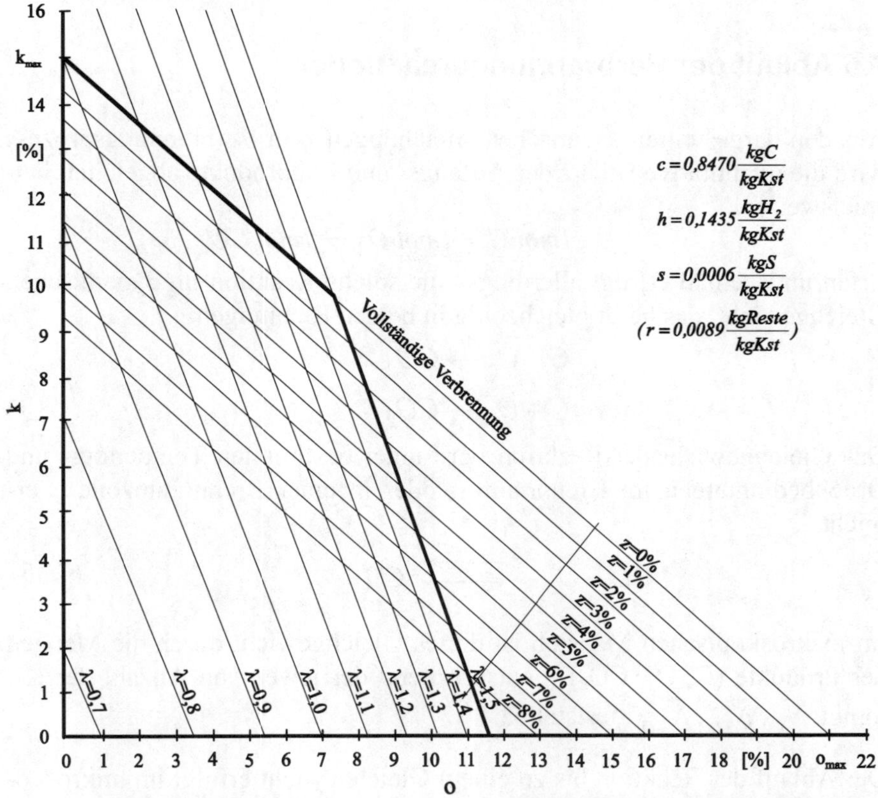

λ	k [%] (bei o=0)	o [%] (bei k=0)
0,7	1,95	0,96
0,8	7,19	3,47
0,9	11,46	5,42
1,0	15,00	6,98
1,1	17,99	8,25
1,2	20,54	9,31
1,3	22,75	10,21
1,4	24,68	10,98
1,5	26,38	11,65

z [%]	k [%] (bei o=0)	o [%] (bei k=0)
0	15,00	21,00
1	14,28	20,00
2	13,56	18,99
3	12,85	17,99
4	12,13	16,98
5	11,41	15,98
6	10,69	14,97
7	9,98	13,97
8	9,26	12,96

Bild 7.9 Graphische Ermittlung des Luft-Kraftstoff-Verhältnisses bei der Verbrennung eines Benzins mit bekannter Zusammensetzung aus den Konzentrationen von CO_2, CO, O_2 im Abgas

Beispielsweise ergibt eine Messung von 14% CO_2 und 0,75% O_2 einen Wert von $\lambda = 1$. Diesem Wert entspricht im Diagramm 1% CO Konzentration. Deren Messung kann das Ergebnis bestätigen oder in einem Toleranzfeld einschließen.

7.5 Ablauf der Verbrennungsreaktionen

Aus den dargestellten chemischen Gleichungen zum Verbrennungsprozess wird die quantitative Bilanz der Anfangs- und Endprodukte abgeleitet, beispielsweise:

$$1mol\ C + 1mol\ O_2 \rightarrow 1mol\ CO_2$$

Erfahrungsgemäß erfolgt allerdings eine solche Reaktion im dynamischen Gleichgewicht, das heißt gleichzeitig in beiden Richtungen:

$$C + O_2 \rightarrow CO_2$$

$$C + O_2 \leftarrow CO_2$$

Das Gleichgewicht der Reaktion wird unter bestimmten Temperatur- und Druckbedingungen im Brennraum – oder in einer Brennraumzone – erreicht.

$$C + O_2 \rightleftarrows CO_2 \tag{7.35}$$

Im makroskopischen Maßstab ist dieses Gleichgewicht durch die Mengen der Produkte (C, O_2, CO_2) – entsprechend der jeweiligen Anzahl der Kilomol $\overline{N}_C, \overline{N}_{O_2}, \overline{N}_{CO_2}$ feststellbar.

Der Ablauf der Reaktion bis zu einem Gleichgewicht erfolgt im mikroskopischen Maßstab in drei wesentlichen Etappen:

- Einleitungsreaktion
- Kettenreaktion
- Abbruchsreaktion

Allgemein – und besonders bei Verbrennungsmotoren – ist die Dauer des Verbrennungsprozesses äußerst wichtig für die zu erreichenden thermodynamischen Zustandsänderungen. Die Geschwindigkeit einer Reaktion wird in diesem Zusammenhang als Menge eines gebildeten Produktes bezogen und auf die jeweilige Dauer definiert.
Prinzipiell gilt für die Reaktion verschiedener Anfangsprodukte (A, B) zu Endprodukten (X,Y) bei entsprechender Anzahl der Kilomol $\overline{N}_A, \overline{N}_B$ bzw. $\overline{N}_X, \overline{N}_Y$:

$$\overline{N}_A\, A + \overline{N}_B\, B + \ldots \rightarrow \overline{N}_X\, X + \overline{N}_Y\, Y + \ldots \tag{7.36}$$

Beispiel:

$$\overline{N}_A \cdot C + \overline{N}_B O_2 \rightarrow \overline{N}_X CO_2$$
$$\left(\overline{N}_A = \overline{N}_B = \overline{N}_X\right)$$

Für die Anzahl der Kilomol N_A, N_B der Anfangsprodukte gibt es theoretisch folgende Anzahl von möglichen Zusammenstößen zwischen den einzelnen Molekülen.

$$n_{thA} = \overline{N}_A \cdot \overline{N}_B$$

Nicht jeder Stoß ist effektiv im Sinne der chemischen Reaktion. Für die Anzahl effektiver Zusammenstöße gilt:

$$n_{eA} = C_1 \cdot \overline{N}_A \cdot \overline{N}_B \tag{7.37}$$

Dabei ist C_1 eine Konstante, die von Druck und Temperatur der Reaktion abhängt.

Analog gilt für die Anzahl der Kilomol N_x, N_γ der Endprodukte

$$n_{eE} = C_2 \cdot \overline{N}_X \cdot \overline{N}_Y \tag{7.38}$$

Die Anzahl effektiver Zusammenstöße der Moleküle von Anfangs- und Endprodukte n_{eA}, n_{eE} stellen physikalisch Reaktionsgeschwindigkeiten dar. Beim Gleichgewicht von hin- und rücklaufenden Reaktionen gilt:

$$C_1\, \overline{N}_A\, \overline{N}_B = C_2\, \overline{N}_X\, \overline{N}_Y \tag{7.39}$$

Daraus resultiert:

$$\frac{\overline{N}_X \overline{N}_Y}{\overline{N}_A \overline{N}_B} = \frac{C_1}{C_2} = K = konst. \tag{7.40}$$

Dieses Gleichgewicht beschreibt die Prozesse im mikroskopischen Maßstab. Zur Beschreibung der Vorgänge im makroskopischen Maßstab wird gemäß Gl. (3.37) für Gasgemische im Kap. 3.3.2:

$$\frac{\overline{N}_A}{\overline{N}_G} = \frac{p_A}{p_G}$$

$$\frac{\overline{N}_X}{\overline{N}_G} = \frac{p_X}{p_G} \rightarrow \frac{\overline{N}_A}{p_A} = \frac{\overline{N}_X}{p_X} \tag{7.41}$$

oder

$$\frac{p_X}{p_A} = \frac{\overline{N}_X}{\overline{N}_A} \tag{7.42}$$

Die Reaktionskonstante gemäß Gl. (7.40) wird somit in Abhängigkeit der Partialdrücke der Komponenten zu:

$$K_p = \frac{p_X \cdot p_Y}{p_A \cdot p_B} \tag{7.43}$$

Das gilt für jede Reaktion des Typs

$\overline{N}\, kmol\, A + \overline{N}\, kmol\, B \rightarrow \overline{N}\, kmol\, X + \overline{N}\, kmol\, Y$

Für eine allgemeine Reaktion

$q\, kmol\, A + r\, kmol\, B \rightleftarrows s\, kmol\, X + t\, kmol\, Y$

wird die Anzahl der Zusammenstöße zu

$$n_{eA} = C_1 \cdot \overline{N}_A^q \overline{N}_B^r \tag{7.37a}$$

$$n_{eE} = C_2 \cdot \overline{N}_X^s \overline{N}_Y^t \tag{7.38a}$$

Beispiel:

$$\overline{N}_A \cdot C + \overline{N}_B \cdot O_2 \rightarrow \overline{N}_X \cdot CO + \overline{N}_Y \cdot O_2$$
$$\left(\overline{N}_X = 2\overline{N}_Y\right)$$

Daraus resultiert:

$$K = \frac{\overline{N}_X^s \overline{N}_Y^t}{\overline{N}_A^q \overline{N}_B^r} \tag{7.40a}$$

$$K_p = \frac{p_X^s p_Y^t}{p_A^q p_B^r} \tag{7.43a}$$

Für den realen Verbrennungsvorgang wird die momentane Anzahl der kmol $\left(\overline{N}^*\right)$ von jeder Zwischenkomponente $\left(A^*, B^*, X^*, Y^*\right)$ bei Gleichgewicht betrachtet und nicht nur Anfangs- und Endprodukte.

$$\begin{matrix} \overline{N}_A^{*q}; & \overline{N}_B^{*r}; & \overline{N}_X^{*s}; & \overline{N}_Y^{*t} \\ \downarrow & \downarrow & \downarrow & \downarrow \\ p_A^{*q} & p_B^{*r} & p_X^{*s} & p_Y^{*t} \end{matrix}$$

Zu der Bilanz der Produkte im Brennraum gehören noch die Komponenten, die an der Verbrennung nicht teilnehmen (beispielsweise N_2), eingeführt als eine Kilomolanzahl $\overline{N}_i$.

Die gesamte Kilomolanzahl wird somit zu:

$$\overline{N}_G = \sum \overline{N}^*_{A,B,X,Y} + \overline{N}_i \tag{7.44}$$

Der Druck im Brennraum resultiert als Summe der Partialdrücke der Komponenten:

$$p_G = \sum p^*_{A,B,X,Y} + p_i \tag{7.45}$$

Analog Gl. (7.41) gilt:

$$\frac{p_A^*}{p_G} = \frac{\overline{N}_A^*}{\overline{N}_G} \rightarrow p_A^* = \overline{N}_A^* \cdot \frac{p_G}{\overline{N}_G^*} \tag{7.46}$$

Die Reaktionskonstante wird somit zu:

$$K_p = \frac{\left(\overline{N}_X^* \cdot \frac{p_G}{\overline{N}_G^*}\right)^s \cdot \left(\overline{N}_Y^* \cdot \frac{p_G}{\overline{N}_G^*}\right)^t}{\left(\overline{N}_A^* \cdot \frac{p_G}{\overline{N}_G^*}\right)^q \cdot \left(\overline{N}_B^* \cdot \frac{p_G}{\overline{N}_G}\right)^r} = \left(\frac{p_G}{\overline{N}_G^*}\right)^{(s+t)-(q+r)} \cdot \frac{\overline{N}_X^{*s} \overline{N}_Y^{*t}}{\overline{N}_A^{*q} \overline{N}_B^{*r}} \tag{7.47}$$

Aus dem Ausdruck (7.47) sind folgende Merkmale des Vorgangs ableitbar:

- in einer Gleichgewichtsreaktion ist die Menge einer Komponente abhängig von der Anzahl der Kilomol der anderen Komponenten
- die Komponenten, die an der Verbrennung nicht teilnehmen, bestimmen trotzdem durch ihre Menge im gesamten Gemisch $\overline{N}_i$ das Verhältnis zwischen End- und Anfangsprodukten
- bei einer Reaktion des Typs $\overline{N}\,kmol\,A + \overline{N}\,kmol\,B \rightarrow \overline{N}\,kmol\,X + \overline{N}\,kmol\,Y\;(s = t = p = q)$ ist der Gesamtdruck p_G und die gesamte Anzahl von Molekülen $\overline{N}_G$ unbedeutend für das Verhältnis der End-/Anfangsprodukte

Während des realen Verbrennungsprozesses ist eine Reaktion gemäß der chemischen Formel, beispielsweise

$$1\,Mol\,C_7H_{16} + 11\,Mol\,O_2 \rightarrow 7Mol\,CO_2 + 8\,Mol\,H_2O$$

wobei 11 Moleküle O_2 zur gleichen Zeit um ein Molekül C_7H_{16} Platz finden sollten und zu effektiven Stößen führen, kaum realisierbar.

Die Wahrscheinlichkeit einer solchen Reaktion würde eine Dauer von 180 Jahren in Anspruch nehmen. Während des realen Vorgangs entstehen nach der Einleitung der Verbrennungsreaktion zunächst freie Radikale und Atome, die in weiteren exothermen und endothermen hin- oder rücklaufenden Kettenreaktionen zu End-, Anfangs- oder Dissoziationsprodukten führen.

Beipiele:

$CO + \frac{1}{2}O_2 \rightleftarrows CO_2$ $\qquad$ $H \rightleftarrows \frac{1}{2}H_2$

$OH + \frac{1}{2}H_2 \rightleftarrows H_2O$ $\qquad$ $O \rightleftarrows \frac{1}{2}O_2$

$H_2 + \frac{1}{2}O_2 \rightleftarrows H_2O$ $\qquad$ $NO \rightleftarrows \frac{1}{2}N_2 + \frac{1}{2}O_2$

$CO + H_2O \rightleftarrows CO_2 + H_2$ (Wassergasreaktion)

Bei der Bildung von Dissoziationsprodukten wie CO, H_2, OH, NO wird die exotherme Wirkung, wie bei der Bildung von Endprodukten wie CO_2, H_2O, nicht erreicht. Das bedeutet, dass die Wärmezufuhr in dem Kreisprozess des Verbrennungsmotors nicht dem theoretisch möglichen Potential entspricht. Die Reaktionskonstante K_p in Gl. (7.47) ist abhängig von der Temperatur während des Vorgangs: je höher die Temperatur, desto mehr ändert sich das Gleichgewicht in Richtung der Bildung von Anfangs- oder Dissoziationsprodukten. Nach Ausströmung der Verbrennungsprodukte aus dem Brennraum hin zur Umgebung sinkt die Temperatur, wodurch die im Abgas enthaltenen Dissoziationsprodukte verstärkt Endprodukte bilden, was wiederum Wärme freisetzt, allerdings nicht mehr im Motor selbst.

Das Gleichgewicht jeder Reaktion mit Bildung von Anfangs-, End- oder Dissoziationsprodukten kann auf Basis der Gl. (7.47) ausgedrückt werden.

Beispiele:

$$CO+\frac{1}{2}O_2 \Leftrightarrow CO_2 \quad \rightarrow \quad K_P=\left(\frac{p_G}{\overline{N}_G}\right)^{-\frac{1}{2}} \cdot \frac{\overline{N}^*_{CO_2}}{\overline{N}^*{}_{CO} \cdot \overline{N}^{*\frac{1}{2}}_{O_2}}$$

$$OH+\frac{1}{2}H_2 \Leftrightarrow H_2O \quad \rightarrow \quad K_p=\left(\frac{p_G}{\overline{N}_G}\right)^{-\frac{1}{2}} \cdot \frac{\overline{N}^*_{H2O}}{\overline{N}^{*\frac{1}{2}}_{H_2} \cdot \overline{N}^*_{OH}}$$

$$H_2+\frac{1}{2}O_2 \Leftrightarrow H_2O \quad \rightarrow \quad K_p=\left(\frac{p_G}{\overline{N}_G}\right)^{-\frac{1}{2}} \cdot \frac{\overline{N}^*_{H_2O}}{\overline{N}^*_{H_2} \cdot \overline{N}^{*\frac{1}{2}}_{O_2}}$$

$$H \Leftrightarrow \frac{1}{2}H_2 \quad \rightarrow \quad K_p=\left(\frac{p_G}{\overline{N}_G}\right)^{+\frac{1}{2}} \cdot \frac{\overline{N}^{*\frac{1}{2}}_{H_2}}{\overline{N}^*_{H}}$$

$$O \Leftrightarrow \frac{1}{2}O_2 \quad \rightarrow \quad K_p=\left(\frac{p_G}{\overline{N}_G}\right)^{+\frac{1}{2}} \cdot \frac{\overline{N}^{*\frac{1}{2}}_{O_2}}{\overline{N}^*_{O}}$$

$$NO \Leftrightarrow \frac{1}{2}N_2+\frac{1}{2}O_2 \quad \rightarrow \quad K_p=\left(\frac{p_G}{\overline{N}_G}\right)^{0} \cdot \frac{\overline{N}^{*\frac{1}{2}}_{N_2} \cdot \overline{N}^{*\frac{1}{2}}_{O_2}}{\overline{N}^*{}_{NO}}$$

$$CO+H_2O \Leftrightarrow CO_2+H_2 \quad \rightarrow \quad K_p=\left(\frac{p_G}{\overline{N}_G}\right)^{0} \cdot \frac{\overline{N}^*_{CO_2} \cdot \overline{N}^*_{H_2}}{\overline{N}^*_{CO} \cdot \overline{N}^*_{H_2O}}$$

Bei einem bestimmten Wert der Reaktionskonstante K_p, der nur von der Verbrennungstemperatur abhängt, ist das Gleichgewicht der Moleküle von Anfangs-, End- und Dissoziationsprodukten eindeutig quantifizierbar.

Die Berechnung der Gleichgewichtskonstante in Abhängigkeit von der Verbrennungstemperatur beruht auf der Bilanz der freien Enthalpien der beteiligten Komponenten. Es gilt:

$$ln \quad K_p = -\frac{\Delta G_G}{\overline{R}T} \tag{7.48}$$

ΔG_G – *freie Reaktionsenthalphie der Produkte* $\left[\frac{kJ}{kg}\right]$

$\overline{R}$ – *universelle Gaskonstante* $8{,}314\left[\frac{kJ}{kmol\,K}\right]$

T – *Verbrennungstemperatur* $[K]$

$$\Delta G_G = (s\,G_X + t\,G_Y) - (q\,G_A + r\,G_B) \tag{7.49}$$

wobei für jedes Produkt: $G = H - TS$ (7.50)

Beispiel:

aus thermodynamischen Tabellen wird abgeleitet:

T [K] \ G $\left[\frac{kJ}{kmol}\right]$	G_{CO_2}	G_{H_2}	G_{CO}	G_{H_2O}
1000	-619,999	-137,024	+318,075	+435,931
1500	-760,735	-223,449	+439,033	+556,982
2000	-911,341	-315,337	+565,951	+685,919
2500	-1.069,559	-411,549	+697,443	+828,343

Für die Wassergasreaktion gilt beispielsweise:

$CO + H_2O \rightleftarrows CO_2 + H_2$

Die Gleichgewichtskonstante dieser Reaktion wird in Abhängigkeit von der Verbrennungstemperatur auf Basis der Gl. (7.48), (7.49) berechnet:

T [K]	Kp [-]
1000	1,199
1500	1,172
2000	1,161
2500	1,155

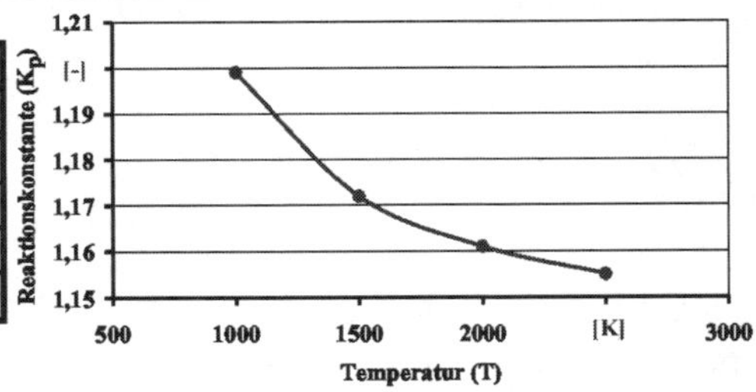

Bild.7.10 Temperaturabhängigkeit der Gleichgewichtskonstante K_p bei der Wassergasreaktion

Je höher die Temperatur wird, desto kleiner die Gleichgewichtskonstante; die Reaktion tendiert demzufolge in Richtung der Bildung von CO und H_2O, zu Lasten der Anteile an CO_2 und H_2.
Um die einzelnen Mengen $\overline{N}_{CO_2}, \overline{N}_{H_2}, \overline{N}_{CO}, \overline{N}_{H_2O}$ zu bestimmen, sind noch 3 Gleichungen – zusätzlich zur Gleichgewichtsgleichung – erforderlich, damit entstehen 4 Gleichungen mit 4 Unbekannten. Die Bilanz der Atome der beteiligten Elemente C, H_2, O_2 ist dafür aufschlussreich:

$$\overline{N}_{CO_2} + \overline{N}_{CO} = \Sigma C \; - Atome$$

$$2\overline{N}_{H_2O} + 2\overline{N}_{H_2} = \Sigma H \; - Atome$$

$$2\overline{N}_{CO_2} + \overline{N}_{CO} + \overline{N}_{H_2O} = \Sigma O \; - Atome$$

Für einen üblichen Kraftstoff – wie Benzin oder Diesel – mit einem

Atomwertverhältnis $\frac{C}{H} = \frac{1}{2}$ gilt: $\Sigma C = 1$, $\Sigma H = 2$, $\Sigma O = 3\lambda$

In dieser Weise können einzelne Abgaskomponenten in Abhängigkeit der Verbrennungstemperatur und des Luftverhältnisses berechnet werden.

Aus der Verbrennungsrechnung können folgende allgemeine Schlussfolgerungen abgeleitet werden:

- bei *Luftüberschuss ($\lambda>1$ bzw. $\phi<1$) und Temperaturen bis 2000 K* überwiegen im Abgas die Komponenten CO_2, H_2O, O_2, N_2, dabei ist fast keine Dissoziation feststellbar.
  Die Berechnung als vollständige Verbrennung ist in Bezug auf Massen- und Energiebilanz richtig – dennoch ist vor allem die NO_X Konzentration als Schadstoffanteil von Bedeutung.

- bei *Luftmangel ($\lambda<1$ bzw. $\phi>1$) und hoher Temperatur (T>2000K)* ist eine schlagartige Änderung der Zusammensetzung der Reaktionsprodukte feststellbar.
  Die Berechnung der Gleichgewichtskonstante wird dafür unbedingt erforderlich. Bei erheblichem lokalem Luftmangel (($\lambda<<1$ bzw. $\phi>>1$) und hoher Temperatur (T>2000K) wird die Rußgrenze erreicht.

Bild. 7.11 stellt die Abgaskomponenten bei drei verschiedenen Temperaturen in Abhängigkeit des Kraftstoff-Luft-Verhältnisses ϕ dar.

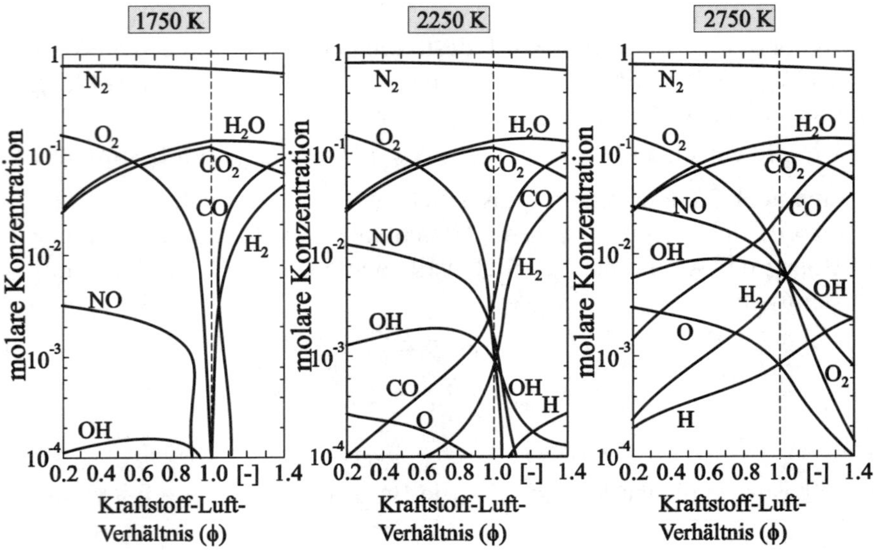

Bild 7.11 Molare Konzentration von Anfangs-, End- und Dissoziationsprodukten infolge einer Verbrennung von Iso-Oktan, bei unterschiedlichen Verbrennungstemperaturen und Kraftstoff-Luft-Verhältnissen – berechnet [nach Heywood]

In Richtung höherer Luftüberschüsse (ϕ abnehmend) nimmt die Konzentration an NO, OH zu. Gleichzeitig nehmen diese Konzentrationen mit der Verbrennungstemperatur deutlich zu. Bei der Temperaturzunahme erscheinen zusätzliche Dissoziationskomponenten, wie O und H-Atome, die nach der Verbrennung außerhalb des Brennraums andere Verbindungen – meistens als Schadstoffe – eingehen.

7.6 Verbrennungsformen in Otto- und Dieselmotoren

Ein Verbrennungsvorgang ist allgemein durch Flammen gekennzeichnet. Vorgemischte Flammen entstehen aus homogenen Luft-Kraftstoff-Gemischen, während die Luft-Kraftstoff-Mischung am Reaktionsort zu Diffusionsflammen führt. Die Flamme entspricht allgemein einer Verbrennungsreaktion mit Unterschallgeschwindigkeit.

Flammen können laminar oder turbulent vorkommen; nach ihrer zeitlichen Entwicklung sind sowohl stationäre, als auch instationäre Vorgänge möglich. In Verbrennungsmotoren entstehen generell turbulente Flammen im Laufe instationärer Vorgänge.

Bei Verbrennungsmotoren mit äußerer Gemischbildung – allgemein Ottomotoren mit Vergaser oder Saugrohreinspritzung – ist das in den Zylinder angesaugte Luft-Kraftstoff-Gemisch weitgehend homogen. Die Berechnung der Verbrennung erfolgt in solchen Fällen unter der Annahme eines Zwei-Zonen-Modells, wobei die frische Ladung und das Abgas in jedem Zeitschritt von einer dünnen Flammenfront getrennt werden und jeweils eine homogene Druck- und Temperaturverteilung aufweisen. In modernen Otto- und Dieselmotoren mit innerer Gemischbildung durch Kraftstoffdirekteinspritzung sind die Vorgänge vor und während der Verbrennung von einer starken Inhomogenität, aber auch von zeitlicher Überlagerung einzelner Prozessabschnitte geprägt. Bild 7.12 stellt einige Formen der Inhomogenität und der Prozessüberlagerung dar.

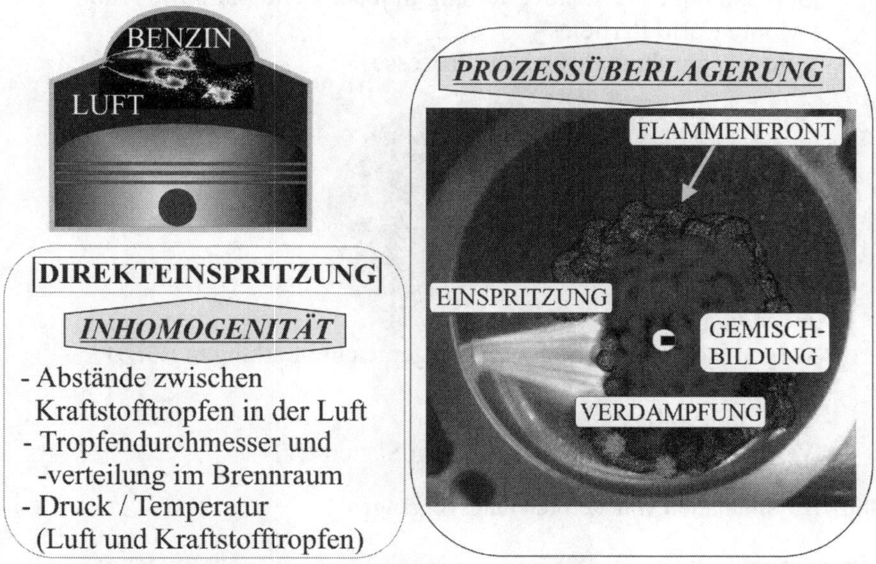

Bild 7.12 Überlagerung der Einspritzung, Gemischbildung und Verbrennung in einem Kolbenmotor mit innerer Gemischbildung

Bezüglich der Prozessüberlagerung ist bemerkenswert, dass, während die zuerst eingespritzten Kraftstofftropfen bereits verbrennen, in nachfolgenden Abschnitten noch die Gemischbildung oder weiter zurück die Verdampfung stattfindet. Während dessen kann die Einspritzung sogar noch im Gange sein. Ein solcher Prozessablauf, bei dem die in Bild 7.12 aufgeführten Inhomogenitätsformen auftreten, ist besonders komplex und erfordert den Aufbau entsprechend angepasster Modelle. Dabei ist zu beachten, dass zwischen den gleichzeitig auftretenden Zonen von Einspritzung, Verdampfung, Gemischbildung, Verbrennung bzw. Abgaszone und Luftzone ein intensiver Wärmeaustausch stattfindet. Dafür werden zunehmend CFD (Computational Fluid Dynamics) Programme verwendet, die von der Erhaltung der Masse, Energie, Impulse und chemischer Spezies ausgehen und auf Turbulenzmodellen aufgebaut sind. Für eine solche Berechnung wird der Brennraum in finite Elemente (Zellen) aufgeteilt, in und zwischen denen die erwähnten Bilanzgleichungen aufgestellt werden. Die Berechnung erfolgt für jeden finiten Zeitabschnitt, unter Berücksichtigung der Kolbenbewegung, für jede Last und Drehzahlkombination im betrachteten Funktionskennfeld eines Motors.

PDF-Modell:(Probability-Density-Function)

- Betrachtung des Einflusses von mikroskopischen Wirbeln auf den Stofftransport während der Verbrennung
- Berechnung der Dichteverteilung in jeder Zelle mit Hilfe von "Monte Carlo Particles"
- gute Nachbildung des realen Prozesses

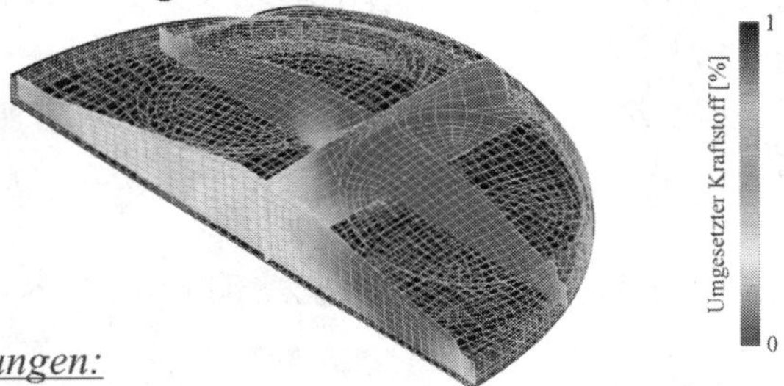

Anwendungen:

- vorgemischte (IDI) und nicht vorgemischte Ladungen (GDI) (auch inhomogene Gemische)
- Teil- und Volllast
- Verbrennungen in hochturbulenten Systemen

Bild 7.13 Simulation von Verbrennungsvorgängen

Bild 7.13 stellt die Annahmen und die Anwendungsbereiche eines solchen Simulationsprogramms sowie die Form der Ergebnisse dar. Durch Querschnitte im Brennraum an verschiedenen Stellen, oberhalb des Kolbens, kann die entstandene Menge der Verbrennungsprodukte, Temperatur- und Druckgradienten sowie die einzelnen Abgaskomponenten in jedem Zeitschritt berechnet werden.

In Kolbenmotoren mit Fremdzündung (Ottomotoren) entstehen vorwiegend vorgemischte Flammen, wobei die Einleitungsreaktion von einer Zündquelle mit dafür ausreichender Temperatur – in klassischen Motoren eine Zündkerze – ausgelöst wird. Der Vorgang ist im Bild 7.14a) schematisch dargestellt.

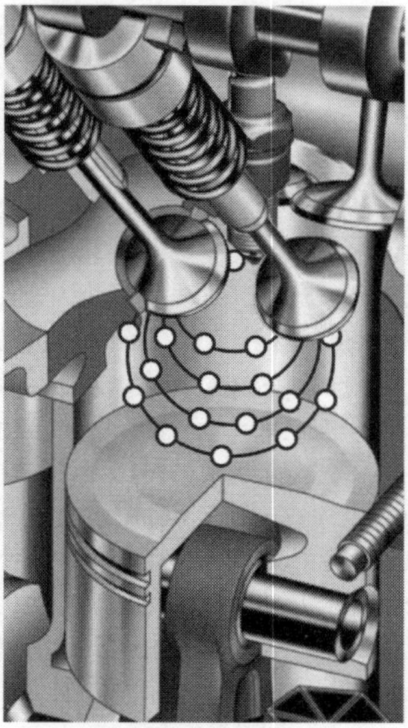

a) Ottomotor

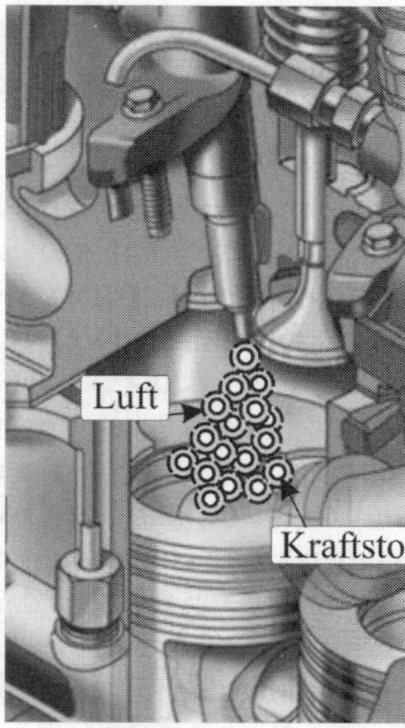

b) Dieselmotor

Bild 7.14 Formen der Gemischbildung und Verbrennung in Otto- und Dieselmotoren

Die Fortpflanzung der Reaktion von der Zündquelle in den gesamten Brennraum erfolgt als Flammenfront, was ein homogenes, stöchiometrisches und isotrop verteiltes Gemisch voraussetzt. Bei Motoren mit äußerer Gemischbildung wird der Kraftstoff mittels Vergaser oder Niederdruckeinspritzsystem im Saugrohr auf die strömende Luft aufgetragen. Das vollständig gebildete Gemisch füllt während des Ladungswechsels meist den gesamten Zylinder – abgesehen von Restgaskernen oder Abgasrückfuhrmengen – und wird vor Zündung komprimiert. Dadurch, dass der Kraftstoff alle Prozessabschnitte im Zylinder als Teil eines fertigen Gemisches mit Luft durchläuft, gilt die Bedingung der homogenen und stöchiometrischen Kraftstoffverteilung für alle im Brennraum befindlichen Luftanteile. Eine lastbedingte Senkung des Kraftstoffanteils hat somit die proportionale Senkung des Luftanteils zur Folge. Allgemein wird diese Lastanpassung durch Drosselung des Gemisches vor Zylindereintritt realisiert. Zusätzlich zur Beeinträchtigung der Kreisprozessarbeit durch zunehmende Ladungswechselarbeit – wie im Kap. 5 dargestellt – bewirkt die Drosselung allgemein auch eine Senkung der Gemischdichte im Zylinder und folglich im Brennraum. Dadurch wird die Flammenfortpflanzung zum Teil gehemmt, was sich im Wirkungsgrad der Verbrennung und dadurch im gesamten thermischen Wirkungsgrad widerspiegelt.

Bei Ottomotoren mit innerer Gemischbildung durch Kraftstoffdirekteinspritzung kann dieser Nachteil grundsätzlich vermieden werden: der Kraftstoff wird dabei direkt in den Zylinder nach dem Ladungswechsel zwischen Abgas und reiner Luft eingespritzt. Dadurch wird es möglich, im Brennraum eine Ladungsschichtung zu gestalten, wobei eine Zone mit Zündquellenkontakt homogenes, stöchiometrisches Kraftstoff-Luft-Gemisch aufweist und sich in weiteren Zonen Luft in Überschuss bzw. Restabgas befindet. Die Verbrennung erfolgt nur im Luft-Kraftstoff-Gemisch, dadurch ist die Masse des Luftüberschusses belanglos für die Flammenfortpflanzung – eine lastabhängige Drosselung der Luft im Ansaugsystem ist dafür nicht mehr erforderlich. Die Gemischdichte im Brennraum bleibt demzufolge lastunabhängig, was den Verbrennungsvorgang begünstigt. Die Umsetzung dieses Potentials der inneren Gemischbildung hängt hauptsächlich von der gezielten, bei jeder Last und Drehzahl kontrollierbaren Gestaltung der Gemischzone ab, wofür die Homogenität und das stöchiometrische Verhältnis maßgebend sind.

In Kolbenmotoren mit Selbstzündung (Dieselmotoren) entstehen vorwiegend Diffusionsflammen, infolge der Reaktionseinleitung von der noch komprimierten und dadurch stark erwärmten Luft um die Kraftstofftropfen. Durch die niedrige innere Energie der Luft im Vergleich zu einer Fremdzündquelle bei Ottomotoren ist die Fortpflanzung der Verbrennungsreaktion vergleichsweise langsamer, was den Unterschied zwischen der theoretisch isobarer und isochorer Wärmezufuhr bei den zwei Prozessarten erklärt. Die Reaktionseinleitung von der erwärmten Luft im Zylinder erfordert andererseits keine feste Zündquelle, wodurch sich die Reaktion auch nicht mehr als Flammenfront fortpflanzen muss. Dadurch ist auch die homogene stöchiometrische Verteilung des Kraftstoffes in der Luft nicht mehr erforderlich, wie es im Bild 7.14b dargestellt ist. Es besteht generell die Bedingung, dass genug Luft um die Kraftstofftropfen vorhanden ist, um die Verbrennung einzuleiten, was die Tatsache erklärt, dass die Funktion eines Dieselmotors bei genau stöchiometrischem Verhältnis oder bei Luftmangel kaum möglich ist. Bei Dieselmotoren wird angesichts dieser Verbrennungsmerkmale nur die innere Gemischbildung angewendet. Sie erfolgt derzeit generell durch Direkteinspritzung – wie in den jeweiligen Darstellungen im Bild 7.15 ersichtlich ist.

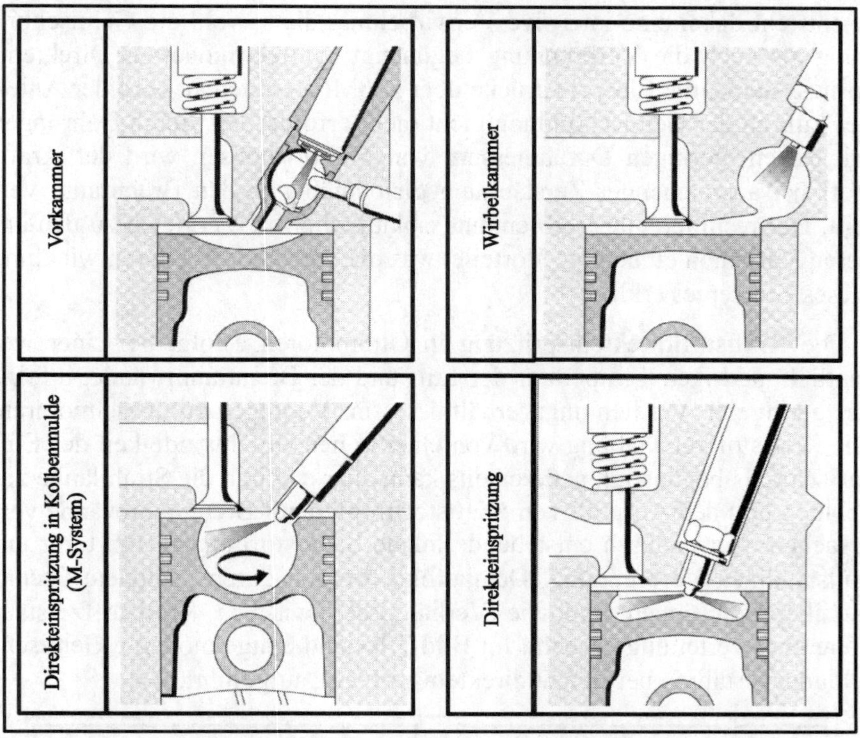

Bild 7.15 Gemischbildungskonzepte in selbstzündenden Motoren

Für eine intensivere Mischung wurden früher – insbesondere für schnelllaufende Automobilmotoren – Konfigurationen mit unterteiltem Brennraum verwendet. Während der Kompression wurde dabei ein Teil der Luft durch Bohrungen geleitet, wodurch ihre Geschwindigkeit zunahm, um eine starke Vermischung mit dem in die Kammer eingespritzten Kraftstoff zu erzielen. Die in der Kammer partiell eingeleitete Verbrennung des Gemisches mit Kraftstoffüberschuss wurde dann im Hauptbrennraum bei Einbeziehung des dort befindlichen Luftanteils fortgesetzt. Obgleich die Mischung durch die in die Kammer einströmende Luft und dann die Verbrennungsturbulenz durch die aus der Kammer austretende Flamme begünstigt wurden, zeigten solche Lösungen Nachteile in Bezug auf Druckverluste an der Drosselstelle und auf intensive Wärmeübertragung von der Flamme an die Kammerwand. Die vorteilhaftere Alternative ist die maßgebende Unterstützung der Gemischbildung durch den Kraftstoff selbst – durch Direkteinspritzung in den ungeteilten Brennraum. Eine Variante ist dabei die Einspritzung in eine Kolbenmulde mit Umlenkung des Kraftstoffs entsprechend dem Muldenprofil. Im Zusammenwirken mit einer Drallbewegung der angesaugten Luft durch die Form der Ansaugkanäle entsteht dabei eine intensive Verwirbelung, die sowohl die Gemischbildung als auch die Verbrennung begünstigt. Mittels moderner Direkteinspritzsysteme, die Einspritzdrücke über 220MPa erreichen, wird der Anteil der Luft an der Gemischbildung nicht mehr erforderlich: durch Bohrungen mit extrem geringen Durchmessern von Mehrlochdüsen wird der Kraftstoff bei ausreichender Zerstäubung gleichmäßig in den Brennraum verteilt. Der resultierende Verbrennungsablauf zeigt im Vergleich zu den anderen Varianten eindeutige Vorteile, was die verstärkte Weiterentwicklung dieses Konzeptes erklärt.

Die Kraftstoffdirekteinspritzung in Ottomotoren erfolgt bei einer wesentlich niedrigen Temperatur der Luft und der Brennraumwände, infolge des geringeren Verdichtungsverhältnisses im Vergleich zu Dieselmotoren. Die Kraftstoffzerstäubung wird von einer hohen Geschwindigkeit des Einspritzstrahls begünstigt, andererseits kann aber dadurch die Strahllänge zunehmen und den Aufprall von Kraftstofftropfen auf Brennraumwände verursachen. Der dadurch entstehende lokale Sauerstoffmangel führt zur unvollständigen Verbrennung. Demzufolge werden durch geeignete Brennraumkonfigurationen optimale Verhältnisse zwischen Kraftstoffzerstäubung und -verteilung gesucht. Im Bild 7.16 sind einige moderne Gemischbildungsverfahren bei Benzindirekteinspritzung aufgeführt.

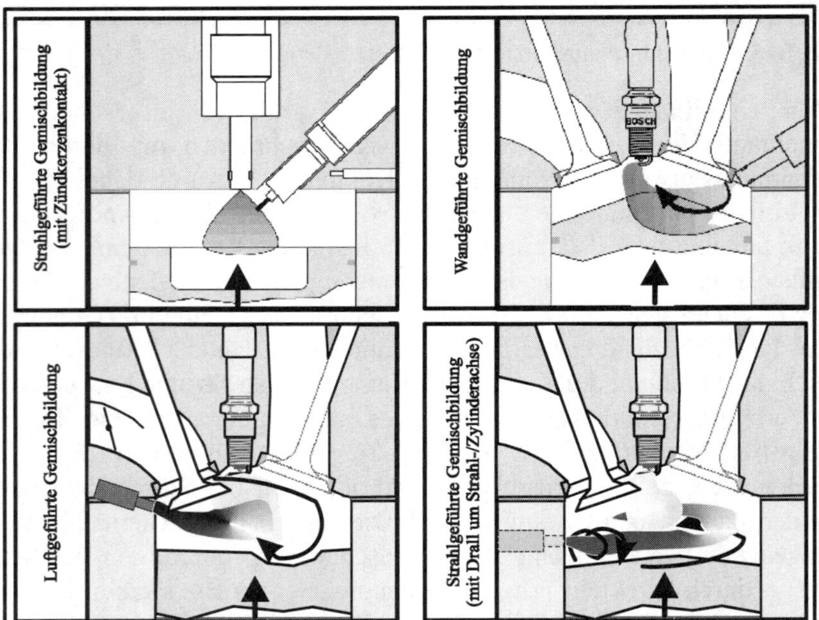

Bild 7.16 Strahl-, wand- und luftgeführte Gemischbildung mittels Direkteinspritzung in Ottomotoren

Die zentrale Einspritzung hat beispielsweise die Vorteile einer guten Kraftstoffverteilung im Brennraum sowie eines ständigen Kontaktes des Strahlmantels mit der Zündkerze. Andererseits ist ein möglicher frontaler Aufprall des Strahles mit der Kolbenoberfläche von Nachteil für die Verbrennung. Darüber hinaus ist beim Kontakt des Strahlmantels mit der Zündkerze oft ein Kraftstoffüberschuss vorhanden, wodurch eine zum Teil unvollständige Verbrennung vorkommen kann. Die Umlenkung des Kraftstoffs in einer Kolbenmulde, wie im Bild 7.16 ebenfalls gezeigt – ähnlich der erwähnten Variante bei Dieselmotoren – führt zu einem günstigeren Kraftstoff-Luft-Verhältnis in der Zone der Zündquelle und verursacht zusätzlich einen Drall, der die Verbrennung begünstigt. Allerdings sind dabei gegenüber der Dieselvariante zwei Voraussetzungen weitaus ungünstiger: der Kraftstoff hat durch den niedrigeren Einspritzdruck von etwa 10MPa eine geringere kinetische Energie, und die Oberfläche der Kolbenmulde hat durch das niedrige Verdichtungsverhältnis eine geringere Temperatur. Dadurch kommt es häufig zur Bildung eines Kraftstofffilms an der Muldenwand, wodurch die Verbrennung zum Teil unvollständig wird. Eine vorteilhafte Lösung ist, wie im Bild 7.16 weiter gezeigt, die Umlenkung des Kraftstoffstrahls durch eine gezielte Luftbewegung bei partieller Drosselung im Ansaugkanal, was in Teillastbereichen durchaus positive Auswirkungen hat. Weitaus günstiger ist die Gestaltung eines Dralls sowohl um die eigene Achse des Einspritzstrahls als auch im Brennraum, durch tangentiale Position der Einspritzdüse – wie in der letzten Darstellung im Bild 7.16 ersichtlich.

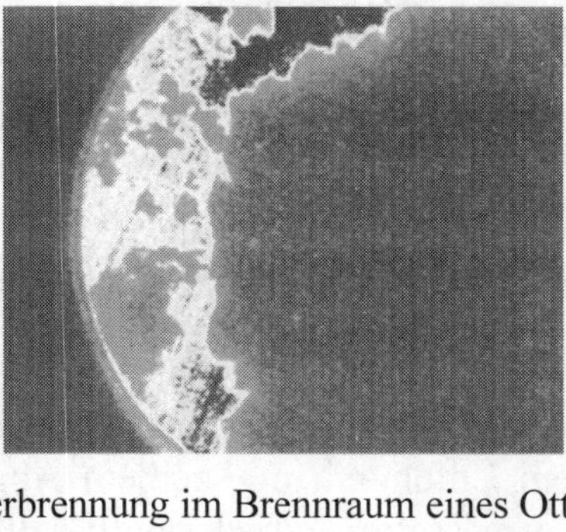

Bild 7.17 Klopfende Verbrennung im Brennraum eines Ottomotors

Die Verbrennung in Ottomotoren – insbesondere im Falle äußerer Gemischbildung – kann unter bestimmten Umständen in begrenzten Brennraumzonen unkontrolliert, mit weitaus höherer Geschwindigkeit – um 300 m/s – als bei der üblichen Flammenfortpflanzung – um 50-60 m/s – vorkommen. Dadurch verursachte lokale Druckspitzen pflanzen sich als Druckwellen in den gesamten Brennraum fort und verursachen starke

Schwingungen – in einem Frequenzbereich von 7000 bis 10000 Hz – an Brennraumwänden, die als Klopfen bezeichnet werden. Im Bild 7.17 ist eine solcher Vorgang dargestellt. Die klopfende Verbrennung kann zu Motorstörungen führen. Eine Erklärung des Vorgangs ist, dass die Fortpflanzung der zunächst initiierten, normalen Verbrennung eine Kompression des noch nicht verbrannten Gemisches, insbesondere in den von der Zündquelle weit entfernten Zonen, verursacht. Ein lokaler Druck- und Temperaturanstieg führt zum schlagartigen Brechen von Kraftstoffmolekülen – insbesondere bei langen, kettenförmigen Verbindungen ohne Doppelbindung – wie beispielsweise beim Heptan. Hohe Kompressionstemperaturen durch Anstieg des Verdichtungsverhältnisses begünstigen einen solchen Vorgang. Durch klopfresistente Kraftstoffstrukturen (hohe Oktanzahl), durch relativ begrenztes Verdichtungsverhältnis und durch eine Brennraumgestaltung möglichst ohne enge Spalten werden Klopfvorgänge zum Teil umgangen. Die Direkteinspritzung hat in dieser Hinsicht eindeutige Vorteile: die Kraftstoffzufuhr auf die Luft erfolgt erst während der Kompression, wodurch die Zeit für seine Sensibilisierung kaum noch vorhanden ist; andererseits kann durch die Verteilung des Einspritzstrahls eine Durchdringung in engen Brennraumspalten, weit von der Zündquelle, vermieden werden. Eine besondere Konsequenz dessen ist die Möglichkeit, das Verdichtungsverhältnis erheblich zu erhöhen, was Vorteile in Bezug auf den thermischen Wirkungsgrad hat.

Eine weitere Form der unkontrollierten Verbrennung in Ottomotoren entsteht durch die Selbstzündung des Gemisches unabhängig von der Zündquelle, allgemein an heißen oder glühenden Zonen an der Brennraumoberfläche. Dieser oft als Glühzündung bezeichnete Vorgang entwickelt sich etwa mit der Flammenfrontgeschwindigkeit einer normalen Verbrennung, was sie von der klopfenden Verbrennung unterscheidet. Die Selbstzündung wird zunehmend Gegenstand einer möglichst exakten Kontrolle und Steuerung auf Grund ihrer Vorteile bezüglich des thermischen Wirkungsgrades und der Schadstoffemission, insbesondere der NO, NO_2 Komponenten. Dabei wird in den meisten einschlägigen Verfahren versucht, exotherme Zentren, bestehend aus Kraftstofftropfen und stöchiometrisch erforderlichem Luftanteil, mit heißem Abgas zu umgeben. Bedingt durch die Ladungsmasse im Zylinder wird dafür in Teillastbereichen eines Ottomotors eine Drosselung der Frischladung im Ansaugsystem mit der Rückführung eines Abgasanteils aus dem Auslasskanal kombiniert. Durch die innere Energie des angrenzenden Abgases wird die Verbrennungsreaktion in den einzelnen exothermen Zentren eingeleitet. Die Tatsache, dass die innere Energie des Abgases weitaus niedriger als die Energie aus einer Fremdzündquelle ist, äußert sich zwar in einer niedrigen

Verbrennungsgeschwindigkeit in jedem exothermen Zentrum; die Verbrennung findet jedoch gleichzeitig in zahlreichen Zentren statt.

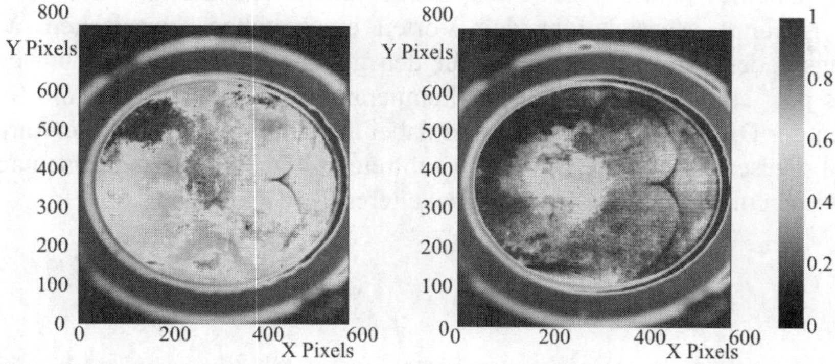

Bild 7.18 Selbstzündungsvorgang bei zwei unterschiedlichen Motordrehzahlen bei Teillast

Im Bild 7.18 ist ein solcher kontrollierter Selbstzündvorgang dargestellt. Dabei ist keine eindeutige Flammenfront zu erkennen, sondern vielmehr eine flächendeckende Reaktion. Durch die gleichzeitige Verbrennung in mehreren Zentren wird die globale Reaktionsgeschwindigkeit höher als im Falle der Fortpflanzung einer Flammenfront.

Die Vorteile in Bezug auf den thermodynamischen Prozess sind im Bild 7.19 dargestellt.

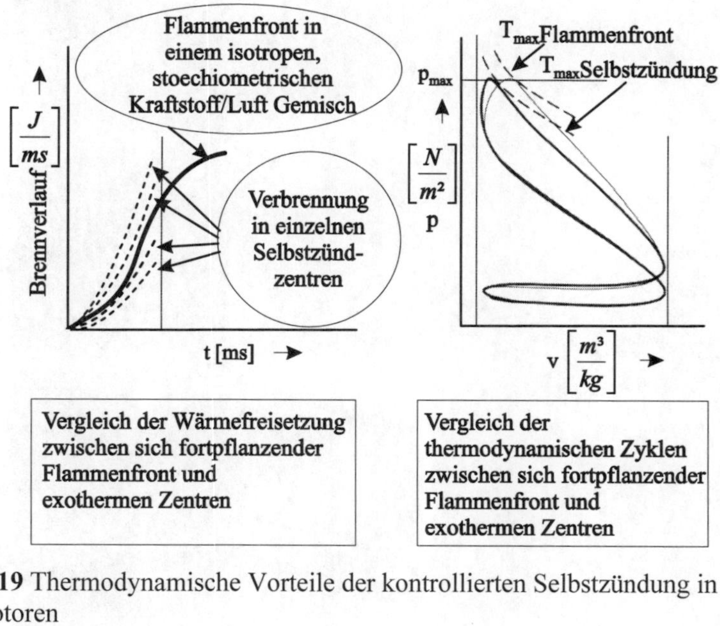

Bild 7.19 Thermodynamische Vorteile der kontrollierten Selbstzündung in Ottomotoren

Die höhere Reaktionsgeschwindigkeit äußert sich in einer steileren Zustandsänderung bei der Wärmezufuhr, die im p,v-Diagramm in Richtung einer Isochore tendiert. Bei einem betrachteten Verdichtungsverhältnis hat die isochore Wärmezufuhr den Vorteil eines hohen thermischen Wirkungsgrades. Andererseits, wird für den gleichen Maximaldruck im Prozess p_{max} eine niedrigere Maximaltemperatur T_{max} erreicht, was die Senkung der Dissoziationsprozesse und dabei der Emission NO, NO_2 erwarten lässt. Diese Vorteile werden durch zahlreiche Forschungsergebnisse nachgewiesen und bilden die Grundlage weiterer Entwicklungen.

Anwendungsbeispiele und Übungen zu Kapitel 7

Verbrennung

Ü 7.1 Es ist der stöchiometrische Luftbedarf für die Verbrennung von jeweils einem Kilogramm Methanol, Wasserstoff und Oktan zu berechnen.

Lösung:

$$\left(\frac{L}{K}\right)_{stoech} = 4{,}31(2{,}664c + 0{,}988s + 7{,}937h - o)\left[\frac{kgLuft}{kgKst}\right] \qquad (7.14)$$

Aus der Übersicht im Kap. 7.1 wird die molekulare Struktur der jeweiligen Kraftstoffe übernommen und daraus ihre elementare Struktur abgeleitet. Es gilt:

Methanol: $CH_3OH \rightarrow CH_4O$

$1 \cdot 12 + 4 \cdot 1 + 1 \cdot 16 = 32$

(Die relativen Atommassen werden auf ganze Zahlen gerundet.)

Daraus resultiert:

$$c = \frac{12}{32} = 0{,}375$$

$$h = \frac{4}{32} = 0{,}125$$

$$o = \frac{16}{32} = 0{,}5$$

$$s = 0$$

$$\underline{L_{min} = 6{,}427 kgLuft / kgMethanol}$$

Wasserstoff: H_2

$h = 1$

$c = o = s = 0$

$\underline{L_{min} = 34{,}208 kgLuft / kgWasserstoff}$

Oktan: C_8H_{18}

$8 \cdot 12 + 18 \cdot 1 = 114$

Daraus resultiert:

$$c = \frac{96}{114} = 0{,}842$$

$$h = \frac{18}{114} = 0{,}158$$

$$o = s = 0$$

$\underline{L_{min} = 15{,}703 kgLuft / kgOktan}$

Ü 7.2 Ein Ottomotor mit 2 Liter Zylindervolumen wird alternativ mit Benzin (als Oktan betrachtet), Wasserstoff und Methanol betrieben.

Aufgabe: Berechnung der stöchiometrisch erforderlichen Mengen von Benzin, Wasserstoff und Methanol für eine vollständige Verbrennung in diesem Motor bei Volllast (entsprechend der maximalen Zylinderfüllung mit Luft).

Angaben: Lufttemperatur: 15°C / Luftdruck: 1bar

Lösung: Aus **Ü 7.1** ist die erforderliche stöchiometrische Luftmasse für jeden dieser Kraftstoffe bekannt. Allerdings ist die Luftmasse je Arbeitsspiel in einem bestimmten Motor von seinem Zylindervolumen, dem atmosphärischen Zustand und der jeweiligen Zylinderfüllung bestimmt.

Es gilt:

$$pV = mRT \quad \rightarrow \quad m_{Luft} = \frac{pV}{RT} = \frac{1 \cdot 10^5 \cdot 2 \cdot 10^{-3}}{287{,}1 \cdot (273{,}15 + 15)}$$

$$m_{Luft} = 2{,}4175 g$$

Aus $\left(\frac{L}{K}\right)_{st}$ (**Ü 7.1**)resultiert:

Methanol: bei *6,47 kg Luft* für ein *kg Methanol*

$$\frac{2{,}4175 \cdot 10^{-3}}{6{,}47} = 0{,}376 \cdot 10^{-3}\, kg \rightarrow 0{,}374\, g\ Methanol$$

Wasserstoff: bei *34,3 kg Luft* für ein *kg Wasserstoff*

$$\frac{2{,}4175 \cdot 10^{-3}}{34{,}3} = 0{,}07067 \cdot 10^{-3}\, kg \rightarrow 0{,}0705\, g\ Wasserstoff$$

Benzin (Oktan): bei *15,073 kg Luft* für ein *kg Benzin*

$$\frac{2{,}4175 \cdot 10^{-3}}{15{,}073} = 0{,}1604 \cdot 10^{-3}\, kg \rightarrow 0{,}16\, g\ Benzin$$

Ü 7.3 Für die Kraftstoffe in der **Ü 7.1** sind die volumenbezogenen Gemischheizwerte bei stöchiometrischer, vollständiger Verbrennung mit Luft in einem Ottomotor zu bestimmen.

Angaben: Dichte der Luft beim Ansaugen in den Zylinder: $\rho_L = 1{,}189 \frac{kg}{m^3}$

- Wirkungsgrad der Verbrennung für alle Kraftstoffe gleich: $\eta_{Verbr} = 0{,}9$
- untere Heizwerte H_U:

$$Methanol: \quad 20\left[\frac{MJ}{kg}\right]$$

$$Wassserstoff: \quad 120\left[\frac{MJ}{kg}\right]$$

$$Benzin(Oktan): \quad 44\left[\frac{MJ}{kg}\right]$$

Lösung:

$$H_g = \frac{H_U\ \rho_{Luft} \cdot \eta_{Verbr}}{\lambda\left(\frac{L}{K}\right)_{st}} \tag{7.7c}$$

Methanol: $Hg = \frac{20 \cdot 1{,}189 \cdot 0{,}9}{1 \cdot 6{,}427} = 3{,}33 \left[\frac{MJ}{m^3}\right]$

Wasserstoff: $Hg = \frac{120 \cdot 1{,}189 \cdot 0{,}9}{1 \cdot 34{,}208} = 3{,}75 \left[\frac{MJ}{m^3}\right]$

Benzin (Oktan): $Hg = \frac{44 \cdot 1{,}189 \cdot 0{,}9}{1 \cdot 15{,}073} = 3{,}12 \left[\frac{MJ}{m^3}\right]$

Ü 7.4 Ein Automobil mit Ottomotor hat nach einem vorgegebenen Fahrzyklus einen Benzinstreckenverbrauch von 7 Liter/100km.

Fragen:

1. Welche Abgasbestandteile und in welcher Menge resultieren aus der idealerweise stöchiometrischen, vollständigen Verbrennung einer Tankfüllung von 55l Benzin?
2. Wie viel Kohlendioxid emittiert dieser Motor je gefahrenen Kilometer?

Angaben: Benzindichte: $0{,}736 \frac{kg}{Liter}$

Elementare Struktur des Benzins:

$$c = 0{,}847 \frac{kgC}{kgBenzin}$$

$$h = 0{,}153 \frac{kg\,H_2}{kgBenzin}$$

Lösung:

1. Aus der Bilanz einer stöchiometrischen, vollständigen Verbrennungsreaktion im Bild 7.6 resultiert:

$$\frac{c}{12} \cdot C + \frac{c}{12} \cdot O_2 \rightarrow \frac{c}{12} CO_2$$

$$\frac{h}{2} \cdot H_2 + \frac{h}{4} \cdot O_2 \rightarrow \frac{h}{2} H_2O$$

Daraus resultieren folgende Abgasbestandteile:

$$CO_2: \quad \frac{0{,}847}{12} \cdot (1 \cdot 12 + 2 \cdot 16) = 3{,}1 \frac{kg\,CO_2}{kg\,Benzin}$$

- aus 55 Liter Benzin: $3{,}1 \cdot 55 \cdot 0{,}736 = 125{,}71\,kg\,CO_2$

$$H_2O: \quad \frac{0{,}153}{2} \cdot (2 \cdot 1 + 1 \cdot 16) = 1{,}377 \frac{kg\,H_2O}{kg\,Benzin}$$

- aus 55 Liter Benzin: $1{,}377 \cdot 55 \cdot 0{,}736 = 55{,}74\,kg\,H_2O$

Außerdem befinden sich im Abgas – gem. Gl. (7.15) – die Luftkomponenten, die an der Verbrennung nicht teilnehmen.

$$\left(\frac{L}{K}\right)_{st} - \left(\frac{O}{K}\right)_{st} = \left(\frac{L}{K}\right)_{st} - 0{,}232\left(\frac{L}{K}\right)_{st} = 0{,}768\left(\frac{L}{K}\right)_{st}$$

$$\left(\frac{L}{K}\right)_{st} = 4{,}31(2{,}664c + 0{,}988s + 7{,}937h - o) \qquad (7.14)$$

$$\left(\frac{L}{K}\right)_{st} = 14{,}959 \frac{kg\,Luft}{kg\,Benzin}$$

$$N_2 = 0{,}768\left(\frac{L}{K}\right)_{st} = 11{,}488 \frac{kg\,N_2}{kg\,Benzin}$$

- entsprechend 55 Liter Benzin → $465{,}65\ kg\ N_2$

Kontrolle:

Zugeführte Komponenten:

Benzin:	$55 \cdot 0{,}736$	→	$40{,}48kg$
Luft:	$14{,}959 \cdot 55 \cdot 0{,}736$	→	$605{,}54kg$
			$646{,}02kg$

Abgeführte Komponenten:

CO_2:	→	$125{,}71kg$
H_2O:	→	$55{,}74kg$
N_2:	→	$465{,}05kg$
		$646{,}5\,kg$

2. CO_2: $3{,}1 \dfrac{kg\,CO_2}{kg\,Benzin}$

→ bei 7 Liter Benzin/100km → 0,07 Liter Benzin je km

$$0{,}07 \cdot 0{,}736 = 0{,}05152\,kg\,Benzin$$

Daraus resultiert: $3{,}1 \cdot 0{,}05152 = 0{,}1597 \frac{kg}{km} \rightarrow 159{,}7 \frac{g}{km}$

Kommentar: Der Verband der europäischen Automobilbauer (ACEA) hat sich gegenüber der EU verpflichtet, den auf die Fahrzeugflotte bezogenen CO_2-Ausstoß der von ihnen hergestellten Verbrennungsmotoren bis zum Jahr 2008 auf 140g/km zu senken, was eine direkt proportionale Senkung des Flottenkraftstoffverbrauchs bedeutet.

Ü 7.5 Ein Ottomotor wird alternativ mit Benzin und mit einem Kraftstoffgemisch aus 70% Benzin und 30% Methanol betrieben.

Aufgaben:

1. Ermittlung des analytischen Zusammenhanges zwischen dem Luft-Kraftstoff-Verhältnis bei der Verbrennung und der Konzentration der Abgaskomponenten CO_2, CO und O_2 (es wird dabei vorausgesetzt, dass Bestandteile wie C_mH_n, NO, NO_2 massenmäßig vernachlässigbar sind).
2. Graphische Darstellung des analytischen Zusammenhanges in einem Konzentrationsdiagramm mit den Achsen (O_2, CO_2) und den Parametern λ bzw. CO.

Angaben:

- elementare Struktur des Benzins:

$$c = 0{,}847 \frac{kgC}{kgBenzin}; \quad h = 0{,}1435 \frac{kgH_2}{kgBenzin};$$

$$s = 0{,}0006 \frac{kg\,s}{kgBenzin}; \quad r = 0{,}0089 \frac{kg\,Reste}{kgBenzin}$$

- Molekulare Struktur des Methanols: CH_3OH
- Molare Masse der Luft: $\overline{M}_{Luft} = 28{,}95 \frac{kg}{kmol}$

Lösung:

1. Die elementare Struktur des Methanols wird wie in **Ü 7.1** aus seiner molekularen Struktur abgeleitet.

Die elementaren Anteile des Benzins und des Gemisches Benzin/Methanol werden für eine bessere Übersicht tabellarisch zusammengefasst.

	Anteile des geg. Benzins	**70% der Anteile des geg. Benzins**	**Anteile Methanol**	**30% der Anteile von Methanol**	**Anteile des geg. Kraftstoffes (Spalte 3+5)**
c	0,8470	0,5929	03750	0,1125	0,7054
h	0,1435	0,1005	0,1250	0,0375	0,1380
s	0,0006	0,0004	0,0000	0,0000	0,0004
o	0,0000	0,0000	0,5000	0,1500	0,1500
r	0,0089	0,0062	0,0000	0,0000	0,0062
Summe	1,0	0,7	1,0	0,3	1,0

$$\left(\frac{L}{K}\right)_{st} = 4{,}31 \cdot \left(2{,}664 \cdot c + 0{,}988 \cdot s + 7{,}937 \cdot h - o\right) \quad (7.14)$$

Benzin:

$$\left(\frac{L}{K}\right)_{st} = 4{,}31 \cdot \begin{pmatrix} 2{,}664 \cdot 0{,}847 + 0{,}988 \cdot \\ 0{,}0006 + 7{,}937 \cdot 0{,}1435 \end{pmatrix}$$

$$\left(\frac{L}{K}\right)_{st} = 14{,}6366 \frac{kg\,Luft}{kgKst}$$

Gemisch: Benzin/Methanol

$$\left(\frac{L}{K}\right)_{st} = 4{,}31 \cdot \begin{pmatrix} 2{,}664 \cdot 0{,}7054 + 0{,}988 \cdot \\ 0{,}0004 + 7{,}937 \cdot 0{,}138 - 0{,}15 \end{pmatrix}$$

$$\left(\frac{L}{K}\right)_{st} = 12{,}175 \frac{kg\,Luft}{kgKst}$$

$$k_{max} = \frac{\frac{c}{12} + \frac{s}{32}}{\frac{c}{12} + \frac{s}{32} + 0{,}7901 \cdot \frac{\left(\frac{L}{K}\right)_{st}}{\overline{M}_{Luft}}} \quad (7.18)$$

Benzin:

$$k_{max} = \frac{\dfrac{0{,}847}{12} + \dfrac{0{,}0006}{32}}{\dfrac{0{,}847}{12} + \dfrac{0{,}0006}{32} + 0{,}7901 \cdot \dfrac{14{,}6366}{28{,}95}} = 0{,}15$$

Gemisch: Benzin/Methanol

$$k_{max} = \frac{\dfrac{0{,}7054}{12} + \dfrac{0{,}0004}{32}}{\dfrac{0{,}7054}{12} + \dfrac{0{,}0004}{32} + 0{,}7901 \cdot \dfrac{12{,}175}{28{,}95}} = 0{,}15$$

Für Benzin und Gemisch: $o_{max} = 0{,}2099$ (7.24)

Für die Berechnung der Sauerstoffkonzentration o und der Kohlendioxidkonzentration k mit den Parametern Luftverhältnis λ und Kohlenmonoxidkonzentration z werden die Gl. (7.32) und (7.34) nach λ bzw. z aufgelöst und gleichgestellt. Für die Schnittpunkte der resultierenden Funktionen auf den Diagrammachsen k, o gilt:

Parameter λ:

$$o = 0: \quad k = \frac{k_{max} + 2 \cdot (\lambda - 1) \cdot 0{,}21 \cdot \dfrac{\dfrac{\left(\dfrac{L}{K}\right)_{st}}{\overline{M}_{Luft}}}{\overline{N}_{TP}}}{1 + (\lambda - 1) \cdot 0{,}79 \cdot \dfrac{\dfrac{\left(\dfrac{L}{K}\right)_{st}}{\overline{M}_{Luft}}}{\overline{N}_{TP}}} \cdot 100\,[Vol\%]$$

$$k=0: \quad o=\frac{k_{max}+2\cdot(\lambda-1)\cdot 0{,}21\cdot\dfrac{\dfrac{\left(\frac{L}{K}\right)_{st}}{\overline{M}_{Luft}}}{\overline{N}_{TP}}}{k_{max}+2\cdot(\lambda-1)\cdot\dfrac{\dfrac{\left(\frac{L}{K}\right)_{st}}{\overline{M}_{Luft}}}{\overline{N}_{TP}}+2}\cdot 100\,[Vol\%]$$

Dabei ist der Ausdruck nach Gl. (7.14) bzw. (7.16)

$$\frac{\dfrac{\left(\frac{L}{K}\right)_{st}}{\overline{M}_{Luft}}}{\overline{N}_{TP}}=\frac{\dfrac{\left(\frac{L}{K}\right)_{st}}{\overline{M}_{Luft}}}{\dfrac{c}{12}+\dfrac{s}{32}+0{,}7901\cdot\dfrac{\left(\frac{L}{K}\right)_{st}}{\overline{M}_{Luft}}}$$

$$= 1{,}0757 \; Benzin$$
$$= 1{,}0754 \; Gemisch$$

Der Wert kann mit ausreichender Genauigkeit als gleich für Benzin und Gemisch (Benzin/Methanol) angenommen werden.

Parameter z:

$o=0:$

$$k=\left[\left(\left(1-\frac{z}{2}\right)\cdot\frac{k_{max}}{1-\dfrac{z}{0{,}42+z}}\right)-z\right]\cdot 100\,[Vol\%]$$

$k = 0:$

$$o = \left[\frac{(0{,}42 + z) \cdot \left(\frac{k_{max}}{z} \cdot \left(1 - \frac{z}{2} \right) - 1 \right) + z}{2 + 2 \cdot \left(\frac{k_{max}}{z} \cdot \left(1 - \frac{z}{2} \right) - 1 \right)} \right] \cdot 100 \left[Vol\% \right]$$

Die abgeleiteten Ausdrücke für die Parameter λ und z sind für das Benzin und das Benzin/Methanol-Gemisch (70/30) praktisch identisch. Die Schnittpunkte für verschiedene Werte von λ und z werden tabellarisch zusammengefasst:

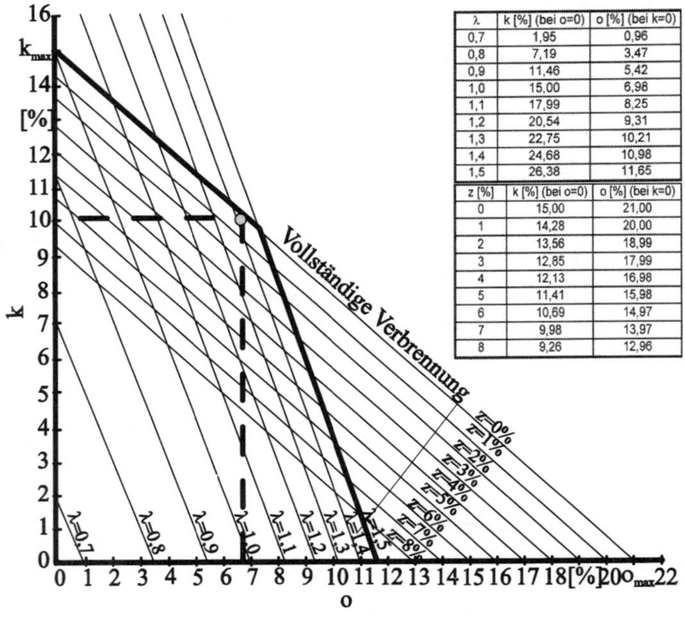

λ	k [%] (bei o=0)	o [%] (bei k=0)
0,7	1,95	0,96
0,8	7,19	3,47
0,9	11,46	5,42
1,0	15,00	6,98
1,1	17,99	8,25
1,2	20,54	9,31
1,3	22,75	10,21
1,4	24,68	10,98
1,5	26,38	11,65

z [%]	k [%] (bei o=0)	o [%] (bei k=0)
0	15,00	21,00
1	14,28	20,00
2	13,56	18,99
3	12,85	17,99
4	12,13	16,98
5	11,41	15,98
6	10,69	14,97
7	9,98	13,97
8	9,26	12,96

Bild. Ü. 7. 5 Graphische Ermittlung des Luft-Kraftstoff-Verhältnisses bei der Verbrennung eines Benzins mit bekannter Zusammensetzung, aus den Konzentrationen von CO_2, CO und O_2 im Abgas

Kommentar: Die experimentelle Untersuchung der Abgaszusammensetzung des Viertakt-Ottomotors eines Personenwagens, bei Verwendung des aufgeführten Benzins, ergab folgende Messwerte in einem Teillastpunkt:

n $[min^{-1}]$	t_{Abgas} $[°C]$	CO_2 $[\%]$	O_2 $[\%]$	CO $[\%]$	NO_X $[ppm]$	C_mH_n $[ppm]$
3600	720	10,10	6,88	0,09	420	3,5

Die Werte der Emissionen von CO_2 und O_2 werden in das Diagramm eingetragen. Die gemessene CO Konzentration entspricht dem Wert, der sich im Diagramm aus der Interpolation zwischen $z = 0\,\%$ und $z = 1\,\%$ resultiert.

Für die Bilanz der Konzentrationen spielen die Konzentrationen von NO_X und C_mH_n keine Rolle.

Es gilt beispielsweise:

$$\frac{V_{CO_2}}{V_{C_mH_n}} = \frac{10{,}10 \cdot \frac{1}{10^2}}{3{,}5 \cdot \frac{1}{10^6}} = 28857$$

oder
$$\frac{V_{CO}}{V_{C_mH_n}} = \frac{0{,}09 \cdot \frac{1}{10^2}}{3{,}5 \cdot \frac{1}{10^6}} = 257{,}14$$

Das Feld der praktisch möglichen Werte für λ und z ist im Diagramm durch die üblichen Zündgrenzen für $\lambda \in (0{,}7;1{,}5)$ und $z \geq 0$ eingegrenzt.

8 Wärmeübertragung

8.1 Arten der Wärmeübertragung

Eine Grundeigenschaft der Materie ist ihre Fähigkeit, wärmedurchlässig zu sein. Jedes materielle System ist im Sinne des Energieaustausches ein Träger von Wärmeübertragungen: einerseits gehört zu den Haupterscheinungsformen der Materie neben Masse auch Energie, andererseits ist die Wärme eine Form der Energie. Eine Wärmeübertragung erfolgt grundsätzlich, wenn ein Temperaturunterschied vorhanden ist, und zwar von höherer zu niedrigerer Temperatur, entsprechend jedem natürlichen Ausgleichsprozess. Die Grundarten der Wärmeübertragung sind: die *Leitung*, die *Konvektion* (der Wärmeübergang) und die *Strahlung*. Diese Formen erscheinen bei einer Wärmeübertragung in kraftfahrzeugtechnischen Anwendungen meist gemeinsam.

Die Wärmeleitung erfolgt bei Massekontakt zwischen zwei Systemen oder durch ein System ohne sichtbare Massenbewegung und charakterisiert hauptsächlich die festen Körper. Die Wärmeleitung in Flüssigkeiten und Gasen setzt dünne Schichten voraus. Im Falle der festen Körper entspricht die makroskopisch gemessene Temperatur der mittleren kinetischen Energie der Teilchen im mikroskopischen Maßstab. Teilchen in zwei benachbarte Zonen eines Körpers, die unterschiedliche Temperaturen aufweisen, haben auch unterschiedliche kinetische Energien. Durch Stöße zwischen den Molekülen wird die Energie zwischen den zwei Zonen – und damit makroskopisch die Temperatur – ausgeglichen. Makroskopisch wird kein Massentransport wahrgenommen. Der Temperaturausgleich wird einer Wärmeübertragung zugerechnet.

Im Bild 8.1 ist ein Beispiel zur Wärmeleitung in einer Fahrzeugkarosserie dargestellt:

Bild 8.1 Wärmeleitung zwischen zwei Schichten einer Karosserie infolge ihrer unterschiedlichen Temperatur

In flüssigen und gasförmigen Stoffen, die nicht in dünnen Schichten vorhanden sind, entsteht infolge der Wärmeübertragung meist eine Strömung, die durch den Massentransport dem Modell der Wärmeleitung nicht mehr entspricht.

Die Konvektion (der Wärmeübergang) erfolgt als Energietransport mit einer makroskopischen Bewegung von Masseteilchen der Stoffe, die daran beteiligt sind. Diese Art von Wärmeübertragung setzt also außer dem Massekontakt eine relative Geschwindigkeit zwischen den beteiligten Systemen bzw. Teilsystemen voraus. Dieses Modell entspricht der Wärmeübertragung zwischen festen/flüssigen oder flüssigen/gasförmigen oder festen/gasförmigen Medien, wenn mindestens eins der beteiligten Medien als Strömung wirkt. An der Grenze zwischen den zwei Systemen nehmen (im Falle einer niedrigeren Temperatur des strömenden Fluides) die vorbeiströmenden Teilchen Energie auf, die dann in die gesamte Masse des strömenden Mediums übertragen wird. Im Bild 8.2 ist ein Beispiel zur Konvektion im Kühlkreislauf eines Verbrennungsmotors dargestellt.

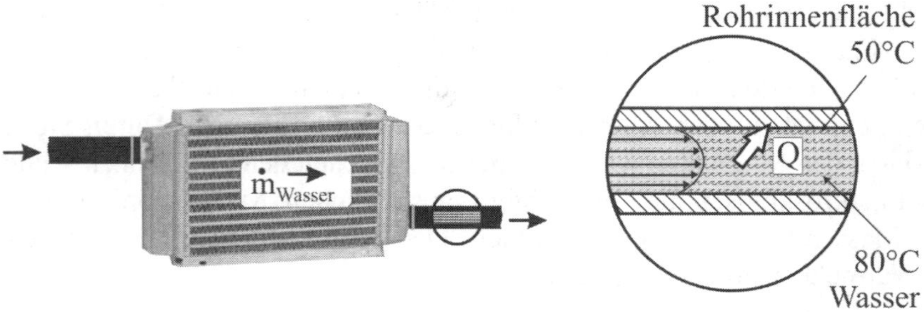

Bild 8.2 Konvektion zwischen strömendem Kühlwasser und Innenfläche der Rohrleitung in einem Kühlkreislauf

Die Wärmestrahlung ist eine Wärmeübertragung ohne Massenkontakt zwischen den beteiligten Systemen. Der Wärmetransport erfolgt durch

Photonen, in Form von elektromagnetischen Wellen. Das klassische Beispiel ist die Übertragung der Wärme von der Sonne auf die Erde. Prinzipiell sendet jeder Körper aufgrund seiner Temperatur elektromagnetische Wellen aus, die beim Empfang durch einen Körper niedrigerer Temperatur in innere Energie umgesetzt werden. Im Bild 8.3 ist ein Beispiel der Wärmestrahlung zwischen einer Fahrzeugkarosserie und ihrer Umgebung dargestellt.

Bild 8.3 Wärmestrahlung von der Sonne auf eine Karosserie und von der Karosserie in eine kühlere Umgebung

Die Analyse jeder Wärmeübertragung erfolgt nach folgenden Kriterien:

a) *stationäre Wärmeübertragung* - die Temperatur jedes Elementes im System ist nur vom Ort, aber nicht von der Zeit abhängig

$$T = f(x, y, z) \tag{8.1}$$

b) *instationäre Wärmeübertragung* - die Temperatur jedes Elementes im System ist ort- und zeitabhängig:

$$T = f(x, y, z, \tau) \quad - \quad \tau[s] - Zeit \tag{8.2}$$

Zur Bewertung einer Wärmeübertragung sind folgende Kenngrößen üblich:

Der Wärmestrom

$$\dot{Q} = \frac{dQ}{d\tau} \xrightarrow{\text{stationär}} \dot{Q} = \frac{Q}{\tau} \quad \left[\frac{J}{s} = W\right] \tag{8.3}$$

Gemäß der Einheit entspricht der Wärmestrom einer Leistung.

Die Wärmestromdichte

$$\dot{q} = \frac{\dot{Q}}{A} \quad \left[\frac{W}{m^2}\right] \tag{8.4}$$

Der Wärmewiderstand

$$\rightarrow \frac{Temp.Gefälle}{Wärmestrom} \rightarrow R = \frac{dT}{\dot{Q}} \qquad \left[\frac{K}{W}\right] \tag{8.5}$$

8.2 Die Wärmeleitung

8.2.1 Elementares Modell der Wärmeleitung

Das einfachste Modell der Wärmeleitung ist der stationäre Prozess entsprechend der Gl. (8.1), wobei der Temperaturgradient in einem Stoff nur vom Ort abhängig ist. Das Modell wird in dieser grundlegenden Betrachtung zusätzlich vereinfacht, indem die Wärmeleitung zuerst als eindimensional angenommen wird (die Temperatur ändert sich nur in einer Richtung). Aus der Gl. (8.1) wird in diesem Fall abgeleitet:

$$T = f(x) \tag{8.1a}$$

Nach **Fourier** ist der im Stoff geleitete Wärmestrom $\dot{Q}$ dem Temperaturgefälle dT/dx (Bild 8.4) und der Wandfläche A senkrecht zum Wärmestrom proportional:

$$\dot{Q} = -\lambda A \cdot \frac{dT}{dx} \tag{8.6}$$

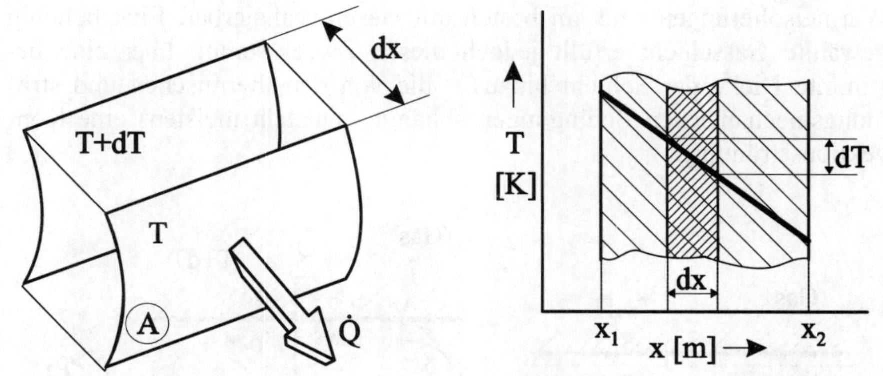

Bild 8.4 Eindimensionale Wärmeleitung

> *Definition*
>
> *Der Proportionalitätsfaktor* $\lambda\left[\frac{W}{mK}\right]$ *ist als* ***Wärmeleitfähigkeit*** *definiert. Er ist hauptsächlich vom Stoff und geringfügig von Druck und Temperatur abhängig.*

Experimentelle Messungen ergeben einen großen Wertebereich der Wärmeleitfähigkeit.

Beispiele:

		$\lambda\left[\frac{W}{mK}\right]$
Gase	→	*0,02...0,1*
Holz	→	*0,13*
Wasser	→	*0,6*
Stahl 0,1%C	→	*33...52 als f(T)*
Kupfer	→	*370*
Silber	→	*418*

Wärmeisolierungen sind am besten mit Gasen realisierbar. Eine beliebig gewählte Gasschicht erfüllt jedoch diesen Zweck kaum: über eine bestimmte Dicke der Schicht hinaus – die von den thermischen und strömungsmechanischen Bedingungen abhängt - entsteht meistens eine Konvektionsströmung.

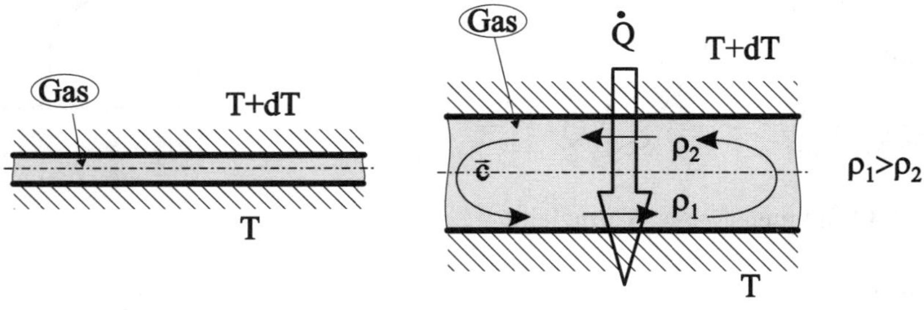

Bild 8.5 Wärmeleitung und Konvektion durch eine Gasschicht

Deswegen eignen sich zu thermischen Isolierungen poröse Stoffe (mit schaum- oder watteartiger Struktur), die einerseits Luft in den Poren enthalten, andererseits eine Luftbewegung verhindern.

Die Wärmeleitfähigkeit eines Stoffes ändert sich, wenn seine Eigenschaften nicht isotrop sind, beispielsweise wenn eine Faserstruktur besteht: die Wärmeleitfähigkeit ist entlang bzw. quer zu den Fasern unterschiedlich. Das trifft bei Textilien, Holz, Gummi, aber auch – wie im Bild 8.6 dargestellt – bei geschmiedeten Wellen zu.

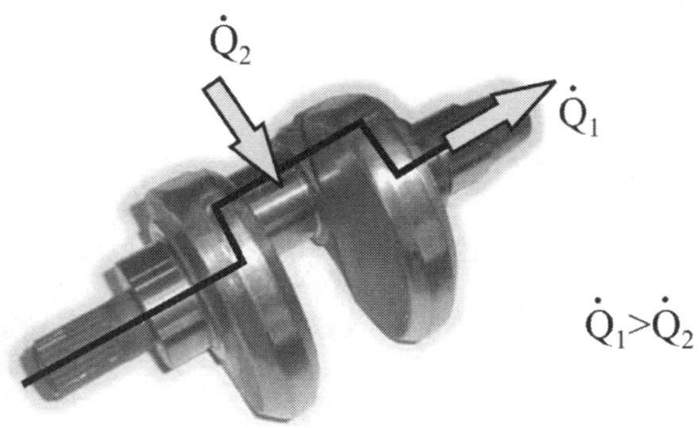

Bild 8.6 Wärmeleitung entlang und quer der Faser einer geschmiedeten Kurbelwelle.

8.2.2 Wärmeleitung durch eine ebene Wand

Einschichtige ebene Wand

Es wird eine ebene Wand aus einem homogenen und isotropen Stoff – wie im Bild 8.7 – betrachtet.

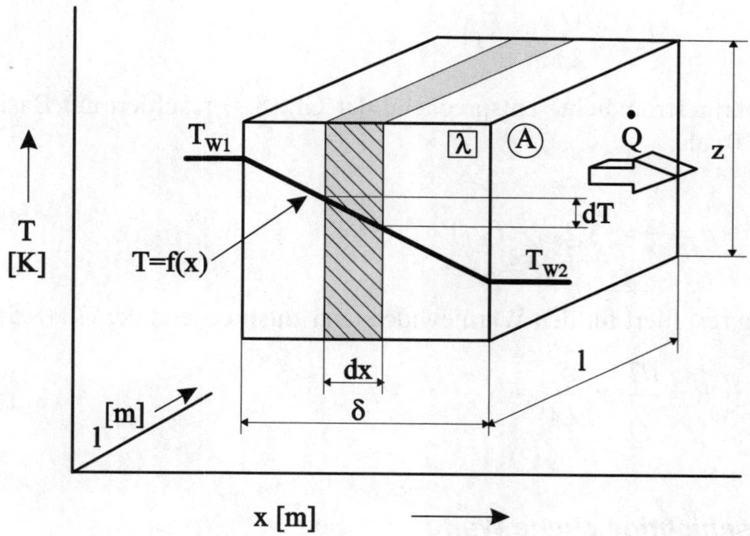

Bild 8.7 Eindimensionale Wärmeleitung durch eine einschichtige ebene Wand – schematisch

- Die Umstellung der Gl. (8.6) ergibt

$$\frac{\dot{Q}}{\lambda A}\cdot dx = -dT \tag{8.7}$$

- die Integration auf dem Intervall x_1-x_2 ergibt:

$$\frac{\dot{Q}}{\lambda A}\int_{x_1}^{x_2} dx = -\int_{T_{W1}}^{T_{W2}} dT \tag{8.8}$$

Daraus resultiert:

$$\frac{\dot{Q}}{\lambda A}\left(x_2 - x_1\right) = T_{W1} - T_{W2} \tag{8.9}$$

und mit $x_2 - x_1 = \delta \quad \rightarrow \qquad \dot{Q} = \frac{\lambda}{\delta} A\left(T_{W1} - T_{W2}\right)$ (8.10)

Der Temperaturverlauf $t = f(x)$ ist bei konstanter Wärmeleitfähigkeit linear. Aus Gl. (8.9) resultiert für eine beliebige Stelle (x) in der Wand:

$$T_x = T_{W1} - \frac{\dot{Q}}{\lambda A}\left(x - x_1\right) \tag{8.9a}$$

Die Wärmestromdichte entsprechend der Gl. (8.4) resultiert auf Basis der Gl.(8.10) als:

$$\dot{q} = \frac{\dot{Q}}{A} = \frac{\lambda}{\delta}\left(T_{W1} - T_{W2}\right) \tag{8.11}$$

Analog resultiert für den Wärmewiderstand entsprechend der Gl. (8.5):

$$R = \frac{dT}{\dot{Q}} = \frac{\delta}{\lambda A} \tag{8.12}$$

Mehrschichtige ebene Wand

Es wird eine ebene Wand aus Schichten mit verschiedenen Wärmeleitfähigkeiten – wie im Bild 8.8 – betrachtet. Der Wärmestrom, der die Schichten mit verschiedener Wärmeleitfähigkeit durchquert, bleibt bei eindimensionaler, stationärer Wärmeleitung konstant.
Die Gl. (8.10) wird in diesem Fall für jede einzelne Schicht angewendet:

$$\left.\begin{aligned} \dot{Q} &= \frac{\lambda_1}{\delta_1} A\left(T_1 - T_2\right) \\ \dot{Q} &= \frac{\lambda_2}{\delta_2} A\left(T_2 - T_3\right) \\ \dot{Q} &= \frac{\lambda_3}{\delta_3} A\left(T_3 - T_4\right) \end{aligned}\right\} \tag{8.10}$$

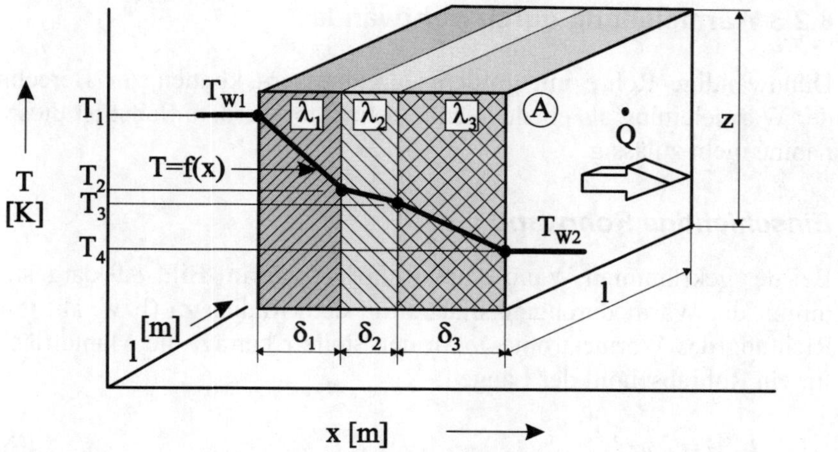

Bild 8.8 Eindimensionale Wärmeleitung durch eine mehrschichtige ebene Wand – schematisch

$$\rightarrow \quad \dot{Q} = \frac{\lambda_1}{\delta_1} A(T_1 - T_2) = \frac{\lambda_2}{\delta_2} A(T_2 - T_3) = \frac{\lambda_3}{\delta_3} A(T_3 - T_4) \tag{8.13}$$

Daraus resultiert:

$$T_1 - T_2 = \frac{\dot{Q}\delta_1}{A\lambda_1}; \quad T_2 - T_3 = \frac{\dot{Q}\delta_2}{A\lambda_2}; \quad T_3 - T_4 = \frac{\dot{Q}\delta_3}{A\lambda_3} \tag{8.14}$$

$$\text{oder} \quad \underbrace{(T_1 - T_2) + (T_2 - T_3) + (T_3 - T_4)}_{=T_1 - T_4} = \frac{\dot{Q}}{A} \sum_{i=1}^{3} \frac{\delta_i}{\lambda_i} \tag{8.15}$$

Das ergibt für n Schichten die allgemeinen Beziehungen:

$$\dot{Q} = \frac{A(T_1 - T_{n+1})}{\sum_{i=1}^{n} \frac{\delta_i}{\lambda_i}} \tag{8.16}$$

$$\dot{q} = \frac{T_1 - T_{n+1}}{\sum_{i=1}^{n} \frac{\delta_i}{\lambda_i}}; \tag{8.17}$$

$$R = \frac{\sum_{i=1}^{n} \frac{\delta_i}{\lambda_i}}{A} \tag{8.18}$$

8.2.3 Wärmeleitung durch Rohrwände

Dünnwandige Rohre mit großen Durchmessern können zur Berechnung der Wärmeleitung als ebene Wände betrachtet werden. Sonst ist diese Annahme nicht zulässig.

Einschichtige Rohrwand

Bei der gekrümmten Wand eines Rohres – wie im Bild 8.9 dargestellt – nimmt die Wärmedurchgangsfläche mit dem Radius zu (bzw. ab, je nach Richtung des Wärmestromes). An der Stelle r beträgt die Mantelfläche A für ein Rohrabschnitt der Länge l:

$$A = 2\pi\, r\, l \tag{8.19}$$

Aus der Grundgleichung der Wärmeleitung (8.6) resultiert der Ausdruck des Wärmestromes:

$$\dot{Q} = -\lambda A \frac{dT}{dx} \Rightarrow \dot{Q} = -\lambda \cdot 2\pi\, r\, l \cdot \frac{dT}{dr} \tag{8.20}$$

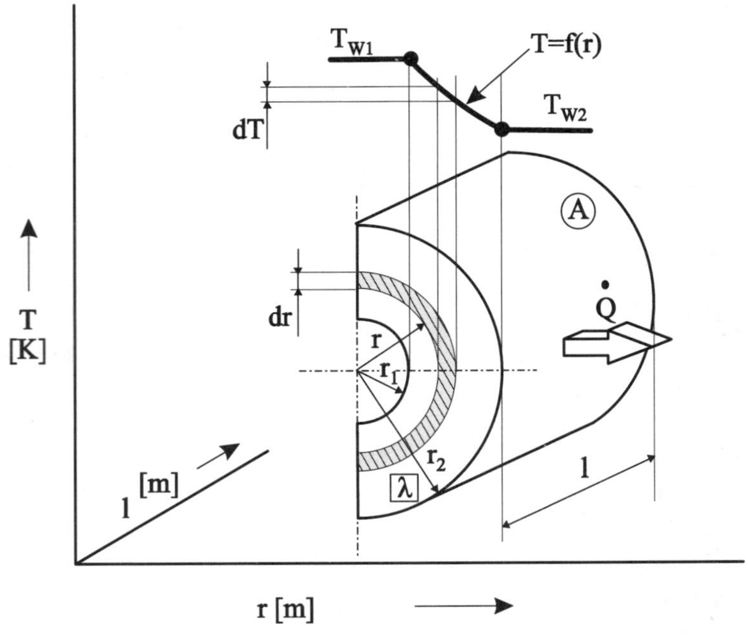

Bild 8.9 Eindimensionale Wärmeleitung durch eine einschichtige Rohrwand

Aus der Integration der Gl.(8.20) zwischen dem Innen- und dem Außenradius des Rohres wird abgeleitet:

$$\int_{r_1}^{r_2} \frac{\dot{Q}}{\lambda \cdot 2\pi l} \cdot \frac{dr}{r} = -\int_{T_{W1}}^{T_{W2}} dT \rightarrow \frac{\dot{Q}}{\lambda \cdot 2\pi l} ln \frac{r_2}{r_1} = T_{W1} - T_{W2} \tag{8.21}$$

$$\dot{Q} = \frac{2\pi l (T_{W1} - T_{W2})}{\frac{1}{\lambda} \cdot ln \frac{r_2}{r_1}} \tag{8.22}$$

Der Temperaturverlauf in der Rohrwand $T = f(r)$ verfolgt demnach eine logarithmische Kurve, wie im Bild 8.10 dargestellt.

- für $\dot{Q}$ von innen nach außen: $T_r = T_{W1} - \frac{\dot{Q}}{2\pi l\lambda} ln \frac{r}{r_1}$ (8.23a)

  (Bild 8.10.a)

- für $\dot{Q}$ von außen nach innen:– $T_r = T_{W2} - \frac{\dot{Q}}{2\pi l\lambda} ln \frac{r_2}{r}$ (8.23b)

  (Bild 8.10.b)

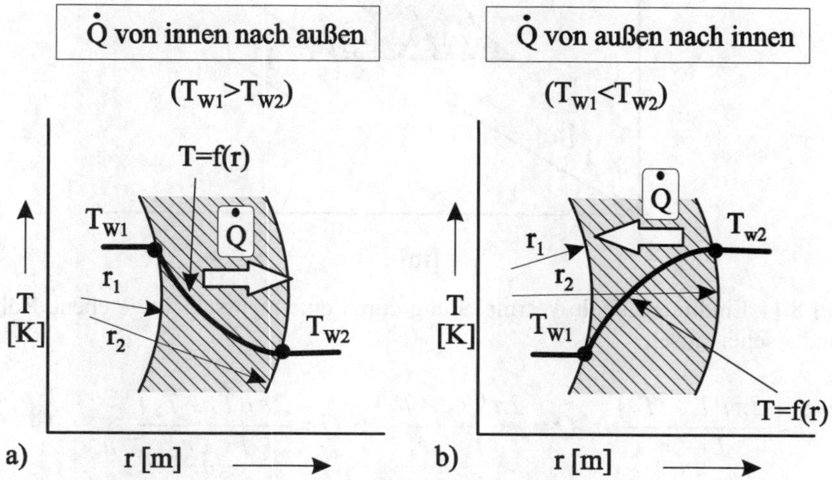

Bild 8.10 Temperaturverlauf bei der eindimensionalen Wärmeleitung durch eine einschichtige Rohrwand – schematisch

Die Wärmestromdichte und der Wärmewiderstand werden entsprechend den Beziehungen (8.4) und (8.5) berechnet.

Mehrschichtige Rohrwand

Der Wärmestrom, der die Schichten mit verschiedenen Wärmeleitfähigkeiten durchquert, bleibt bei eindimensionaler, stationärer Wärmeleitung – wie bei mehrschichtigen, ebenen Wänden – konstant. Bild 8.11 stellt dieses Modell dar. Analog der ebenen mehrschichtigen Wand wird die Wärmestromgleichung für jede Schicht angewendet:

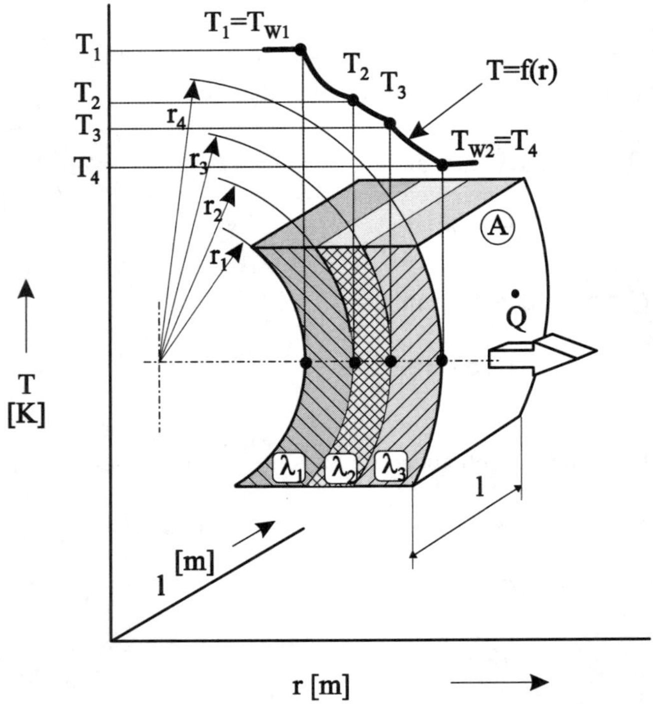

Bild 8.11 Eindimensionale Wärmeleitung durch eine mehrschichtige ebene Rohrwand – schematisch

$$\dot{Q} = \frac{2\pi l (T_1 - T_2)}{\frac{1}{\lambda_1} ln \frac{r_2}{r_1}} \; ; \; \dot{Q} = \frac{2\pi l (T_2 - T_3)}{\frac{1}{\lambda_2} ln \frac{r_3}{r_2}} \; ; \; \dot{Q} = \frac{2\pi l (T_3 - T_4)}{\frac{1}{\lambda_3} ln \frac{r_4}{r_3}} \qquad (8.24)$$

Die Gleichsetzung der einzelnen Gleichungen bei $\dot{Q}$ = *konst.* und die Addition der Temperaturen analog der Gl. (8.13) bis (8.15) ergibt für n Schichten:

$$\dot{Q} = \frac{2\pi l\left(T_1 - T_{n+1}\right)}{\frac{1}{\lambda_1} ln \frac{r_2}{r_1} + \frac{1}{\lambda_2} ln \frac{r_3}{r_2} + ... + \frac{1}{\lambda_n} ln \frac{r_{n+1}}{r_n}} \qquad (8.25)$$

$$\rightarrow \quad \dot{Q} = \frac{2\pi l\left(T_1 - T_{n+1}\right)}{\sum_{i=1}^{n} \frac{1}{\lambda_i} ln \frac{r_{i+1}}{r_i}}$$

Die Wärmestromdichte und der Wärmewiderstand werden entsprechend der Beziehungen (8.4) und (8.5) berechnet.

8.3 Der Wärmeübergang (die Konvektion)

8.3.1 Elementare Modelle der Konvektion

Die Konvektion ist insbesondere von einer relativen Geschwindigkeit zwischen den wärmeaustauschenden Medien gekennzeichnet. Der häufigste Anwendungsfall betrifft den Wärmeaustausch zwischen einem strömenden Fluid (Flüssigkeit oder Gas) und einer festen Wand.

Eine Konvektion erfolgt nicht im mikroskopischen, sondern im makroskopischen Maßstab – durch die Massenelemente, die sich an der Kontaktfläche bewegen. Die strömungsmechanischen Gesetze während der Stoffbewegung an der Kontaktfläche sind für Gase und Flüssigkeiten ähnlich.

Nach der Strömungsentstehung werden zwei Arten der Konvektion definiert:

a) *freie Konvektion* - die Strömung entsteht als Ausgleich unterschiedlicher Fluiddichten. Die Ursache der Dichtedifferenz ist dabei der Wärmeaustausch selbst, wie im Bild 8.5 dargestellt wurde.

b) *erzwungene Konvektion* - die Strömung wird mittels eines Zusatzaggregates – Pumpe, Lüfter – gezielt erzeugt. In diesem Fall ist die Strömung selbst Ursache eines bestimmten Wärmeaustauschvorgangs.

Die Bewertungskenngrößen der Konvektion sind – wie bei der Wärmeleitung – der Wärmestrom $\dot{Q}$, die Wärmestromdichte $\dot{q}$ und der Wärmewiderstand R – gemäß Gl. (8.3), (8.4), (8.5).

Der Wärmestrom $\dot{Q}$, der – wie in Bild 8.12 dargestellt – von einem Fluid mit der mittleren Temperatur T_f an eine Wandfläche A mit der Oberflächentemperatur T_W übertragen wird, ist nach der Beziehung von **Newton**:

$$\dot{Q} = \alpha A\left(T_f - T_W\right) \rightarrow \text{für } T_f > T_W \tag{8.26a}$$

$$\dot{Q} = \alpha A\left(T_W - T_f\right) \rightarrow \text{für } T_W > T_f \tag{8.26b}$$

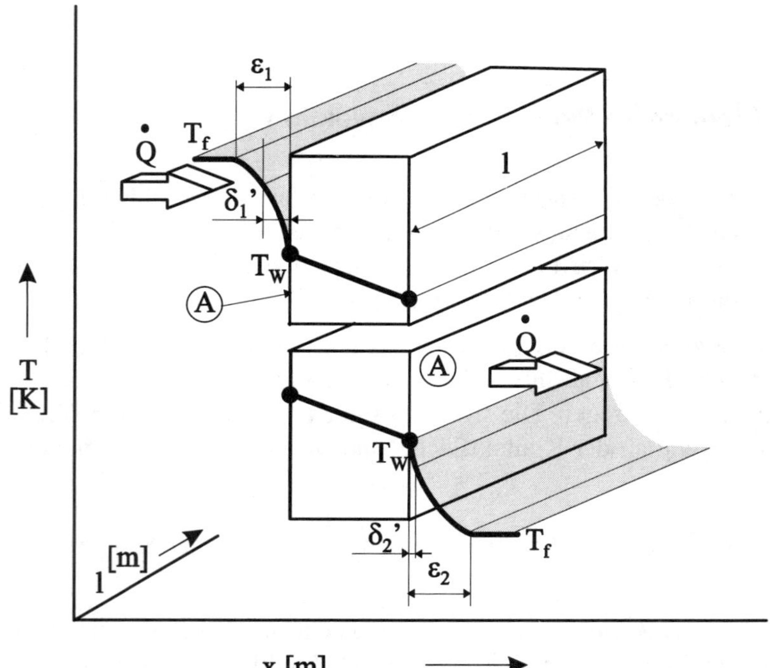

Bild 8.12 Eindimensionaler Wärmestrom und Temperaturverlauf zwischen zwei durch eine Wand getrennt strömenden Fluiden – schematisch

Definition

Der Proportionalitätsfaktor $\alpha\left[\frac{W}{m^2K}\right]$ *ist als* ***Wärmeübergangskoeffizient*** *definiert.*

Infolge der Stoffbewegung an der Kontaktfläche kann der Wärmeübergangskoeffizient grundsätzlich nicht nur von Stoffeigenschaften – wie die Wärmeleitfähigkeit – abhängen.

Zusätzliche wichtige Einflussfaktoren sind beispielsweise:

- Größe, Form und Rauhigkeit der Kontaktfläche
- Geschwindigkeit und Art der Strömung (laminar oder turbulent)

Nur in einer statischen Grenzschicht δ' des Fluids – wie im Bild 8.13 dargestellt – an der Kontaktfläche, charakterisiert durch eine vernachlässigbare Strömungsgeschwindigkeit $c = 0$, gilt, wie im Falle der Wärmeleitung:

$$\dot{Q} = \frac{\lambda A}{\delta'}\left(T_f - T_w\right); \qquad (8.10)$$

$$\text{mit} \quad \frac{\lambda}{\delta'} = \alpha$$

Der Wert des Wärmeübergangskoeffizienten außerhalb der Grenzschicht entspricht allgemein einem bestimmten konkreten Fall des Wärmeübergangs. Eine Übertragung auf andere praktische Fälle ist nur dann zulässig, wenn eine Ähnlichkeit der thermodynamischen und der strömungsmechanischen Vorgänge gegeben ist.

Unter der Voraussetzung, dass der Wärmeübergangskoeffizient ermittelt worden ist, kann der Wärmeübergang in ähnlicher Weise wie die Wärmeleitung berechnet werden.

Wärmeübergang zwischen zwei Fluid-Strömungen konstanter Temperatur, die durch eine einschichtige ebene Wand getrennt sind

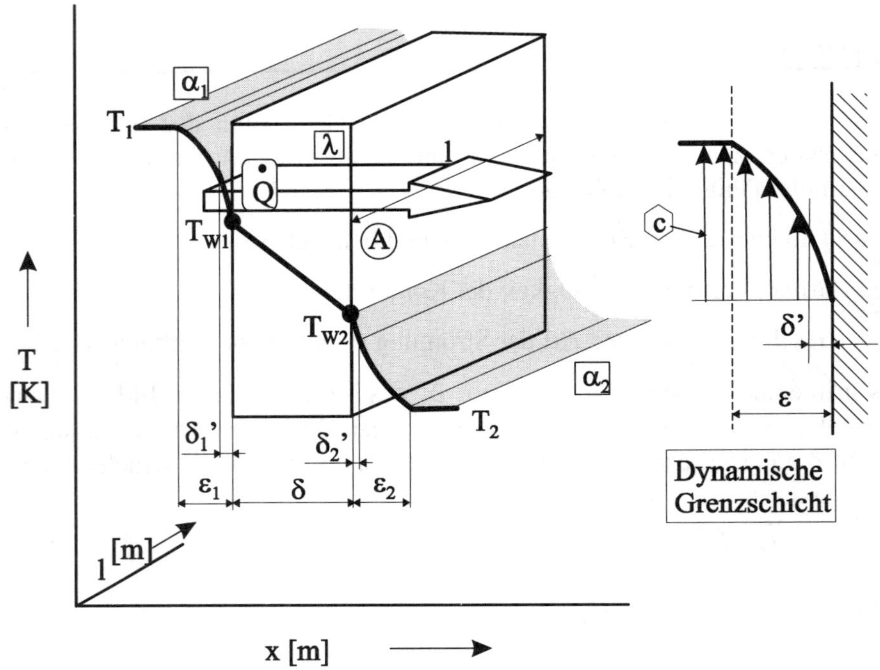

Bild 8.13 Eindimensionaler Wärmeübergang zwischen zwei Fluiden konstanter Temperatur, die durch eine einschichtige ebene Wand getrennt sind

In der Hauptströmung jedes Fluids wird die Wand "nicht wahrgenommen". Erst in einer Schicht in der Wandnähe sinkt die Geschwindigkeit c bis zum Extremwert $c = 0$ (direkt an der Wand). Die Schicht, in der $c \in (0, c)$, wird als *dynamische Grenzschicht* bezeichnet.

Der konvektive Wärmeaustausch wird vollständig in der dynamischen Grenzschicht realisiert. Deswegen ist die Dicke der dynamischen Grenzschicht praktisch identisch mit der Dicke der "thermischen Grenzschicht", die infolge der Konvektion entsteht.

Insgesamt wird die Wärmeübertragung zwischen den zwei strömenden Fluiden, die durch eine Wand – wie in Bild 8.13 dargestellt – getrennt sind, aus folgenden elementaren Prozessen gebildet:

- *Konvektion Fluid 1 - Wand* → $\dot{Q} = \alpha_1 A(T_1 - T_{W1})$ (8.26a)

- *Wärmeleitung in der Wand* → $\dot{Q} = \frac{\lambda}{\delta} A(T_{W1} - T_{W2})$ (8.10)

- *Konvektion Wand - Fluid 2* → $\dot{Q} = \alpha_2 A(T_{W2} - T_2)$ (8.26b)

Der Wärmestrom zwischen den zwei Fluiden resultiert in diesem Fall aus der Kombination der Gl.(8.26a,b) und (8.10):

$$\frac{\dot{Q}}{\alpha_1 A} = T_1 - T_{w1}$$

$$\frac{\dot{Q}}{\frac{\lambda}{\delta} \cdot A} = T_{w1} - T_{w2}$$

$$\frac{\dot{Q}}{\alpha_2 A} = T_{w2} - T_2 \quad \vdots$$

$$\frac{\dot{Q}}{A}\left(\frac{1}{\alpha_1} + \frac{1}{\frac{\lambda}{\delta}} + \frac{1}{\alpha_2}\right) = T_1 - T_2 \tag{8.27}$$

$$\dot{Q} = \frac{(T_1 - T_2)A}{\frac{1}{\alpha_1} + \frac{\delta}{\lambda} + \frac{1}{\alpha_2}} \tag{8.28}$$

Für die Wärmeübertragung zwischen zwei Fluiden konstanter Temperatur durch eine mehrschichtige ebene Wand – wie in Bild 8.14 dargestellt – gilt analog der Gl.(8.16) und (8.28):

$$\dot{Q} = \frac{(T_1 - T_{n+1})A}{\frac{1}{\alpha_1} + \sum_{i=1}^{n} \frac{\delta_i}{\lambda_i} + \frac{1}{\alpha_2}} \tag{8.29}$$

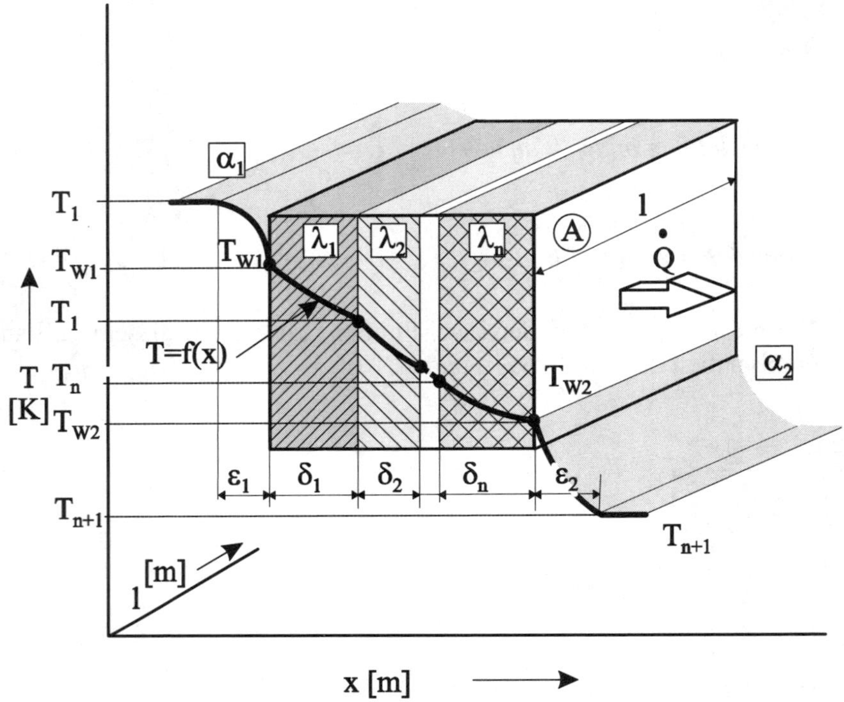

Bild 8.14 Eindimensionaler Wärmeübergang zwischen zwei Fluid-Strömungen konstanter Temperatur, die durch eine mehrschichtige ebene Wand getrennt sind – schematisch

Die strömenden Fluide werden oft von einem Rohr getrennt. Für den allgemeinen Fall eines mehrschichtigen Rohres – Bild 8.15 – gilt analog der Gl.(8.25) und (8.29):

$$\dot{Q} = \frac{(T_1 - T_{n+1})2\pi l}{\frac{1}{r_1\alpha_1} + \sum_{i=1}^{n}\left(\frac{1}{\lambda_i} ln \frac{r_{i+1}}{r_i}\right) + \frac{1}{r_2\alpha_2}} \tag{8.30}$$

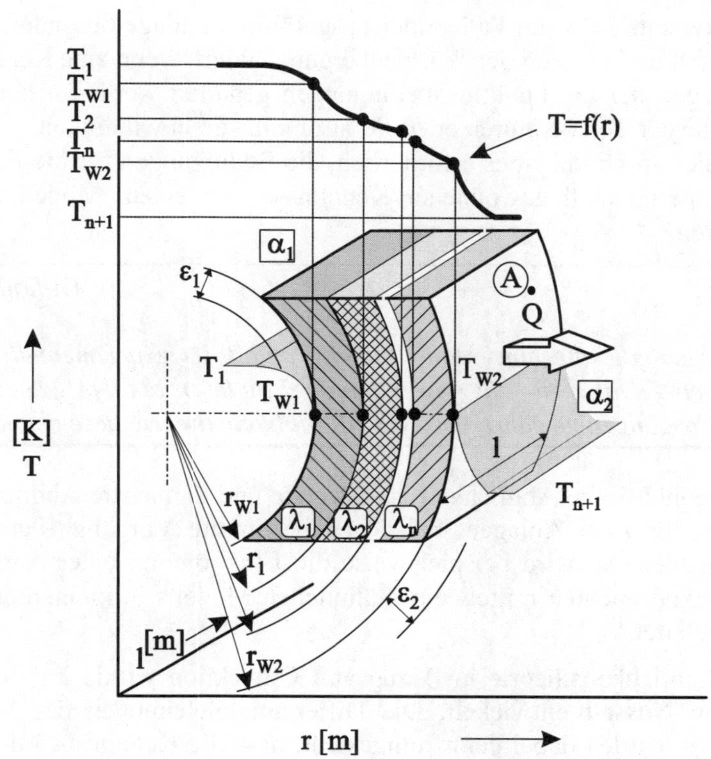

Bild 8.15 Eindimensionaler Wärmeübergang zwischen zwei Fluid-Strömungen konstanter Temperatur, die durch eine mehrschichtige Rohrwand getrennt sind – schematisch

8.3.2 Grundlagen der Ähnlichkeitstheorie im Bezug auf die Konvektion

Die mathematische Beschreibung der Konvektion ist infolge der zahlreichen Faktoren, die den Wärmeübergangskoeffizienten beeinflussen, sehr komplex.

Für eine bereits ausgeführte Anlage ist der bei der Konvektion entstandene Wärmestrom experimentell durch Messung der Temperaturen an der Wand und in den Strömungen ableitbar. Der entsprechende Wärmeübergangskoeffizient ist jedoch nur für dieses Experiment gültig. Jeder andere Fall setzt die Änderung mindestens einer Einflussgröße voraus, wodurch der Wert allgemein unproportional geändert wird. Andererseits ist es durch die Vielzahl der Einflussgrößen praktisch kaum möglich, sämtliche Fälle experimentell zu erfassen.

Andererseits ist es im Falle einer ausgeführten Anlage besonders wichtig zu erfahren, wie sich der Wärmeübergang ändert, wenn eine Kenngröße der Anlage oder die Funktionsbedingungen geändert werden – beispielsweise eine der Temperaturen oder die Strömungsgeschwindigkeit.

Aus diesem Grund ist es erforderlich, die Bedingungen für die Extrapolation experimentell gewonnener Kenntnisse von einem Modell aus zu präzisieren.

Definition

*Die Methode, die eine Modellbildung auf Basis experimentell gewonnener Daten für die Anwendung bei anderen als den gemessenen Vorgängen gewährt, wird als **Ähnlichkeitstheorie** bezeichnet.*

Die geometrische Ähnlichkeit ist das erste und einfachste Ähnlichkeitskriterium für zwei Anlagen, bei denen bestimmte Vorgänge verglichen werden sollen. So wird beispielsweise die Umströmung einer Karosserie oft aus Experimenten mittels eines ähnlichen Modells in kleinerem Maßstab abgeleitet.

Die Ähnlichkeitstheorie in Bezug auf Konvektion wurde im wesentlichen von **Nusselt** entwickelt. Die Differentialgleichungen des Wärmeübergangs wurden dabei derart umgestellt, dass die Kenngrößen dimensionslos auftreten. Bei Vorgängen, die thermodynamisch und strömungsmechanisch ähnlich sind, bleiben diese Kenngrößen unverändert als Ähnlichkeitskriterien.

Die dimensionslose Form des Wärmeübergangskoeffizienten – allgemein als **Nusselt-Zahl** bezeichnet – ist:

$$Nu = \frac{\alpha\, l}{\lambda} \tag{8.31}$$

dabei ist l die charakteristische Strömungslänge, wie in Bild 8.16 dargestellt:

- bei durchströmtem Rohr = Innendurchmesser d_i
- bei umströmtem Rohr = Außendurchmesser d_a
- bei längs überströmter, ebener Platte = Länge l_s

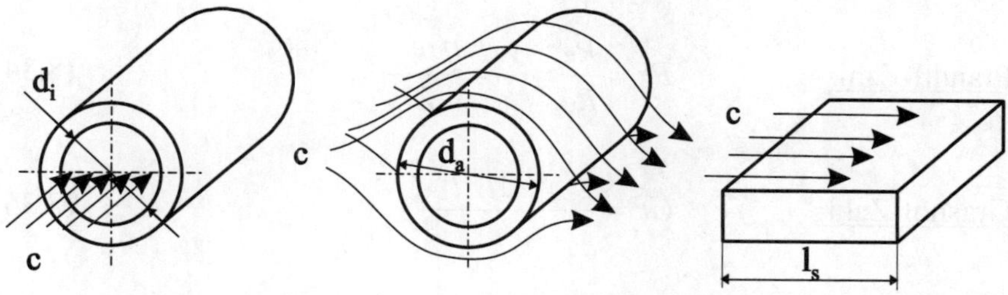

Bild 8.16 Charakteristische Länge bei durchströmtem und umströmtem Rohr bzw. bei Strömung entlang einer Platte

Wenn die Nusselt-Zahl ermittelt werden kann, so ist daraus auch der Wärmeübergangskoeffizient ableitbar – die anderen zwei Kenngrößen λ und l in der Gl. (8.31) werden vorausgesetzt.

Die Nusselt-Zahl ist wiederum eine Kombination thermodynamischer und strömungsmechanischer Ähnlichkeitszahlen, die den Vorgang charakterisieren. Allgemein ist jede Kombination von Ähnlichkeitskriterien bzw. -zahlen selbst ein Ähnlichkeitskriterium bzw. eine Ähnlichkeitszahl.

Im Folgenden werden die für den Wärmeübergang wichtigsten Ähnlichkeitszahlen und einige ihrer Beziehungen zur Nusselt-Zahl aufgestellt:

Reynolds-Zahl:

$$Re = \frac{cl}{\nu} \tag{8.32}$$

dabei sind ν die kinematische Viskosität des Fluids als Verhältnis der dynamischen Viskosität zur Dichte

$$\nu = \frac{\eta}{\rho} \quad \left[\frac{m^2}{s}\right];$$

l die charakteristische Strömungslänge

c die Strömungsgeschwindigkeit

Péclet-Zahl:

$$Pe = \frac{cl}{a} \tag{8.33}$$

dabei ist a die Temperaturleitzahl (Stoffwert): $a = \dfrac{\lambda}{\rho \cdot c_p}$

Prandtl-Zahl: $$Pr = \frac{Pe}{Re} = \frac{\nu}{a} = \frac{\eta \cdot c_p}{\lambda} \tag{8.34}$$

Grashof-Zahl: $$Gr = \frac{g \cdot \gamma \cdot \Delta T \cdot l^3}{\nu^2} \tag{8.35}$$

dabei sind γ der volumetrische Ausdehnungskoeffizient des Fluids

g die Erdbeschleunigung

Rayleigh-Zahl: $$Ra = Gr \cdot Pr = \frac{g \cdot \gamma \cdot \Delta T \cdot l^3}{\nu \cdot a} \tag{8.36}$$

Die Stoffwerte werden allgemein für mittlere Werte der Fluidtemperatur ermittelt.

Die Beziehung der aufgestellten Ähnlichkeitszahlen zur Nusselt-Zahl entspricht allgemein der Form:

$$\mathrm{Nu} = f\,(\mathrm{Re}, \mathrm{Pr}, \mathrm{Gr}) \tag{8.37}$$

- bei erzwungener Konvektion kann die Grashof-Zahl vernachlässigt werden. Es gilt dann:

$$\mathrm{Nu} = f\,(\mathrm{Re}, \mathrm{Pr}) \tag{8.37a}$$

- bei freier Konvektion ist wiederum die Reynolds-Zahl vernachlässigbar. Es gilt dann:

$$\mathrm{Nu} = f\,(\mathrm{Gr}, \mathrm{Pr}) \tag{8.37b}$$

Insbesondere bei erzwungener Konvektion ist die Art der Strömung maßgebend für den Wärmeübergang. Die Strömungsart kann mittels der Reynolds-Zahl ermittelt werden:

a) *Laminare Strömung*: die Flüssigkeitsteilchen bewegen sich dabei auf parallelen Bahnen. Es erfolgt keine Vermischung quer zur Strömungsrichtung. Bei Innenströmungen in Rohren beispielsweise ist dies der Fall für jede Strömung, bei der die Kombination der jeweiligen Kenngrößen eine Reynolds-Zahl

$\mathrm{Re} < 2300$ ergibt.

b) *Turbulente Strömung*: die Flüssigkeitsteilchen vermischen sich längs und quer zur Strömung in lokalen Verwirbelungen. Das trifft bei Rohrströmungen für Reynolds-Zahlen

$$Re > 10000 \quad \text{zu.}$$

Im Bereich Re (2300...10000) wechselt die Strömung ständig zwischen laminar und turbulent. Bei längs angeströmten Wänden und quer angeströmten Rohren gelten höhere Werte für die kritischen Reynolds-Zahlen der Übergangsgebiete.

Die Nusselt-Zahl und damit auch der Wärmeübergangskoeffizient steigen mit der Reynolds-Zahl. Bei turbulenter Strömung ist also der Wärmeübergang größer. Physikalisch ist dies durch den intensiveren Energieaustausch infolge der Vermischung erklärbar.

Der konkrete Zusammenhang zwischen der Nusselt-Zahl und den anderen Ähnlichkeitszahlen gemäß der Gl. (8.37) wurde für eine Reihe von Modellen – Rohre, Platten, u.a. – bei verschiedenen Strömungsarten ermittelt. Einige Beispiele sind in Tabelle 8.1 zusammengefasst.

Der Geltungsbereich der jeweiligen expliziten Form der Gl. (8.38) wird außer der Reynolds-Zahl durch eine Anzahl von Kenngrößen des Prozesses bestimmt, wie in den Anwendungsbeispielen in Tabelle 8.1 dargestellt.

Durchströmtes Rohr - erzwungene Strömung

laminar - $Re = \dfrac{c \cdot d}{\nu} \leq 2300$

$$Nu_m = \sqrt[3]{49 + 4{,}17 \cdot Re \cdot Pr \cdot \frac{d}{l} \cdot K} \qquad (8.38a)$$

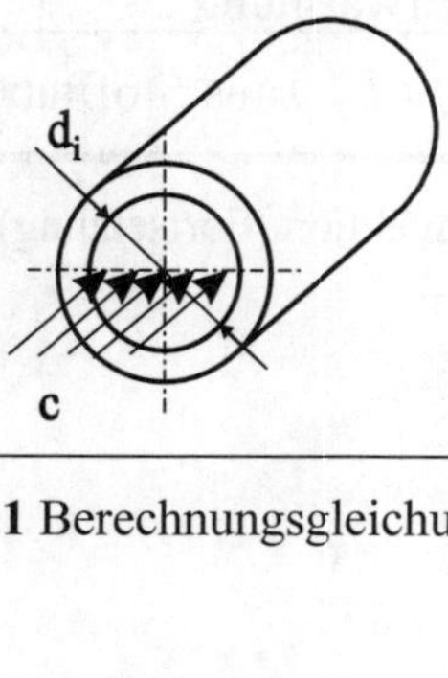

$$K = \left(\frac{Pr_f}{Pr_w}\right)^{0{,}11} \quad \text{- Flüssigkeiten}$$

$$K \approx 1 \quad \text{- Gase, Dämpfe}$$

Tabelle 8.1 Berechnungsgleichungen für die Konvektion

Durchströmtes Rohr - erzwungene Strömung

turbulent und übergehend - $Re = \frac{c \cdot d}{\nu} = 2300 \div 1000000$

$Pr = 0,5 \div 1,5$

$$Nu_m = 0,0214 \cdot \left(Re^{0,8} - 100\right) \cdot Pr^{0,4} \cdot \left[1 + \left(\frac{d}{l}\right)^{\frac{2}{3}}\right] \cdot K \qquad (8.38b)$$

$Pr = 1,5 \div 500$

$$Nu_m = 0,012 \cdot \left(Re^{0,87} - 280\right) \cdot Pr^{0,4} \cdot \left[1 + \left(\frac{d}{l}\right)^{\frac{2}{3}}\right] \cdot K \qquad (8.38c)$$

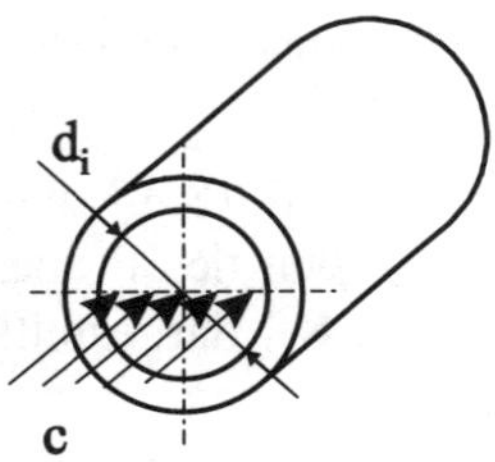

$K = \left(\frac{Pr_f}{Pr_W}\right)^{0,11}$ - *Flüssigkeiten*

$K = \left(\frac{T_f}{T_W}\right)^{n}$ - *Gase, Dämpfe*

n	Vorgang	T_f / T_W
0	Gaskühlung	>1
0,45	Lufterwärmung	$0,5 \div 1$
0,12	CO_2-Erwärmen	$0,5 \div 1$
-0,18	Wasserdampf-Erwärmung	$0,67 \div 1$

$Pr_W = f(T_W)$ aus Stofftabellen

Tabelle 8.1 Berechnungsgleichungen für die Konvektion (Fortsetzung)

Quer umströmtes Rohr - erzwungene Strömung

$T_f = 293{,}15[K]$

$$Nu_m = C \cdot Re^m \cdot \left(\frac{T_W}{T_f}\right)^{0{,}25} \quad (8.38d)$$

$T_f = 293{,}15[K]$; $T_W = 393{,}15[K]$

$$Nu_m = C_1 \cdot Re^m \quad (8.38e)$$

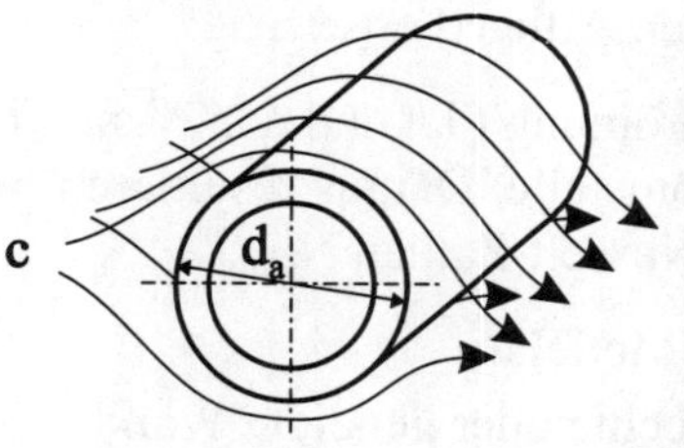

$Re = \frac{c \cdot d}{\nu}$	m	C	C_1
$1 \div 4$	0,330	0,872	0,891
$4 \div 40$	0,385	0,802	0,821
$40 \div 4000$	0,466	0,600	0,615
$4000 \div 40000$	0,618	-	0,174
$40000 \div 400000$	0,805		0,0239

Längs angeströmte Platte - erzwungene Strömung

laminar - $Re = \frac{c \cdot d}{\nu} \leq 100000$

$$Nu_m = 0{,}664 \cdot \sqrt{\mathrm{Re}} \cdot \sqrt[3]{\mathrm{Pr}} \cdot K \quad (8.38f)$$

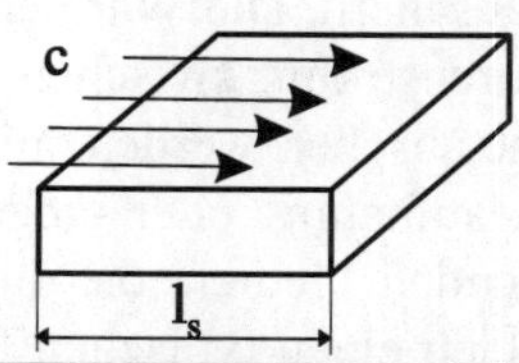

$Pr = 0{,}6 \div 2000$

Tabelle 8.1 Berechnungsgleichungen für die Konvektion (Fortsetzung)

Längs angeströmte Platte - erzwungene Strömung

turbulent - $Re = \frac{c \cdot d}{\nu} \geq 500000$

$$Nu_m = \frac{0{,}037 \cdot Re^{0{,}8} \cdot Pr}{1 + 2{,}443 \cdot Re^{-0{,}1} \cdot (Pr^{2/3} - 1)} \cdot K \qquad (8.38g)$$

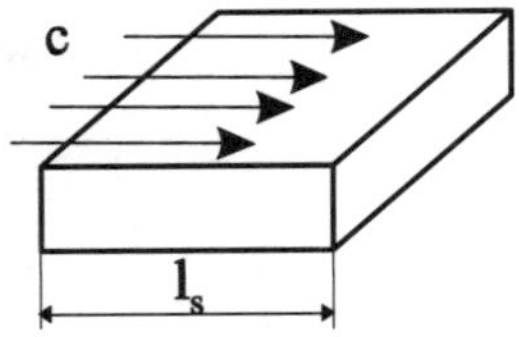

$Pr = 0{,}6 \div 2000$

$K = \left(\frac{Pr_f}{Pr_w} \right)^{0{,}25}$ - *Flüssigkeiten*

$K \cong 1$ - *Gase, Dämpfe*

Tabelle 8.1 Berechnungsgleichungen für die Konvektion (Fortsetzung)

Dabei sind die Temperaturen der Fluidströmung (T_f) und der Wand (T_W) Mittelwerte zwischen der Ein- und Ausströmstelle. Daraus resultieren, wie in Tabelle 8.1 dargestellt, Mittelwerte der Nusselt-Zahlen Nu_m.

Ähnliche Beziehungen gelten für folgende Modelle:

- freie Strömung auf senkrechte, waagerechte oder geneigte Wand
- Kondensation von langsam strömenden Dampf
- Verdampfen von Wasser auf einer Heizfläche

8.3.3 Wärmetauscher

Die Kenntnis über die Konvektionsprozesse dient in der Kraftfahrzeugtechnik insbesondere der Auslegung von Wärmetauschern. Die Wärmetauscher werden von zwei oder mehreren Fluiden durchströmt, zwischen denen der Wärmeaustausch stattfindet. Die Wärmetauscher werden allgemein nach dem Fluid klassifiziert, dessen Wärmeaufnahme oder -abgabe von Interesse ist. Wärmetauscher mit zwei strömenden Medien, die durch die Wände des Wärmetauschers getrennt sind, bilden einen typischen Fall für die Kraftfahrzeugtechnik.

Im Bild 8.17 sind drei grundsätzliche Varianten elementarer Wärmetauscher dargestellt:

- mit Gleichströmung → beide Fluide strömen in gleicher Richtung
- mit Gegenströmung → die Strömungsrichtungen sind entgegengesetzt
- mit (Kreuz-) Querströmung

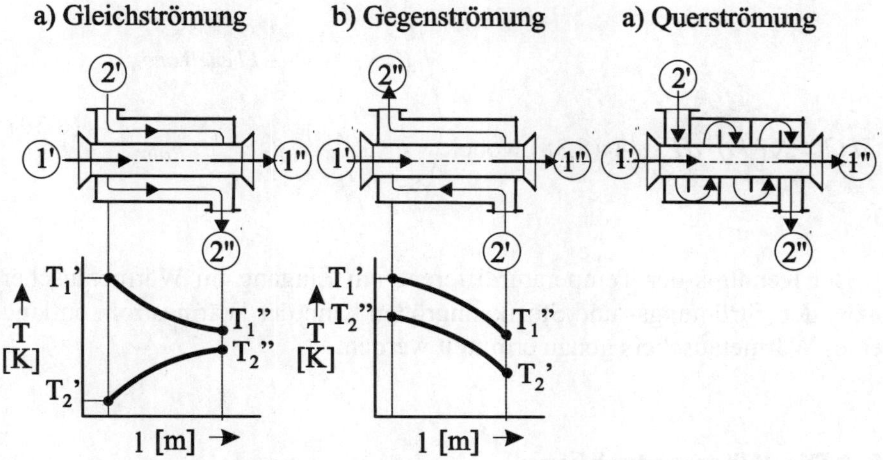

Bild 8.17 Elementare Wärmetauscher

dabei ist:

① - Primärströmung

② - Sekundärströmung

Die Kenngrößen des Wärmetauschers mit Querströmung liegen zwischen den Werten der ersten zwei Modelle. Bei dem Wärmetauscher mit Gleichströmung liegt die Temperatur in der Sekundärströmung stets unter jener in der Primärströmung.

Entlang eines Wärmetauschers mit Gleichströmung ist die Temperaturverteilung sehr ungleichmäßig. Durch die Gegenströmung kann praktisch eine konstante Temperaturdifferenz entlang des Wärmetauschers erreicht werden. Entsprechend der unterschiedlichen Temperaturdifferenzen sind die thermischen und die mechanischen Belastungen im Wärmetauscher mit Gleichströmung sehr komplex; in der Nähe des Auslaufes ist der Wärmetauscher infolge der kleinen Temperaturdifferenzen eher uneffektiv genützt.

Unabhängig von der Art der Strömung ist der elementare Wärmefluss durch die einzelnen Flächeeinheiten entlang des Rohres variabel, entsprechend der Temperaturdifferenz.

Es gilt:

$$d\dot{Q} = K(T)\cdot dT \cdot dA \quad (8.38) \text{ wobei } \begin{cases} K=\dfrac{1}{\dfrac{1}{\alpha_1}+\dfrac{\delta}{\lambda}+\dfrac{1}{\alpha_2}} & Ebene Wand \\ K=\dfrac{1}{r_r\alpha_1}+\dfrac{1}{\lambda}ln\dfrac{r_2}{r_1}+\dfrac{1}{r_2\alpha_2} & Rohr \end{cases} \quad (8.39)$$

Bei Kenntnis der Temperaturdifferenz am Eingang im Wärmetauscher bzw. der Strömungs- und Stoffkenngrößen kann der Wärmestrom entlang eines Wärmetauschers genau ermittelt werden.

8.4 Die Wärmestrahlung

8.4.1 Elementare Modelle der Wärmestrahlung

Die Wärmestrahlung ist eine Form der Energieübertragung, die keinen direkten Kontakt der austauschenden Systeme erfordert. Ihre Intensität hängt jedoch sowohl vom Stoff beider Systeme, als auch vom Stoff des Zwischenmediums ab. Hauptsächlich ist aber eine Strahlung von den Temperaturen der strahlenden Körper abhängig, wie im Bild 8.18 schematisch dargestellt ist. Es gilt:

$$\left|\dot{Q}\right| = \left|\dot{Q}_{12}\right| - \left|\dot{Q}_{21}\right| = f(T_1, A_1, S_1; T_2, A_2, S_2; S_3) \quad (8.40)$$

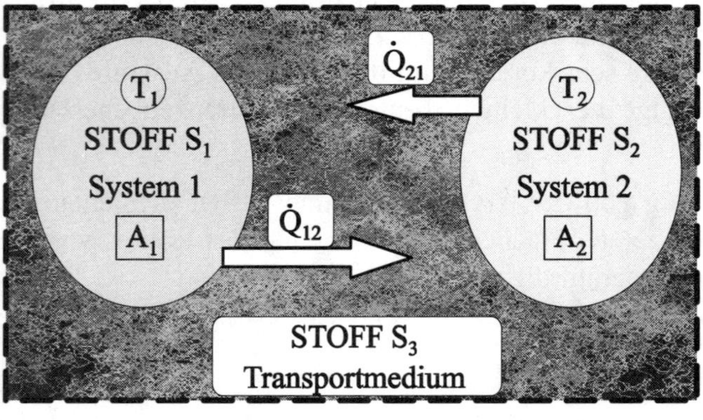

Bild 8.18 Wärmestrahlung zwischen zwei Systemen mit unterschiedlichen Temperaturen

Eine Strahlung ist ein Energietransport, der mittels elektromagnetischer Wellen realisiert wird. Diese Wellen entstehen aus den Bewegungen im molekularen Bereich auf Grund der inneren Energie des Systems und werden vom System nach außen emittiert (ausgesandt). Je höher die innere Energie des Systems, desto größer ist die Intensität (Amplitude und Frequenz) der in die Umgebung emittierten elektromagnetischen Wellen. Werden diese Wellen von einem anderen System absorbiert, so ändert sich die kinetische Energie seiner Moleküle, was als Temperaturänderung registriert wird.

Eine Welle ist also nicht „warm", sondern ihre Wirkung ist eine Erwärmung. Daraus wird abgeleitet, dass die Wärmeübertragung zwischen zwei Systemen, die nicht im direkten Kontakt stehen, durch Umwandlung in und von elektromagnetischer Energie möglich ist. Wie jede Schwingung, ist eine elektromagnetische Schwingung durch ihre Frequenz bzw. durch die Wellenlänge – als Kehrwert der Frequenz bei konstanter Übertragungsgeschwindigkeit (Lichtgeschwindigkeit) – gekennzeichnet. Das allgemeine Spektrum der elektromagnetischen Wellen ist in Bild 8.19 dargestellt.

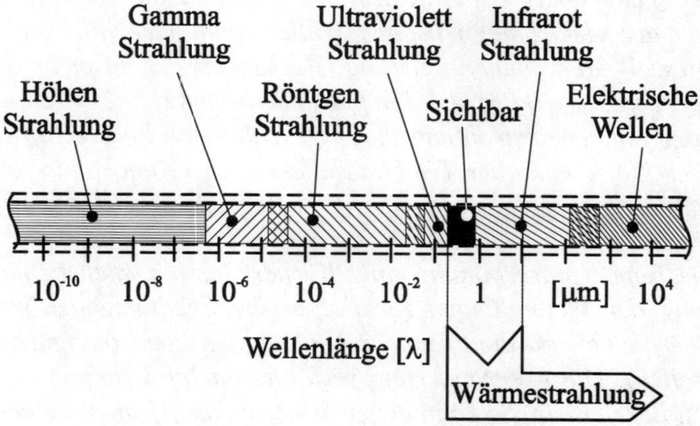

Bild 8.19 Emissionsspektrum der Strahlung mittels elektromagnetischer Wellen

Jede Strahlung – also auch die Wärmestrahlung – wird grundsätzlich auf allen Wellenlängen emittiert, gleichzeitig als Gamma-, Röntgen-, Infrarotstrahlung usw.

Die durch die Wärmestrahlung emittierte Energie entfällt allerdings zum größten Teil auf den Wellenlängenbereich:

$$\lambda = 0{,}35 \ldots 10\,\mu m$$

Innerhalb dieses Bereiches liegt die Lichtstrahlung bei

$$\lambda = 0{,}35 \ldots 0{,}75\,\mu m$$

Beispiele:

Selektive Verteilung der Energiestrahlung nach Wellenlängenbereichen:

- *aus der gesamten Energie einer Glühlampe (Fadentemperatur 2700°C-3000°C) werden ca. 88% als Lichtenergie bzw. 12% im unsichtbaren Infrarotbereich der Wärmestrahlung emittiert. Im Falle der zur Erde gesandten Sonnenenergie ist das Verhältnis zwischen sichtbarer und unsichtbarer Wärmestrahlung 70% zu 30%.*

- *das Glas ist für elektromagnetische Wellen im sichtbaren Wellenlängenbereich durchlässig, für Infrarotwellenlängen jedoch nicht. Die Sonnenstrahlen, die durch ein Fensterglas in einen Raum gelangen, übertragen einen Teil ihrer Energie an jene Gegenstände in den Raum, die eine niedrigere Temperatur haben. Diese Energieabgabe bewirkt eine proportionale Senkung der Wellenenergie und demzufolge die Zunahme der Wellenlängen der elektromagnetischen Wellen zum Infrarotbereich hin. Diese Wellen können aber die Glasscheiben nicht mehr durchqueren. Das erklärt die Temperaturerhöhung eines Raumes infolge Sonneneinstrahlung durch geschlossene Fenster. In ähnlicher Weise kann der Treibhauseffekt in der Atmosphäre erklärt werden.*

- *die Temperaturerhöhung eines Körpers hat umgekehrt eine Senkung der Wellenlängen zur Folge (die Erhöhung der inneren Energie bewirkt die Frequenzerhöhung der elektromagnetischen Wellen). Diese Veränderung verläuft von Infrarot zum sichtbaren Bereich hin. So kann beispielsweise das „Glühen" eines Metalls erklärt werden.*

Absorption, Reflexion und Durchlässigkeit von Strahlungen

Jedes materielle System ist – abhängig von seiner Temperatur – eine Quelle von Wärmestrahlung. Es emittiert auch dann Wärme in die Umgebung bzw. zu einem benachbarten System, wenn seine Temperatur niedriger als jene der Umgebung bzw. des benachbarten Systems ist. Diese Tatsache widerspricht nicht dem 2. HS der Thermodynamik, wonach die Wärme von selbst nur vom System höherer zum System niedrigerer Temperatur übergehen kann: die von einem System ausgestrahlte Energie ist nicht identisch mit der globalen Energie-/Wärmeübertragung zwischen zwei Systemen. Die Wärmeübertragung ist die Summe des energetischen Austausches zwischen beiden Systemen. Das System mit niedrigerer Temperatur sendet auch Energie, und zwar in allen Richtungen, so auch in Richtung des Systems mit höherer Temperatur. Die Richtung und der Betrag des globalen Wärmeübergangs resultiert als Bilanz in einem dynamischen Austauschprozess.

Ein festes, flüssiges oder gasförmiges System kann – wie im Bild 8.20 dargestellt – eine Wärmestrahlung absorbieren, reflektieren oder durchlassen, ähnlich wie eine Lichtstrahlung.

Die entsprechenden Anteile werden wie folgt bezeichnet:

a – Absorptionskoeffizient

r – Reflexionskoeffizient

d – Durchlasskoeffizient

Als Bilanz resultiert:

$$E = E_a + E_r + E_d \tag{8.41}$$

oder $$E = aE + rE + dE = E(a + r + d) \tag{8.41a}$$

Daraus resultiert:

$$a + r + d = 1 \tag{8.42}$$

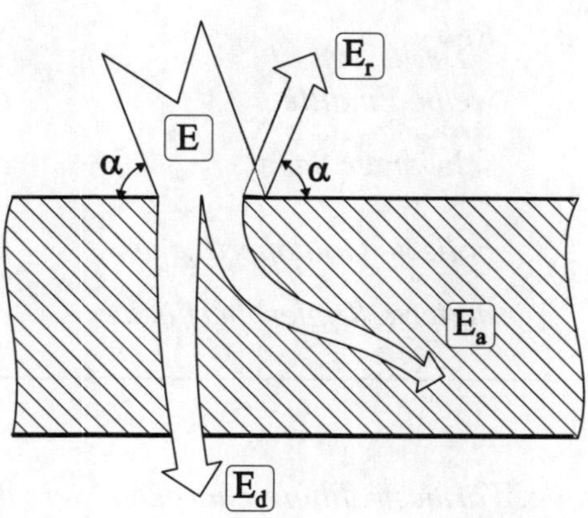

Bild 8.20 Absorption, Reflexion und Durchlassen einer Wärmestrahlung

Die Werte dieser Koeffizienten hängen unter anderem von der Stoffart, -oberfläche und -dichte des angestrahlten Systems ab.

- eine *absorbierte Wärmestrahlung* wird in innere Energie umgewandelt.

> Definition
>
> *Ein Körper, der eine gesamte Strahlung absorbiert (a=1), wird als* ***schwarzer Körper*** *bezeichnet.*

- eine *reflektierte Wärmestrahlung* entspricht den Gesetzen der Lichtstrahlung: bei einer spiegelnden Reflexion sind Einfalls- und Ausfallswinkel gleich; bei diffuser Reflexion auf matten Oberflächen wird die reflektierte Strahlung nach allen Richtungen verteilt.

> Definition
>
> *Ein Körper, der die gesamte Strahlung reflektiert (r = 1) wird als* ***weißer Körper*** *bezeichnet.*

Allgemein ist das Verhalten der Körper bei Licht- und Wärmestrahlung ähnlich. Ein direkter Zusammenhang zwischen Aussehen und Verhalten bei Wärmestrahlung ist jedoch nicht herstellbar.

Beispiele:

Schwarze Körper:	*Ruß*	*a = 0,95*
	weiße Emaille	*a = 0,91*
	schwarzer Samt	*a = 0,99*
Weiße Körper:	*polierte Goldoberfläche*	*a = 0,02*
	polierte Kupferoberfläche	*a = 0,02*

> Definition
>
> *Die durchgehende Wärmestrahlung charakterisiert* ***diatherme Körper*** *(d = 1). Dazu zählen ein- und zweiatomige Gase.*

Schwarzer und grauer Körper

Das Modell des absolut schwarzen Körpers basiert auf der Ähnlichkeit mit einem Hohlraum, welcher mit einer kleinen Öffnung versehen ist, wie im Bild 8.21 dargestellt.

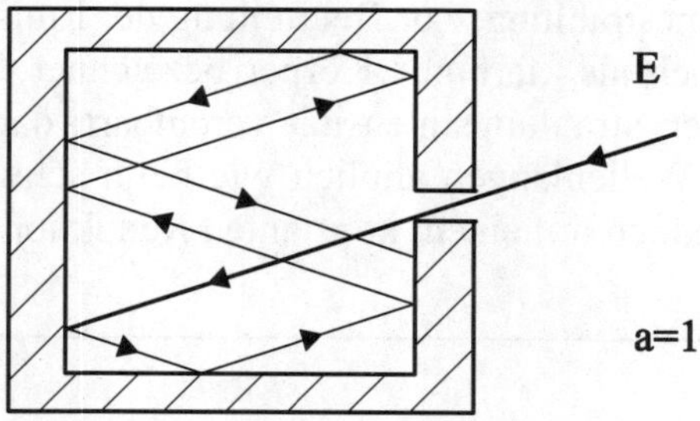

Bild 8.21 Modell eines schwarzen Körpers bei absorbierter Wärmestrahlung

Keine der wiederholten Reflexionen auf den spiegelnden Oberflächen des Hohlraumes kann nach außen gelangen. Als Strahler emittiert ein solcher Körper bei einer bestimmten Temperatur den größten Energiestrom im Vergleich mit anderen Körpern.

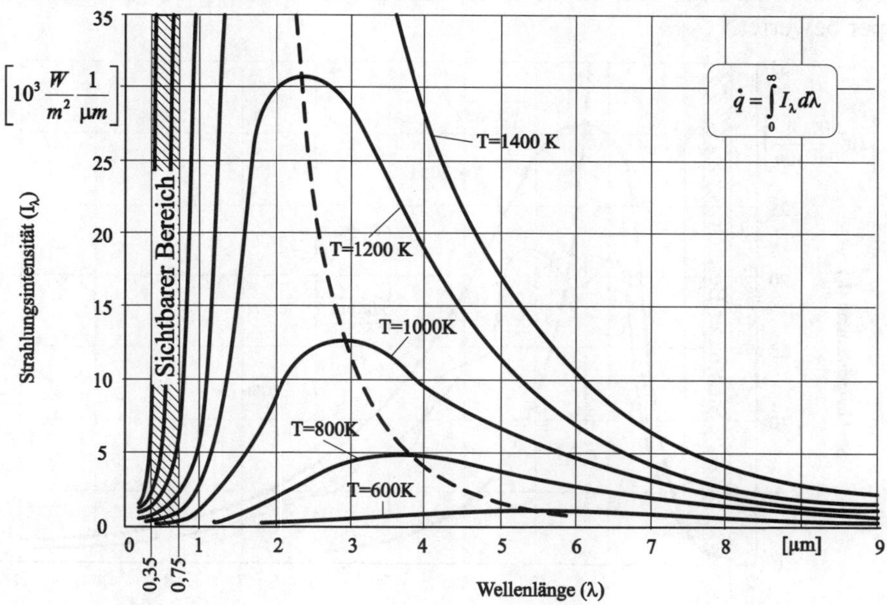

Bild 8.22 Strahlungskenngrößen des schwarzen Körpers

Die Wellenlängen der Emission eines schwarzen Körpers umfassen das gesamte Wellenlängen-Spektrum von 0 bis ∞. Die Strahlungsintensität ist jedoch eine Funktion der jeweiligen Wellenlänge bzw. der Temperatur, wie im Bild 8.22 dargestellt.

Die Strahlungsintensität des schwarzen Körpers kann bei einer gleichen Temperatur und Wellenlänge von keinem anderen Körper überschritten werden. Der schwarze Körper ist ein Referenzmodell für die maximale Intensität einer Wärmestrahlung. Zur Beurteilung der Emission realer technischer Körper – auch als „farbige" Körper bezeichnet – wird ein zweiter Referenzverlauf der Strahlungsintensität vereinbart: dabei ist die Intensitätsverteilung auf Wellenlängen ähnlich wie beim schwarzen Körper, die absoluten Werte jedoch mit einem konstanten Reduktionsfaktor $\varepsilon < 1$ multipliziert.

Definition
Der Faktor $\boldsymbol{\varepsilon}$ *ist als* ***Emissionsverhältnis*** *definiert.*

Im Bild 8.23 ist der daraus resultierende Intensitätsverlauf dargestellt. Der als Modell für eine solche Strahlung vereinbarte Körper wird als **grauer Körper** bezeichnet. Der Verlauf der Wärmeintensität farbiger Körper wird allgemein im Vergleich mit dem schwarzen und grauen Körper bewertet.

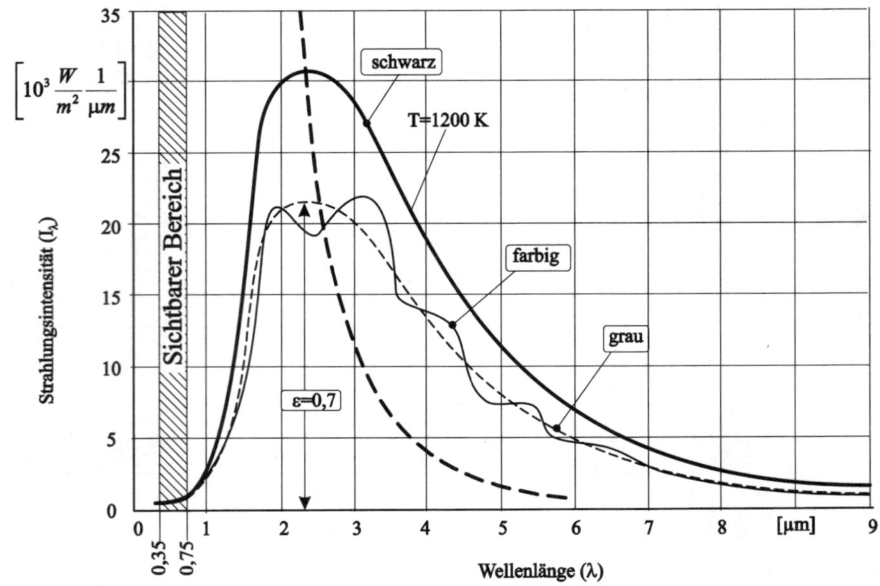

Bild 8.23 Strahlungsmodell für farbige und graue Körper

Gas- und Flammenstrahlung

Im Gegensatz zur Strahlung fester Körper erfolgt die Wärmestrahlung der Gase selektiv, nur auf bestimmten Wellenlängen. Die Wärmeabsorption erfolgt analog auf den gleichen Wellenlängen. Die Gase, deren Molküle aus einem und aus zwei symmetrischen Atomen bestehen, sind diatherm $(d = 1, r = 0, a = 0)$. Sie können also eine Wärmestrahlung weder absorbieren noch emittieren. Zu solchen Gasen zählen: O_2, N_2, Luft, H_2, teilweise CO. Eine „saubere" Atmosphäre kann also keine Sonnenstrahlung absorbieren. Dieses Verhalten ändert sich, wenn der Anteil an dreiatomigen Gasen oder an Partikel in der Atmosphäre zunimmt. Beispiele für solche Stoffe sind: CO_2, SO_2, H_2O (Wasserdampf), O_3, C_mH_n.

Eine Reflexion ist bei Gasen in keinem Fall gegeben, so dass bezüglich ihres Verhaltens bei Wärmestrahlung folgende Form der Gl. (8.42) gilt:

$$a + d = 1 \tag{8.42a}$$

Ein Sonderfall bei der Wärmestrahlung der Gase ist die Flammenstrahlung.

> *Definition*
>
> *Eine **Flamme** ist ein Gasgemisch während eines Verbrennungsprozesses.*

Die Flammen werden in „leuchtend" und „nicht leuchtend" eingeteilt:

- nichtleuchtende Flammen – die beispielsweise bei der Verbrennung von H_2 und CO entstehen – haben eine vernachlässigbare Strahlungsintensität.
- dagegen ist die Strahlung leuchtender Flammen durch eine hohe Strahlungsintensität gekennzeichnet. Obwohl die Emissions-/ Absorptionskoeffizienten einzelner glühender Kohlenstoffteilchen niedrig sind $(\varepsilon = a = 0{,}05)$, wird durch die Vielzahl dieser extrem kleinen Teilchen $(\varnothing \cong 0{,}003 mm)$ eine Strahlungsintensität im Bereich des schwarzen Körpers erreicht. Daher bestimmt die Flammenstrahlung entscheidend die Wärmeübertragungen in Brennkammern.

Die Farbe einer Flamme gibt Auskunft über ihre Temperatur und somit über die Qualität der Wärmeentwicklung infolge der Verbrennung. So ist eine Farbenänderung von rot über gelb zu blau die Folge der Verkürzung der emittierten Wellenlänge, was auf die Temperaturerhöhung hindeutet. Auf der temperaturbedingten Wellenlänge einer Strahlung im sichtbaren Bereich basiert die optische Messung des Temperaturgradienten in Brennräumen von Kolbenmotoren während eines Verbrennungsprozesses.

Der Wärmestrom, der von der Flächeneinheit (1m²) eines schwarzen Körpers in den Raum in einer halbkugeligen Front ausgestrahlt wird, wie im Bild 8.21 schematisch dargestellt, beträgt nach **Stefan und Boltzmann**:

$$\dot{q}_s = \sigma \cdot T^4 \left[\frac{W}{m^2} \right] \tag{8.43}$$

$$\dot{Q}_s = \dot{q}\, A \left[W \right] \tag{8.44}$$

mit der physikalischen Konstante (Stefan-Boltzmann Konstante):

$$\sigma \cong 5{,}67 \cdot 10^{-8} \left[\frac{W}{m^2 \cdot K^4} \right] \tag{8.45}$$

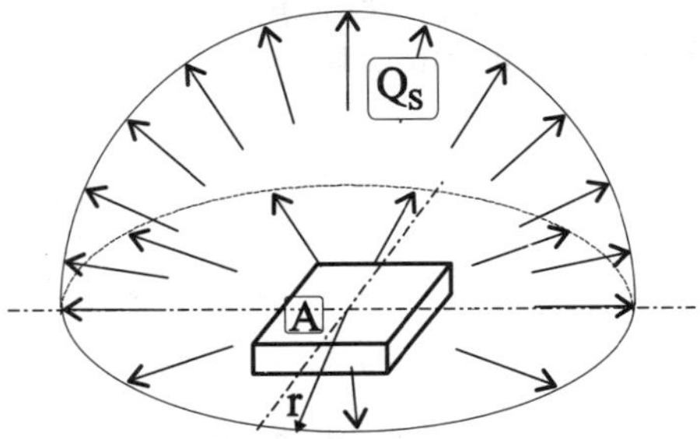

Bild 8.24 Modell zur Berechnung des Wärmestroms einer Strahlung

Für eine bequemere Rechnung wird die Umstellung der Gl. (8.43) wie folgt empfohlen:

$$\dot{q} = C_s \left(\frac{T}{100} \right)^4, \tag{8.46}$$

$$mit\ C_s = 10^8 \cdot T = 5{,}67 \left[\frac{W}{m^2 K^4} \right] \tag{8.45a}$$

Bei technischen Oberflächen, die allgemein von Modell des schwarzen Körpers abweichen, ist der ausgestrahlte Wärmestrom zwar geringer, jedoch einem ähnlichen Gesetz wie in der Gl.(8.46) entsprechend:

$$\dot{q} = \varepsilon \cdot C_s \left(\frac{T}{100} \right)^4 \tag{8.47}$$

- mit ε = Emissionsverhältnis
  wobei $\varepsilon = a$ (Kirchhoffsches Gesetz)
- mit a = Absorptionskoeffizient

8.4.2 Wärmeübertragung durch Strahlung zwischen Körperoberflächen

Zur Berechnung des Wärmestroms infolge einer Strahlung werden an dieser Stelle zwei repräsentative Modelle aufgeführt:

a) ebene Wände, die sich parallel gegenüberstehen:

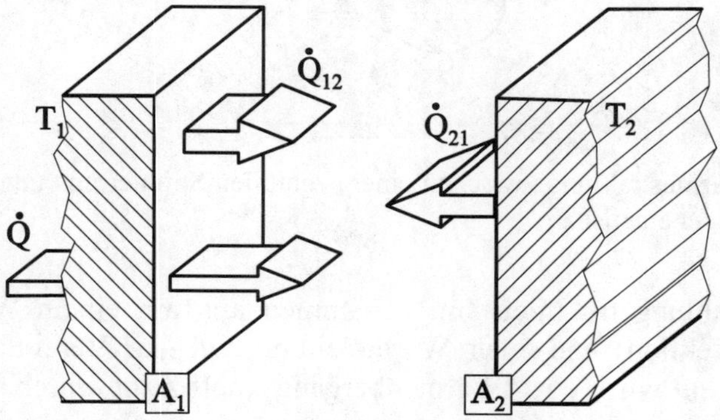

Bild 8.25 Wärmestrahlung zwischen zwei parallel gegenüberliegenden, ebenen Wänden – schematisch

$$\dot{Q} = \frac{C_s}{\frac{1}{\varepsilon_1} + \frac{1}{\varepsilon_2} - 1} \cdot A \cdot \left[\left(\frac{T_1}{100} \right)^4 - \left(\frac{T_2}{100} \right)^4 \right] \tag{8.48}$$

Dabei bezeichnet Index 1 die strahlende bzw. Index 2 die angestrahlte Fläche.

b) die angestrahlte Fläche (A_2) umgibt vollkommen die strahlende Fläche (A_1):

$$\dot{Q} = \frac{C_s}{\frac{1}{\varepsilon_1} + \frac{A_1}{A_2}\left(\frac{1}{\varepsilon_2} - 1 \right)} A_1 \left[\left(\frac{T_1}{100} \right)^4 - \left(\frac{T_2}{100} \right)^4 \right] \tag{8.49}$$

(für $A_2 >> A_1 \rightarrow \dot{Q} = C_s \cdot \varepsilon_1 A_1 \cdot \left[\left(\frac{T_1}{100} \right)^4 - \left(\frac{T_2}{100} \right)^4 \right]$) (8.49a)

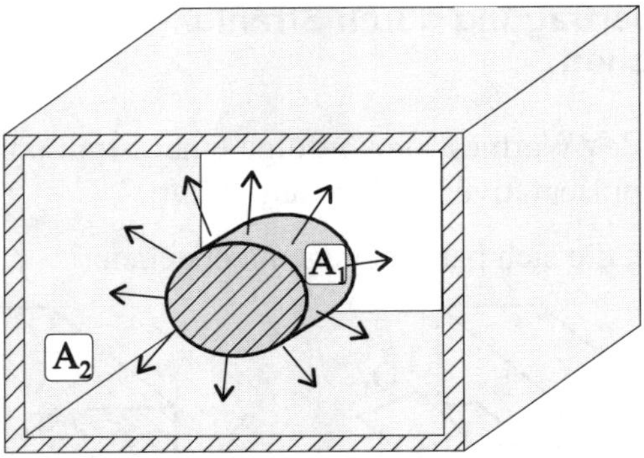

Bild 8.26 Wärmestrahlung zwischen einem zentralen Strahler und einer umgebenden Fläche – schematisch

Eine Strahlung tritt meist im Zusammenhang mit einem Wärmeübergang (Konvektion) und einer Wärmeleitung auf. Zur Vereinfachung der Berechnungen wird ein "Wärmeübergangskoeffizient durch Strahlung" $\alpha_s \left[\frac{W}{m^2 \cdot K}\right]$ gebildet. Analog der Gleichung des Wärmestromes für die Konvektion – Gl. (8.26) – gilt in diesem Fall:

$$\alpha_s = \frac{\dot{Q}_{Strahlung}}{A(T_1 - T_2)} \tag{8.50}$$

$$\rightarrow \quad \alpha_{s_{a)}} = \frac{C_s}{\frac{1}{\varepsilon_1} + \frac{1}{\varepsilon_2} - 1} \cdot \frac{\left(\frac{T_1}{100}\right)^4 - \left(\frac{T_2}{100}\right)^4}{T_1 - T_2} \tag{8.51a}$$

und

$$\rightarrow \quad \alpha_{s_{b)}} = \frac{C_s}{\frac{1}{\varepsilon_1} + \frac{A_1}{A_2}\left(\frac{1}{\varepsilon_2} - 1\right)} \cdot \frac{\left(\frac{T_1}{100}\right)^4 - \left(\frac{T_2}{100}\right)^4}{T_1 - T_2} \tag{8.51b}$$

Analog gilt für die Wärmeleitung entsprechend Gl. (8.10):

$$\alpha_L = \frac{\lambda}{\delta} \tag{8.52}$$

Daraus resultiert: $\alpha_{gesamt} = \alpha_{Leitung} + \alpha_{Konvektion} + \alpha_{strahlung}$

Anwendungsbeispiele und Übungen zu Kapitel 8

Wärmeleitung

Ü 8.1 Eine einschichtige Blechwand in der Karosserie eines Fahrzeugs hat eine Fläche von 0,7m² und eine Dicke von 3mm. Ihre Wandtemperatur beträgt auf der Außenseite -7°C und auf der Innenseite +9°C.

Aufgaben:

1. Berechnung des Wärmestroms, der Wärmestromdichte und des Wärmewiderstands.
2. Berechnung der Distanz in der Wand von der Innenfläche aus, bei der die Temperatur 0°C beträgt.
3. Berechnung der Größen von Punkt 1 bei einer Außentemperatur von +10°C und einer Innentemperatur von +12°C.
4. Berechnung der Größen von Punkt 1 bei einer Blechdicke von 6mm.
5. Berechnung der Größen von Punkt 1 bei Änderung der Blechart von Stahl auf Aluminium.

Angaben: $\lambda_{Stahl} = 59 \left[\frac{W}{mK}\right]; \qquad \lambda_{Aluminium} = 238 \left[\frac{W}{mK}\right]$

Lösung:

1. $$\dot{Q} = \frac{\lambda}{\delta} A\left(T_{W1} - TW\right) \tag{8.10}$$

$$\dot{Q} = \frac{59 \cdot 0{,}7}{3 \cdot 10^{-3}}\left[(273{,}15 + 9) - (273{,}15 - 7)\right]$$

$$\dot{Q} = 220{,}27\,[kW]$$

$$\dot{q} = \frac{\dot{Q}}{A} \tag{8.11}$$

$$\dot{q} = \frac{220{,}27}{0{,}7} = 314{,}67\left[\frac{kW}{m^2}\right]$$

$$R = \frac{\Delta t}{\dot{Q}} = \frac{\delta}{\lambda A}$$

$$R = \frac{16}{220{,}27 \cdot 10^3} = \frac{3 \cdot 10^{-3}}{59 \cdot 0{,}7} = 0{,}0726\left[\frac{K}{kW}\right]$$

2. $$T = T_{W1} - \frac{\dot{Q}}{\lambda A}\left(x - x_1\right) \qquad (8.9a)$$

$$\left(273{,}15 + 0\right) = \left(273{,}15 + 9\right) - \frac{220{,}27}{59 \cdot 0{,}7}\left(x - 0\right)$$

Daraus $x = 1{,}68 \cdot 10^{-3}\left[m\right] \rightarrow x = 1{,}68\left[mm\right]$.

3. $$\dot{Q} = \frac{59 \cdot 0{,}7}{3 \cdot 10^{-3}}\left(12 - 10\right) = 27{,}53\left[kW\right]$$

$$\dot{q} = \frac{27{,}53}{0{,}7} = 39{,}33\left[\frac{kW}{m^2}\right]$$

$$R = \frac{2}{27{,}53 \cdot 10^3} = \frac{3 \cdot 10^{-3}}{59 \cdot 0{,}7} = 0{,}0726\left[\frac{K}{kW}\right]$$

(unverändert)

4. $$\dot{Q} = \frac{59 \cdot 0{,}7}{6 \cdot 10^{-3}}\left[\left(273{,}15 + 9\right) - \left(273{,}15 - 7\right)\right]$$

$$\dot{Q} = 110{,}13\left[kW\right]$$

$$\dot{q} = \frac{110{,}13}{0{,}7} = 157{,}33\left[\frac{kW}{m^2}\right]$$

$$R = \frac{16}{110{,}13 \cdot 10^3} = \frac{6 \cdot 10^{-3}}{59 \cdot 0{,}7} = 0{,}145\left[\frac{K}{kW}\right]$$

5. $$\dot{Q} = \frac{238 \cdot 0{,}7}{3 \cdot 10^{-3}}\left[9 - \left(-7\right)\right] = 888{,}53\left[kW\right]$$

$$\dot{q} = \frac{888{,}53}{0{,}7} = 1269{,}33\left[\frac{kW}{m^2}\right]$$

$$R = \frac{16}{888{,}53 \cdot 10^3} = \frac{3 \cdot 10^{-3}}{238 \cdot 0{,}7} = 0{,}018\left[\frac{K}{kW}\right]$$

Ü 8.2 Die Karosseriewand mit der gleichen Fläche wie in **Ü 8.1** besteht aus einer Innenschicht aus Stahlblech (3mm dick), einer Isolierschicht aus Glaswolle (20mm dick) und einem Außenmantel aus Aluminium (2mm dick). Die Temperatur auf der Außenfläche beträgt -7°C, auf der Innenfläche +9°C.

Aufgaben: Berechnung des Wärmestroms, der Wärmestromdichte und des Wärmewiderstands.

Angabe: $\lambda_{Glaswolle} = 0{,}037 \left[\frac{W}{mK} \right]$

Lösung:

$$\dot{Q} = \frac{A(T_a - T_{n+1})}{\sum_{i=1}^{3} \frac{\delta_i}{\lambda_i}} \qquad (8.16)$$

$$\dot{Q} = \frac{0{,}7[9-(-7)]}{\frac{3 \cdot 10^{-3}}{59} + \frac{20 \cdot 10^{-3}}{0{,}037} + \frac{2 \cdot 10^{-3}}{238}} = 0{,}0207\,[kW]$$

$$\dot{q} = \frac{0{,}0207}{0{,}7} = 0{,}02959 \left[\frac{kW}{m^2} \right]$$

$$R = \frac{16}{0{,}0207 \cdot 10^3} = 772{,}95 \left[\frac{K}{kW} \right]$$

Ü 8.3 Eine Heißwasserleitung aus Stahlrohr (D=160mm, d=148mm) ist mit Glaswolle isoliert. Die Isolierschicht beträgt 70mm. Die Isolierung ist mit einem Aluminiumblechmantel von 1mm Dicke umgeben.

Aufgabe:

Ermittlungs der Wärmeverlust auf 10m Leitungslänge, bei einer Wandinnentemperatur von 180°C und einer Außentemperatur von 30°C.

Angaben:

Stahl: $\lambda_1 = 50 \left[\frac{W}{mK} \right]$

Glaswolle: $\lambda_2 = 0{,}046\left[\dfrac{W}{mK}\right]$

Aluminium: $\lambda_3 = 200\left[\dfrac{W}{mK}\right]$

Lösung:

$$\dot{Q} = \frac{2\pi l.(T_1 - T_4)}{\dfrac{1}{\lambda_1} ln\dfrac{r_2}{r_1} + \dfrac{1}{\lambda_2} ln\dfrac{r_3}{r_2} + \dfrac{1}{\lambda_3} ln\dfrac{r_4}{r_3}} \qquad (8.25)$$

$$\dot{Q} = \frac{2\pi \cdot 10[m] \cdot (180-30)[K]}{\dfrac{1}{50\left[\dfrac{W}{mK}\right]} ln\dfrac{0{,}08}{0{,}074} + \dfrac{1}{0{,}046\left[\dfrac{W}{mK}\right]} ln\dfrac{0{,}15}{0{,}08} + \dfrac{1}{200\left[\dfrac{W}{mK}\right]} ln\dfrac{0{,}151}{0{,}15}} = 690{,}4[W]$$

↓	↓	↓	
Stahl	Glaswolle	Aluminium	
0,00156	13,66	0,00003	$\left[\dfrac{mK}{W}\right]$

Kommentar: Die Wärmedämmung in der Rohrwand und im Blechmantel ist im Vergleich mit der Isolierung vernachlässigbar, wie die entsprechenden Glieder im Nenner zeigen.

Konvektion

Ü 8.4 In einer Heizungsleitung mit der Länge l = 4m bzw. mit dem Innendurchmesser d= 12,7mm strömt Wasser mit einer mittleren Temperatur von 80°C. Die Strömungsgeschwindigkeit beträgt 1m/s, die mittlere Wandtemperatur des Rohres 50°C.

Aufgabe:

1. Bestimmung des Wärmeübergangskoeffizienten.
2. Berechnung des Wärmestromes und der Wärmestromdichte je 1m Leitung.
3. Berechnung des Wärmestromes, wenn die Strömungsgeschwindigkeit des Wassers auf 0,05m/s sinkt.

Angaben: Folgende Stoffwerte für Wasser (bei 80°C, 1bar) wurden aus dem Wärmeatlas entnommen:

$$\eta = 355 \cdot 10^{-6}[Pa \cdot s]; \quad \lambda = 670{,}0 \cdot 10^{-3}\left[\frac{W}{m \cdot K}\right]$$

$$\rho = 971{,}8\left[\frac{kg}{m^3}\right] \qquad a = 0{,}164 \cdot 10^{-6}\left[\frac{m^2}{s}\right]$$

$$c_p = 4{,}196\left[\frac{kJ}{kgK}\right]$$

Lösung:

1. Zur Bestimmung der Strömungsart wird zuerst die Reynolds-Zahl berechnet:

$$Re = \frac{cd}{\nu} \quad (8.32) \qquad \text{mit} \qquad \nu = \frac{\eta}{\rho}$$

$$\nu = \frac{355 \cdot 10^{-6}[Pa \cdot s]}{971{,}8\left[\frac{kg}{m^3}\right]} = 0{,}365 \cdot 10^{-6}\left[\frac{m^2}{s}\right]$$

$$\rightarrow Re = \frac{1\left[\frac{m}{s}\right] \cdot 12{,}7 \cdot 10^{-3}[m]}{0{,}365 \cdot 10^{-6}\left[\frac{m^2}{s}\right]} = 34766 \rightarrow \text{turbulent}$$

Zur Bestimmung der Nusselt-Zahl kann aus Tabelle 8.1 eine Formel für erzwungene, turbulente Strömung in einem Rohr abgelesen werden. Ihre Form hängt von der Prantl-Zahl ab:

$$Pr = \frac{\nu}{a} = \frac{0{,}365 \cdot 10^{-6}\left[\frac{m^2}{s}\right]}{0{,}164 \cdot 10^{-6}\left[\frac{m^2}{s}\right]} = 2{,}23$$

Damit ist Pr > 1,5. Dabei gilt für Flüssigkeiten

$$K = \left(\frac{Pr_f}{Pr_w} \right)^{0,11}$$

Aus dem Wärmeatlas wird dafür Pr_w (50°C) = 3,57 ermittelt.

Aus Tabelle 8.1:

$$\rightarrow Nu_m = 0{,}012 \left(34766^{0,87} - 280 \right) \cdot$$
$$2{,}23^{0,4} \left[1 + \left(\frac{12{,}7 \cdot 10^{-3}}{4} \right)^{\frac{2}{3}} \right] \left(\frac{2{,}23}{3{,}57} \right)^{0,11}$$

$$\rightarrow Nu_m = 138{,}76$$

aus Gl.(8.31) wird dann abgeleitet:

$$\alpha_m = \frac{\lambda Nu_m}{d} = \frac{0{,}670 \left[\frac{W}{mK} \right] \cdot 138{,}76}{12{,}7 \cdot 10^{-3} [m]} = 7320 \left[\frac{W}{m^2 K} \right]$$

2. Zur Berechnung des Wärmestroms von der Wasserströmung zur Rohrwand wird Gl. (8.26a) herangezogen. Es gilt:

$$\dot{Q} = \alpha A \left(T_f - T_W \right) \qquad (8.26a)$$

→ für 1m Rohr gilt:

$$A = \pi d l = 3{,}14 \cdot 12{,}7 \cdot 10^{-3} \cdot 1 = 0{,}04 \left[m^2 \right]$$

$$\dot{Q} = 7289 \left[\frac{W}{m^2 K} \right] \cdot 0{,}04 \left[m^2 \right] \cdot (80 - 50) [K] = 8{,}72 [kW]$$

(vgl. $\alpha = 7320 \left[\frac{W}{m^2 K} \right] mit \frac{\lambda}{\delta}$ in **Ü 8.1**)

$$\dot{q} = 7320 \left[\frac{W}{m^2 K}\right] \cdot 30 \left[K\right] = 219{,}61 \left[\frac{KW}{m^2}\right]$$

3. Die Strömung wird laminar; mit der entsprechenden Gleichung in Tabelle 8.1 resultiert

$Nu = 4{,}41\,; \quad \alpha = 232{,}8 \left[\frac{W}{m^2 K}\right]$ und daraus

$$\dot{Q} = 0{,}279 [kW]$$

Ü 8.5 In der gleichen Leitung wie in der **Ü 8.4** strömt Luft bei einer mittleren Temperatur von 0°C mit 10m/s bei einem Druck von 1bar. Die mittlere Wandtemperatur des Rohres beträgt auch in diesem Fall t = 50°C.

Aufgabe:

1. Bestimmung des Wärmeübergangskoeffizienten.
2. Berechnung des Wärmestroms und der Wärmestromdichte je 1 Meter Leitung.

Angaben: Folgende Stoffwerte der Luft (bei 0°C, 1bar) werden aus dem Wärmeatlas entnommen:

$$\eta = 17{,}24 \cdot 10^{-6} [Pa \cdot s] \qquad \lambda = 24{,}18 \cdot 10^{-3} \left[\frac{W}{mK}\right]$$

$$\rho = 1{,}275 \left[\frac{kg}{m^3}\right] \qquad a = 188{,}3 \cdot 10^{-7} \left[\frac{m^2}{s}\right]$$

$$c_p = 1{,}006 \left[\frac{kJ}{kgK}\right]$$

Lösung: Es wird wie bei **Ü 8.4** der vorgegangen:

1. $Re = \frac{cd}{\nu}$;

$$\nu = \frac{\eta}{\rho} = \frac{17{,}24 \cdot 10^{-6} [Pa \cdot s]}{1{,}275 \left[\frac{kg}{m^3}\right]} = 13{,}52 \cdot 10^{-6} \left[\frac{m^2}{s}\right]$$

$$Re = \frac{10\left[\frac{m}{s}\right]\cdot 12{,}7\cdot 10^{-3}\,[m]}{13{,}52\cdot 10^{-6}\left[\frac{m^2}{s}\right]} = 9393$$

→ annähernd turbulent

Zur Bestimmung der Nusselt-Zahl wird zuerst die Prandtl-Zahl berechnet:

$$Pr = \frac{\nu}{a} = \frac{13{,}52\cdot 10^{-6}\left[\frac{m^2}{s}\right]}{18{,}83\cdot 10^{-6}\left[\frac{m^2}{s}\right]} = 0{,}718$$

Es ist also ein Gebiet mit Pr < 1 → die Formel **Ü 8.4** kann nicht mehr angewendet werden. Ebenfalls nach Tab 8.1 gilt für Pr (0,5 - 1,5):

$$Nu_m = 0{,}0214\left(Re^{0,8} - 100\right)Pr^{0,4}\left[1 + \left(\frac{d}{l}\right)^{2/3}\right]\cdot K$$

$$\rightarrow \quad Nu_m = 0{,}0214\left(9393^{0,8} - 100\right)\cdot$$
$$0{,}718^{0,4}\left[1 + \left(\frac{12{,}7\cdot 10^{-3}}{4}\right)^{2/3}\right]\cdot K$$

Der Faktor K ist nur bei laminarer Gasströmung als K=1 einsetzbar. Bei turbulenter Gasströmung bzw. im Übergangsgebiet gilt:

$$K = \left(\frac{T_f}{T_W}\right)^n$$

und für Lufterwärmung bei $\frac{T_f}{T_W} = 0{,}5...1 \Rightarrow n=0.45$

Daraus resultiert:

$$K = \left(\frac{273+0}{273+50} \right)^{0,45} = 0,84^{0,45} = 0,92$$

und $Nu_m = 24,88$

Aus der Gl.(8.31) wird abgeleitet:

$$\alpha_m = \frac{\lambda \cdot Nu_m}{d} = \frac{24,18 \cdot 10^{-3} \left[\frac{W}{mK} \right] \cdot 24,88}{12,7 \cdot 10^{-3} [m]} = 48,74 \left[\frac{W}{m^2 K} \right]$$

Kommentar: Trotz 10-facher Strömungsgeschwindigkeit ist α_{Luft} um das 150-fache kleiner als α_{Wasser}. Die Temperaturen wie im Beispiel **Ü 8.4** würden diesen Sachverhalt nur unwesentlich ändern.

2. Zur Berechnung des Wärmestroms von der Wand zur Luftströmung wird Gl.(8.26b) herangezogen. Es gilt:

$$\dot{Q} = \alpha A (T_w - T_f)$$

$$\dot{Q} = 48,74 \left[\frac{W}{m^2 \cdot K} \right] \cdot 0,04 [m^2] \cdot 50 [K] = 97,48 [W]$$

$$\dot{Q} = 0,097 [kW]$$

bzw. $\dot{q} = 2,437 \left[\frac{kW}{m^2} \right]$

Strahlung

Ü 8.6 Eine der Wände einer Werkshalle hat die Abmessungen 20m x 4m. Die Wandtemperatur (Halleninnenseite) beträgt 20°C. In der Halle befindet sich ein Kessel mit 6m² Oberfläche bei einer Temperatur von 200°C.

Aufgaben:

1. Berechnung des Wärmestromes
2. Berechnung des Wärmeübergangskoeffizienten der Strahlung

Angaben: Emissionsverhältnis des Kessels: 0,95 (ε_1)

Emissionsverhältnis der Wand: 0,9 (ε_2)

Lösung: Auch wenn die angestrahlte Wand in diesem Beispiel den Kessel nicht vollständig umgibt, ist sie als Teil eines solches Systems vorhanden. Es gilt also das Modell nach Gl. (8.49):

$$\dot{Q} = \frac{C_s}{\frac{1}{\varepsilon_1} + \frac{A_1}{A_2}\left(\frac{1}{\varepsilon_2} - 1\right)} \cdot A_1 \left[\left(\frac{T_1}{100}\right)^4 - \left(\frac{T_2}{100}\right)^4\right]$$

$$\dot{Q} = \frac{5{,}67\left[\frac{W}{m^2K^4}\right]}{\frac{1}{0{,}95} + \frac{6}{20 \cdot 4}\left(\frac{1}{0{,}9} - 1\right)} \cdot 6\left[m^2\right] \cdot \left[\left(\frac{200 + 273{,}15}{100}\right)^4 - \left(\frac{20 + 273{,}15}{100}\right)^4\right]\left[K^4\right]$$

$$\dot{Q} = 13641\,[W] \rightarrow 13{,}702\,[kW]$$

α_s resultiert aus Gl. (8.50) zu:

$$\alpha_s = \frac{\dot{Q}}{A\Delta T} = \frac{13702[W]}{6\left[m^2\right] \cdot 180[K]} = 12{,}69\frac{W}{m^2K}$$

Kommentar: Im Vergleich mit dem Wärmeübergangskoeffizienten bei einer erzwungenen Flüssigkeitsströmung ist dieser Wert sehr gering.(vgl. **Ü 8.4** $\alpha = 7320\left[\frac{W}{m^2K}\right]$)

Im Vergleich mit dem Wärmeübergangskoeffizienten einer Gasströmung resultieren ähnliche Größenordnungen

(vgl. **Ü 8.5** $\rightarrow \alpha = 48{,}74\left[\frac{W}{m^2K}\right]$)

Ü 8.7 Eine Wasserleitung entsprechend **Ü 8.3** wird durch einen Raum geführt,dessen Lufttemperatur 20°C beträgt.

Aufgaben: Ermittlung des Wärmestromes der von der Leitung in den Raum ausgestrahlt wird.

Angaben: $d_A = 20mm; \quad \varepsilon = 0{,}758; \quad t_{w\,Außen} = 23°C; \quad l = 4m$

Lösung: Das Flächenverhältnis ergibt $A_{Raum} >> A_{Rohr}$. Dafür gilt die Gl. (8.49a) in der vereinfachten Form:

$$\dot{Q} = C_s \varepsilon_1 A_1 \left[\left(\frac{T_1}{100} \right)^4 - \left(\frac{T_2}{100} \right)^4 \right]$$

$$= C_s \varepsilon_{Rohr} A_{Rohr} \left[\left(\frac{T_{Rohr}}{100} \right)^4 - \left(\frac{T_{Raum}}{100} \right)^4 \right]$$

mit $A_{Rohr} = \pi \cdot d_A \cdot l \rightarrow$

$$\dot{Q} = 5{,}67 \left[\frac{W}{m^2 K^4} \right] \cdot 0{,}758 \cdot \pi \cdot 20 \cdot 10^{-3} \cdot 4 \left[m^2 \right] \cdot$$

$$\left[\left(\frac{50 + 273{,}15}{100} \right)^4 - \left(\frac{20 + 273{,}15}{100} \right)^4 \right]$$

$$\dot{Q} = 38{,}02 \left[W \right]$$

Ü 8.8 Im Fahrgastraum eines Automobils befinden sich vier Personen.

Frage: Welcher Wärmestrom wird von den vier Personen in den Fahrgastraum ausgestrahlt?

Angaben: -Körpertemperatur jeder Person: 37°C
(die Wärmedämmung durch Kleidung wird an dieser Stelle vernachlässigt)

- Hautoberfläche jeder Person (durchschnittlicher Wert): $2m^2$
- Emissionskoeffizient einer Person: $\varepsilon = 0{,}9$
- Temperatur im Fahrgastraum: 20°C

- Die Oberfläche des umgebenden Fahrgastraumes ist erheblich größer als die Hautoberfläche aller Insassen.

Lösung: Das Modell entspricht jenem aus **Ü 8.7**.

Es gilt:

$$\dot{Q} = C_s \varepsilon_1 A_1 \left[\left(\frac{T_1}{100} \right)^4 - \left(\frac{T_2}{100} \right) \right]$$

(8.49a)

$$\dot{Q} = 5{,}67 \cdot 0{,}9 \cdot 4 \cdot 2 \left[\left(\frac{273{,}15 + 37}{100} \right)^4 - \left(\frac{273{,}15 + 20}{100} \right)^4 \right]$$

$$= 0{,}76257 \; [kW]$$

9 Messung thermodynamischer Größen

9.1 Thermodynamische Messgrößen in der Kraftfahrzeugtechnik

Die thermodynamischen Messgrößen in der Kraftfahrzeugtechnik sind nach den Untersuchungszielen und -methoden sowie nach Art des entwickelten Fahrzeugmoduls einteilbar.

9.1.1 Arbeitsmedium

Die Stoffeigenschaften des Arbeitsmediums in einem Fahrzeugmodul und ihre mögliche Abhängigkeit von Zustandsänderungen sind maßgebend für den zu realisierenden Vorgang. Übliche Arbeitsmedien für thermodynamische Prozesse in Fahrzeugmodulen sind:

- Gase
- Gasgemische
- Dämpfe
- Gas-Dampf-Gemische
- Flüssigkeiten

Typische Stoffeigenschaften mit Einfluss auf thermodynamische Zustandsgrößen sind zum Beispiel:

- spezifische Wärmekapazität: $c_p, c_v \left[\frac{J}{kgK}\right]$
- Gaskonstante: $R \left[\frac{J}{kgK}\right]$
- Konzentration der Anteile bei Gasgemischen: $\xi_i \left[\frac{kg_i}{kg_{Gem}}\right]$; $r_i \left[\frac{m_i^3}{m_{Gem}^3}\right]$

- spezifische Volumen an Phasengrenzen bei Dämpfen: v', v'' $\left[\frac{m^3}{kg}\right]$

- Wärmeleitfähigkeit: λ $\left[\frac{W}{mK}\right]$

- Viskosität: kinematisch: ν $\left[\frac{m^2}{s}\right]$

  dynamisch: η $\left[\frac{N}{m^2}s\right]$; $\left[\frac{kg}{m \cdot s}\right]$

Die Stoffeigenschaften – als Basis zur Definition eines Arbeitsmediums – werden allgemein in Einrichtungen der physikalischen Thermodynamik ermittelt und analysiert und liegen den Kraftfahrzeugingenieuren in Form von Tabellen und Diagrammen vor. Tabelle 9.1 und 9.2 stellen als Beispiele solche Eigenschaften dar.

Höhe (h)	**Temperatur (T)**	**Druck (p)**	**Dichte (ρ)**
$[m]$	$[K]$	$\left[10^5 \frac{N}{m^2}\right]$	$\left[\frac{kg}{m^3}\right]$
0	288,15	1,013250	1,225
200	286,85	0,989454	1,20165
400	285,55	0,966114	1,17865
600	284,25	0,943223	1,15598
800	282,95	0,920775	1,13366
1000	281,65	0,898763	1,11166
1200	280,35	0,877180	1,08999
1400	279,05	0,856020	1,06865
1600	277,75	0,835277	1,04764
1800	276,45	0,814943	1,02694
2000	275,15	0,795014	1,00655
2200	273,85	0,775483	0,98648
2400	272,55	0,756342	0,96672
2600	271,25	0,737588	0,94726

Tabelle 9.1 Eigenschaften der atmosphärischen Luft in Abhängigkeit von der Höhe über dem Meeresspiegel

Stoff \ Eigenschaft		Dichte (ρ) $\left[\frac{kg}{m^3}\right]$	Molare Masse ($\overline{M}$) $\left[\frac{kg}{kmol}\right]$	Gaskonstante (R) $\left[\frac{J}{kgK}\right]$	molare Wärmekapazität ($\overline{c}_{mp}$) $\left[\frac{kJ}{kmolK}\right]$	($\overline{c}_{mv}$) $\left[\frac{kJ}{kmolK}\right]$
Wasserstoff	H_2	0,0898	2,0158	4124,5	28,7212	20,4069
Stickstoff	N_2	1,2505	28,0134	296,8	29,1726	20,8583
Sauerstoff	O_2	1,4289	31,999	259,8	29,2497	20,9354
Luft		1,2928	28,953	287,2	29,1124	20,7981
Kohlendioxid	CO_2	1,9768	44,0098	188,9	35,9541	27,6398
Kohlenmonoxid	CO	1,2500	28,0104	296,8	29,1797	20,8654
Stickstoffmonoxid	NO	1,3402	30,0061	277,1	29,9309	21,6166
Wasserdampf	H_2O	-	18,0152	461,5	33,4377	25,1234
Methan	CH_4	0,7168	16,0427	518,3	34,6120	26,2977
Ethan	C_2H_6	1,3560	30,0696	276,5	51,9556	43,6413

Tabelle 9.2 Stoffeigenschaften einiger idealer Gase bei t=0°C und p=1,01325bar

9.1.2 Verhalten des Arbeitsmediums in thermodynamischen Prozessen

Bei der Anwendung eines Arbeitsmediums in einem Prozess werden seine Zustandsgrößen sowie seine energetischen Größen als Funktion der jeweiligen Zustandsänderungen ermittelt, analysiert und optimiert:

Beispiele:

Zustandsgrößen: Druck, spezifisches Volumen, Temperatur

Energetische Größen: spezifische Energie, spezifische Enthalpie, spezifische Entropie

Das Verhalten des Arbeitsmediums in thermodynamischen Prozessen in der Kraftfahrzeugtechnik wird von Forschungs- und Entwicklungsingenieuren bei der Gestaltung und Optimierung der jeweiligen Funktion eines Fahrzeugmoduls betrachtet.

9.1.3 Fahrzeugmodul als thermodynamisches System

Beim Fahrzeugmodul selbst ist die Analyse auf die Ein- und Ausgangsgrößen in das und aus dem System fokussiert.

Beispiele:

- *Spezifische Wärme, Wärmestrom* (zu- und abgeführt)
- *Spezifische Arbeit* (zu- und abgeführt)
- *Massenstrom* (zu- und abgeführt)
- *Drehmoment* (abgeführt)
- *Leistung* (abgeführt)

Die Analyse der Fahrzeugmodulfunktion wird allgemein von Versuchs- und Serviceingenieuren vorgenommen.

9.2 Messung von Zustandsgrößen in Arbeitsmedien

Während eines thermodynamischen Prozesses können die Zustandsgrößen in einem Arbeitsmedium in folgenden Formen gemessen werden:

- Statisch: in einem Zustand – in einzelnen Punkten während der Zustandänderung
- Dynamisch: als Verlauf zwischen zwei Zuständen während einer Zustandsänderung

Die folgenden Beispiele sind lediglich eine Einführung zur Herstellung von Zusammenhängen zwischen analytischer und experimenteller Untersuchung in der Thermodynamik.

9.2.1 Druckmessung

Die statische Druckmessung mittels Manometer oder U-Rohr, die in der Fachliteratur ausreichend beschrieben ist, wird in der Kraftfahrzeugtechnik nur noch in seltenen Fällen angewandt.
Dagegen ist die dynamische Messung weit verbreitet. Bild 9.1 enthält eine Übersicht der Messverfahren.

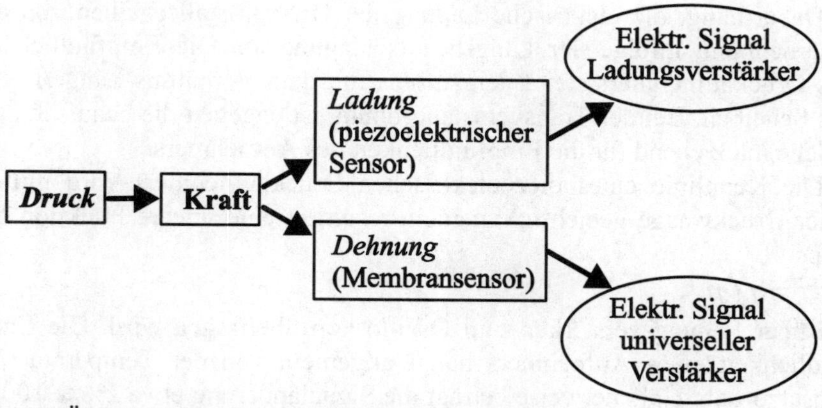

Bild 9.1 Übersicht der Messverfahren zur Druckmessung

Piezoelektrische Druckaufnehmer

Das Messprinzip eines piezoelektrischen Druckaufnehmers beruht auf dem Entstehen einer elektrischen Ladung bei der Druckbeaufschlagung eines Quarzkristalls. Dabei können die Messelemente aus Quarzkristallen longitudinal oder transversal angeordnet werden. Im Bild 9.2 ist ein Druckaufnehmer mit transversaler Anordnung der Quarzkristallscheiben dargestellt.

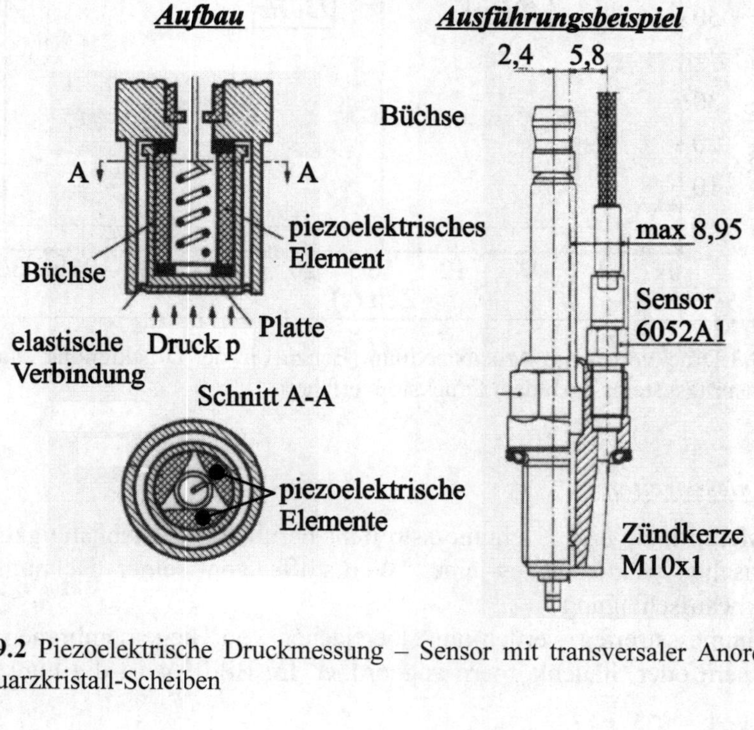

Bild 9.2 Piezoelektrische Druckmessung – Sensor mit transversaler Anordnung der Quarzkristall-Scheiben

Dabei hängt die elektrische Ladung der Quarzkristallscheiben von der Querdehnung infolge der Längsbeaufschlagung ab. Die Empfindlichkeit des Druckaufnehmers steigt demzufolge mit dem Verhältnis Länge/Breite der Scheiben. Bei der Transversalanordnung ist dagegen die beaufschlagte Fläche maßgebend für die Empfindlichkeit des Aufnehmers.

Die Kennlinie eines piezoelektrischen Druckaufnehmers wird mittels einer Druckwaage geeicht. Allgemein resultiert eine lineare Funktion des Typs

$$U = f(p),$$

die über Ladungsverstärker zum Oszilloskop übertragen wird. Die Empfindlichkeit eines Aufnehmers hängt allgemein von der Temperatur am Einsatzort ab. Üblicherweise beträgt die Signaländerung etwa 2% je 100°C – in einem Temperaturintervall von 0°C bis 400°C. Bei 573°C (Curie-Temperatur) verschwindet der piezoelektrische Effekt – unabhängig von der Bauart – schlagartig.

Die Eigenfrequenz eines piezoelektrischen Druckaufnehmers beträgt 60 bis 100kHz, der Messbereich beträgt bis zu 10kHz.
Im Bild 9.3 ist der Druckverlauf im Arbeitsmedium (Benzin) in der Druckleitung eines Direkteinspritzsystems nach dem Druckstoßverfahren bei zwei Arbeitsfrequenzen dargestellt.

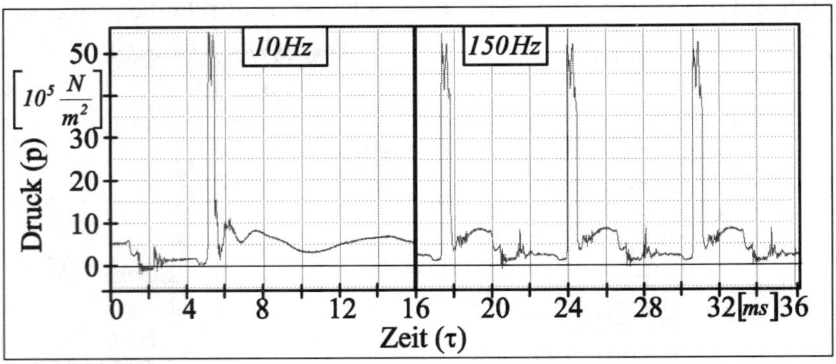

Bild 9.3 Druckverlauf im Arbeitsmedium (Benzin) in der Druckleitung eines Direkteinspritzsystems nach dem Druckstoßverfahren

Dehnmessstreifen

Das Messprinzip eines Dehnmessstreifens beruht auf der Abhängigkeit des elektrischen Widerstandes eines Werkstoffs von seiner Dehnung bei Druckbeaufschlagung.

Dehnmessstreifen werden auf Oberflächen von Biegemembranen, Biegekörpern oder Stauchkörpern angeordnet. Im Bild 9.4 ist die Funktionsweise eines Druckaufnehmers mit Dehnmessstreifen dargestellt. Der Druck und Frequenzmessbereich eines Druckaufnehmers mit Dehnmessstreifen ist allgemein geringer als jener eines piezoelektrischen Druckaufnehmers.

Aufbau eines Membran-Drucksensors mit Auswerteeinheit

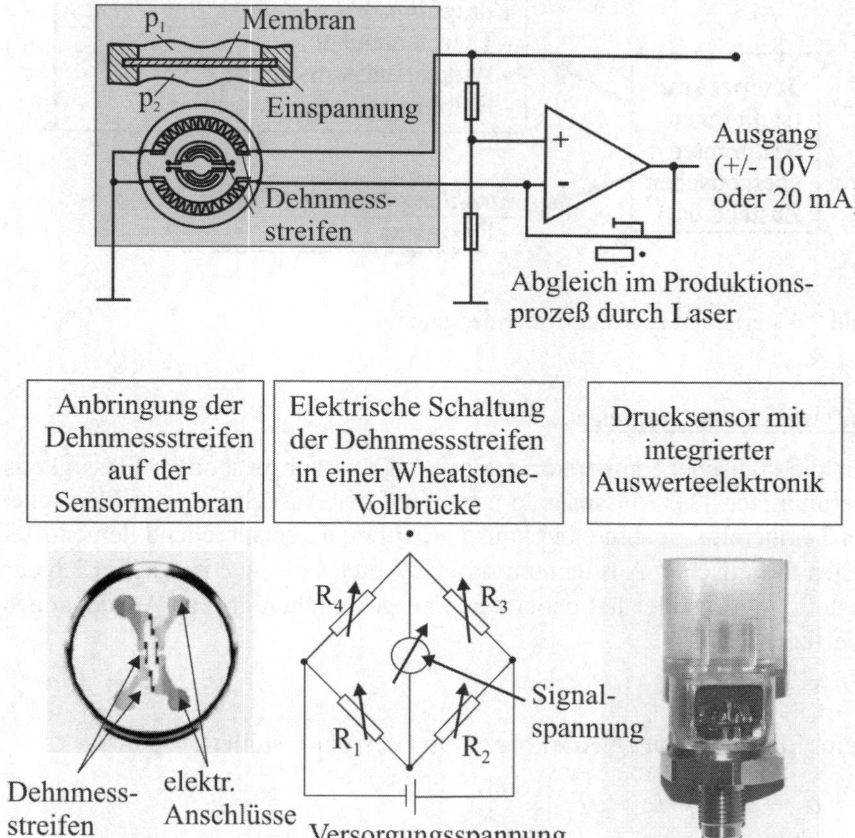

Bild 9.4 Druckmessung mittels Dehnmessstreifen

Ein solcher Druckaufnehmer findet beispielsweise in Ansaugsystemen von Fahrzeugverbrennungsmotoren Einsatz und dient der Anpassung der zugeführten Kraftstoffmenge an die momentanen Kenngrößen der durchströmenden Luft.

9.2.2 Temperaturmessung

In Bild 9.5 sind repräsentative Verfahren zur Temperaturmessung dargestellt.

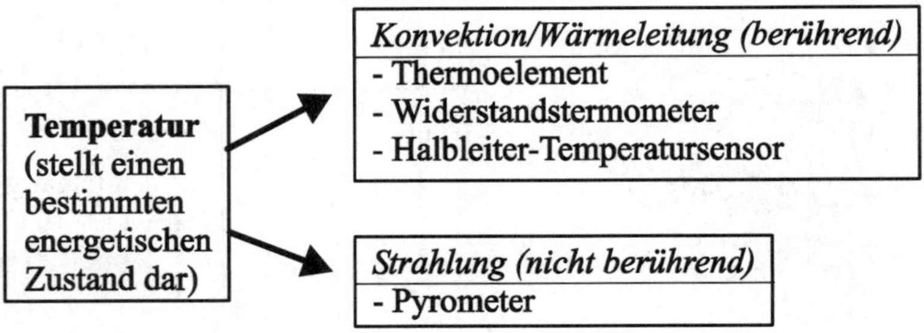

Bild 9.5 Verfahren zur Temperaturmessung

Flüssigkeitsthermometer

Für die statische Temperaturmessung eignen sich besonders Flüssigkeitsthermometer. Das Messprinzip beruht auf der Ausdehnung der Flüssigkeit bei Temperaturzunahme, bei konstantem Druck, entsprechend dem stoffeigenen thermischen Ausdehnungskoeffizienten α – wie in Kapitel 1.6 dargestellt. Quecksilber hat dabei einen ausgesprochen großen Ausdehnungskoeffizienten

$$\alpha_Q = 182 \cdot 10^{-6} \left[K^{-1}\right]$$

Beim Einfüllen von Quecksilber in ein Glasrohr resultiert:

$$\alpha = \alpha_Q - \alpha_{Glas} = 180 \cdot 10^{-6} \left[K^{-1}\right].$$

Flüssigkeitsthermometer werden allgemein in einem Temperaturbereich von –190°C bis +600°C verwendet. Unterhalb des Erstarrungspunktes von Quecksilber (-38,86°C) werden Alkohol- oder Pentan-Thermometer eingesetzt.

Thermoelemente

Thermoelemente – wie in Bild 9.6 dargestellt – sind für statische und dynamische Messungen anwendbar.

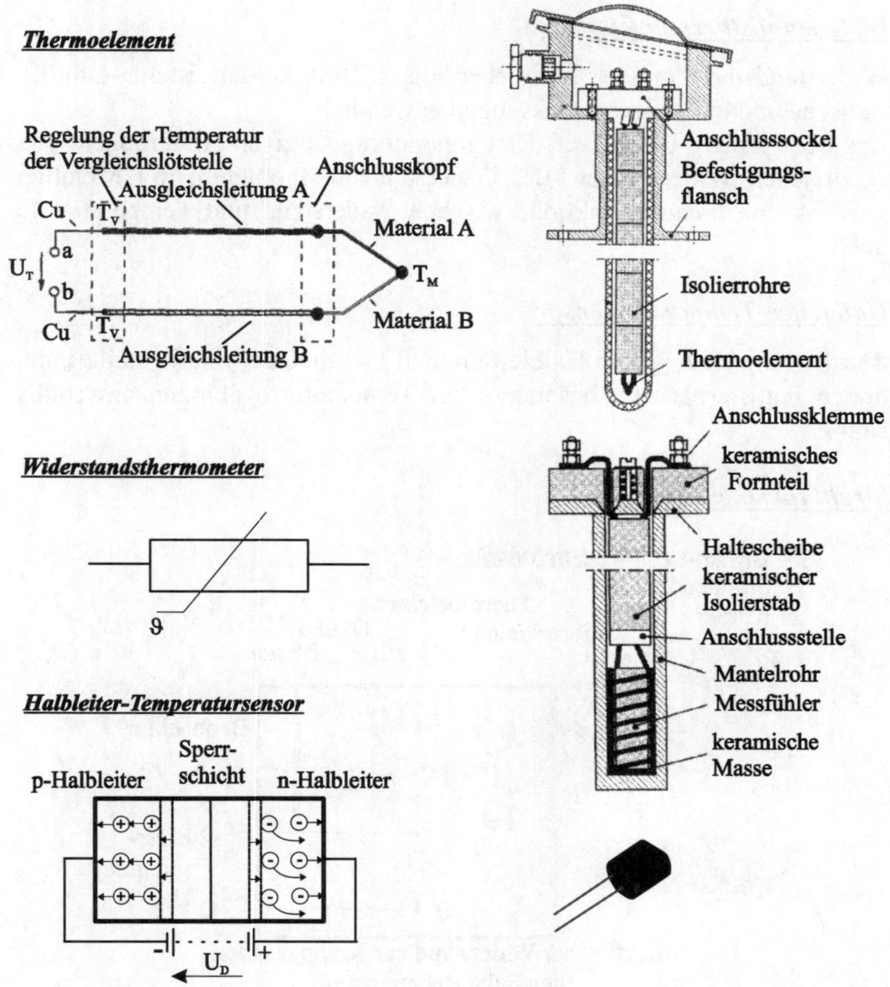

Bild 9.6 Temperaturmessung durch Konvektion / Wärmeleitung

Das Messprinzip beruht auf der Entstehung einer elektrischen Spannung beim Kontakt von zwei Leitungen aus unterschiedlichen Werkstoffen in zwei Punkten infolge einer Temperaturdifferenz zwischen den Kontaktpunkten.

Übliche Werkstoffe sind dabei:

- Eisen-Konstantan
- Nickel-Chrom / Nickel
- Platin-Platin / Rhodium

Widerstandsthermometer

Widerstandsthermometer – wie ebenfalls in Bild 9.6 dargestellt – sind für statische und dynamische Messungen anwendbar.
Das Messprinzip beruht auf der temperaturabhängigen Änderungen eines elektrischen Widerstandes. Bei Widerstandsthermometern mit Metallleitung ist eine lineare Funktion zwischen Widerstand und Temperatur üblich.

Halbleiter-Temperatursensor

Bei der Anwendung von Halbleitern sind nichtlineare, relativ steile Funktionen realisierbar, die besonders bei Temperaturregelungen anwendbar sind.

Strahlungsthermometer

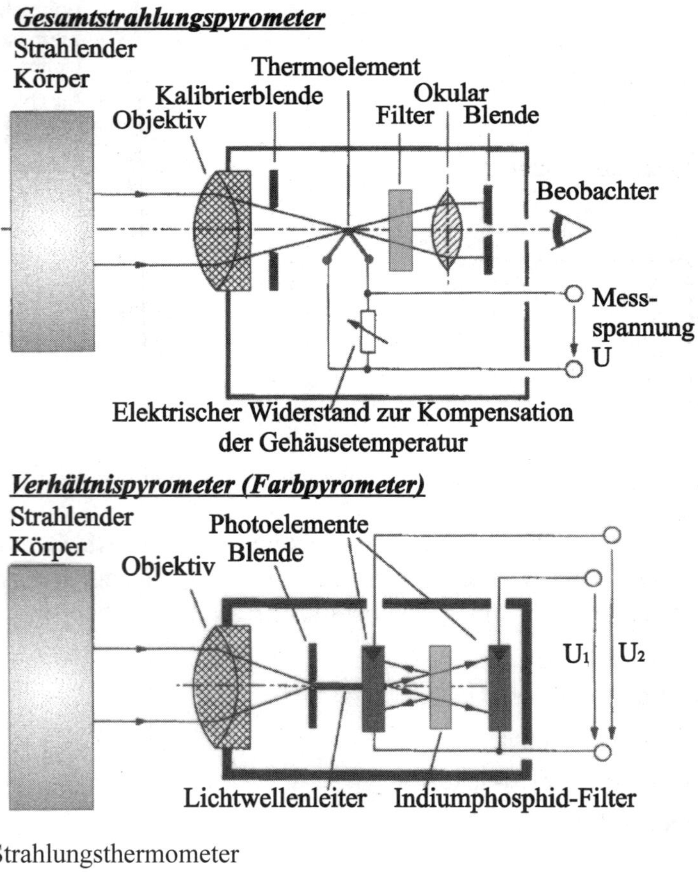

Bild 9.7 Strahlungsthermometer

Strahlungsthermometer – wie in Bild 9.7 dargestellt – werden generell für Temperaturen über 700°C verwendet.

Gesamtstrahlungs-Pyrometer nutzen den Effekt der Strahlung eines Wärmestroms im gesamten Wellenlängenbereich. Im Strahlungsempfänger wird die Strahlungsintensität bei verschiedenen Wellenlängen gemessen und die Temperatur entsprechend einer Funktion wie in Bild 8.19 abgeleitet. Dabei kann beispielsweise ein optischer Vergleich mit einem Wolfram-Faden mit definierter (gemessener) Temperatur vorgenommen werden.

Akustische Temperaturmessung

Die akustische Temperaturmessung geht von der Fortpflanzung von Druckwellen in einem Medium mit bekannten Eigenschaften als adiabate Zustandsänderung aus. Diese als Schallgeschwindigkeit definierte Fortpflanzung wurde in Ü 3.11 als Funktion der Temperatur abgeleitet:

$$c = \sqrt{kRT}$$

Das Fortpflanzungsmedium ist durch die spezifischen Wärmekapazitäten bei konstantem Druck und Volumen und somit von einem Isentropenexponenten

$$k = \frac{c_p(T)}{c_v(T)}$$

charakterisiert. Die Messstrecke wird dabei genau eingestellt, als Messgröße dient die Fortpflanzungsdauer eines Signals vom Sender zum Empfänger:

$$t = \frac{s}{c}.$$

Die Impulsfrequenz entspricht allgemein 0,6 bis 2 MHz (Ultraschallbereich).

9.2.3 Feuchtemessung

Die Messung der Feuchte – beispielsweise in atmosphärischer Luft – kann mit einem kapazitiven Sensor erfolgen, wobei die Kapazität eines Kondensators von der Zusammensetzung des Dielektrikums – in diesem Fall ein Polymer mit veränderlicher eingeschlossener Wassermasse – abhängt. In Bild 9.8 ist der Aufbau eines Feuchtigkeitssensors dargestellt.

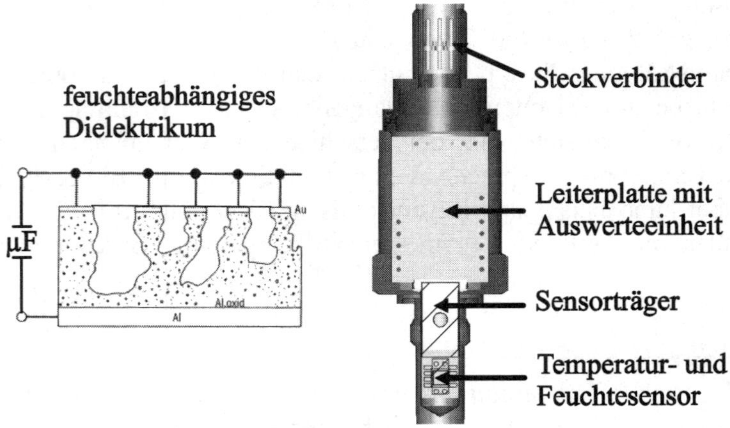

Bild 9.8 Feuchtigkeitssensor – Messprinzip und Ausführungsbeispiel mit integriertem Temperatursensor

9.2.4 Wegmessung

Die Messung von Strecken und dadurch von ein- oder mehrdimensionalen Volumenänderungen kann statisch und dynamisch erfolgen. Bild 9.9 enthält eine Übersicht der üblichen Messverfahren.

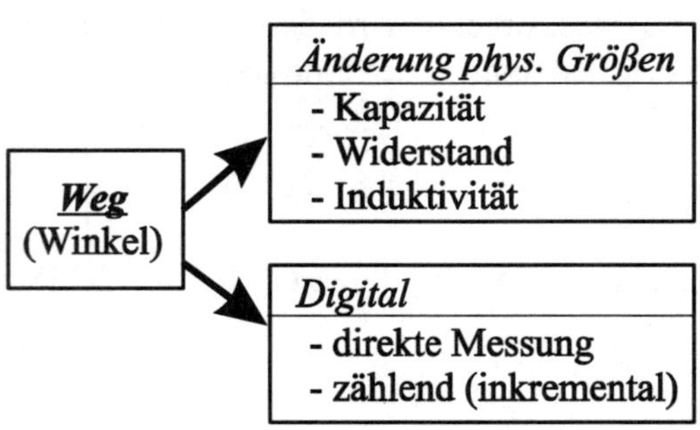

Bild 9.9 Übersicht der Messverfahren zur Wegmessung

Induktive Wegaufnehmer

In Bild 9.10 sind unterschiedliche Formen induktiver Messaufnehmer dargestellt.

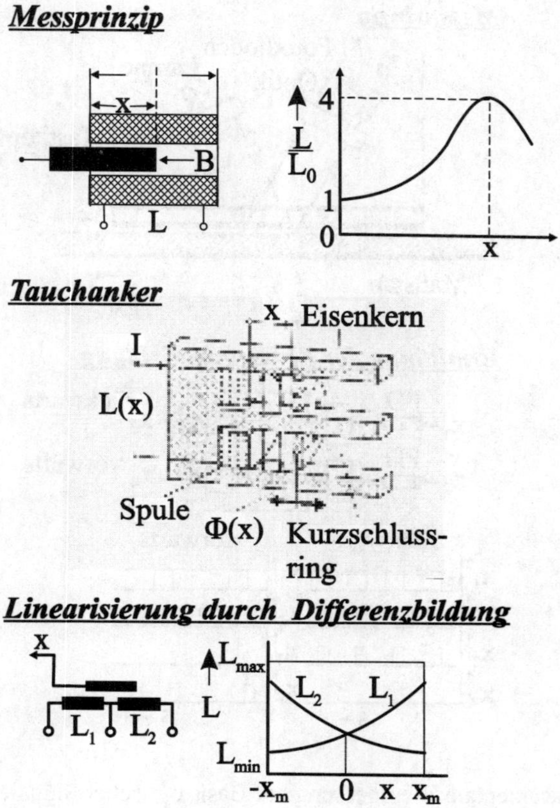

Bild 9.10 Induktive Wegaufnehmer

Aktive Aufnehmer sind entweder elektrodynamisch – mit Induktionsspule im Luftspalt eines Magnetkreises – oder als stabförmiger Permamagnet in einer Spule ausgeführt.
Passive Aufnehmer benötigen eine Energiequelle, allgemein in Form von Wechselspannung.

Inkrementale Wegaufnehmer

Die inkrementalen Wegaufnehmer – optischer oder magnetischer Bauart – für die Messung von Strecken (bei Translation) oder Winkeln (bei Rotation) basieren auf einer elektronischen Zählung der entsprechenden Impulse bei definierten Unstetigkeiten – als Schlitze oder Bohrungen – im bewegten Teil. In Bild 9.11 ist ein inkrementaler Wegaufnehmer mit optischer Messung dargestellt.

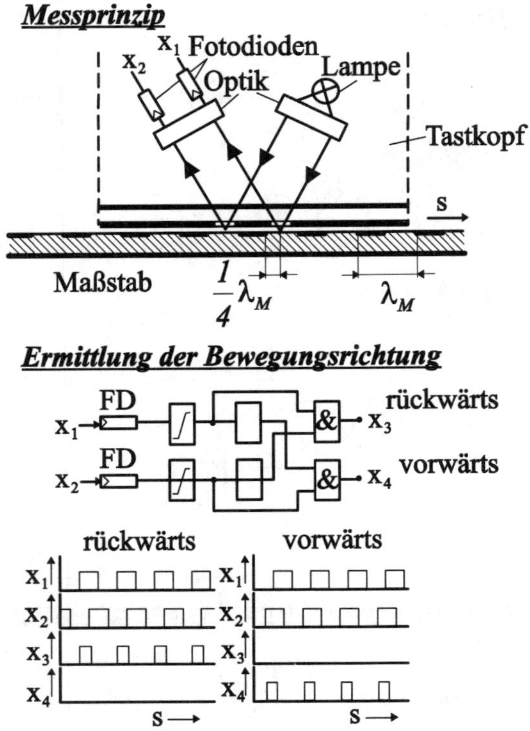

Bild 9.11 Inkrementale Wegmessung auf Basis optischer Signale

Kapazitive Wegaufnehmer

Die kapazitiven Wegaufnehmer arbeiten nach dem Prinzip der Kapazitätsänderung eines Kondensators in Abhängigkeit von der Distanz zwischen seinen geladenen Flächen.

9.3 Ermittlung von Zustandsänderungen

Aus der Kombination der simultan gemessenen Werte mehrerer Zustandsgrößen kann der Verlauf einer Zustandsänderung ermittelt werden. Die simultane, dynamische Messung von Druck und Temperatur des Arbeitsmediums in einem System als Funktion der Weg- oder Volumenänderung erlaubt beispielsweise die Aufstellung eines p,V- und eines T,s-Diagramms für die jeweilige Zustandsänderung. Dadurch wird ein direkter Vergleich des berechneten mit dem gemessenen Prozess möglich. In Bild 9.12 ist als

Beispiel der Druckverlauf als Funktion des Kurbelwinkels im Arbeitsmedium eines Kolbenmotors dargestellt.

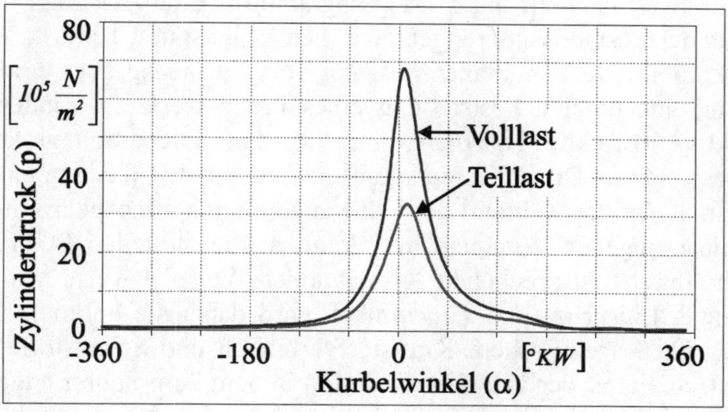

Bild 9.12 Druckverlauf in einem Viertaktmotor als Funktion des Kurbelwinkels in Teillast und Volllast

Der Druckverlauf wurde dabei mittels eines piezoelektrischen Aufnehmers und der Volumenverlauf mittels eines inkrementalen Winkelgebers auf der rotierenden Schwungscheibe des Motors simultan aufgenommen. Die Überlagerung der Verläufe auf einer Kolbenstrecke (Hub bzw. Takt) ergibt ein p,V-Diagramm in der Form, die in Kap. 5.1 ausführlich dargestellt und in Bild 9.13 gezeigt ist.

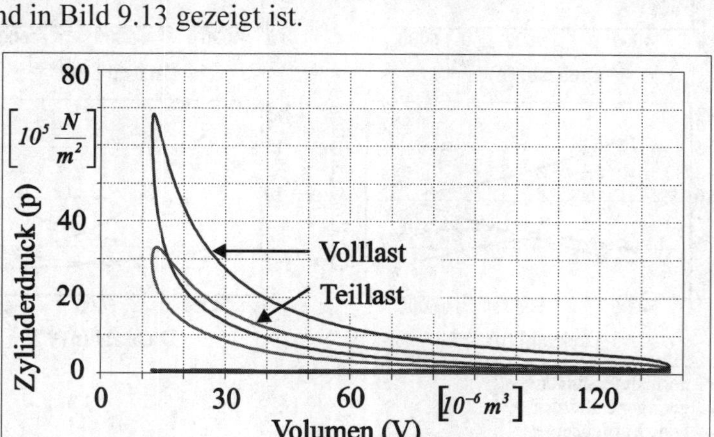

Bild 9.13 p,V-Diagramm eines Arbeitsspieles eines Viertaktmotors in Teillast und Volllast

Die Berechnung und Eintragung von Hyperbeln mit konstanten Temperaturwerten in diesem Diagramm auf Basis der Zahlenwerte für pV würde eine zusätzliche Temperaturangabe bedeuten. Eine Temperaturmessung ist für eine ausreichende Genauigkeit jedoch vorteilhaft, soweit der Temperaturgradient im Zylinder, insbesondere während der Verbrennung, mit einem Mittelwert darstellbar ist. Das Diagramm in Bild 9.13 zeigt die Veränderung der Zustandsänderungen zwischen Volllast und Teillast.

Die kombinierte, simultane Messung von Zustandsgrößen ermöglicht nicht nur eine passive Feststellung eines Prozessverlaufs, sondern auch seine aktive Korrektur. Beispielsweise wird durch die simultane, dynamische Messung von Druck, Temperatur und Feuchte der in einem Fahrzeug-Verbrennungsmotor während der Fahrt angesaugten atmosphärischen Luft eine Anpassung der Vorgänge im Motor an die aktuellen Bedingungen möglich: durch entsprechende Korrelationen, beispielsweise von Kraftstoffmenge, Einspritz- und Zündwinkel, wird dabei die optimale Einstellung zwischen spezifischem Kraftstoffverbrauch und Schadstoffemission realisiert, die unter der aktuellen Situation in dem vom Fahrer angeforderten Lastpunkt möglich ist. Bild 9.14 zeigt einige Ergebnisse einer solchen Abstimmung.

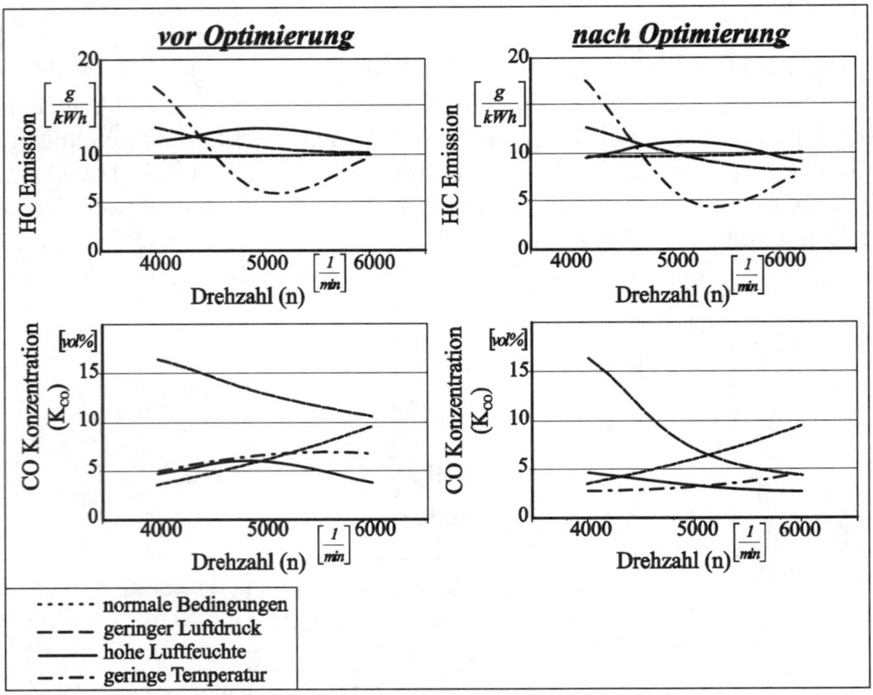

Bild 9.14 Optimierung der Funktionsparameter eines Fahrzeugmotors für spezifische atmosphärische Bedingungen

Literatur

[1] Baehr, H. D.: Thermodynamik, 10.Auflage
Springer Verlag Berlin- Heidelberg- New York, 2000
ISBN 3-540-66940-X

[2] Blair, G. P.: Design and Simulation of Four Stroke Engines,
SAE International Inc., Warrendale, 1999
ISBN 0-7680-0440-3

[3] Braess, H.- H.; Seiffert, U.: Handbuch Kraftfahrzeugtechnik, 2.Auflage
Friedrich Vieweg & Sohn Verlagsgesellschaft Braunschweig/Wiesbaden, 2001
ISBN 3-528-13114-4

[4] Cerbe, G.; Hoffmann, H.: Einführung in die Thermodynamik, 13. Auflage
Carl Hanser Verlag München, 2002
ISBN 3-446-22079-8

[5] Eastop, T.: Applied Thermodynamics for Engineering Technologists, 5. Edition, 1998
ISBN 0-582-09193-4

[6] Elsner, N.; Dittmann, A.: Grundlagen der Technischen Thermodynamik: Energielehre und Stoffverhalten, 8.Auflage
Akademie- Verlag Berlin, 1993
ISBN 3-05-501390-5

[7] Elsner, N.; Fischer, S.; Huhn, J.: Grundlagen der Technischen Thermodynamik: Wärmeübertragung, 8.Auflage
Akademie-Verlag Berlin, 1993
ISBN 3-05-501389-1

[8] Hahne, E.: Technische Thermodynamik
Addison- Wesley Publishing Company Bonn- München- Paris, 1991
ISBN 3-89319-289-1

[9] Hucho, W.- H.: Aerodynamik des Automobils, 3.Auflage
Springer Verlag Berlin- Heidelberg- New York, 1999
ISBN 3-540-62160-1

[10] Hussaini, M.; Gatski, T.; Jackson, T.: Transition, Turbulence and Combustion, Vol. I, II
Kluwer Academic Publishers, Dordrecht, 1994
ISBN 0-7923-3086-2 (Set of 2 volumes)
[11] Klingenberg, H.: Automobil- Messtechnik, Band B- Optik
Springer Verlag Berlin- Heidelberg- New York, 1994
ISBN 3-540-57714-9
[12] Klingenberg, H.: Automobil- Messtechnik, Band C- Abgasmesstechnik
Springer Verlag Berlin- Heidelberg- New York, 1995
ISBN 3-540-59108-7
[13] Lucas, K.: Thermodynamik: Die Grundgesetze der Energie- und Stoffumwandlungen, 4.Auflage
Springer Verlag Berlin- Heidelberg- New York, 2004
ISBN 3-540-14014-X
[14] Mills, A.: Heat and Mass Transfer
Irwin Inc., Chicago, 1995
ISBN 0-256-11443-9
[15] Oppenheim, A. K.: Combustion in Piston Engines – Technology, Evolution, Diagnosis and Control
Springer Verlag Berlin- Heidelberg- New York, 2004
ISBN 3-540-20104-1
[16] Pischinger, R.; Kraßnig, G.; Taucar, G.; Sams, Th.: Thermodynamik der Verbrennungskraftmaschine
Springer Verlag Wien- New York, 1989
ISBN 3-211-82105-8
[17] Stan, C.: Direkteinspritzsysteme für Otto- und Dieselmotoren
Springer Verlag Berlin- Heidelberg- New York, 1999
ISBN 3-540-65287-6
[18] Stan, C.: Direct Injection Systems- The Next Decade in Engine Technology, SAE International Inc. Warrendale, 2002
ISBN 0-7680-1070-5
[19] Sher, E.: Handbook of Air Pollution from Internal Combustion Engines,
Academic Press Boston, 1998
ISBN 0-12-639855-0
[20] Stephan, K.; Mayinger, F.: Thermodynamik, 14.Auflage
Springer Verlag Berlin- Heidelberg- New York, 1992
ISBN 3-540-55648-6
[21] * * * VDI Wärmeatlas, 9.Auflage
Springer Verlag Berlin- Heidelberg- New York, 2002
ISBN 3-540-41200-X

Sachwortverzeichnis

F

G

H

I

J

K

S

T

U

V

W

Z

Verzeichnis angeführter Thermodynamiker

AVOGADRO, Amadeo (1776-1856)	italienischer Physiker, formuliert das Gesetz über die Gleichheit der Molekülanzahl in verschiedenen Gasen bei gleichem Druck und gleicher Temperatur (1811)
BERNOULLI, Daniel (1700-1782)	schweizer Physiker und Mathematiker (geb. in den Niederlanden), führt den Bernoulli-Effekt ein
BOLTZMANN, Ludwig (1844-1906)	österreichischer Physiker, führt die Strahlungs-Konstante ein
BOYLE, Robert (1627-1691)	irischer Naturforscher, erstellt Zusammenhänge der Zustandsgleichung idealer Gase
CARATHEODORY, Constantin (1873-1950)	deutsch-griechischer Mathematiker, wichtige Arbeiten über Variationsrechnung, funktionentheoretische Probleme und Maßtheorie
CARNOT, Sadi (1796-1832)	französischer Physiker, erstellt die mathematische und physikalische Begründung des zweiten Hauptsatzes der Thermodynamik (1819)
CELSIUS, Anders (1701-1744)	schwedischer Astronom, führt die Temperatur nach der Celsius-Skala ein
CLAUSIUS, Rudolf Julius Emanuel (1822-1888)	deutscher Mathematiker und Physiker, Pionier der Thermodynamik
DALTON, John (1766-1844)	englischer Chemiker und Physiker, begründete die Atomtheorie, formulierte das DALTONsche Gesetz bei Gasgemischen
DIESEL, Rudolf (1858-1913)	deutscher Ingenieur, Erfinder des Verbrennungsmotors mit Selbstzündung (Patent 1892)

EINSTEIN, Albert (1879- 1955)	deutscher Physiker (ab 1940 US Staatsbürger), formuliert die Relativitätstheorie. Nobelpreis 1921
FAHRENHEIT, Gabriel Daniel (1686-1736)	deutscher Physiker, führt die Temperatur nach der Fahrenheit-Skala und die Nutzung von Quecksilber im Thermometer ein
FOURIER, Jean Baptiste Joseph (1768-1830)	französischer Mathematiker und Physiker, Entwickler der FOURIER-Reihen und des Konvektiongesetzes
GAY-LUSSAC, Louis Joseph (1778-1850)	französischer Chemiker und Physiker, erstellt Zusammenhänge der Zustandsgleichung idealer Gase
GIBBS, Josiah Willard (1839-1903)	US Physiker, formuliert die Phasenregelung, definiert die freie Enthalpie von Brennstoffen
JOULE, James Prescott (1818-1889)	englischer Physiker, erstellt den Zusammenhang zwischen innerer Energie und Temperatur eines Gases
KELVIN (Sir William Thompson) (1824-1907)	nordirischer Mathematiker und Physiker, führt die absolute Temperatur nach der Kelvin-Skala ein (um 1852)
LOSCHMIDT, Josef (1821-1895)	österreichischer Physiker, ermittelt die Anzahl der Moleküle in einem Gasvolumen (1865)
MARIOTTE, Edme (ca.1620-1684)	französischer Geistlicher und Naturforscher, erstellt Zusammenhänge der Zustandsgleichung idealer Gase
MOLLIER, Richard (1863-1935),	deutscher Ingenieur, führt das MOLLIER-Diagramm für feuchte Luft ein
NEWTON, Sir Isaac (1642-1727)	englischer Mathematiker und Philosoph, formuliert das Gesetz der Wärmeleitung
OTTO, Nikolaus (1832-1891)	deutscher Ingenieur, Erbauer eines der ersten Verbrennungsmotoren mit Fremdzündung (1876)

PLANCK, Max Karl Ernst (1858-1947)	deutscher Physiker, entwickelte als erster die Quantentheorie, erhielt 1918 den Nobelpreis für seine Untersuchungen der Strahlungsvorgänge schwarzer Körper
PRANDTL, Ludwig (1875-1953)	deutscher Physiker, Mitbegründer der Aero- und Hydrodynamik, untersuchte die Grenzschichtausbildung zwischen strömender Flüssigkeit und ruhender Wand sowie die Tragflügelumströmung
REYNOLDS, Osborne (1842-1892)	englischer Physiker, formuliert das Ähnlichkeitskriterium für laminare und turbulente Strömungen, Reynolds-Zahl (1883)
SEMJONOV, Nicolai (1896-1986)	russischer Chemiker, entwickelt die Theorie der Kettenreaktionen während eines Verbrennungsprozesses, Nobelpreis 1956
STEFAN, Josef (1835-1893)	österreichischer Physiker, entdeckte mit L. Boltzmann das Stefan-Boltzmann'sche Strahlungsgesetz
STIRLING, Robert (1790-1878)	schottischer Geistlicher, Erfinder des Stirling- Motors (Patent 1816)
WATT, James (1736-1819)	Schottischer Erfinder, Erbauer einer der ersten funktionierenden Dampfmaschine (Patent 1769)

Druck: Strauss GmbH, Mörlenbach
Verarbeitung: Schäffer, Grünstadt